U0207351

"十三五"国家重点出版物出版规划项目

大气污染控制技术与策略丛书

室内空气污染与控制

朱天乐　　　主　编

孙　也　申芳霞　副主编

郝吉明　陈运法　主　审

科学出版社

北　京

内 容 简 介

本书系统阐述了建筑物室内和代表性密闭空间的空气污染概况、空气污染的控制理论与技术。内容包括：室内空气污染物的来源、类型、特征和综合防治对策，室内空气污染暴露过程、健康效应及其研究方法，建筑和装修装饰材料、人体和室内活动等污染源释放空气污染物的机制及源头控制策略，自然通风和机械通风原理及其与室内空气质量的关系、控制室内空气污染的强化通风技术、空调系统及其对室内空气质量的影响及新风净化技术、通风与室内空气质量关系的数学描述，室内空气颗粒物、气态污染物和有毒有害微生物净化技术的原理、影响因素和适用性，汽车车内、地铁车厢、地下停车场、地铁建筑、商用地下建筑的室内空气污染与控制，飞机、载人航天器和潜艇等密闭舱室的空气污染与控制。

本书可供从事室内空气污染控制相关工作的工程技术、管理和科研人员，以及其他关注室内空气污染与控制的人员参考，也可作为环境科学与工程、建筑环境与设备工程、公共卫生、人机环境工程等专业学生的教学参考书。

图书在版编目（CIP）数据

室内空气污染与控制 / 朱天乐主编. —北京：科学出版社，2021.2
（大气污染控制技术与策略丛书）
"十三五"国家重点出版物出版规划项目
ISBN 978-7-03-066956-8

Ⅰ. ①室… Ⅱ. ①朱… Ⅲ. ①室内空气－空气污染－污染防治
Ⅳ. ①X51

中国版本图书馆 CIP 数据核字（2020）第 227786 号

责任编辑：杨　震　刘　冉　李嘉佳 / 责任校对：杜子昂
责任印制：赵　博 / 封面设计：时代世启

斜 学 出 版 社 出版

北京东黄城根北街 16 号
邮政编码：100717
http://www.sciencep.com

北京建宏印刷有限公司印刷
科学出版社发行　各地新华书店经销

*

2021 年 2 月第 一 版　开本：720 × 1000　1/16
2024 年 7 月第三次印刷　印张：24 1/2
字数：490 000

定价：150.00 元

（如有印装质量问题，我社负责调换）

丛书编委会

主　编：郝吉明

副主编（按姓氏汉语拼音排序）：

柴发合　陈运法　贺克斌　李　锋

刘文清　朱　彤

编　委（按姓氏汉语拼音排序）：

白志鹏　鲍晓峰　曹军骥　冯银厂

高　翔　葛茂发　郝郑平　贺　泓

李俊华　宁　平　王春霞　王金南

王书肖　王新明　王自发　吴忠标

谢绍东　杨　新　杨　震　姚　强

叶代启　张朝林　张小曳　张寅平

朱天乐

丛 书 序

当前，我国大气污染形势严峻，灰霾天气频繁发生。以可吸入颗粒物（PM_{10}）、细颗粒物（$PM_{2.5}$）为特征污染物的区域性大气环境问题日益突出，大气污染已呈现出多污染源多污染物叠加、城市与区域污染复合、污染与气候变化交叉等显著特征。

发达国家在近百年不同发展阶段出现的大气环境问题，我国却在近 20 年间集中爆发，使问题的严重性和复杂性不仅在于排污总量的增加和生态破坏范围的扩大，还表现为生态与环境问题的耦合交互影响，其威胁和风险也更加巨大。可以说，我国大气环境保护的复杂性和严峻性是历史上任何国家工业化过程中所不曾遇到过的。

为改善空气质量和保护公众健康，2013 年 9 月，国务院正式发布了《大气污染防治行动计划》，简称为"大气十条"。该计划由国务院牵头，环境保护部、国家发展和改革委员会等多部委参与，被誉为我国有史以来力度最大的空气清洁行动。"大气十条"明确提出了 2017 年全国与重点区域空气质量改善目标，以及配套的十条 35 项具体措施。从国家层面上对城市与区域大气污染防制进行了全方位、分层次的战略布局。

中国大气污染控制技术与对策研究始于 20 世纪 80 年代。2000 年以后科技部首先启动"北京市大气污染控制对策研究"，之后在 863 计划和科技支撑计划中加大了投入，研究范围也从"两控区"（酸雨区和二氧化硫控制区）扩展至京津冀、珠江三角洲、长江三角洲等重点地区；各级政府不断加大大气污染控制的力度，从达标战略研究到区域污染联防联治研究；国家自然科学基金委员会近年来从面上项目、重点项目到重大项目、重大研究计划各个层次上给予立项支持。这些研究取得丰硕成果，使我国的大气污染成因与控制研究取得了长足进步，有力支撑了我国大气污染的综合防治。

在学科内容上，由硫氧化物、氮氧化物、挥发性有机物及氨等气态污染物的污染特征扩展到气溶胶科学，从酸沉降控制延伸至区域性复合大气污染的联防联控，由固定污染源治理技术推广到机动车污染物的控制技术研究，逐步深化和开拓了研究的领域，使大气污染控制技术与策略研究的层次不断攀升。

鉴于我国大气环境污染的复杂性和严峻性，我国大气污染控制技术与策略领域研究的成果无疑也应该是世界独特的，总结和凝聚我国大气污染控制方面已有的研究成果，形成共识，已成为当前最迫切的任务。

　　我们希望本丛书的出版，能够大大促进大气污染控制科学技术成果、科研理论体系、研究方法与手段、基础数据的系统化归纳和总结，通过系统化的知识促进我国大气污染控制科学技术的新发展、新突破，从而推动大气污染控制科学研究进程和技术产业化的进程，为我国大气污染控制相关基础学科和技术领域的科技工作者和广大师生等，提供一套重要的参考文献。

2015 年 1 月

前　言

人的一生有 70%～90%的时间是在室内度过的，因此，室内环境的优劣直接影响人的身心健康和生活、工作质量。对室内空气质量的关注始于 20 世纪 60 年代的北欧和北美，正是在那个时期提出了室内空气质量的概念。我国从 80 年代开始室内空气质量问题的研究，当时关注的室内空气污染物主要是燃料燃烧和烟草烟雾等。90 年代末，伴随人民生活水平的提高和住房私有化制度的推进，购房和住房装饰装修成为我国城市居民的消费热点。由于建筑和装饰装修材料有害物质释放控制不到位，由此引起的室内空气污染事件频发，室内空气质量的重要性逐步成为共识。正是在那种背景下，朱天乐研究团队编写了《室内空气污染控制》（朱天乐主编，2003 年 1 月），该书在介绍室内空气污染基本概念的基础上，从源头控制、通风稀释和空气净化三方面入手，全面、系统地介绍了室内空气污染控制技术，构建了室内空气污染全过程控制体系。

最近 20 年来，在相关科研项目的支持下，我国围绕室内空气污染与控制问题展开了大量研究，推动了室内空气污染控制技术和产业的长足发展，并较好地解决了建筑物装修装饰引起的室内空气污染问题。尽管如此，2011 年秋冬季以来，北京及全国多个城市先后出现雾霾污染，促使公众对室内空气污染问题的广泛性和复杂性有了更深入的认识，应对雾霾成为室内空气污染控制技术和产业发展的新热点。实际上，室内空气污染源的多样复杂性意味着室内空气污染存在的必然性，而人们对于美好生活和健康室内环境质量的追求也必将使室内空气污染与控制成为一个永恒的话题。正是基于这些认识，为了全面反映近 20 年来对于室内空气污染与控制认识的不断拓宽和深化，以及室内空气污染控制技术和产业的进步，朱天乐研究团队编写了本书。

本书分三个部分，共 7 章。第一部分（第 1，2 章）关注室内空气污染与控制的基本概念以及室内空气污染与人体健康的关系。其中，第 1 章介绍室内空气污染物的来源、类型、特征和综合防治对策；第 2 章介绍室内空气污染暴露过程、健康效应及其研究方法。第二部分（第 3～5 章）从污染源控制、通风控制和净化控制入手，介绍普适性室内空气污染控制理论与技术。其中，第 3 章分别从无机类建筑和装修装饰材料、有机类装修装饰材料、人体和室内活动及其他污染源入手，介绍污染物释放机制及源头控制策略。第 4 章介绍与室内空气污染物扩散稀释相关的自然通风和机械通风原理及影响因素，空调系统及其对室内空气质量的影响、新风净化技术，以及通风与室内空气质量关系的数学描述。第 5 章介绍室内空气颗粒物、气态污染物和生物性污染物的净化、影响因素和适用性。第三部分（第 6，7 章）围绕日常生活的主要交通工具和地下建筑的室内以及代表性密闭舱室，探讨空气污染与控制问题。其中，第 6 章介绍汽车车内和地铁车厢、地下停车场和地铁建筑，以及商用地下建筑的室内空气污染与控制。第 7 章介绍飞机、载人航天器和潜艇等密闭舱室的空气污染与控制。

参加本书编写的人员有朱天乐（第 1，4，5，7 章），孙也、朱天乐（第 3，6 章），申芳霞（第 2 章），全书由朱天乐主编并修改定稿。在本书的编写过程中，编者的部分博士生、硕士生和选修"微环境空气质量"课程的研究生在资料收集、整理和校稿检查、修改等方面给予了大力帮助。

清华大学郝吉明院士对本书的选题、内容设计和编写给予了悉心指导，并审阅了全书。在这些年的教学科研工作和本书的编写过程中，国内很多学者，以及编者的领导、朋友和家人给予了热情的支持和不断的鼓励。本书出版得到了国家重点研发计划项目"室内公共场所空气污染控制关键技术与装备"和"室内公共场所污染物快速检测、形成机制及干预技术"，以及北京航空航天大学教材专著立项的资助。谨在本书出版之际，一并表示由衷的感谢。

本书作为一本全面阐述室内空气污染与控制理论与技术的书籍，可供从事室内空气污染控制相关工作的工程技术、管理和科研人员，以及其他关注室内空气污染与控制的人员参考，也可作为环境科学与工程、建筑环境与设备工程、公共卫生、人机环境工程等专业学生的教学参考书。

由于室内空气污染与控制涉及面广，加之编者水平有限，书中难免存在疏漏和不足之处，恳请广大读者批评指正。

编　者

2020 年 10 月

目　　录

第1章 概　　论

1.1　室内空气质量问题的提出

1.1.1　室内空气与室内空气质量

室内是指采用天然或人工材料围隔而成的有限空间，包括住宅、教室、会议室、办公室、候车（机、船）大厅、医院、旅馆、影剧院、商店、图书馆、各类地下建筑等有人群活动的非生产性室内场所。从广义上说，也包括汽车、火车、地铁、轮船和载人航天器、飞机、潜艇的车厢、船舱和密闭乘员舱，这类有限空间的空气统称为室内空气。人的一生有70%～90%的时间是在室内度过的，而人的生命活动离不开空气，健康成年人从外界吸入空气量高达 $12\sim15m^3/(人\cdot d)$。因此，室内空气是人的生命保障要素，其质量优劣对人的身心健康和生活、工作质量具有重要影响。

室内空气质量（indoor air quality，IAQ）反映室内空气温度、湿度、气流速度和洁净度等多个因素的综合效应，具体表现为，在某个特定环境中工作或生活的人群对空气的适宜、接受或认可的程度，适宜、接受或认可程度越高，表明空气质量越好。美国采暖、制冷与空调工程师学会（American Society of Heating，Refrigerating and Air Conditioning Engineers，ASHRAE）标准 Ventilation for Acceptable Indoor Air Quality（62.1-2004）中给出的可接受室内空气质量的定义是："空气中没有已知的污染物浓度超出公认的权威机构所确定的限值，且处于该环境中的绝大多数人（≥80%）没有不适感受"。此定义将主客观评价科学地结合起来，在国际上获得广泛的认可。

1.1.2　发达国家室内空气质量问题的提出

室内空气质量问题可追溯到远古时代，以原始人类将火种引入洞穴，引起洞穴内烟尘污染为标志。采用科学的方法对待室内空气质量问题可追溯到20世纪上半叶，1939年美国成立了工业卫生协会（American Industrial Hygiene Association，AIHA），这标志着生产环境对人体健康的影响已受到社会关注。当时，人们主要关心生产场所的生产资料和生产过程排出的有害物质对工人健康的危害，特别是工业粉尘的危害。对非生产场所室内空气质量的关注始于 20 世纪 60 年代的北欧和北美地区，也正是在那个时期提出了室内空气质量的概念。当时，促使人们关注室内空气质量问题的原因主要有两个：一是随着环境保护工作的开展和环境科学的发展，人们的环境意识不断加强；二是空调开始普及，为了节省能源，建筑物密闭程度不断提高，自然通风量越来越小。同时各种化学制品也开始涌入室内，导致室内化学污染物浓度提高。

1965 年荷兰学者开展了世界上首个室内与室外空气质量关系的系统、深度研究，他们以鹿特丹 60 个住户为对象，测定了室内与室外 SO_2 和烟尘的关系，获得了空气污染事件期间的室内环境相对安全性，以及抽烟对室内气溶胶生成的影响，室内 SO_2 浓度衰减与建筑物新旧程度的关系等重要信息。研究表明，室内与室外空气质量存在显著差别。在非大气污染事件期间，室内空气质量比室外差。随后，关于室内与室外空气质量关系的研究一直未停止过，而且涉及面越来越宽。

20 世纪 70 年代，北欧和美国等国家开始大量使用甲醛制品，如用脲醛树脂和酚醛树脂作原料制成胶黏剂、墙缝填充剂和多种人造板材等。其中，脲甲醛泡沫树脂隔热材料在那个时期曾被大量用于构建房屋，特别是移动住房。于是，大量甲醛被释放到室内，很多居住者出现了急性刺激和急性中毒症状，甚至引起中毒性肝炎或过敏性紫癜。这些问题在当时的社会上产生了较大影响。于是，工业卫生、环境保护、化学化工、建筑、装修装饰等行业的工作人员围绕着甲醛污染问题，相继开展了环境监测、流行病学调查、临床观察、毒理实验、工艺改革及相应的实际工作和科学研究。此外，居室氡的污染问题在 70 年代末也开始重视起来。当时，在美国宾夕法尼亚州部分地区检测到的居室氡水平达到了地下铀矿的氡水平。

20 世纪 80 年代开始，美国、日本、加拿大和欧洲各国的报刊上频繁出现 SBS、BRI、和 MCS 三个英文缩写，其分别代表室内空气污染引发的三种疾病名称，即病态建筑综合征（sick building syndrome，SBS）、建筑相关疾病（building-related illness，BRI）和化学物质过敏症（multiple chemical sensitivity，MCS）。当时，在欧洲甚至出现了买卖空气的设想。人们逐渐发现室内空气污染与哮喘和肺癌等发病率的上升有着密切关系，并注意到室内同样存在所谓"环境毒素""环境激素""环境荷尔蒙"等。通过这些研究，人们对各种条件下，不同污染物的室内与室外关系有了全面的认识，并建立了一系列室内与室外空气质量关系的模型。

伴随人们环境意识的提高和室内空气污染问题的出现，对于室内空气质量的认识得到不断深化。为了全面、系统地理解室内空气质量问题，自 20 世纪 60 年代以来，室内空气质量相关学术研究、污染物检测、宣传教育、咨询和评估机构逐步形成并健全。与此同时，室内环境管理机构也开始在发达国家或地区形成。各国还针对室内空气质量问题，开展了一系列大型活动，如美国从 1993 年到现在，每年10月份第3周会开展国家氡活动周活动,使室内环境质量控制成为全民行为。如今,美国的学校里都设有室内环境协调员,管理和督导室内环境质量的监测和控制。法国国家房屋部也于2001年7月10日正式宣布成立室内空气质量监测中心,每年在全国选择1000个监测点,对典型室内场所的氡、铅、霉菌、过敏源、挥发性有机化合物(volatile organic compounds,VOCs)、人造矿物纤维、杀虫剂及烟草烟雾等10多种有害物质进行检测,并向公众通报检测结果。

在室内环境管理机构的指导下,室内环境立法也开始进行,到目前为止,欧美各发达国家,亚洲的日本、韩国,以及世界卫生组织均已建立比较完善的室内空气质量法规。

1.1.3　中国室内空气质量问题的提出

改革开放之前,我国的室内空气污染物以厨房燃烧烟气、油烟和卷烟烟雾,以及不卫生的生活习惯和家禽家畜养殖产生的污染物为主。1975~1978年,在卫生部肿瘤防治研究办公室①的统一规划下,我国曾在全国29个省(自治区、直辖市)(不包括港澳台地区)范围内,开展了死亡原因调查。结果发现,云南宣威地区癌症高发,尤其是女性,其肺癌死亡率远高于其他地区,位居全球前列。进一步研究表明,这种现象并不是吸烟引起的,而是当地煤炭资源丰富,居民家庭采用烟煤取暖做饭。在烟煤燃烧过程中,空气污染物进入室内空气,并被人体吸入。妇女因是家务的主要承当者,受到的影响最为严重。

20世纪90年代末期以来,随着全国范围住房私有化,以及国民经济的高速发展和城市化的快速推进,房产和房屋装修装饰、日用化学用品和现代办公用品成为人民群众的消费热点。这使得室内空气污染物的来源和影响室内空气质量的因素越来越复杂。实际上,2000年前后因建筑、建筑材料释放甲醛、挥发性有机化合物、氨和氡等有害物质严重危害暴露人群的身体健康,房屋装修后长时间无法入住,甚至中毒死亡的事件时有报道。室内空气污染问题成为领导关心、民众忧心、社会广泛关注的重大民生问题。正是在这样的背景下,人们对室内空气质量的重要性有了初步的认识,室内空气污染控制问题开始受到高度重视。

进入21世纪以来,我国经济持续高速发展,而环境保护工作滞后,由此引发的环境污染问题越来越严重。2011年入秋以来北京及全国其他主要工业化地区皆出现严重的雾霾天气,而且成为频发事件。受大气污染和室内外空气交换的影响,室内空气质量也普遍恶化。因大气污染引起的室内空气污染涉及千家万户,由此室内空气污染也成为全国人民,尤其是雾霾影响区域居民共同关注的问题,应

---

① 1969年全国肿瘤防治研究办公室成立,1978年改名为卫生部肿瘤防治研究办公室。

对雾霾及由此导致的室内空气污染问题越来越受重视，相关产业、科学研究也得到快速的发展。另外，我国的香港特别行政区也于 1998 年在其环境保护署内设立了室内环境主管部门，并于 1999 年公布了楼宇的 IAQ 指南。

1.2　室内空气污染的定义、特征及典型事件

1.2.1　室内空气污染的定义和特征

1. 室内空气污染的定义

室内空气污染（indoor air pollution，IAP），是指室内污染源释放的有害物质或者随室外空气进入室内的有害物质，其浓度达到一定水平，而且停留足够的时间，造成室内空气质量下降，继而引起人的一系列不适症状，影响人的生活、工作和健康的现象。室内空气污染包括物理性污染、化学性污染、生物性污染和放射性污染，物理性污染是指因物理因素，如不合适的温度、湿度和风速，以及电磁辐射、噪声、振动和照明等引起的污染；化学性污染是指因化学物质，如甲醛、苯及其同系物、苯并[a]芘（B[a]P）、可吸入颗粒物、氨气、一氧化碳、二氧化碳、二氧化硫和氮氧化物等引起的污染；生物性污染是指因生物污染因子，即各类有毒有害微生物引起的污染；放射性污染是指因氡及其子体引起的污染。本书主要关注化学性污染和生物性污染。

2. 室内空气污染的特征

室内空气污染有自身的特征，主要表现在以下几个方面。

（1）污染物类型多。室内污染物来源广泛，种类繁多，有物理性污染物、化学性污染物、生物性污染物、放射性污染物等等。与此同时，这些污染物还可相互作用形成二次污染物。

（2）影响范围广。室内环境包括居室环境，以及办公室、交通工具、娱乐场所、医院、教室、候车（机、船）厅等公共环境。涉及的人群数量多、范围广。

（3）对人体作用时间长。人的一生有 70%～90%的时间是在室内度过的，当人们长期暴露在有污染的室内环境时，污染物对人体的作用时间自然也相应很长。

（4）短期污染浓度高。刚刚做完装饰装修的建筑物，由于装饰装修和建筑材料释放污染物的速率大，若通风不畅，大量污染物蓄积在室内，会造成很高的室内污染物浓度，严重时可超出室外数十倍，甚至上百倍。

（5）污染物释放周期长。从材料本底脱气逸出的污染物通常有一个很长的释放期，如甲醛，即使在通风充足的条件下，其释放周期可达十几年之久，而对于

放射性污染物，因大多与基础材料和所处大环境有关，其释放时间通常更长。

室内空气污染主要是人为污染，或因为考虑不周到而受到自然因素的影响。尽管室内污染物的浓度较低，但多种污染物共同存在于室内，长时间联合作用于人体，会严重危害人体健康，尤其是老弱病幼等敏感人群。

1.2.2　典型室内空气污染事件

1. 美国费城嗜肺军团菌事件

1976 年夏，美国退伍军人协会在美国宾夕法尼亚州费城的一家旅馆里举行年会，部分与会者、旅馆住宿者和经过旅馆的行人患上原因不明的疾病，其主要症状为发热、咳嗽及肺部炎症，患者达到 239 人，并造成 34 人死亡，成为当时轰动美国的大事件。为此，微生物学、毒理学、病理学、流行病学的专家们聚集在一起，从不同的专业角度调查了事件的起因和疾病的祸首。结果查明，疾病的祸首是后来命名为嗜肺军团菌的一种细菌。事件的起因是嗜肺军团菌在空调冷却塔的冷却水中大量繁殖并形成微生物气溶胶，部分直接飘逸到冷却塔周围的空气中感染路过的行人，部分通过空调送风扩散到旅馆的房间内感染旅馆里的住宿人员。

实际上，1968 年美国密歇根州庞蒂亚克市的卫生局办公大楼里，曾发生过军团菌病流行事件。在卫生局办公大楼里工作的 100 名职员中有 95 人，到过该大楼的外来人员中有 39 人患病，症状为发寒、高热、全身性肌肉痛、头痛，像流行性感冒，但没有肺炎症状。不过，当时的流行病调查虽然指出与空调系统有关，但因没有找到病原体，没能确定病因。过了十年后，才确定病因。实际上，病原体与费城发生的军团菌肺炎相同，为嗜肺军团菌，其繁殖和传播途径也与费城相同。但是，庞蒂亚克事件的病症与费城事件很不相同，因此把在庞蒂亚克市发生的军团菌病称为庞蒂亚克热。

2. 美国宾夕法尼亚州室内氡污染事件

1984 年，在美国宾夕法尼亚州核电站工作的工人斯坦利在上班进行例行安检时惊动了放射性污染警报系统，但检查时并未发现可疑情况。在随后的两周中，斯坦利每次上班时都出现了类似现象。在寻找污染源时却意外地发现，对他造成的放射性污染不是来自核电站，而是他住宅中的氡气。这是由于斯坦利的房屋建在开采过的高铀含量矿体上，室内氡浓度高达 $100000Bq/m^3$，住宅的高浓度氡气使他受到放射性污染，随身衣服和用品也含有高浓度氡及其子体。

斯坦利事件引起人们对住宅氡的重视，1986 年开始宾夕法尼亚州对州内 20000 所房屋进行了氡浓度检测，结果表明，在这个地区，大约有 1/8 的房屋存在室内氡污染问题，有上百万居住者受到的年辐射剂量超过铀矿工人。同步进行的流行病学调查也证实：住宅内氡的致病风险与矿井中相似，极易引发肺癌，由此引起各国辐射防护界，包括国际原子能机构（International Atomic Energy Agency，IAEA）和国际辐射防护委员会（International Commission on Radiological Protection，ICRP）等国际专业组织的高度重视。根据美国人口现状和室内氡水平的测量资料发现，1995 年全美大约有 157400 人死于肺癌，在这些肺癌死亡者中有 15400～21800 人是由于氡暴露和吸烟的共同作用所导致，占死亡人口总数的 9.8%～13.9%。另外约有 11000 例患者无吸烟史，其中 2100～2900 人与氡辐射有关，占死亡总数的 1.3%～1.8%，因此认为氡是除吸烟以外引起肺癌的第二因素。

3. 中国室内装修污染第一案

1998 年 7 月，北京的陈先生在昌平某小区购买了一套住宅，并委托专业装修公司进行装修装饰。1998 年 9 月住宅装修装饰完成，陈先生入住一段时间后，感觉眼睛刺激严重，遂委托专业机构进行检测。结果表明，室内甲醛浓度超标 25 倍。1999 年 12 月陈先生被医院检查出罹患喉乳头状瘤，慢性咽炎。2000 年 6 月陈先生将装修公司告上了法院，最终法庭经审理后判陈先生胜诉，要求该装修公司赔偿原告拆除损失费、检测费、医疗补偿费、房租费共计 8.9 万元，并在 10 日内清除污染的装饰材料。

4. 北京氨气污染事件

2000 年 1 月开始，北京某住宅小区的业主反映，刚入住的住宅有异味，开始以为是下水道地漏未封严，或装修材料的气味，但经过一段时间后，发现气味越来越重，连楼道中都有这种气味，业主不敢关窗，若晚上关窗睡觉，早晨起来后口鼻十分难受。多次检测后发现，该住宅楼群的 2 号楼 5～6 个楼层的部分房间室内空气氨气浓度远高出国家相关部门规定的限值，这就是所谓的"氨气污染事件"。

实际上，早在 1997 年建成的一座豪华写字楼，商家入住不久，就出现了类似问题，在楼里工作的员工纷纷反映：咽喉疼，嗓子发干，脑袋发蒙，容易疲劳，总感到有刺激气味，眼睛和鼻子难以适应，但是一下班就没有问题了；而且特别容易感冒。相关机构对其进行了室内空气质量检测，结果表明，办公室内空气中氨气超过国家规定卫生标准的 18 倍。有关管理部门曾在北京市抽查了六座新建的高档写字楼，根据国家公共场所相关卫生标准进行了室内空气质量的检测分析，结果发现，室内的各种有害气体中氨超标率最高，达到了 80.56%。

5. 新车车内空气污染事件

卢先生于 2002 年 3 月份从北京某汽车贸易公司购买了一辆经过改装的进口高档轿车。后来，卢先生发觉车内气味刺鼻难忍，本人和司机都出现头顶小片脱发的症状。同年 8 月份,经检测,车内空气甲醛含量超标 26 倍。卢先生同对方多次协商无效后,将该汽车贸易公司告到朝阳区人民法院,要求对方退回购车款及各种费用。

2004 年 3 月份上海消费者朱某购买了一辆某型号新车。提车后,朱某家人很快发觉车内有浓烈的异味,开车时眼睛出现刺痛、流泪的症状,时间稍长就会轻度眩晕。朱某 3 岁的孙子由于好奇,经常乘坐该车或在车内玩耍。2004 年 3 月下旬,朱某孙子出现颈部淋巴结莫名肿大,被医院确诊为急性淋巴细胞白血病。朱某的新车随后被检测出车内甲醛超标 1.5 倍,总挥发性有机化合物(total volatile organic compounds,TVOC)含量超标 6 倍。

6. 中国香港淘大花园事件

2003 年 3 月底,一位严重急性呼吸综合征(severe acute respiratory syndrome,SARS)患者到香港淘大花园住宅小区探亲,随后,该住宅小区共有 300 多人被感染 SARS,40 多人去世,一度引起社会恐慌。淘大花园是一个超高层住宅小区,平均高度为 33 层,每层 8 户,呈"井"字形布局、中心部位为电梯。楼座之间的间距小,形成的半开敞天井最窄的距离只有 1.5m。根据香港卫生署和世界卫生组织的调查结果分析,造成群体性感染的原因涉及多个方面。其中,携带病毒气溶胶的空气沿"户内→近建筑外部空间→户内"、"户内→建筑内部垂直或水平通道→户内"和"近建筑外部空间→建筑内部垂直或水平通道→户内"的流通是造成跨户传播的主要原因之一。由此可见,高层住宅的住家既要保持与室外的通风顺畅,又要注意防止因地漏、拔风等因素形成的串气。

7. 游轮和监狱等场所新型冠状病毒感染事件

2020 年 2 月新型冠状病毒肆虐期间,先后发生"钻石公主号"游轮、武汉某监狱、山东某监狱和韩国某精神病院等场所人员大面积确诊感染事件,考虑到这些场所人员走动受限制,绝大部分时间停留在舱室、监舍或病房内,只允许短时间在甲板或活动区活动,舱室、监舍或病房内新风量相对较小,游轮的不同舱室还存在通过空调系统交叉传输空气,空调系统不具备全面灭杀病毒能力等因素,推测游轮"舱室、监舍或病房→内部活动区和中央空调系统(假如配备而且运行)→舱室、监舍或病房"的空气流通造成的气溶胶传播可能是病毒交叉感染的原因之一。

1.3 室内空气污染物种类及其来源

1.3.1 室内空气污染物种类

室内空气污染物种类很多,一般地,分为颗粒物、气态污染物(有害气体)、有毒有害微生物和放射性污染物四大类。其中，前三类污染物涉及面广、构成复杂，控制技术也多样化，是关注的重点。

1. 颗粒物

空气中的颗粒物（particulate matter，PM）是指悬浮在空气中的固态或液态颗粒，也称气溶胶状污染物，包括尘土、矿物质、无机纤维、凝结金属颗粒（砷、镉、铅和汞等）、纸屑、苯并[a]芘和半挥发性有机物的细粒子部分。由于颗粒物的物理化学性质和健康效应均与粒径大小密切相关，因此通常根据空气动力学当量直径（d_p），将颗粒物分为总悬浮颗粒物（$d_p \leq 100\mu m$，TSP）、可吸入颗粒物（$d_p \leq 10\mu m$，PM_{10}）、细颗粒物（$d_p \leq 2.5\mu m$，$PM_{2.5}$，也称可入肺颗粒物，细粒子）和超细颗粒物（$d_p \leq 0.1\mu m$，$PM_{0.1}$）。由于惯性作用，粒径大于 $10\mu m$ 的颗粒物易被鼻腔与呼吸道黏液排出。因此，对人体健康影响较大的颗粒物是 PM_{10}，而且颗粒越小，随吸入气流进驻肺部和血液系统的比例越高，因而危害也越严重。

根据形成机理，空气中的颗粒物可分为一次颗粒物和二次颗粒物。一次颗粒物是指由污染源直接排入空气中的颗粒物，如固体燃料燃烧产生的飞灰、工业排放、道路和各类堆场的扬尘，以及燃烧产生的炭黑粒子（裂解凝聚产物）等；二次颗粒物是指由排放源排放的一次气态污染物在空气中经历一系列物理或化学过程，转化形成的液态或固态颗粒物，如挥发性有机气体或挥发性金属元素分别凝结为有机气溶胶和金属气溶胶颗粒，二氧化硫和氮氧化物在大气中分别转化为硫酸盐和硝酸盐颗粒等。

一般来说，室内颗粒物的粒径较小，大多为 $PM_{2.5}$，而且常规室内活动条件下，室内颗粒物浓度大多较低，一般在 $15\mu g/m^3$ 以下。但是，若室内积尘较多而且有剧烈的人为活动形成室内扬尘，或者室内抽烟和烹饪等活动形成气溶胶，或者室外大气细颗粒物污染严重，则会导致室内颗粒浓度显著提高。尤其是，当大气环境存在严重雾霾污染时，若不能形成室内气压稍高于室外大气的条件，室内与室外 $PM_{2.5}$ 浓度通常呈正相关性。

2. 气态污染物

气态污染物是指以气体分子形式存在于空气中的污染物，包括有机污染物和无机污染物两类，有机污染物包括易挥发性有机化合物（VVOC）、挥发性有机化合物（VOCs）和半挥发性有机化合物（SVOC），通常统称为挥发性有机化合物；无机类污染物包括臭氧、氨气、一氧化碳、二氧化碳、二氧化氮、二氧化硫等，最受关注的室内空气污染物是挥发性有机化合物。

VOCs 是指室温下饱和蒸气压大于 133.322Pa、沸点在 50～260℃的一类有机化合物，按化学结构可分为烷类、芳烃类、烯类、卤烃类、酯类、醛类、酮类和其他八类。室内空气中 VOCs 的来源包括室外和室内两种。近年来，随着建筑装饰、装修热潮的兴起，室内空气 VOCs 污染的污染源已由过去的以室外工业排放和汽车尾气为主逐步转变为以室内装饰装修材料为主。除建筑、装饰装修材料外，室内生活和办公用品、人类活动（取暖、烹饪和吸烟等）以及人体自身新陈代谢过程也会排放或产生一定量的 VOCs。

大量调查和研究结果表明，室内装饰装修所使用的人造板材、家具、涂料、胶黏剂等释放的甲醛和苯系物（苯、甲苯、二甲苯）等 VOCs 是造成我国城市居民住宅室内空气质量下降的主要污染物。表 1.1 和表 1.2 分别列出了我国部分城市居民住宅室内空气中甲醛和苯系物浓度的监测结果。可以看出，以甲醛和苯系物等 VOCs 为主的装饰装修型空气污染在我国具有普遍性和严重性等特点。

表 1.1　中国部分城市居民住宅室内空气中甲醛浓度监测结果

城市	样本数/个	平均浓度/(mg/m³)	浓度范围/(mg/m³)	超标率*/%
北京	530	0.210±0.152	0.025～1.382	75.47
天津	164	0.267±0.170	0.025～1.100	89.63
上海	182	0.205±0.135	0.025～0.869	79.12
石嘴山	212	0.610±0.311	0.104～1.712	100.00
长春	201	0.412±0.208	0.025～1.243	96.02
重庆	198	0.142±0.084	0.025～0.461	64.65

注：监测对象距装修完工不超过 6 个月；监测时间：2003 年 1～4 月。

* 我国《室内空气质量标准》（GB/T 18883—2002）规定甲醛浓度限值为 0.10mg/m³（1h 均值）。

表 1.2　中国部分城市居民住宅室内空气中苯系物浓度监测结果

城市	苯		甲苯		二甲苯	
	样本数/个	平均浓度*/(μg/m³)	样本数/个	平均浓度*/(μg/m³)	样本数/个	平均浓度*/(μg/m³)
北京	373	74.73±135.28	373	189.77±461.97	377	85.15±140.64
天津	68	150.78±169.07	125	85.33±127.13	134	105.31±210.19
上海	34	117.39±184.67	51	171.98±315.13	52	211.40±392.61
大连	89	44.22±43.67	89	143.54±186.28	89	89.40±166.70
石嘴山	47	30.69±41.51	41	26.98±26.63	48	48.30±59.81
平凉	6	9.03±6.95	8	13.91±15.13	11	8.41±4.33
珠海	9	10.78±10.62	9	32.99±29.75	9	13.99±9.56
长春	32	129.38±110.84	32	155.41±170.00	32	196.61±238.79
重庆	14	32.36±20.71	14	308.89±340.40	14	824.48±1037.99

注：监测对象距装修完工不超过 12 个月；监测时间：2002 年 5 月～2004 年 11 月。

* 我国《室内空气质量标准》（GB/T 18883—2002）规定苯、甲苯和二甲苯的浓度限值分别为 0.11mg/m³、0.20mg/m³ 和 0.20mg/m³（1h 均值）。

3. 有毒有害微生物

有毒有害微生物是指危害人体健康的微生物，也称致病微生物。空气中微生物种类繁多，可分为细菌、病毒、真菌、放线菌、立克次体、支原体、衣原体、螺旋体共八大类。其中，细菌、放线菌、螺旋体、支原体、立克次体、衣原体属于原核微生物；真菌属于真核微生物；病毒属于非细胞类微生物。各大类下又可细分为若干小类。有些微生物是肉眼可以看见，如属于真菌的蘑菇、灵芝、香菇等；也有些微生物肉眼不可见，如仅由核酸和蛋白质等少数几种成分组成，属于非细胞类微生物的病毒。大多数微生物对人类有益，但也有部分微生物能致病，如表 1.3 所示。有一些微生物通常条件下不会致病，但在特定环境下能引起感染、食品变质和腐败等。

表 1.3 微生物及其致病性

微生物类型	致病类型
真菌	皮肤病，深部组织上感染
放线菌	皮肤病，伤口感染
螺旋体	皮肤病，血液感染，如梅毒、钩端螺旋体病等
细菌	皮肤病化脓，上呼吸道感染，泌尿道感染，食物中毒，败血压症，急性传染病等
立克次体	斑疹伤寒等
衣原体	沙眼，泌尿生殖道感染
病毒	肝炎，乙型脑炎，麻疹，艾滋病等
支原体	肺炎，尿路感染

生物污染是影响室内空气品质的重要因素之一，微生物因自身有一定尺度，或附着于常规颗粒物表面。因而又称为"生物性气溶胶"（bioaerosol，biological aerosol）。

就生物性污染而言，除前述一般意义的室内空气污染特征之外，还具有自身的独有特征，主要体现在：①微生物是生命体，具有活性，而且可以繁殖和变异。②具有特殊的持久性，对于化学污染物，刚装修装饰时浓度很高但很快显著下降，低浓度释放时间长。然而，生物性污染源主要是人类本身及动、植物。只要这些污染源存在，污染就在所难免。③生物污染具有隐蔽性，一方面大部分微生物无色、无味、无光，因而看不到、摸不着。另一方面，部分致病微生物只会导致抵抗力弱的人生病，或者在特定条件下发病，还有一些微生物先在动物体寄生，再传给人类并发病，如 2003 年肆虐一时的 SARS 病毒和 2020 年席卷全球的新型冠状病毒即属此类。④具有广泛性，主要体现在微生物种类繁多，而且无处不在。

可以说，哪里有空气哪里就有微生物，哪里有建筑物哪里就有微生物。⑤远距离传播特征，通过飞机、车船等交通工具可将致病微生物带到异地，也可通过候鸟的迁徙进行更远距离的传播。

1.3.2　室内空气污染物的来源

1. 烹调

烹调产生的污染物主要有油烟和燃烧烟气两类，我国的烹调方式以炒、油炸、煎、蒸和煮为主，在烹调过程中，由于热分解作用产生大量有害物质，已经测定出的物质包括醛、酮、烃、脂肪酸、醇、芳香族化合物、酯、内酯、杂环化合物等共计 220 多种。除了油烟外，我国城镇居民以煤、液化石油气或天然气作燃料，这些燃料在燃烧过程中会产生一氧化碳、氮氧化物、氰化氢、二氧化碳、丙烯醛、氯化氢、二氧化硫和未完全燃烧的烃类，以及悬浮颗粒物。一般说来，烧煤的污染比烧液化气和煤气更重，尤其是煤中硫分、氟分、灰分含量高，氧气供给不足时更为严重。另外，部分农村地区使用生物燃料取暖和做饭，而且灶具原始，大多为开放式燃烧，缺乏必要的通风措施。因而不但热能利用率低（一般只有 10%～15%），而且燃烧过程产生大量的颗粒物及气相污染物直接逸入室内，造成室内污染。

2. 吸烟

在室内吸烟，会造成严重的室内空气污染，卷烟烟雾成分极其复杂，目前已经检测出的就有 3800 多种物质。它们在空气中以气态、气溶胶态存在，如表 1.4 所示。其中气态物质占 90%。气溶胶状态物质的主要成分是焦油及烟碱（尼古丁），每支卷烟可产生 0.6～3.6mg 尼古丁，焦油中含有大量的致癌物质。

表 1.4　卷烟烟雾所含主要污染物

气态污染物		悬浮颗粒物	
名称	含量	名称	含量
N-二甲基亚硝胺	13ng/支	As	微量
N-亚硝基去甲基烟碱	1.8ng/支	Cd	1～2μg/支
二乙基亚硝胺	1.5ng/支	Ni	1.5～3.1μg/支
联氨	32ng/支	1-萘胺	30ng/支
N-亚硝基吡咯烷	11ng/支	2-萘胺	20ng/支
氯乙烯	12ng/支	苯并[a]蒽	60～80ng/支

续表

气态污染物		悬浮颗粒物	
名称	含量	名称	含量
尿烷	30ng/支	苯并[a]芘	2～122ng/支
甲醛（促癌物质）	30ng/支	二苯并[a, i]芘	0.2～10ng/支
乙醛	20μg/支	5-甲基䓛	0.6ng/支
丙烯醛	70μg/支	去甲基烟碱亚硝胺	140ng/支
木糖醛	800μg/支	1-甲基吲哚	1.0μg/支
纤毛毒物质	110μg/支	9-甲基咔唑	1.4μg/支
		二甲基荧蒽	2ng/支

3. 生物性污染源

室内空气生物性污染因子的来源具有多样性,主要来源于患有呼吸道疾病的人和动物（啮齿动物、鸟、家畜等）。此外,环境生物污染源也包括床褥、地毯中滋生的尘螨,厨房的餐具、厨具,卫生间的浴缸、面盆和便具等都是微生物的滋生地。目前,国内对室内空气中化学性污染物已做了大量监测工作,但室内空气生物污染物的监测相对较少。原北京市东城区卫生防疫站曾于 2000～2001 年的冬夏两季在东城区东直门外地区 16 栋楼房、12 栋平房的居室和 6 栋写字楼的办公室进行了微生物污染调查。现场采样结合实验室分析表明,室内空气中细菌总数超标率达 22.4%;霉菌、链球菌检出率为 100%;居室尘螨检出率为 92.8%。此外,在居室加湿器、鱼缸水及写字楼中央空调冷凝水中还检出了嗜肺军团菌。该研究表明,室内生物污染呈现多元化特征,不同季节、不同房型的污染状况有所不同。

4. 通风空调系统

通风空调系统作为室内空气污染源主要表现为以下 3 种形式。

（1）通风空调系统设置不当或气流组织不合理。例如,有的设计没有考虑有组织的回风系统,更有甚者,由厨房向餐厅串烟、由卫生间向客房串味、全空气系统中不同用途的房间压差造成交叉污染等现象时有发生。还有的房间由于气流组织不合理,极易导致气溶胶污染物（微粒、细菌和病毒）在局部死角积聚,也会形成室内空气污染。

（2）空调冷凝水清理不及时。空调表冷器一般在湿工况下运行,表面冷凝水一部分落到滴水盘,一部分附着在盘管表面。滴水盘的水如排除不净,长时间就会滋生细菌;表冷器表面的附着水也会黏附灰尘、滋生细菌,因此,这些设备是

细菌滋生的主要场所。另外，空调系统的冷却水如果被污染，则可导致空气微生
物污染，如军团菌污染等。

（3）通风空调系统管理不善。维护管理不好的空调系统会造成气流阻塞、灰
尘沉积、细菌繁殖、气流紊乱，这些都会对室内空气造成更大的污染而影响室内
空气品质。例如，非自动清洗的过滤器长久使用后会积聚大量灰尘，使得过滤器
丧失过滤能力，反而成为污染源。

5. 室外来源

室外来源包括通过门窗、墙缝等开口进入的室外污染物和人为因素从室外带
至室内的室外污染物。工业废气和汽车尾气造成室外大气环境污染，生态环境遭
到破坏。同时，在自然通风或机械通风作用下，这些污染物被输送至室内，当进
气口设置在室外污染源附近，或正对着室外污染源排放口，而且进气未得到适当
处理时，这可能成为室内空气污染物的最主要来源。

人体毛发、皮肤以及衣物皆会吸附（黏附）空气污染物，当人自室外进入室
内时，也自然地将室外的空气污染物带入室内。此外，将干洗后的衣服带回家，
会释放出四氯乙烯等挥发性有机化合物；将工作服带回家，可把工作环境中的污
染物带入室内。来源于室外的空气污染物及发生源如表 1.5 所示。

表 1.5　空气污染物类型

空气污染物	污染物发生源
硫氧化物、氮氧化物、一氧化碳	燃料燃烧、有色金属熔炼
颗粒物	燃料燃烧、建筑施工、交通扬尘、蒸气凝结
臭氧	光化学反应
花粉	植物
钙、氯、硅、镉	土壤、工业生产、建筑施工
有机物	石化溶剂、燃料蒸发

按污染物类型区分，主要室内空气污染物的潜在来源如表 1.6 所示。

表 1.6　主要室内空气污染物的潜在来源

污染物	潜在来源
甲醛	①脲醛/酚醛树脂胶人造板，如胶合板、细木工板、中密度纤维板和刨花板等；②含有甲醛的装饰材料，如贴墙布、贴墙纸、涂料、胶黏剂、脲醛泡沫绝缘材料和塑料地板等；③散发甲醛的室内陈列及装饰用品，如家具、化纤地毯和泡沫塑料等；④燃烧散发甲醛的材料，如家用燃料、卷烟等；⑤生活用品，如化妆品、清洁剂、防腐剂、油墨、纺织纤维等；⑥人体新陈代谢活动

污染物	潜在来源
挥发性有机化合物物	①建筑装修装饰和专用材料，如人造板、泡沫隔热材料、塑料板材、壁纸、油漆、涂料、胶黏剂、地毯、挂毯和化纤窗帘等；②生活用品，如化妆品、洗涤剂、捻缝胶、杀虫剂等；③办公设备，如复印机、打印机等；④家用燃料和烟叶的不完全燃烧；⑤人体新陈代谢活动
氡	①房屋的地基；②建筑装修材料；③煤、煤气和天然气的燃烧；④自来水；⑤烟草的燃烧；⑥排污管泄漏、干的排水井、地下储水槽泄漏
氨	①施工中使用的混凝土添加剂，如防冻剂、膨胀剂和早强剂；②建筑装修材料中的胶黏剂、涂料添加剂以及增白剂；③人体代谢废弃物
颗粒物	①室外大气；②室内活动，如燃烧、吸烟、行走、衣物扬尘；③室内含石棉建筑材料破损；④内墙涂料助剂中的汞、铜、锡、砷等金属有机化合物；⑤颜料和涂料中的铅；⑥烟雾中的铅；⑦室内用品；⑧烹调活动
臭氧	①复印机、负离子发生器、空气净化器、电子消毒柜等；②室外光化学烟雾
致病微生物	①室外空气；②人及动物（啮齿动物、鸟、家畜等）的散发；③建筑材料污染源；④厨房的餐具、厨具，卫生间的浴缸、面盆和便具等滋生的微生物；⑤地毯、沙发及床褥内、灰尘中滋生的尘螨；⑥空调设备（空气处理机组内表面、冷凝水盘、加湿和除湿器、盘管组件、风机、过滤器、室内送/回风口、送/回/新风管等部件）中滋生的微生物
NO_x、SO_2、CO	①室外大气；②各类燃料过程，如烹饪、采暖、照明和抽烟等

1.4　室内空气污染引发的疾病类型

呼吸有害物质浓度低于健康或气味不适阈值的空气是人们对室内空气质量的基本要求，室内空气污染的代表性影响包括危害人体健康，引起室内用品表面污染或仪器、设备精度下降，恶化人与人之间的关系 3 个方面。危害人体健康是指因暴露于不良室内空气，人的身心健康受到短期或长期影响，影响程度从感觉不舒适，刺激到患病，致残，甚至死亡。由此付出的代价包括精神伤害、生产率下降、医疗费用增加等。

除了危害人体健康之外，不良室内空气质量会引起室内用品表面污染或仪器、设备精度下降。与这类损坏相关的代价包括清理、校准和维修费用提高，以及使用寿命缩短等。此外，还有由此引起的停工损失。室内空气污染物对室内用品破坏还会引起二次效应，如失去提供本身功能的能力，甚至排放有害物质到环境中。

室内空气质量问题还会恶化人与人之间的关系，加重人的心理压力。例如，引起地产商或装修公司与业主之间、雇员与雇主之间、房东与房客之间关系紧张，甚至引起法律争端。此外，不良的室内空气质量，还会造成建筑物设计、施工和产品制造商信誉下降，公众形象受损，房地产开发商房产销售不畅，甚至其他灾难性事故。

在世界卫生组织出版的 *Air Quality Guidelines* 中指出，在一系列导致疾病的危险因素中，室内空气污染被列为第八位最重要的危险因素，占全球疾病负担的2.7%。在高死亡率的发展中国家，室内烟雾约占总疾病负担的3.7%，是继营养不良、不安全性行为及缺乏安全的水和卫生设施之后的最致命杀手。不良室内空气引起的疾病包括病态建筑综合征、建筑相关疾病和化学物质过敏症等。

1.4.1 病态建筑综合征

病态建筑综合征，通常是指由于在特定建筑内生活或工作一定时间后而产生的一系列相关非特定症状的统称。其症状包括眼睛、鼻子或咽喉刺激，头痛、疲劳、精力不足、烦躁、皮肤干燥、鼻充血、呼吸困难、恶心等，出现于同一建筑物的20%以上暴露人群中。病态建筑综合征的特征是暴露人群一旦离开污染建筑物，症状会明显减轻，因此，病态建筑综合征的判断必须以不存在其他疾病为前提。病态建筑综合征的病因尚未完全弄清楚，通常不能归因于暴露于某种已知的污染物或通风系统缺陷。一般认为，病态建筑综合征是由多个因素引起的，而且涉及不同的反应机理，相关的因素如下。

（1）物理因素。例如，温度、相对湿度、通风速率、人工光照、噪声和震动等。

（2）化学因素。例如，环境烟草烟雾、甲醛、挥发性有机化合物、杀虫剂、散发气味的化合物、CO、CO_2、NO_2 和 O_3 等。

（3）生物和心理因素。虽然病态建筑综合征不会危害生命或导致永久性伤残，但是，这种病症往往导致受影响人群的工作效率下降，劳资关系、人际关系紧张，协调相关投诉的人力、物力增加。

1.4.2 建筑相关疾病

建筑相关疾病的特征是特异性因素已经得到鉴定，并具有一致临床表现。这些特异性因素包括过敏原、感染原、特异的空气污染物和特定的环境条件（如空气温度和湿度）。建筑相关疾病包括过敏性反应、军团菌病、心血管病和肺癌等。经临床诊断，这些疾病的起因都与建筑内空气污染物有关，都可以准确地归咎于特定或确证的成因，具体如下。

（1）过敏性反应。根据诱发原因的不同，过敏性反应分为由若干品种的真菌所导致的过敏性局部急性肺炎、对甲醛的过敏性反应和由尘螨引起的哮喘。

（2）军团菌病。军团菌病是由嗜肺军团菌引起的以肺炎为主的急性感染性疾病，有时可发生暴发性流行。军团菌病的病原菌主要来自土壤和污水，由空气传播，自呼吸道侵入人体。

军团菌病有两种临床表现，一种以发热、咳嗽和肺部炎症为主，称为军团菌病；另一种病情较轻，主要为发热、头痛和肌肉疼痛等，无肺部炎症，称为庞蒂亚克热，是由毒性较低的病菌所致。

军团菌在自来水中可存活 1 年左右，在蒸馏水中可存活 2～4 个月，通常从土壤和河水中可分离出病菌。军团菌可以生活在空调系统的冷凝水、加湿器或喷雾器内，并通过带水的漂浮物或细水滴的形成，在空气中传播军团菌病。

到目前为止，军团菌病尚无有效预防措施，但是，如果加强空调器的供水系统、加湿冷凝和喷雾器等的卫生管理与消毒工作，对减少军团菌病的暴发流行可以起到积极的作用。

与病态建筑综合征不同，建筑相关疾病的病因可查，而且有明确的诊断标准和治疗对策。患建筑相关疾病的人群离开被怀疑室内空气质量不良的建筑物后，症状不会很快消失，需要进行治疗，且康复期通常较长。而且完全康复或症状减轻往往需要远离致病源。

总的来说，引起病态建筑综合征和建筑相关疾病的因素很多，可根据污染物特性或来源对其分类。例如，美国国家环境保护局认为至少有 1000 种以上的污染物能够引起病态建筑综合征，并于 1999 年把污染物归纳为四大类：不适度的通风、内源性化学污染物、外源性化学污染物和生物性污染物。我国常规的分类是化学因素、物理因素和生物因素。不同分类有时也反映了对不同类型污染物的关注程度。发达国家在研究室内环境质量时，比较关心建筑和装饰装修材料散发的污染物，在物理因素中强调室内通风。我国在研究室内空气质量时，既关心化学污染物，如建筑和装饰装修材料散发的污染物、家具散发的污染物、厨房油烟等，也关心噪声、震动、电磁辐射和温度、湿度等物理因素，其原因是我国居住区与商业区、工业区的布局不够分明，比较混乱。

1.4.3　化学物质过敏症

化学物质过敏症的症状是慢性（持续三个月以上）多系统紊乱，通常涉及中枢神经系统和一种以上其他系统。症状具有不确定性，包括行为变化、疲劳、压抑、精神疾病、运动系统表现、呼吸系统表现、泌尿生殖系统表现和黏膜刺激等。由于临床表现各种各样，缺乏明确的判断依据，所以它不被临床医生看成是一种疾病。患化学物质过敏症的人群通常以低于正常剂量对某些化学物质产生对抗效应，对某些食物会产生抵触心理。受影响者的发病程度不一，从中等强度不适到完全丧失劳动能力。身体检查时，尽管有淋巴细胞异常等现象，但通常无其他明显不适症状。

1.5　室内空气污染防治对策

　　解决室内空气污染问题，预防是根本性的对策，其原因是室内空气污染具有特殊性。一方面室内空间有限而且人群在此环境度过的时间长，因此污染物浓度即使很低，对人体健康的危害也不容忽视。另一方面，污染源一旦进入室内，释放的时间往往较长，几乎没有短时间从根本上解决的方法。

　　治理已经出现的室内空气污染既是迫不得已的对策措施，也是追求高品质生活质量的具体体现。一方面，室内空气污染源具有多样性和复杂性，低浓度污染物释放在一定程度上具有必然性，而伴随建筑物密闭程度提高，污染物积累会加重。另一方面，伴随人们健康环境意识和生活水平的提高，对室内空气质量提出了更高的要求。因此，借助通风或空气净化等手段，治理室内空气污染，控制室内空气污染物的浓度水平，也成为发展趋势。

　　为了做好室内空气污染防治工作，必须从标准、管理、技术、产业、服务和宣传教育等多方面提供支撑。

1.5.1　建立健全标准和规范，提供室内空气污染控制的依据

　　室内空气质量控制标准和规范是实施室内空气质量管理和防治室内空气污染的依据与基础。根据覆盖面的不同，可将室内空气质量控制标准和规范分为专门型和综合型两大类。其中，专门型标准和规范是指针对室内空气污染物浓度限值、污染源释放污染量限值，以及借助通风稀释、空气净化和系统维护防止污染物积累而分别提出的标准和规范；综合型标准和规范则覆盖室内空气质量、源头控制、通风稀释、空气净化和系统维护等方方面面。这些标准的颁布实施对保障室内空气质量起到了非常积极的作用。

　　1. 专门型室内空气质量控制标准和规范

　　1）室内空气质量标准
　　环境质量类标准是以保护室内人群身心健康作为目标而对室内空气中各种污染物的允许浓度所作的限制规定，是进行室内空气质量管理和评价，以及制定源头控制、通风稀释和空气净化等污染控制类标准和规范的依据。早在 1988 年，基于对公共场所的室内空气监测和调研工作，我国颁布了第一套比较完整的公共场所室内卫生标准，对各种公共场所的二氧化碳、一氧化碳、可吸入颗粒物浓度和细菌数量做出了限量要求。这些标准的实施对于加强公共场所室内环境的卫生管理，控制传染病传播，保护公众健康起到了积极的作用。根

据室内空气出现的新问题，1996 年 1 月相关部门又批准了新的公共场所卫生标准，即 GB 9663—1996～GB 9673—1996 和 GB 16153—1996，替代 1988 年颁布的同类标准，主要增加了对于甲醛的限量要求，该套标准于 1996 年 9 月 1 日开始实施。根据室内空气污染出现的新情况，我国从 1996 开始，针对建筑物的室内甲醛、氡、细菌总数、二氧化碳、可吸入颗粒物、氮氧化物、二氧化硫、臭氧和苯并[a]芘等污染物，又先后制定并颁布了一系列标准和规范。2002 年 11 月 9 日我国国家质量监督检验检疫总局、卫生部和国家环境保护总局联合发布了《室内空气质量标准》（GB/T 18883—2002），并于 2003 年 3 月 1 日起正式实施，这是我国最重要也最具影响力的室内空气质量类标准。

《室内空气质量标准》规定了室内空气质量参数及检验方法，适用于住宅和办公建筑，并对其他室内环境具有参考作用。该标准是保障我国室内空气质量的最重要指导性标准，其主要指标如表 1.7。

表 1.7 《室内空气质量标准》（GB/T 18883—2002）

序号	参数类别	参数	单位	标准值	备注
1	物理性	温度	℃	22～28	夏季空调
				16～24	冬季空调
2		相对湿度	%	40～80	夏季空调
				30～60	冬季空调
3		空气流速	m/s	0.3	夏季空调
				0.2	冬季空调
4		新风量	$m^3/(h·人)$	30*	
5	化学性	二氧化硫 SO_2	mg/m^3	0.50	1h 均值
6		二氧化氮 NO_2	mg/m^3	0.24	1h 均值
7		一氧化碳 CO	mg/m^3	10	1h 均值
8		二氧化碳 CO_2	%	0.10	日均值
9		氨 NH_3	mg/m^3	0.20	1h 均值
10		臭氧 O_3	mg/m^3	0.16	1h 均值
11		甲醛 HCHO	mg/m^3	0.10	1h 均值
12		苯 C_6H_6	mg/m^3	0.11	1h 均值
13		甲苯 C_7H_8	mg/m^3	0.20	1h 均值
14		二甲苯 C_8H_{10}	mg/m^3	0.20	1h 均值
15		苯并[a]芘 B[a]P	ng/m^3	1.0	日均值
16		可吸入颗粒物 PM_{10}	mg/m^3	0.15	日均值
17		总挥发性有机物 TVOC	mg/m^3	0.60	8h 均值
18	生物性	菌落总数	cfu/m^3	2500	依据仪器定
19	放射性	氡 ^{222}Rn	Bq/m^3	400	年平均值（行动水平**）

＊ 新风量要求≥标准值，除温度、相对湿度外的其他参数要求均为≤标准值；

＊＊ 达到此水平建议采取干预行动以降低室内氡浓度。

该标准的实施极大地推进了我国以建筑物建设、装修装饰为主的室内空气污染物的控制。与此同时，该标准颁布以来我国经济社会已发生巨大的变化，室内空气污染物的类型及其来源特征，以及人们对于环境质量的要求也随之发生了变化。在这种背景下，对此标准的修订也正在进行之中，修订后的标准也即将发布。

2）污染源控制标准

源头控制是通过防止或减少污染物释放，实现控制污染水平的目的，是控制室内空气污染，尤其是解决建筑、装饰装修材料引发的室内空气污染的最根本的方法。针对建筑和装饰装修活动是诱发严重室内空气污染的最主要因素这一状况，2001 年国家标准化管理委员会和国家质量监督检验检疫总局组织卫生、建材、环保、林业、化工、轻工等行业的专家，在分析查明建筑和装饰装修材料所使用的原料和辅料、加工工艺、使用过程等各个环节中可能对人体健康造成危害的有害物质的基础上，参照国外有关标准，并结合对国内企业生产的产品进行的试验验证，制定了 10 项室内装饰装修材料有害物质限量标准，并于 2002 年 1 月 1 日开始实施。该套标准对室内装饰装修材料中甲醛、挥发性有机化合物、苯、甲苯和二甲苯、氨、游离甲苯二异氰酸酯（TDI）、氯乙烯单体、苯乙烯单体、可溶性铅、镉、铬、汞和砷等有害物质，以及建筑材料放射性核素的限量值都做了明确的规定。伴随对于室内空气问题认识的不断深化和科学技术进步，部分标准也得到不断修订和完善，最新的标准见表 1.8。

表 1.8 室内装饰装修材料有害物质限量标准

标准号	标准名称
GB 18580—2017	室内装饰装修材料 人造板及其制品中甲醛释放限量
GB 18581—2020	木器涂料中有害物质限量
GB 18582—2020	建筑用墙面涂料中有害物质限量
GB 18583—2008	室内装饰装修材料 胶粘剂中有害物质限量
GB 18584—2001	室内装饰装修材料 木家具中有害物质限量
GB 18585—2001	室内装饰装修材料 壁纸中有害物质限量
GB 18586—2001	室内装饰装修材料 聚氯乙烯卷材地板中有害物质限量
GB 18587—2001	室内装饰装修材料 地毯、地毯衬垫及地毯胶粘剂有害物质释放限量
GB 18588—2001	混凝土外加剂中释放氨的限量
GB 6566—2010	建筑材料放射性核素限量

3）兼顾室内空气质量和污染源控制的民用建筑工程室内环境污染控制规范

为了加强民用建筑工程室内环境质量的管理，做到建筑工程验收备案有法可依，建设部①于 2000 年初立项进行《民用建筑工程室内环境污染控制规范》（GB 50325—2001）的编制，并于 2002 年 1 月 1 日联合国家质量监督检验检疫总局正式发布了该规范。随后，又先后于 2006 年、2010 年和 2020 年经过三次修订，2020 年最新修订的规范（GB 50325—2020）于 2020 年 1 月 16 日发布，2020 年 8 月 1 日实施。该规范规定民用建筑工程验收时，必须进行室内环境污染物浓度检测，污染物由 GB 50325—2010（2013 版）中规定的 5 种（氡、甲醛、苯、氨、TVOC）增加到 7 种（增加了甲苯和二甲苯），而且检测结果应符合规范中所作出的规定，如表 1.9 所示。

表 1.9   民用建筑工程室内环境污染物浓度限量（摘自 GB 50325—2020）

污染物	建筑类型		备注
	Ⅰ类	Ⅱ类	
氡/(Bq/m³)	≤150	≤150	Ⅰ类民用建筑工程指住宅、医院、老年建筑、幼儿园、学校等；Ⅱ类民用建筑指办公楼、商店、旅馆、文娱场所、书店、图书馆、体育馆、公共交通等候车室、餐厅、理发店等
甲醛/(mg/m³)	≤0.07	≤0.08	
苯/(mg/m³)	≤0.06	≤0.09	
氨/(mg/m³)	≤0.15	≤0.20	
TVOC/(mg/m³)	≤0.45	≤0.50	
甲苯/(mg/m³)	≤0.15	≤0.20	
二甲苯/(mg/m³)	≤0.20	≤0.20	

《民用建筑工程室内环境污染控制规范》（GB 50325—2020）不仅明确了民用建筑工程验收时必须满足的室内空气污染物浓度限制（表 1.9），也对表 1.10 所示建筑主体材料和装修材料涉及的污染物提出了明确的限量要求。

表 1.10   在《民用建筑工程室内环境污染控制规范》（GB 50325—2020）中明确污染物限量的建筑主体材料和装修材料

序号	材料类别
1	无机非金属建筑主体材料和装饰装修材料（放射性限量）
2	人造木板及其饰品（游离甲醛含量和释放限量）
3	室内用水性涂料和水性腻子（游离甲醛限量）
4	室内用溶剂型涂料和木器用溶剂型腻子（有害物质限量）
5	室内用水性胶黏剂（有害物质限量）
6	室内用溶剂型胶黏剂（有害物质限量）
7	室内用水性处理剂（游离甲醛限量）
8	阻燃剂和混凝土外加剂（有害物质限量）

---

① 2008 年更名为住房和城乡建设部。

续表

序号	材料类别
9	聚氯乙烯卷材地板、木塑制品地板、橡塑类铺地材料（挥发物限量）
10	地毯、地毯衬垫（有害物质释放限量）
11	黏合木结构材料（游离甲醛释放限量）
12	室内用帷幕、软布等（游离甲醛释放限量）
13	室内用墙纸（布）等（游离甲醛含量限量）
14	室内用墙纸（布）胶黏剂（游离甲醛、苯+甲苯+乙苯+二甲苯+VOCs 含量限量）

4）通风相关的室内空气污染控制规范

通风换气可稀释室内污染物，控制室内空气污染水平，在气候温和、大气清洁的地区或时段是最简单易行、经济有效的方法。为了确定通风稀释的有效性，各国在关于供暖通风和空气调节的相关标准中，都明确了通风的要求。为了应对室外大气污染严重的情况，我国还专门制定了新风净化类标准。

（1）供暖通风与空气调节设计规范。有关民用建筑供暖通风、空气调节设计相关的标准（规范）已历经多次修订，包括名称更迭。目前我国执行《民用建筑供暖通风与空气调节设计规范》（GB 50736—2012）。该规范涉及室内空气设计参数、室外设计计算参数、供暖、通风、空气调节、空气调节冷热源、监测与控制、消声与隔振、绝热与防腐等多方面。其中的通风和空气调节部分以保障室内空气物理舒适性为目标，以相关指标参数，对通风类型、通风量、气流组织、空气处理等都做了明确规定。

（2）新风净化标准与规程。针对室外大气 $PM_{2.5}$ 严重的具体情况，北京市、住房和城乡建设部分别发布了《居住建筑新风系统技术规程》（DB11/T 1525—2018）和《公共建筑室内空气质量控制设计标准》（JGJ/T 461—2019）两个行业标准，中国质量检验协会发布了《中小学新风净化系统设计导则》（T/CAQI 28—2017）和《中小学新风净化系统技术规程》（T/CAQI 30—2017）等团体标准。其中，《居住建筑新风系统技术规程》从新风净化系统的设计、选型、安装、高度、维修和维护等方面提出了要求；《公共建筑室内空气质量控制设计标准》明确了新风净化系统的设计要求。《中小学新风净化系统设计导则》对新风净化机、风管、风阀和风口等作了要求。《中小学新风净化系统技术规程》明确了中小学教室新风净化系统设计、施工验收和运行维护的要求。

5）空气净化相关的室内空气污染控制标准与规范

空气净化是指借助各类空气净化产品（包括净化材料、净化器等）分离或使污染物转变为无害物的室内空气污染控制方法，此类标准的建立可规范室内空气净化产品的生产，为消费者选购和使用室内空气净化产品提供技术指导，最近 10 年来，我国发布了一系列指导性空气净化产品国家标准和团体（联盟）标准或规范。

（1）空气净化器。《空气净化器》是最核心的空气净化类标准，最早发布于 2002 年 8 月，随后经过两次修订，分别于 2009 年 12 月和 2016 年 3 月实施了《空气净化器》（GB/T 18801—2008）和《空气净化器》（GB/T 18801—2015）。《空气净化器》（GB/T 18801—2008）标准中明确了适应范围为单相额定电压 220V、三相额定电压 380V 的家用和类似用途的空气净化器，以及在公共场所由非专业人员操作的空气净化器。涵盖的净化技术指标包括洁净空气量、净化寿命、对应不同洁净空气量的噪声分级、净化能效分级及限值等。

在目前执行的《空气净化器》（GB/T 18801—2015）标准中，进一步明确适用范围为包括过滤式、吸附式、化学催化式、静电式、等离子式等各种原理的家用和类似用途空气净化器产品，并且明确了便携式净化器、车载净化器、风道式净化装置等其他常见的净化器类产品也可参考该标准执行。同时，在技术要求部分，明确了空气净化器可能产生的臭氧、紫外线泄漏等二次污染指标，增加了待机功率、累积净化量、微生物去除、适用面积的术语定义等关键内容，对净化能效、洁净空气量针对的不同目标污染物有了更为明确的要求。在试验方法部分，细化了标准污染物的要求、试验设备要求、针对技术要求的新增内容，增加了待机功率、累积净化量等关键指标的测试方法、风道式净化装置的试验方法，并对原有试验方法做了修订。此外，对测试用硬件装置的阐述更为详尽，对测试用空气舱的建造技术要求进行了改进，使之更为明确，对颗粒污染物发生器、气态污染物发生器等关键硬件装置作了原理性建议，同时也对风道式净化装置的构造提出明确要求。这些内容为有需要搭建测试平台的标准使用者提供了重要指导。

（2）通风系统用空气净化装置。为应对室外大气污染，2018 年 6 月 1 日《通风系统用空气净化装置》（GB/T 34012—2017）正式实施。该标准根据我国情况，确定了新风净化设备的适用范围，对新风净化装置的净化能力、风量静压要求、实际效果验收测试方法等进行了明确的规定。对规范我国通风系统用空气净化产品的生产和销售，引导新风净化产业的健康发展有着重要的指导作用。

该标准对净化能效进行了分类，将颗粒物和微生物净化效率分为 A、B、C 和 D 四个级别，将气态污染物净化效率分为 A、B 和 C 三个级别；对净化性能进行了分解，重点给出了外观、净化效率、阻力、风量、机外静压、额定功率、净化能效、噪声、容尘量、臭氧浓度增加、紫外线泄漏量、电气安全等指标，并明确了试验方法；确定了 $PM_{2.5}$ 净化效率的试验方法，明确了臭氧浓度增加量和紫外线泄漏量试验方法；提出了工程现场的检测方法等。此标准的建立对于指标新风净化系统的评价和运行管理具有十分重要的现实意义。

除了上述两项标准之外，部分组织也围绕室内和室外大气空气污染净化产品，制定了一系列团体或联盟化标准或规范。例如，中国环境保护产业协会正在组织制定"全屋净化新风系统"标准，空气净化器行业联盟制定了《室内空气净化器净化性能评价要求》等标准。

6）运行维护相关的室内空气污染控制规范

保障室内空气质量离不开通风空调系统和空气净化装置的良好运行。为此，围绕通风空调系统和空气净化装置的运行和维护，也制定了一系列标准和规范。

（1）空调通风系统清洗规范。空调可能成为建筑物室内空气污染源或污染物传播途径。2003 年肆虐一时的 SARS 病毒，使全社会深刻意识到维护、清洗空调通风系统的重要性。为此，建设部和卫生部于 2003 年下发了《关于做好建筑空调通风系统预防非典型肺炎工作的紧急通知》和编制《空调通风系统清洗规范》（GB 19210—2003）国家标准的任务，并把该标准纳入了加强与防治"非典型肺炎"相关技术标准工作之内。该规范规定了空调通风系统中的"风管系统清洁程度的检查、工程环境控制、清洗方法、清洗后的修复与更换、工程监控和清洗效果的检验"等方法和标准，适用于对空气过滤无特殊要求的空调通风系统风管系统中"尘粒和生物性因子污染"的清洗。

（2）空调通风系统运行管理规范。2005 年我国发布了《空调通风系统运行管理规范》（GB 50365—2005）。又于 2019 年 5 月 24 日修订发布了《空调通风系统运行管理规范》（GB 50365—2019）。该规范适用于"民用建筑集中管理的空调通风系统的常规运行管理，以及在发生与空调通风系统相关的突发性事件时的应急运行管理"，以贯彻执行国家的技术经济政策，遵循卫生、安全、节能、环保和经济实用的原则，规范空调通风系统的运行管理，满足合理的使用要求，延长系统使用寿命，快速有效地应对突发事件。

卫生部还于 2006 年初依照《中华人民共和国传染病防治法》、《公共场所卫生管理条例》及《突发公共卫生事件应急条例》，发布了《公共场所集中空调通风系统卫生管理办法》（以下简称《管理办法》）及根据管理办法制定的《公共场所集中空调通风系统卫生规范》、《公共场所集中空调通风系统卫生学评价规范》和《公共场所集中空调通风系统清洗规范》3 项规范，于 2006 年 3 月 1 日起实施，原 2003 年的规范同时废止。卫生部的上述"一法三规"比较全面系统地规定了与公共场所集中空调通风系统卫生管理相关的一系列问题。其中《管理办法》是主导性文件，明确了公共场所集中空调通风系统的卫生标准、卫生学评价标准与方法、清洗标准与方法应分别符合 3 个配套规范的具体规定。同时明确了卫生行政部门和公共场所经营者的职责以及按照《中华人民共和国传染病防治法》和《公共场所卫生管理条例》实行处罚的办法。

2. 综合型室内空气质量控制标准（绿色建筑和健康建筑标准）

综合型室内空气质量控制标准涉及室内空气污染相关的污染物及其浓度限值、污染源控制、通风稀释、空气净化和系统运行维护等方面面，是绿色建筑和健康建筑评价的主要内容。绿色建筑评价和健康建筑评价都关注人与建筑、人与自然、建筑与自然的和谐共生，是建筑行业的发展趋势。其主要区别在于，绿色建筑评价侧重减少建筑的资源消耗和对环境的影响，健康建筑评价相比绿色建筑评价，更加关注人的生理和心理健康，包括医学、公共卫生、社会和心理等方面。可见，就保护人体健康而言，健康建筑以绿色建筑为前提，是绿色建筑更高层次的深化和发展。在一定程度上，可以说健康建筑一定是绿色建筑，而绿色建筑不一定是健康建筑。

1）绿色建筑评价标准

绿色建筑起源于 20 世纪 80 年代欧美国家，因能源危机，对建筑节能越来越重视。1990 年英国建筑研究院（BRE）建立了英国建筑研究院环境评估方法（Building Research Establishment Environmental Assessment Method，BREEAM），这是世界上第一个绿色建筑评估方法，而建成于 1996 年的英国建筑研究院环境楼为 21 世纪的办公建筑则提供了一个绿色建筑样板。紧随其后，1998 年美国绿色建筑委员会（USGBC）建立了《绿色建筑评估体系》[①]并开展试验。在此基础上，2000 年 3 月正式发布了该标准，其后又陆续发布了不断更新的修订版。

LEED 体系的评估范围涵盖六个方面，分别是建筑的可持续发展、水资源自用、能源和空气、材料使用、内部环境、设计创新，并且要求建筑物选址时，就开始对建筑物的整个生命期进行思考，充分考虑设计、准备、建设、运营维护到拆迁的整个过程，根据 LEED 体系，绿色建筑可评价为认证级、银级、金级、铂金级四个等级。LEED 评估体系是目前全球应用最为广泛的绿色建筑认证体系，在 LEED 体系中，空气质量权重占 25%。具体依据是入住前建筑室内空气的污染物浓度是否满足限值要求。除此之外，也对装修材料提出了明确的源头控制要求，规定了胶黏剂和密封剂、涂料和涂层、地毯系统材料、复合木材和植物纤维制品的甲醛及 VOCs 释发限制。

我国绿色建筑的发展历程可分为四个阶段。第一阶段是 1986 年之前的理论探索阶段，其标志是颁布了中国第一部建筑节能标准——《民用建筑节能设计标准（采暖居住建筑部分）》。第二阶段是 1987～2000 年的试点示范与推广阶段。其间，颁布了第一部部门规章——《民用建筑节能管理规定》（建设部令第 76 号），第一次把建筑节能工作纳入政府监管当中。第三阶段是 2001～2008 年的承上启下的转

---

① 该体系也称"能源与环境设计先锋"（Leadership in Energy & Environmental Design Building Rating System，LEED）。

型阶段。其间,于 2006 年颁布了《绿色建筑评价标准》(GB/T 50378—2006),第一次为绿色建筑贴上了标签。2007 年,建设部又出台了《绿色建筑评价技术细则(试行)》和《绿色建筑评价标识管理办法(试行)》等相关办法,逐步完善适合中国国情的绿色建筑评价体系。第四阶段是 2008 年至今的全面开展阶段,是快速发展的重要阶段。把建筑领域节能绿色环保纳入国家经济社会发展规划和能源资源、节能减排专项规划,作为国家生态文明建设和可持续发展战略的重要组成部分,更新及制定了《民用建筑工程室内环境空气污染控制规范》(GB 50325—2020)、《民用绿色建筑设计规范》(JGJ/T 229—2010)。并于 2014 年、2019 年两次修订了《绿色建筑评价标准》,以便体现对于绿色建筑的更深更全面认识以及更加适合中国国情。

《绿色建筑评价标准》(GB/T 50378—2019)中定义,绿色建筑(green building)是指在全寿命期内,节约资源、保护环境、减少污染,为人们提供健康、适用和高效的使用空间,最大限度地实现人与自然和谐共生的高质量建筑。全生命周期是指从原材料的开采、材料与构件生产、规划与设计、建造与运输、运行与维护及拆除与处理(废弃、再循环和再利用等)的全循环过程。绿色建筑评价主要基于安全耐久、健康舒适、生活便利、资源节约和环境宜居 5 类指标进行评价,这 5 类指标均设置控制项和评分项,控制项为原则性要求项目,仅设达标和不达标两档;评分项则根据具体评定结果,给出分值。除了以上 5 类指标之外,还设有提高与创新加分项,也是根据具体评定结果,给出分值。对室内空气质量评分项具体要求是,控制室内空气中甲醛、苯系物的浓度不高于现行国家标准《室内空气质量标准》规定限值的 90%,控制室内 $PM_{2.5}$ 和 PM_{10} 年均浓度分别不高于 $25\mu g/m^3$ 和 $50\mu g/m^3$。同时,考虑到绿色建材是绿色建筑的重要载体,也从源头把控入手,对建筑装修材料提出的有害物质限值要求。

2)健康建筑评价标准

世界卫生组织曾在 20 世纪 90 年代提出了健康建筑的概念以及健康住宅的 15 项标准,健康建筑除了无有害的建筑材料外,还应在全寿命周期内促进居住者的健康舒适与工作效率。其提出健康住宅是指能使居住者在身体上、精神上、社会上完全处于良好状态的住宅。在 2000 年召开的"健康建筑"(Healthy Building)国际会议上,有学者提出健康建筑评价不仅包括温度、湿度、通风换气率、噪声、光、空气品质等可测量指标,也包括布局、环境色调、照明、空间、使用材料等主观性因素,是否为建筑使用人员所满意。真正完整设计的健康建筑体系是 2014 年美国国际 WELL 建筑研究所(International WELL Building Institute)发布的《WELL 健康建筑评价标准》(简称 WELL 标准)。该标准包括空气、水、营养、光、健身、舒适、精神七大指标体系。随后,每年都在进行细微的调整更新,在 2016 年 5 月的版本中明确 WELL 标准主要适用于商业和机构建筑,包括新建建筑和既有建筑、新建和既有的室内装修和由租户自行完成的二次装修。此外,针对其他项目类型,如多户住宅、零售店和餐厅、体育设施和会议中心、学校和医疗保健设施等,评价标准将通过试用、依次修订完善后逐步覆盖。

2016 年版 WELL 标准涵盖 102 项性能指标,分为必选项与可选项 2 类。其中与空气相关的项目有 29 项,包括 12 项评价必选项目,第一个必选项目就是空气质量标准,规定了室内空气主要污染物的浓度限值。同时,还要求满足加利福尼亚州空气资源委员会(CARB)、加利福尼亚州南海岸空气质量管理局(SCAQMD)、加利福尼亚州公共卫生部(CDPH)等部门颁发的相关条例要求。WELL 建筑标准对污染物源头的控制更加严格,包括对清洁剂、杀虫剂等危害室内空气质量的化学物品进行约束,以及对室内表面及风机盘管中的霉菌等微生物进行监测和处理,并要求采用抗菌表面,以避免引起人体不适。此外,WELL 标准对释放 VOCs 及相关污染物的建筑颜料和涂料、内部胶黏剂和密封剂、地板、保温、家具及家饰等的选取也做出了规定。WELL 标准在规定室内空气和建筑装修材料污染物浓度限值的基础上,充分考虑到在建筑运行过程中室内空气质量动态变化的特征,还要求对典型性污染物通过动态监测系统实时测量、记录,并传输室内外空气质量参数(包括室内空气温度、湿度和 CO_2 体积分数)到屏幕上显示;要求建筑使用单位制定监测和评价空气质量的强制性措施。

我国于 2017 年 1 月发布了《健康建筑评价标准》(T/ASC 02—2016),该标准定义健康建筑是在满足建筑功能的基础上,为建筑使用者提供更加健康的环境、设施和服务,促进人们身心健康、实现健康性能提升的建筑。该标准涵盖空气、水、舒适、健身、人文、服务 6 类指标,每类指标均包括控制项和评分项。针对空气指标,控制项表述为应对建筑室内空气中甲醛、TVOC、苯系物等典型污染物进行浓度预评估,且室内空气质量应满足现行国家标准《室内空气质量标准》(GB/T 18883—2002)的要求。在此基础上,还增加了控制 $PM_{2.5}$ 和 PM_{10} 的年均分别不高于 35μg/m³ 和 70μg/m³;室内使用的建筑材料应满足现行相关国家标准的要求,不得使用含有石棉、苯的建筑材料和物品;木器漆、防火涂料及饰面材料等的铅含量不得超过 90mg/kg;含有异氰酸盐的聚氨酯产品不得用于室内装饰和现场发泡的保温材料中;木家具产品的有害物质限值应满足国家标准《室内装饰装修材料木家具中有害物质限量》(GB 18584—2001)的要求。评分项内容更加全面、丰富,涵盖污染源、浓度限值、净化和监控 4 个方面。其中,污染源又包括防止串气、厨房排风、防止室外污染物渗入、装修装饰材料的挥发性和半挥发性有机物等方面面。

1.5.2　建立健全管理机构和监测体系,促进室内空气污染管控

1. 明确室内空气质量管理机构和协调机制

我国涉及室内空气质量管理的政府机构包括国家卫生健康委员会、住房和城

乡建设部和生态环境部，以及原国家建筑材料工业局（后并入国家经济贸易委员会）和国家质量监督检验检疫总局等。卫生系统是我国最早支持有关室内空气污染问题研究的政府管理机构，从 20 世纪 70 年代末开始，围绕室内空气污染与健康的关系，组织开展了一系列研究，如中国预防医学科学院何兴舟研究员承担的云南宣威地区农村室内燃料燃烧与癌症发生率关系的研究，武汉市卫生防疫站的杨旭医师承担的城市室内空气污染的研究，中国预防医学科学院秦钰慧研究员承担的中国五城市室内空气污染与健康的关系，以及室内化学品与健康关系的研究等都得到卫生部的支持。随后，一直开展室内空气污染及其健康效应的相关研究工作，并组织编写了《室内空气质量标准》（GB/T 18883—2002）。

住房和城乡建设系统最早进行的与室内空气质量有关的管理工作是 1994 年颁布实施的《住宅工程初装饰竣工验收办法》和 1997 年颁布实施的《家庭居室装饰装修管理试行办法》。2000 年前后因装修装饰引起的严重室内空气污染陆续被曝光后，相关系统抓紧研究，于 2002 年 1 月正式实施了《民用建筑工程室内环境污染控制规范》（GB 50325—2001），其对民用建筑工程污染物浓度控制起到了决定性作用。

环境保护系统于 1994 年开始室内空气质量管理的相关工作，在当时的环境保护局领导下，中国环境标志产品认证委员会颁布的"环境标志"产品中就有关于装饰建材产品的《环境标志产品技术要求 水性涂料》（HJ 2537—2014）。2000 年 8～9 月，国家环境保护总局宣传教育中心召开了"室内空气质量相关法规政策及污染控制技术培训班"。2002 年，国家质量监督检验检疫总局、卫生部、国家环境保护总局共同发布了《室内空气质量标准》（GB/T 18883—2002）。

国家建筑材料工业局的主要职责是拟定建材工业的行业规划；组织研究建材工业的行业法规和规章、制度、标准，实施行业管理；推动行业结构调整，指导企事业单位的改革。由于建筑材料是室内空气污染的主要来源之一，只要提高建筑材料的质量，就能在很大程度上控制住室内空气污染。因此，国家建筑材料工业局对于室内空气污染的源头控制负有重要的管理责任。国家质量监督检验检疫总局就室内空气质量领域来说，其主要职责是制定与室内空气质量有关的标准，为室内空气质量的管理提供一个依据。

综上，我国目前参与室内空气质量管理的机构较多。但也存在管理缺位或越位、缺乏协调和统一的现象。实际上，在我国颁布的多个室内空气质量标准中，相同污染物浓度指标出现限定值不统一，甚至出现较大差别即为例证。不改变这种状况，将不利于我国的室内空气质量管理，不利于高效、低成本地解决我国的室内空气污染问题。考虑到室内空气质量管理是一个涉及不同部门的环境与健康问题，因此宜成立由生态环境部、住房和城乡建设部和国家卫生健康委员会等部门共同组成的室内空气质量管理、协调机构，并明确主导部门。各部门充分发挥各自的优势，共同做好室内空气质量工作，防止室内空气污染。就生态环境管理部门来说，应充分发挥其以下优势：①室内空气污染问题涉及的方面很多，因此其管理也是综合的，生态环境管理部门正是这样的一个综合性管理机构。②生态环境管理部门管理室外大气的经验和模式为室内空气质量管理奠定了基础，可以避免管理摸索过程中不必要的浪费和损失。③室内空气质量的优劣评判依据是室内空气污染物浓度监测数据，因此监测手段是评价室内空气质量的基础，在生态环境管理部门管理下形成的遍及全国的监测网可支撑室内空气监测工作。

2. 完善室内空气质量监测体系

室内空气监测涉及面广，其监测对象及监测因子各有不同，因此为保证监测结果的代表性、完整性、精密性、准确性和可比性，必须建立统一的监测技术。环境监测技术规范涉及了室内空气监测技术的方方面面，包括样品的采集、样品的运输与保存、监测项目、分析方法、监测数据处理和报告、质量保证与质量控制、监测安全等。下面主要针对监测项目与分析方法、规范运行与能力提升进行介绍。

1）监测项目与分析方法

室内环境空气监测项目通常包括：常规项目［温度、大气压、空气流速、相对湿度、新风量、二氧化硫、二氧化氮、一氧化碳、二氧化碳、氨、臭氧、甲醛、苯、甲苯、二甲苯、总挥发性有机化合物、苯并[a]芘、$PM_{2.5}$、氡（^{222}Rn）、菌落总数等］和其他项目［甲苯二异氰酸酯（TDI）、苯乙烯、丁基羟基甲苯、4-苯基-1-环己烯、2-乙基己醇等］。在实际操作中，上述项目一一监测既无必要，也不可能做到。因此，需要根据实际情况，选取必要的测试项目。例如，新装饰、装修过的室内环境，应监测甲醛、苯、甲苯、二甲苯、总挥发性有机化合物等；存在雾霾污染的地区或时段，应检测 $PM_{2.5}$；人群比较密集的室内环境，应监测菌落总数、新风量及二氧化碳；使用臭氧消毒、净化设备及复印机等可能产生 O_3 的室内环境，应监测 O_3；住宅一层、地下室、其他地下设施以及采用花岗岩、彩釉地砖等天然放射性含量较高材料新装修的室内环境都应监测氡（^{222}Rn）。

就分析方法而言，首先应选用标准［如《室内空气质量标准》（GB/T 18883—2002）］中指定的分析方法；在没有指定方法时，应选择国家标准分析方法、行业标准方法，也可采用行业推荐方法。在某些项目的监测中，可采用国际标准化组织（ISO）、美国国家环境保护局（EPA）和日本工业规格（JIS）方法体系等其他等效分析方法，或由权威的技术机构制定的方法，但应经过验证合格，其检出限、准确度和精密度应能达到质控要求。

2）规范运行与能力提升

无论是监测项目还是分析方法，在实际操作中具有应变性，让投机者有了可乘之机。各类媒体上可以见到许多关于室内环境监测的广告，且他们开出的价格层出不穷。实际上，只有极少数监测单位具备监测质量保障能力，因此对室内空气监测市场的规范化迫在眉睫。就资质而言，从事室内环境质量监测的目的，是要确定室内环境的质量，对室内环境质量状况做出科学的、权威的评价。这样就需要从事该项工作的机构或实验室具备合格的监测和综合评价人员，具备符合室内环境质量监测要求的仪器设备，并有严格的实验室质量管理体系和严格的质量保证措施，保证其监测数据不受外界的干扰，确保监测数据的公正性。

就检测仪器而言，目前从事室内环境质量监测的机构和实验室，所使用的采样设备和分析仪器，有实验室专用仪器，有现场便携仪器，有单因子分析仪，有多因子综合分析仪，有国产的，有进口的，各种各样，五花八门。这就需要一个统一的权威组织负责室内环境质量监测仪器设备的认证，建立仪器准入机制，杜绝在室内环境质量监测中使用不符合要求的仪器设备，对于使用未经认证的仪器设备所出具的结果应视为无效数据。

此外，各检测单位执行不同的标准，有的部门执行《民用建筑工程室内环境污染控制规范》，有的部门执行《室内空气质量标准》，由于不同的标准适用不同的用途，其分析方法、采样要求和标准的判断，都存在较大的差异。因此，应加强监测人员的学习培训工作，使监测人员掌握国家有关标准和监测方法，提高监测人员的服务意识和服务质量。

1.5.3 依托先进理念和技术进步，提高室内空气污染控制水平

装修装饰污染和大气雾霾对我国室内空气污染控制行业影响显著，2000 年前后出现的装修装饰污染极大地促进了室内空气污染控制行业的发展，一方面推动了以有害物质限量控制为目标的装修装饰材料生产技术进步。另一方面，触发了以室内空气污染净化为目标的空气净化器产业的规模发展。2011 年引发关注的雾霾不仅促使空气净化器产业规模的快速增长，而且触发新风净化产业的快速发展，最近几年来空气净化器产业已由快速发展过渡到平稳发展甚至洗牌整合阶段，但新风净化产业仍在不断壮大。总的来说，在这两次热潮中都出现过大量新企业涌入，产品和服务参差不齐，市场有些混乱的现象。因此，科学控制室内空气污染不论对保障人民群众的身心健康，还是产业的持续、稳步发展都十分重要。

1. 树立全方位控制室内空气污染的理念

室内空气污染控制可通过污染源控制、通风换气和室内空气净化 3 种途径实现。污染源控制是指从源头着手避免或减少污染物的产生，或利用屏障设施隔离

污染物,不让其进入室内环境。通风换气是用室外新鲜空气稀释室内空气污染物,使污染物浓度降低,改善室内空气质量。室内空气净化则是指借助特定的净化手段分离室内空气污染物或使有害物转变为无害物。

污染源控制可从根源上减少或消除室内空气污染,是保障室内空气质量的最彻底的途径,应优先考虑。如前所述,室内空气污染物主要来源于建筑和装修装饰材料、室内用品、人体代谢及其在室内的活动、生物性污染源、通风空调系统和室外来源。相应地,污染源控制也应从这几个方面入手。其中,建筑和装修装饰材料、室内用品释放污染物是影响室内空气的最主要因素。因此,选用环境友好型建筑和装修装饰材料,基本可解决甲醛、苯系物和氨等污染问题。对于已存在于室内且释放污染物严重的用品则宜采用永久或暂时搬出房屋的做法。另外,能源利用是居家最主要的空气污染源之一,从控制室内空气污染角度考虑,能源优先序为:电→气→煤→柴→秸。对于以煤炭、薪柴和秸秆作为燃料的用户,选用合适的炉子及配套排烟设施也很重要。最后,形成良好的生活习惯,包括不随地抽烟和吐痰,隔绝地漏和厨卫渗漏,及时清理垃圾,防止禽畜进入室内等都是有效的源头控制措施。

通风换气是减轻室内空气污染危害的最简单、最经济的方法。通风换气可通过自然通风和机械通风两个方式实现。建筑物的围护结构均不同程度地存在进、出气通道,如门窗、管道周边的缝隙和各类孔洞等,在外界气流迎着建筑物围护结构运动引起的风压,以及室内外温度差引起的热压作用下,室内外空气会发生交换,即形成自然通风。对于室内空气轻微污染,而且室外大气清洁的情况下,借助自然通风即可满足保障室内空气质量的需求。现代建筑(包括大型公用建筑以及通风要求较高的住宅建筑)借助自然通风已不能满足需求,机械通风和空调系统成为必备设施。机械通风(包括全面通风和局排通风)借助科学的通风量选择和气流组织,可实现室内空气污染物浓度水平的有效控制。值得注意的是,机械通风一方面可以排除或稀释各种空气污染物。另一方面,机械通风和空调系统本身也可能成为空气污染源或污染物传播途径,因此,良好的系统维护也是源头控制、防止污染的基本要求。此外,对于室外大气污染严重的地区或时段,对进入室内的新风进行净化处理也非常重要。

室内空气净化尽管在一定程度上是不得已而为之的技术方法,但也是应对高浓度室内空气污染的有效手段,以及追求高品质生活的具体体现。针对高浓度室内空气污染物,可借助纤维过滤或静电等技术高效分离细颗粒;借助吸附、催化氧化或催化分解、低温等离子体耦合吸附/催化等技术可从空气中分离气态污染物或使有害的气态污染物转化为无害物,包括去除异味、臭味。针对低浓度室内空气污染物,空气净化装备在净化低浓度污染物的同时,也可释放负离子之类特定物质等,从而提高室内空气品质。

2. 加快室内空气污染认知及控制相关的研究

自从装修装饰引起严重的室内空气污染以来，我国加快了室内空气污染认知及控制相关的研究，并逐步建立源头控制、通风稀释和空气净化三者兼顾，环境健康、体感舒适和节能降耗兼顾的全方位室内空气污染控制研究体系。最初的研究以污染物和污染源识别、标准规范建立、检测技术方法、绿色建筑和装修装饰材料及室内空气污染净化为主，最近几年来，围绕环境友好型建筑、通风和新风净化等方面的研究不断得到加强。

可以说，最近 20 年是我国室内空气污染相关研究最活跃的阶段，在科技部、生态环境部、住房和城乡建设部及卫生健康委员会等部门的支持下，我国围绕室内空气污染开展了卓有成效的工作。从 2011～2020 年我国学者发表的《科学引文索引》（SCI）收录论文，以及在我国申请的专利，可以看出整体发展情况。如图 1.1 所示，2011～2020 年有关室内空气的 SCI 研究论文逐年递增，总数从 2011 年的 1449 篇递增到 2020 年（11 月）的 2303 篇。其中，中国学者发表的 SCI 收录论文从 186 篇递增到 754 篇，增长了 3 倍。

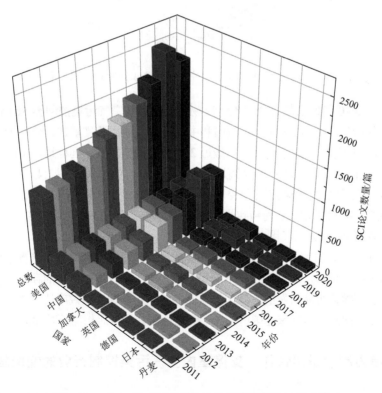

图 1.1　2011～2020 年有关室内空气发表的 SCI 论文数

从 2011～2020 年发表的室内空气污染物识别 SCI 论文来看，中国学者最多，共 41 篇；美国学者紧随其后，共 27 篇（图 1.2）。

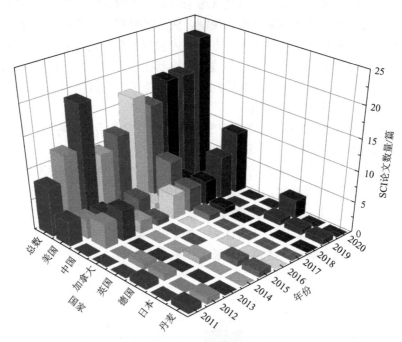

图 1.2　2011～2020 年有关室内空气污染物识别发表的 SCI 论文数

2011～2020 年发表的室内空气污染物监测和室内空气污染控制类 SCI 论文也呈现相类似的趋势。如图 1.3 所示，美国和中国分列监测类论文前二，分别为 199 篇和 103 篇，中国的论文数量逐年递增，最近 3 年更是成倍增长。同样地，中国学者发表的控制类 SCI 论文从 2011 年的 9 篇增加到了 2020 年的 40 篇（图 1.4）。

从反映室内空气污染监测和控制的专利申请来看，中美两国数量最多，2011～2020 年中国申请的发明专利和实用新型专利总数达到了 9077 件，约占各国在中国申请专利总数的 94%（图 1.5）。

总的来说，到目前为止，我国已基本完成建筑装修装饰和室外大气雾霾引发的室内空气污染特征识别，但对于细粒子的尺度及其构成、有害微生物的存在形态及其场所、室内空气净化可能引发的二次污染等问题的识别及其健康效应认识尚存不足，考虑到中国与国外发达国家的国情差异，针对性研究是今后相当长时间关注的热点。

1.5.4　借力产学研用合作，支撑室内空气污染控制行业的健康发展

室内空气污染具有污染物种类多、来源广泛且复杂、影响范围宽、浓度低但

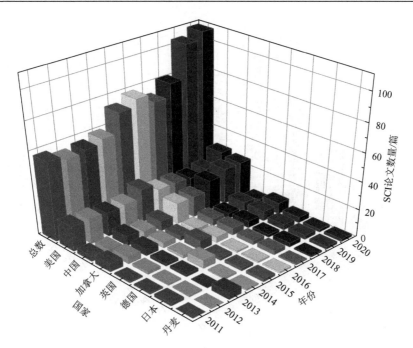

图 1.3 2011～2020 年有关室内空气污染物监测发表的 SCI 论文数

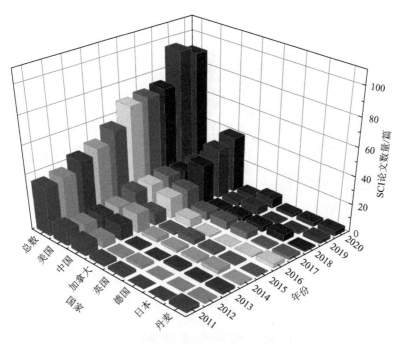

图 1.4 2011～2020 年有关室内空气污染物控制发表的 SCI 论文数

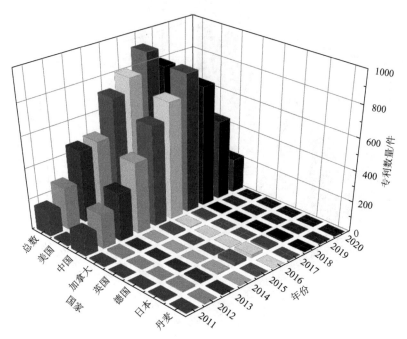

(a) 在中国申请的发明专利情况

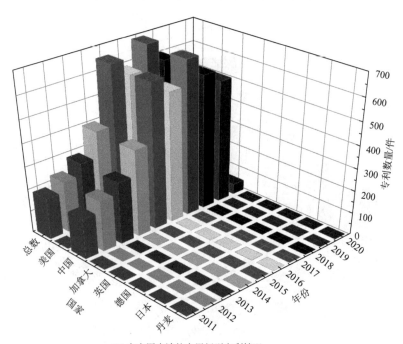

(b) 在中国申请的实用新型专利情况

图 1.5　2011～2020 年在中国申请的室内空气相关发明专利和实用新型专利情况

持续时间长等特征。因此，控制室内空气污染需要全方位的科学对策，相应地需要各方面人员的努力和相互合作，包括提高广大人民群众对于室内空气污染及其控制的正确认识。

1）强化产学研合作

我国室内空气污染控制因 2000 年的室内装饰装修污染和 2011 年的大气雾霾引发关注而触发跨越式发展，现其技术产品已由高速发展过渡到平稳发展甚至洗牌整合阶段。但产学研之间仍缺乏深层次的合作。一方面，室内空气污染的低浓度特征决定了只有长时间接触之后，危害才会表现出来；另一方面，就单一污染物而言，控制室内空气并不难。这两方面的因素在一定程度上给予室内空气污染控制产业一种低门槛的假象或印象。

实际上，室内空气污染物的多样复杂性意味着只有具备严谨、全面的科学意识和知识体系，才能提出"对症下药"的控制良策。同时，由于室内空气污染物浓度较低而且处理后的空气直接与人体接触，对净化效率、净化后的温湿度控制和二次污染预防等提出了更高的要求，很多在其他领域表现出优异性能的技术或产品并不适用于室内空气污染的控制。正因为如此，专业人员在室内空气污染认识和应对技术方法开发或选择方面都起着至关重要的作用。实践中，我国产业部门与学研界缺乏长期、深层次的合作是普遍现象。为了支撑室内空气污染控制行业的良性发展，急需改变这种状况。

2）增强百姓意识和认知应对能力

20 年前，对于空气污染及其控制的关注几乎完全放在工业、机动车和各种燃烧污染源及其引起的室外大气污染上。近些年来，尽管也将室内空气污染及其控制纳入管控范畴，但重视程度依然不足。诚然，大气污染源的污染物排放量大，而且污染物浓度高，若不加以控制，势必严重危害人体健康，包括大大提高室内空气污染物的浓度。然而，人在室内度过的时间远远高于室外意味着室内空气质量对于人体健康来说更为重要。调查研究表明，室内环境污染尤其对母婴和儿童的危害最为明显，相当数量的儿童白血病患者家庭在半年内进行过装修，而且大多为豪华装修。因此，让全民了解室内环境污染的危害，认识健康室内空气质量的重要性意义重大。

另外，需要借助各种手段提高广大人民群众认识室内空气污染和应对室内空气污染的能力。为了实现这一目标，需要通过各种媒体和传播方式向社会普及室内空气污染及其控制方面的知识，依托科学的装修装饰、合理的室内用品选购和良好的生活习惯防范污染物进入室内空气，借助通风换气稀释降低室内空气污染物浓度，以及选购合适的空气净化设备，实现室内污染物分离并提高污染物处理无害化、低害化等方面的能力。

第2章 室内空气污染与人体健康

人长时间停留在室内，室内空气污染直接影响人体健康。明确人体暴露途径、暴露的污染物类型、健康效应及其机制，可为改善室内空气质量的决策提供科学依据。本章介绍了室内空气污染物的暴露途径、健康效应及其机制和相关研究方法。

2.1 室内空气污染物暴露

室内空气污染物主要通过呼吸道、皮肤和消化道途径侵入人体，经历一系列代谢转化、运转循环过程后，最终排到体外。

2.1.1 污染物侵入人体

污染物侵入人体的过程又可视为人体对于污染物的吸收过程，是污染物质从机体外通过各种途径进入血液的过程。

1）通过呼吸道侵入

一个成年人每天能吸入 $12\sim15m^3$ 的空气，空气中含有各种各样的污染物质。呼吸道一般分为上呼吸道和下呼吸道，上呼吸道主要包括鼻、咽、喉、气管，下呼吸道包括支气管、肺和肺泡。污染物进入呼吸道后，最终可通过肺泡进入人体的血液大循环。呼吸道也可分为三个区域，从口、鼻到气管为胸腔外区；从气管到细支气管末端为气管-支气管区，形如树状；从终末细支气管到肺泡的大量毛细血管与肺泡之间发生气体交换的部分，称为肺泡区，如图 2.1 所示。肺泡数量众多且表面布满极薄的壁膜和结构疏松的毛细血管。

2）通过皮肤侵入

成人皮肤表面积约为 $1.8m^2$，同时还有将近 10 万个毛细孔和近 10 万根头发与头皮相通，这些都是污染物质进入人体的通道。皮肤作为人体最大的器官，约占体重的 15%，由外而内分为三层，即表皮层、真皮层和皮下组织，结构如图 2.2 所示。处于表皮层最外侧的角质层高度疏水，对皮肤起到保护作用。表皮层和真皮层下方富含众多毛细血管，以及毛囊、汗腺和皮脂腺。

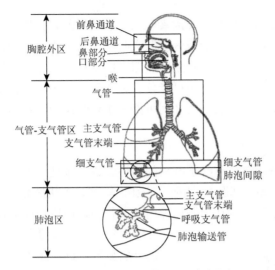

图 2.1 人体呼吸道主要部位剖析图

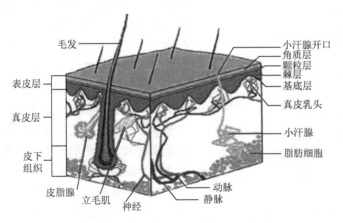

图 2.2 人体表皮细胞结构示意图

物质一般通过角质层渗透和孔渗透两种途径被皮肤吸收。其中，角质层渗透可通过穿透角质层细胞膜进入真皮，也可通过角质细胞之间的间隙渗透进入真皮，后者是最常见的皮肤吸收方式。孔渗透是物质通过汗腺等空隙较大的地方渗透被皮肤吸收。物质通过孔渗透的穿透速率要高于通过角质层的渗透速率。角质层具有疏水性，外来亲水性物质不易渗入。因此，角质层对中度亲脂性/亲水性污染物的吸收阻力较大；高度亲脂性化合物，可经由角质细胞间隙的脂双层穿透，因此吸收阻力主要来源于表皮活细胞层。由于污染物一般以被动扩散方式通过皮肤的表皮及真皮，再透过真皮中的毛细血管壁膜进入血液，因此人体皮肤对污染物的吸收能力较弱。

影响皮肤吸收污染物的主要因素包括皮肤的局部差异性、皮肤状态、肤龄和体表温度等。此外，衣服可能成为皮肤吸收空气污染物的中间媒介，因此衣料亦被视为潜在的暴露途径。干净且新的衣服有助于保护人体免受污染物的侵害。相反，若在衣料表面附着化学物质可能使人体受到无法预期的化学暴露。同时，这些衣料和室内污染物、皮肤表面之间可能发生化学反应，从而进一步增加人体的暴露风险。

3）通过消化道侵入

消化道是一条起自口腔终于肛管的肌性管道，包括口腔、咽、食道、胃、小肠（十二指肠、空肠、回肠）、大肠（盲肠、阑尾、乙状结肠、直肠）等部位，如图 2.3 所示。由于污染物在口腔内停留时间很短，所以口腔的消化作用较小。污染物质从食道进入胃之后，可能被分解转化，也可能吸附在胃内黏膜上，通过幽门进入小肠中的十二指肠，开始在小肠内的消化过程。小肠是食物消化、吸收的主要场所。小肠最内层是黏膜，黏膜向肠腔内形成许多突起，称为小肠绒毛，黏膜内布满毛细血管。进入小肠的污染物多数以被动扩散形式通过黏膜进入血液系统，因而污染物脂溶性越强、浓度越高，被小肠吸收也越快。此外，血液流速也是影响机体吸收污染物的因素之一。血流速度越大，膜两侧污染物浓度梯度越大，机体对污染物的吸收速率越大。由于脂溶性污染物的膜通透性好，因此小肠对其吸收速率主要取决于血流速度。相反，一些脂溶性较小的极性污染物质被小肠吸收时，膜扩散能力是主要影响因素，血流速度影响不明显。污染物质经过小肠进入大肠后，大肠内无消化作用，仅具一定的吸收功能。

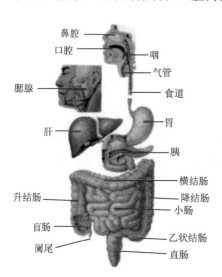

图 2.3　人体消化道结构示意图

2.1.2　代谢转化

污染物通过呼吸道、皮肤或者消化道进入人体后，在体内酶的催化作用下经历一系列化学过程，导致其性质相应发生改变，该过程称为生物转化。其中，酶是一类由体内细胞制造或分泌的、以蛋白质为主要成分而且具有催化活性的生物催化剂。在酶的催化作用下被转化的物质称为底物或基质，底物所发生的转化反应称为酶促反应。酶催化作用的特点在于专一性高，一种酶只能对一种底物或一类底物起催化作用，生成一定的代谢产物。

以有机污染物为例，生物转化一方面可使其水溶性和极性增加，从而易于排出体外；另一方面，也可改变其毒性，多数情况下毒性减小，也有少数污染物的毒性会增大。进入人体的有机污染物在体内的转化部位不尽相同。肝脏是人体的主要转化部位，肾、肺、肠黏膜、血浆、神经组织、皮肤和胎盘等也含有相当多的酶，对有机污染物的转化起到不同程度的促进作用。有机污染物的生物转化途径复杂多样，但其反应类型主要是氧化反应、还原反应、水解反应和结合反应四种。通过氧化、还原和水解反应，将活泼的极性基因引入亲脂的有机污染物中，可使其水溶性和极性高于原污染物。这些转化后的有机污染物还能与机体内某些物质通过结合反应形成水溶性更高的结合物，从而更易排出体外。

同样地，当重金属化合物侵入人体之后，人体的新陈代谢作用可将其排出体外。实际上，人体本身就含有重金属物质，如铜、锌、硒元素等是人体必需的微量元素，构成体内酶的活性中心。当外源重金属进入人体后，或与蛋白质及多肽类结合，或与阴离子反应生成沉淀，之后多数随粪便排出体外，不会被人体吸收。被人体吸收的部分则与血浆蛋白结合，部分在肝脏中被解毒，随着胆汁排出；部分被肾小管捕获，在尿中排出。铅、汞、砷离子还可经毛发、唾液、乳汁、皮脂腺和汗腺排出。某些重金属排出体内的过程中可能引起排出器官损伤，例如，汞元素随唾液排出可引起口腔炎，砷元素经肠道排出可引起肠炎，经汗腺排出可引起皮肤炎等。重金属在体内的排出速率很缓慢，有时在停止接触后的长时间内，大小便中仍能检出超过正常量的重金属。尿液中重金属含量和血液中的重金属含量密切相关，因此可以通过测定尿液中重金属（或其代谢产物）的含量来间接衡量一定时期内接触和吸收该重金属物的情况。但是，重金属被完全代谢的前提仅限于重金属未进入血液的情况，进入血液的重金属很难被完全代谢。许多重金属的中毒是因为其与体内酶的结合，使酶丧失正常功能，从而导致人体内的生物化学反应不能正常运转，或者蛋白质性质改变。重金属在随血液循环运动的过程中，往往结合到自己的靶器官上，如有机汞具有亲脂性，常富集于脂肪及大脑；镉离子亲骨骼，沉积在骨骼中，慢性中毒就导致"痛痛病"；汞离子亲肾小管，中毒往往引起急性肾衰竭；铅离子进入有机体后早期主要分布在肝、肾，后期主要集中在骨骼等。重金属一旦结合于靶器官，往往很难全部排出，在体内某些器官和组织逐渐积累，当蓄积量超过中毒剂量时，可导致慢性中毒。蓄积在组织器官中的毒物，在过劳、患病、饮酒等诱因下可重新进入血液循环，有时可引起急性中毒。总的来说，一旦重金属与人体内的化学物质结合，就较难排出体外。

2.1.3　体内运转循环

污染物被吸收或形成代谢物质后，通过血液转送至机体各组织并与组织成分结合，再从组织返回血液。抑或多次循环，最终分布在体内不同部位，这些分布或转运过程以被动扩散为主。由于脂溶性污染物易于通过生物膜，所以膜的通透性对污染物质的分布影响不大。但是血流速度是影响污染物质分布的关键因素，所以污染物质在血流速度快的组织（如肺、肝、肾）的分布远低于在血流速度慢的组织（如皮肤、肌肉和脂肪）的分布。中枢神经系统毛细血管壁的内皮细胞紧密相连，几乎没有空隙。当污染物由血液进入脑部时，必须穿过毛细血管壁内皮细胞的血脑屏障。此时污染物的膜通透性成为其转运的决定性因素。高脂溶性、低解离度的污染物的膜通透性好，容易通过血脑屏障，由血液进入脑部，非脂溶性污染物较难通过血脑屏障。

污染物在从母体转运到胎儿体内的过程中，必须通过由数层生物膜组成的胎盘（称为胎盘屏障），同样受到膜通透性的影响。污染物常与血液中的血浆蛋白结合。这种结合呈可逆性，结合与解离处于动态平衡。只有未与蛋白结合的污染物才能在体内组织中进行分布。因此，与蛋白结合率高的污染物，当其浓度低时几乎全部与蛋白结合，滞留在血浆内。只有当其浓度达到一定水平时，才会出现未被结合的污染物增加的情况，这些未被结合的污染物可快速向机体组织转运，最终分布于体内组织中。由于亲和力不同，污染物与血浆蛋白的结合受到其他污染物及机体内源性代谢物质的置换竞争影响。该影响显著时，会使污染物在机体内的分布产生较大的改变。有些污染物质可与血液的红细胞或血管外组织蛋白相结合，从而影响它们在体内的分布。例如，肝、肾细胞内有一类含巯基氨基酸的蛋白易与锌、镉、汞、铅等重金属结合成复合物，称为金属硫蛋白，因此肝、肾中这些污染物质的浓度可以是血液中的数百倍。

2.1.4　排泄

排泄是污染物质及其代谢物质向机体外转运的过程。排泄器官包括肾、肝胆、肠、肺、外分泌腺等，以肾和肝胆为主。肾排泄污染物质主要通过排尿过程实现。肾小球毛细血管壁有许多较大的膜孔，大部分污染物质都能从肾小球滤过。污染物的另一个重要排泄途径是肝胆系统的胆汁，胆汁排泄是指由消化道及其他途径吸收的污染物质，经血液到达肝脏后，以原物或其代谢物和胆汁一起分泌至十二指肠，经小肠至大肠内，再排出体外的过程。

若针对污染物的吸收超过其代谢转化和排泄能力，则会出现在体内逐渐累积

的现象，即生物蓄积。蓄积量是吸收、分布、代谢转化和排泄的代数和。污染物
在体内的生物蓄积常表现为相对集中的方式。人体的主要蓄积部位是血浆蛋白、
脂肪组织和骨骼。许多有机污染物及其脂溶性代谢产物，通过分配作用溶解集中
于脂肪组织，如苯、多氯联苯等。有些污染物的蓄积部位与毒性作用部位相同。
但是，有些污染物的蓄积部位与毒性作用部位并不一致。蓄积部位的污染物常与
血浆中游离型污染物保持相对稳定的平衡，当污染物从体内排出或机体不与之接
触时，血浆中游离型污染物减少，蓄积部位就会释放该物质，以维持上述平衡。
因此，在污染物蓄积和毒性作用的部位不一致时，蓄积部位可成为污染物内在的
二次接触源，从而引起机体慢性中毒。

2.2　室内空气污染健康效应

根据 2017 年全球疾病负担研究，不同类型风险因素导致中国 2017 年的过早
死亡人数接近 705 万，如图 2.4（a）所示。可见，空气污染列风险因素的第四位，
每年因空气污染导致的过早死亡人数近 130 万。其中，与室内空气污染暴露相关
的过早死亡人数为 27 万，贡献为 21%；室外颗粒物污染和臭氧污染造成的过早死
亡人数分别为 85 万和 18 万，贡献分别为 65%、14%。在室内空气污染造成的死
亡原因中，主要包括心血管疾病、慢性呼吸系统疾病、肿瘤、呼吸系统感染和肺
结核、糖尿病和肾脏疾病等，其中心血管疾病、慢性呼吸系统疾病和肿瘤是最主
要的疾病类型。实际上，考虑到人在室内度过的时间远大于室外，因此室外空气
污染物主要也是通过渗入室内造成人体暴露，从而导致健康效应。

2.2.1　室内空气污染对主要人体系统的影响

1）对呼吸系统的影响

呼吸系统疾病主要表现为急性和慢性的肺功能改变、呼吸道症状发生频率和
患病率上升、已有的呼吸道症状急性暴发、气道致敏、传染性呼吸道疾病（特
定的传染源的存在、由室内狭小导致的人与人之间的传播）等。肺功能改变主
要表现为气道变窄导致的呼吸道气流受限，可以利用受试者第 1 秒用力呼气容
积（FEV1）来衡量。呼吸道症状包括咳嗽、喘息、呼吸短促、炎症和黏液过度
分泌等。其中，炎症包括鼻炎、鼻窦炎、黏膜炎、肺炎、哮喘和肺泡炎症等。
与呼吸系统疾病有关的污染物主要为燃烧过程生成的污染物（包括卷烟烟雾）
和微生物等。迄今为止，已开展大量室内空气污染对呼吸系统疾病影响的流行
病学研究。

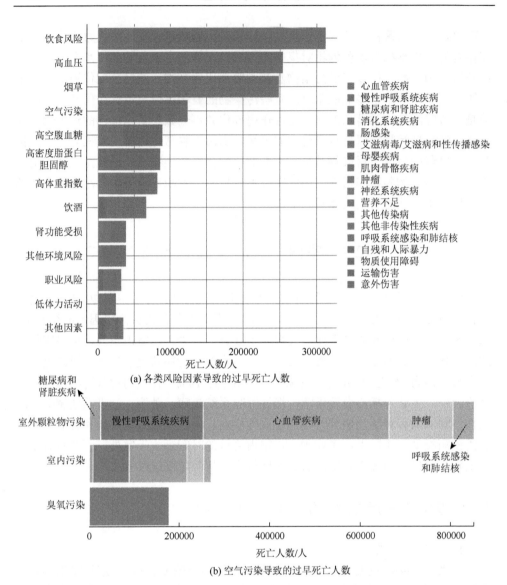

(a) 各类风险因素导致的过早死亡人数

(b) 空气污染导致的过早死亡人数

图 2.4　2017 年中国过早死亡人数的风险因素（2017 年全球疾病负担研究）

　　一项在欧洲开展的出生队列研究发现，儿童早期的呼吸系统感染与污染物暴露关系密切。室内空气污染对于急性下呼吸道感染的影响是比较明确的，尤其是儿童肺炎。对使用清洁燃料和非清洁燃料家庭中儿童急性下呼吸道感染的数据调查表明，儿童暴露于非清洁燃料产生的污染物时下呼吸道感染率显著较高。通过对混杂因素、对照选择、调整、暴露、终点和年龄等进行敏感性分析后，发现这些因素对下呼吸感染疾病的比值比（odds ratio，OR）无影响。在一项针对 18 个月以下婴儿开展的随机对照试验研究中，研究人员发现室内固体燃料使用对婴儿急性下呼吸道感染有直接影响，而安装烟囱排出室内固体燃料燃烧烟气替代开放式的明火，可使儿童急性下呼吸道感染风险下降 50%。通过使用土地利用回归模型估计 NO_2 暴露浓度的研究表明，NO_2 暴露浓度每上升 $10\mu g/m^3$，造成的疾病 OR 是 1.3 ［1.02～1.65，95% CI（confidence interval，置信区间）］。因而可以确定，NO_2 会对肺功能的防御功能造成损伤。

2）对心脑血管系统的影响

心脑血管疾病是心脏血管和脑血管疾病的统称，是全身性血管病变或系统性血管病变在心脏和脑部的表现，包括高脂血症、血液黏稠、动脉粥样硬化、高血压等所导致的心脏、大脑及全身组织发生的缺血性或出血性疾病。目前有关空气污染对心脑血管疾病影响的研究主要基于室外暴露展开。研究表明，短期暴露的 $PM_{2.5}$ 浓度每增大 $10\mu g/m^3$，急性心肌梗死（MI）的 OR 提高 2.5%（OR：1.025；95% CI：1.015～1.036）。尽管 OR 尚处于中等水平，但由于数亿人受到影响，因此 $PM_{2.5}$ 短期暴露对全球 MI 的贡献高达 5%。另外，持续暴露于空气污染环境会提高动脉粥样硬化和疾病复发的概率，尤其是多年长期暴露。在加拿大开展的一项全国性流行病学研究表明，即使 $PM_{2.5}$ 平均浓度低于 $9\mu g/m^3$，缺血性心脏病的死亡率仍会因 $PM_{2.5}$ 而显著增加。美国国立卫生研究院研究组也报道了类似的发现，基于样本量为 517043 个体的研究表明，尽管 $PM_{2.5}$ 浓度仅为 $10\sim13\mu g/m^3$，但长期暴露的 $PM_{2.5}$ 浓度每增大 $10\mu g/m^3$，心脑血管疾病死亡率相对增加 10%。近年来，我国科研人员开展的多项研究也表明，急性心脑血管疾病死亡率增加与较高浓度的 $PM_{2.5}$ 浓度有关。基于已有的 59 项研究成果，研究人员进行了 meta 分析，发现 $PM_{2.5}$ 浓度每升高 $10\mu g/m^3$，心脑血管疾病死亡率上升 0.63%。另外一项研究发现 $PM_{2.5}$ 浓度每升高 $10\mu g/m^3$，与中风相关的住院率和死亡率提高 1%。交通道路附近的居民，可能因暴露于交通相关的颗粒物而出现局部缺血性中风或中风严重程度增加的现象。短期暴露于气态污染物和颗粒物，也会导致与心脏衰竭相关的入院率和死亡率提高，比如，在针对中国 26 个城市的流行病学研究中，发现高浓度 $PM_{2.5}$ 暴露情景下，$PM_{2.5}$ 浓度每升高 25%，心脏衰竭入院率提高 1.3%，其中 60 岁以上的老年人和非吸烟人群风险更高。空气污染对高血压也有显著影响，研究表明，短期暴露情景下，$PM_{2.5}$ 浓度每升高 $10\mu g/m^3$，血管舒张压和收缩压可升高 1～3mmHg，心律失常风险上升 0.89%。

空气污染对心脑血管疾病的影响机制主要表现为破坏内皮细胞、引起炎症效应、形成血栓、通过上呼吸道或者肺部促进交感神经导致自主神经失调、影响新陈代谢、影响下丘脑-垂体-肾上腺轴激活有关的中枢神经系统和引起表观基因组变化等。这些机制之间可能相互依赖和交叉影响，甚至可能起到协同放大作用。其中，自主神经失调、血栓形成主要与短期暴露有关，其他则与长期暴露有关。

3）对免疫系统的影响

免疫系统的功能是特异性地识别"非己"的外源物质，并对其做出响应，是人体抵抗传染性疾病的关键。但是当其对外源性物质做出过度反应时，即可引起过敏性疾病，包括过敏性哮喘、过敏性结膜炎和过敏性肺炎等，这些过敏性疾病都是由过敏原引起的、由免疫球蛋白 E（IgE）抗体介导的疾病。

过敏性哮喘主要表现为可逆性气道变窄。发病期间会出现肺功能受阻和通气能力下降。但是室内空气中出现的其他非过敏原的刺激物也可能导致哮喘发作。尽管哮喘引发的死亡率极低，但由于患病后到医院的就诊相对频繁，患病的综合成本非常高。

过敏性结膜炎不同于过敏性哮喘在各年龄段均较为普遍，主要出现于未成年和低龄成年人群。症状包括鼻子或眼部搔痒、打喷嚏、流鼻涕和鼻子堵塞等。根据过敏原暴露程度的差异，症状严重程度不一。多数过敏性结膜炎患者对多种过敏原过敏，仅有少部分人对单一的过敏原类型过敏。尘螨、宠物、昆虫、霉菌和真菌等释放的过敏原均可诱发过敏反应。

过敏性肺炎主要表现为肺炎反复发作，或者短暂的无呼吸或流感类似症状。急性发作时常伴有肺功能受限和扩散能力下降现象。农夫肺、鸽子喂养员症状等是比较典型的案例，使用加湿器或者被细菌、真菌和原生动物污染的办公场所也是出现此类疾病的典型场所。

过敏性哮喘和过敏性肺炎的共同点在于停止过敏原暴露后，症状即消失。但是部分敏感人群中出现的持续性症状也可能会导致肺功能的永久性损伤，甚至死亡。

加湿器热（humidifier fever）是由于免疫系统受到影响而导致的类似于流感的症状，明确的致病源并不清楚，可能是由加湿器中微生物污染所导致。症状一般在每周一复工后的 4～8h 出现，24h 后自行消失，之后的工作日期间都不会再发，但新的周一复工后再次出现。此类症状通常不会造成永久性肺损伤。

引起免疫系统疾病相关的污染物主要是室内的过敏原和微生物。尘螨过敏原在冬季比较潮湿的气候区和湿度高于 45%、温度为 17～25℃ 的时节较为常见，多出现于床铺、床垫、枕头、地毯和枕头填充物等物品中，室内活动会导致这些过敏原进入空气。真菌过敏原多出现在长期比较潮湿的环境，如卫生间、地下室和建筑材料漏水部分。防风建筑由于室内湿度较高，湿气在较冷的墙面或者窗户冷凝后也可能滋生真菌。家庭宠物（猫、狗、鸟）、啮齿动物、马、头皮屑、头发、唾液和尿液等也是重要的过敏原来源，多出现于居室以及饲养宠物的学校和幼儿园。同时，与宠物主人的密切接触也可能导致过敏症状。此外，昆虫掉落的皮肤屑、干燥后的分泌物、粪便、蟑螂和卫生条件较差的家居环境等也易引起过敏性哮喘和结膜炎。过敏原多有明显的季节性，与天气条件、地理位置和局部的室内环境有关。

尽管所有人都可以产生针对不同过敏原的 IgE 抗体，但至少 10%～12%的人群对过敏原暴露比较敏感，这取决于个体的基因易感性。目前，尚没有证据表明过敏性肺炎可以遗传。

4）对皮肤/黏膜系统的影响

针对皮肤/黏膜系统（包括眼部、鼻腔、喉咙等黏膜）的影响，主要表现为炎症，以热、红、肿、痛四种感觉为标志，同时被影响的组织功能也有一定损伤。症状一般出现在接触位点，比如皮肤或者黏膜，也可能由于反射出现在其他组织，不同个体的反应存在差异。尽管刺激性反应可以各种形式存在，但在正常的室内空气暴露情况下较少出现此类症状。症状通常不是因某种特定的污染物暴露所致，而是暴露于多种污染物所致，且暴露可能引起多种症状共存。

影响皮肤/黏膜系统的污染物主要包括甲醛、VOCs 和卷烟烟雾。其中，甲醛水溶性好，可引起眼部黏膜和上呼吸道黏膜刺激，包括喉咙干涩疼痛、鼻子发麻、眼睛水肿和疼痛等。眼泪增加、频繁眨眼睛均可能与甲醛暴露有关。甲醛通常在接近 $0.1mg/m^3$ 就可以引起感官刺激，$1mg/m^3$ 以上表现更为明显。高浓度时，甲醛还可能作为过敏原刺激 IgE 抗体产生。当暴露于高浓度甲醛时，会出现水肿和炎症症状，其他醛类如乙醛、丙烯醛也有刺激性。VOC 可刺激黏膜，引起病态建筑综合征和眼部组织变化等急性效应，症状严重程度还与共同暴露的其他污染物以及温度和湿度等条件有关。卷烟烟雾属于复合性污染物，包括 PM_{10}、CO、尼古丁、氮氧化物、丙烯醛、亚硝基化合物和苯并[a]芘等，主要影响眼睛、鼻咽等部位，导致鼻子不舒服、嗓子疼痛、打喷嚏、咳嗽、眼泪增加、眨眼睛次数增加等症状，这些污染物的暴露还可能导致黏膜清除能力下降。

5）对感官知觉和神经系统的影响

感官知觉是通过感官系统受体传递的，可被传递至更高级的中枢神经系统。感官知觉包括两类，一类是由物理环境暴露所导致，如气味；另一类为身体或体表的知觉，如眼部刺激和皮肤干燥。当然，也有一些感官知觉不一定是由物理环境暴露所导致。感觉系统是根据污染物变化程度来调整的，而不是依赖于绝对的污染物暴露水平。感官知觉包括听觉、视觉、嗅觉、味觉、皮肤和黏膜知觉等。大多数感官系统都位于体表或者接近体表的位置，对刺激较为敏感。部分感官系统在累积暴露一定浓度后，会出现延迟性反应，部分则是即时反应，如味道。嗅觉器官疲劳或者暴露延长可能会影响味觉。

感官系统受到刺激后的反应与多种因素有关，包括历史暴露情况、皮肤温度和刺激物类型等，而且通常较难明确哪一个感官系统是主要的刺激途径。室内空气污染通过多个系统影响感官知觉，同一种类型的感官知觉可能因不同类型的污染物暴露引起，而且暴露时长对于感官知觉影响较大。感受到的空气质量通常与神经刺激和嗅觉有关，但目前难以将感官知觉或者对空气质量的感觉通过舒适或者不舒适来表述。室内空气大多数化学污染物具有味道或者黏膜刺激性，具体表现为部分蒸汽压可测的化学物质在高浓度时会产生味道，也有一些物质在浓度低于检测限时，就会产生味道，还有一些物质只有在其浓度高于足以引起健康影响的浓度阈值时，其味道才能够被感知到。某些有气味的组分可以同时刺激黏膜，所以在嗅觉系统闻到气味时，同时也是对机体黏膜刺激的一个警告信号。在缺乏针对微量有气味气体的检测方法时，嗅觉系统就成为唯一灵敏的指示系统。污染物对神经系统的暴露影响相对明确，职业环境中的有机溶剂暴露即属于典型案例，暴露后可引起从分子层面到行为层面的异常。由于神经细胞一般难以再生，因此损伤通常是不可逆的。神经细胞代谢化学物质非常缓慢，所以一旦化学污染物进入神经细胞，其风险远高于其他系统。化学污染物主要影响神经细胞本身或者神经细胞之间的信号传导，包括麻醉作用。帕金森病、阿尔茨海默病等神经退行性疾病也可能与环境污染物暴露有关。除此之外，一些杀虫剂属于神经毒素，多数对昆虫或者寄生虫有毒的物质，也可以通过相同机制影响哺乳动物。哺乳动物长期暴露于这些杀虫剂类物质，神经系统可能会受到不可逆影响。

　　6）对生殖系统的影响

卷烟烟雾、含氯杀虫剂、重金属（如铅）等空气污染物暴露会影响生殖系统但其影响程度尚不明确。尽管卷烟烟雾对主动吸烟者的生殖系统会产生明确的影响，但被动吸烟是否有同样影响仍不清楚。同样地，对于卷烟烟雾以外的其他污染物，如职业环境暴露的高浓度铅、环氧乙烷和一些杀虫剂，尽管其高浓度暴露会影响生殖系统，导致习惯性流产、不育和染色体异常等已有明确的结论，但并没有足够的证据表明室内环境中的暴露浓度是否足以影响到生殖系统，流行病学研究中一般使用习惯性流产率、出生体重、精子数量等指标来衡量室内空气污染对生殖系统的影响。

2.2.2　主要室内空气污染物的健康效应

　　1）颗粒物

颗粒物（particulate matter，PM）在人体呼吸系统中的作用机制主要包括截留、撞击、沉积和扩散作用。粒径大于 $10\mu m$ 的颗粒物被鼻纤毛截留；$2\sim10\mu m$ 的颗粒物主要阻留在上呼吸道，包括鼻腔、鼻咽、喉和气管；小于 $2\mu m$ 的颗粒物则可以进入下呼吸道，沉积到支气管甚至肺泡当中；小于 $0.4\mu m$ 的颗粒物能较自由地进入肺泡并随呼吸排出，因此粒径小于 $0.4\mu m$ 的颗粒物在肺内沉积比较少。由于不同类型的污染物在不同粒径颗粒物中的分布差异较大，而不同粒径颗粒物在人体呼吸系统的分布存在显著差异。因此，不同类型污染物在呼吸系统不同位置的沉积效率也有一定差异。进入肺泡的颗粒物，可减少肺泡体积，对肺部造成损伤，从而降低从空气到血液的供氧量。其中，易溶颗粒物在溶于肺泡表面体液后可被人体吸收，难溶颗粒物可以通过胞吞的方式被吸收。经呼吸道进入人体的颗粒物可以直接进入血液系统并转移至淋巴系统或其他器官，由于肝脏的解毒作用此时不能发挥作用，因此产生更大的毒性。

近 30 年以来，关于室外大气颗粒物的长期和短期暴露健康效应研究不断增加。由于室外颗粒物向室内环境的渗漏，可以认为室外颗粒物和室内颗粒物的健康效应及其机制是相通的，主要包括自由基生成导致的氧化损伤、肺部和全身系统性的炎症反应、交感神经和副交感神经对心律平衡的影响、动脉内壁的粥样硬化斑块、动脉粥样硬化引起的血管疾病、心肌梗死和中风等。目前，室外颗粒物健康效应研究主要关注细颗粒物和超细颗粒物。尽管这些颗粒物在室内也非常常见，但是针对室内环境中此类污染物的健康效应研究相对较少。有研究表明，室内薪柴燃烧产生的颗粒物对呼吸系统和免疫系统有明显影响，部分发展中国家儿童肺炎发生率与该暴露密切相关。

颗粒物组分复杂，重金属、多环芳烃和微生物等组分均对人体健康有一定影响。PM_{10} 和 $PM_{2.5}$ 通过呼吸道进入人体，所以呼吸系统是最易受影响的部位。研究表明，$PM_{2.5}$ 暴露与鼻炎、鼻窦炎、咽炎、急性上呼吸道感染、支气管炎、哮喘、慢性阻塞性肺疾病（chronic obstructive pulmonary disease，COPD）、肺炎和肺癌等疾病均有关联，且会导致咳嗽、咳痰、喘息、咽痛、闭塞、喉咙痛、呼吸困难等症状更为明显。$PM_{2.5}$ 还与高血压、心肌梗死、心力衰竭、心律失常等心血管疾病有很强的相关性。研究表明，$PM_{2.5}$ 并无安全暴露阈值，每升高 $10\mu g/m^3$，人群的心肌梗死风险增大 2.5%，血管收缩压升高 1.393mmHg，舒张压升高 0.895mmHg，慢性心力衰竭和缺血性心脏病的发生率也有升高趋势。颗粒物还对动脉硬化、冠状动脉症状、血管内壁、动脉粥样斑块、微小血管、氧化低密度脂蛋白、抗心磷脂抗体、氧化损伤、炎症和新生儿体重等产生影响。

此外，由于 $PM_{2.5}$ 可以穿透血脑屏障，因此 $PM_{2.5}$ 暴露对神经系统也有直接影响，包括认知功能、语言学习能力等。一项在中国台湾的十万人的流行病学调查研究中，发现 $PM_{2.5}$ 每增加 $4.34\mu g/m^3$，65 岁以上老年人阿尔茨海默病的发病率就增加 138%。除了老年人，对胎儿和新生儿的影响也逐渐受到关注。多项研究表明，母亲孕期暴露可能会导致其子代的自闭症患病率升高。

2）甲醛

甲醛（HCHO）是无色、有刺激性气味且易燃的气态污染物。HCHO 的人体暴露途径包括呼吸、食品摄入和皮肤吸收。由于 HCHO 水溶性较好，可以被呼吸道和消化道吸收并代谢。在人体内，HCHO 是一个必需的代谢中间体，可由丝氨酸、甘氨酸、蛋氨酸和胆碱通过内源性途径产生，也可以在 *N*-、*O*-和 *S*-甲基化合物的去甲基化过程中产生，是嘌呤、胸腺嘧啶和某些氨基酸生物合成过程中不可缺少的中间体。人体呼出气中的 HCHO 浓度在 $0.001 \sim 0.01 mg/m^3$，平均水平约为 $0.005 mg/m^3$。正常人体血液内 HCHO 浓度为 $2 \sim 3 mg/L$，包括自由的和可逆性结合的内源性甲醛。HCHO 与伯胺、仲胺、硫醇、羟基和酰胺反应，形成羟甲基衍生物。作为亲电子试剂，HCHO 可与大分子［如脱氧核糖核酸（DNA）、核糖核酸（RNA）和蛋白质］反应形成可逆的加合物或不可逆的交联键。

体内的 HCHO 代谢首先是与谷胱甘肽反应形成中间体 *S*-羟甲基谷胱甘肽，在乙醇脱氢酶的催化作用下，该中间体被转化为 *S*-甲酰基谷胱甘肽，进一步在 *S*-甲酰基谷胱甘肽水解酶的作用下，最终生成甲酸盐和还原型谷胱甘肽。代谢产物甲酸盐或进入正常的代谢途径，或进一步被氧化为二氧化碳被排出体外。

通过呼吸摄入 HCHO 时，$90\% \sim 95\%$ 被鼻腔黏膜捕获，其中 90% 以上的 HCHO 被上呼吸道吸收后，会很快代谢为甲酸盐，$22\% \sim 42\%$ 的 HCHO 在溶解到呼吸道黏液层后，在纤毛的作用下会被清除，剩下部分可通过鼻腔进入下呼吸道。HCHO 在血液内的半衰期在 $1 \sim 1.5 min$，多数转化为 CO_2 后通过呼吸排出体外。总体上，40% 的吸入 HCHO 经过体内代谢后以 CO_2 形式在 $70h$ 内通过呼吸排出，17% 通过尿液排出，5% 通过粪便排出，$35\% \sim 39\%$ 则停留在组织内。HCHO 浓度达到 $0.05 \sim 0.5 mg/m^3$ 之后，会产生刺激性气味。$0.5 mg/m^3$ 以下的 HCHO 暴露不会导致尿液中的甲酸盐浓度快速升高，$2.5 mg/m^3$ 以下的 HCHO 暴露对血液中的甲醛水平无显著影响。室内环境中发生急性 HCHO 暴露后，可引起刺激性气味、眼部和上呼吸道刺激、哮喘和过敏和湿疹等。但是目前的试验数据和流行病学数据均不足以证明儿童、老年和哮喘人群对 HCHO 暴露有更强的易感性。在暴露浓度低于 $1 mg/m^3$ 时，成年人的肺功能不会发生明显改变。

国际癌症研究机构（IARC）已将 HCHO 列为 I 级致癌物。充足的试验数据表明 HCHO 暴露对上呼吸道有致癌性，同时流行病学数据也表明 HCHO 可引起人体的鼻咽癌和骨髓性白血病等，但关于其他部位的癌症则证据不足。此外，多个动物模型和人群暴露也表明，HCHO 具有基因毒性和细胞毒性。

目前，针对 HCHO 暴露，仍然缺乏理想的生物指示物用于评估人体暴露程度。此外，动物试验结果表明，甲醛通过呼吸摄入后，在鼻腔黏膜处可以形成 DNA-蛋白交联物，但是该交联产物的生成并不是线性的，且在重复暴露时，未检测到该交连物的累积生成，人体内也尚未检测到该类 DNA-蛋白交联物。

3）苯

苯（C_6H_6）是可燃、具有芳香气味的气态污染物。与环境空气中的羟基自由基反应可有效降解苯，臭氧和硝基自由基也可以导致苯降解，但是降解速率常数较低。呼吸暴露是人体苯暴露的主要途径，贡献可高达 $95\% \sim 99\%$，通过食品和水的暴露剂量较小。根据美国的暴露研究数据，人体每天的呼吸暴露量在 $180 \sim 1300 \mu g$，食品和水暴露量仅为 $1.4 \mu g$ 左右。加拿大的研究表明，每天由于室外空气呼吸暴露的苯为 14μg，室内空气造成的呼吸暴露量为 140μg，食品和水暴露量为 1.4μg，开车等用车相关的行为造成的暴露量为 49μg，综合起来每天约为 200μg。主动吸烟导致的日均呼吸暴露量在 400~1800μg，被动吸烟导致的日均呼吸暴露量在 14~50μg。英国的一项研究表明，乡村地区非吸烟人群的日均呼吸暴露量在 70~75μg，城市地区人群的日均呼吸暴露量一般在 89~95μg，而城市被动吸烟人群的日均呼吸暴露量在 116~122μg，吸烟人群则高达 500μg。儿童的日均呼吸暴露量在 15~20μg，婴儿的日均呼吸暴露量在 30~40μg，被动吸烟可导致儿童和婴儿的日均呼吸暴露量分别增加至 26μg 和 59μg。儿童的相关暴露多数发生在室内环境。由于苯具有亲脂性，进入人体后可以分布到身体各个部位，在脂肪富集的区域积累尤为明显。苯还可以穿透血脑屏障和胎盘，在大脑和脐血中均可检测到苯。动物试验研究表明，苯吸收后多数在 48h 内进入肝代谢途径，90%的代谢物会以尿的形式排出体外。而未通过代谢去除的部分则通过呼吸的形式呼出。本质上，动物和人体内苯的代谢和去除机制接近，主要通过肝代谢，骨髓也有一定贡献。

　　室内是苯暴露的重要场所，苯的呼吸暴露量与其暴露浓度呈负相关关系。在动物试验中，当小鼠暴露于 38~453mg/m³ 的苯 6h 后，近 95%的苯被吸收；当暴露浓度达到 3238mg/m³ 时，只有 52%被吸收。苯属于基因致癌物，因此没有安全暴露阈值。不管苯来自室内还是室外，呼吸暴露产生的影响是一样的。苯暴露导致人群中 1/10000、1/100000、1/1000000 的人罹患白血病的空气浓度分别为 17μg/m³、1.7μg/m³ 和 0.17μg/m³。1μg/m³ 的苯暴露所造成白血病风险值为 $6×10^{-6}$，即每 100 万人口中有六个人会患白血病。由于没有安全阈值，因此室内环境空气中的苯浓度越低越好。

　　苯代谢途径首先是在细胞色素 P450 同工酶 CYP2E1 的催化作用下，被氧化为苯氧化物，然后这些氧化物通过环断裂被氧化为酸、经过系列反应后与谷胱甘肽（GSH）形成共轭物和结构重排形成苯酚 3 条途径被进一步代谢。苯酚可直接从尿液中排出，也可以在 CYP2E1 的作用下被氧化形成共轭物，通过尿液排出。苯氧化物也可在骨髓中髓过氧化物酶的作用下被氧化为醌类。迄今，导致苯毒性的代谢物质类型尚不确定。苯氧化物和苯醌可能是导致细胞毒性和白血病的关键代谢产物。苯代谢物主要通过染色体损伤导致基因毒性，而非通过点突变。苯醌活性较高，属于双性物质，具有致畸性。去除苯代谢物的主要活性酶有两种，一是可将苯醌代谢为毒性较低的二醇的 NAD(P)H 醌氧化还原酶（NQO1），二是可去除苯氧化物上环氧基团的微粒体环氧水解酶。与苯代谢相关的基因多态性会影响个体的易感性。

　　可使用尿液中的苯酚类物质作为苯暴露的代谢检测产物。但是苯酚是高浓度暴露时才有的代谢产物，因此不适用于作为低浓度暴露评估的生物标志物。总体上目前最为灵敏的生物标志物仍然是尿液中的苯。

4）多环芳烃

多环芳烃（PAHs）是一大类具有两个或多个稠合芳族（苯）环的有机化合物。低分子量 PAHs（两个和三个环）主要以气态存在于空气中，而多环的 PAHs（五个或五个以上环）主要以颗粒态存在于空气中。四个环的中分子量 PAHs 在气相和颗粒相之间的分配受空气温度影响。以颗粒态存在的 PAHs 对人体健康危害更大。其中，五环的苯并[a]芘（B[a]P）的致癌潜力高达 51%～64%，常被用作致癌 PAHs 暴露的标志物，主要以颗粒态存在。PAHs 在水中的溶解度相对较低，例如，B[a]P 在 25℃水中的溶解度仅为 3.8μg/L，但亲脂性很高，可溶于大多数有机溶剂。吸附到土壤上的 PAHs 的迁移能力较低。因此，一旦释放到环境中，由于其低水溶性，PAHs 主要富集到颗粒物、土壤和沉积物上。

人体通过多种途径暴露 PAHs，包括吸入空气和二次悬浮的土壤或灰尘、摄入食物和水、皮肤接触土壤和灰尘等。由于人们长时间停留在室内，因此吸入室内空气是最重要的暴露途径。其中，含 PAHs 的空气颗粒物是主要来源。PAHs 在气道中沉积后的归趋与其结构、粒径和化学性质有关。颗粒相 PAHs 可通过纤毛作用被清除，也可能随着携带 PAHs 的颗粒物在肺中停留较长时间，还可以从颗粒物解吸后溶解到肺部黏液中。颗粒相 PAHs 在肺中遵循双相吸收动力学，相关过程与其在呼吸道中的沉积部位有关。譬如，柴油尾气颗粒物中的部分 B[a]P 可以迅速解吸并通过肺泡区域的 I 型上皮细胞进入循环，通过系统代谢方式被清除；沉积在支气管区域的部分，进入体内循环的速度较为缓慢，主要通过局部代谢方式清除。有近 30%含有 PAHs 的颗粒物能够在肺部和淋巴结中停留数月。

PAHs 的亲脂性决定其可以较快地分布到身体各个部位。以 B[a]P 为例，无论通过何种暴露途径，暴露后几分钟到几小时内就可以在很多组织中检测到 B[a]P。B[a]P 和部分其他类型的 PAHs 较易穿过胎盘屏障，同时在母乳中也有发现 PAHs。粪便是高分子量 PAHs 及其代谢产物的主要清除途径，尿液是低分子量 PAHs 的主要代谢清除途径。

体内代谢过程是影响 PAHs 毒性的关键因素，PAHs 可通过形成二醇环氧化合物、形成自由基阳离子和形成邻醌 3 种途径产生毒性中间体和代谢产物。在 PAHs 代谢过程中，涉及细胞色素 P450（CYP）和环氧化物水解酶两种酶。CYP 可将 PAHs 活化为光学活性氧化物，以 B[a]P 为例，CYP 可将其毒性中间体二醇环氧化合物转化为具有光学活性的同分异构体，该同分异构体和 DNA 具有高反应性，可以形成一系列 DNA 加合物。在自由基阳离子途径中，可以形成脱嘌呤的 DNA 加合物。在邻醌途径中，PAHs 邻二醇通过醛酮还原酶转化为邻苯二酚，然后再自氧化为邻醌，这些邻醌在氧化还原循环过程中会形成活性氧。对于 B[a]P，通过二醇环氧化合物形成 DNA 加合物的代谢机制是诱导啮齿动物和人肺癌发生的主要机制。

许多 PAHs 具有诱变性和遗传毒性，可在体内和体外诱导 DNA 加合物形成，其中 B[*a*]P、含硝基和氧基的 PAHs 是主要的活性成分。DNA 加合物形成后可阻止 DNA 复制，并诱导碱基和核苷酸切除修复活性，因此 DNA 加合物的形成是 PAHs 致突变性和致癌性的原因所在。不同组织内和不同类型 PAHs 的 DNA 加合物在浓度和特征上均有差异，继而导致 PAHs 的毒性差异。CYP（CYP1A1、CYP1A2、CYP1B1、某些 CYP2C 和 CYP3A）和 Ⅱ 期解毒酶均有一定的遗传多态性，该遗传多态性也可能影响 PAHs 的毒性。PAHs 对室内尘导致的基因突变的贡献在 3%～23%。细胞芳香烃（Ah）Ah 受体介导的途径对于 PAHs 的致癌性至关重要。

针对 PAHs 的暴露主要通过人体外周血淋巴细胞中的 PAHs-DNA 加合物或者尿液 1-羟基芘进行评估。1-羟基芘是尿液中的一种非致癌芘代谢物，代表 PAHs 各种暴露途径的代谢产物，包括饮食和呼吸，是暴露于芘类 PAHs 的总指示剂。也有研究认为，1-羟基芘在人群水平可能是一个比较好的生物标志物，但是由于个体间变异较大，在将其用于个体暴露评估时会受到一定限制。体内 DNA 加合物的水平不仅可以反映机体暴露的 PAHs，同时也可反映机体的代谢能力。总体上，1-羟基芘越高，意味着 PAHs-DNA 加合物量也较高，但是前者的灵敏度要高于后者。

室内环境中的 PAHs 暴露通常是多污染物的共同暴露。由于 PAHs 的毒性依赖于其在体内的生物转化，因此关键代谢酶之间的相互作用对其健康效应影响显著。某一种 PAHs 的代谢可能会增强另一物种的毒性，而抑制某个代谢途径则可能降低其毒性。多数体外细胞试验结果都表明，PAHs 混合物导致的 DNA 加合物总量是降低的，说明不同类型的 PAHs 之间存在抑制作用。PAHs 的代谢产物之间相互干扰，导致 PAHs 的混合作用比较复杂，这也意味着无法根据单个 PAHs 组分可靠地预测 PAHs 混合物暴露产生的影响。

在室内环境 PAHs 的暴露风险中，萘的贡献可达到 62.4%。尽管中国在 1993 年已经禁止了樟脑丸的生产和销售，但是依然有较多场所在使用。萘可以通过口服、皮肤或吸入三种暴露途径进入人体，但是三种途径的相对重要性并不清楚。尽管萘在脂肪中的分配较高，然而动物试验表明萘吸入后主要通过血液代谢途径被快速清除。尿液中 1-萘酚和 2-萘酚是比较认可的人体萘暴露的生物指示剂。在非职业暴露、非吸烟者的双非人群中，尿液中 1-萘酚中位数浓度范围为 1～5μg/L，而 2-萘酚的中位数浓度范围为 1～3.6μg/L。吸烟者的萘酚浓度要高于上述双非人群。萘代谢过程涉及多步的氧化和共轭反应，生成的活泼代谢产物可以与细胞内蛋白形成共价键，但是仍不清楚哪些结合产物是关键的毒性物质。萘的急性暴露效应多是由误食樟脑丸所致。其中，葡萄糖 6-磷酸脱氢酶有缺陷的个体在萘暴露后受到的影响最严重，溶血性贫血是最主要的疾病。

5）其他挥发性有机物

（1）三氯乙烯。三氯乙烯（TCE）是无色、有类似氯仿气味的气态污染物。TCE 作为一种氯化溶剂，对健康的主要影响是产生神经毒性和致癌性，对免疫系统、肝脏等也有影响。呼吸摄入 TCE 是一般人群的主要接触途径，有足够的证据表明 TCE 是一种遗传毒性致癌物，因此室内环境暴露无 TCE 安全阈值。TCE 进入人体后，其中的 25%～55%会被快速吸收，约 2h 内血液中 TCE 可达到稳态浓度。TCE 的高吸收率归因于较高的血液-空气分配系数，范围为 9～15。吸收的 TCE 通过系统循环分布到身体各个部位。由于其脂溶性高，因此主要在脂肪组织中发现，其次是肝脏、肾脏、心血管系统和神经系统，还可穿过血脑屏障和胎盘。人体意外暴露较高浓度的 TCE 会造成神经系统损害，特别是影响视觉神经和三叉神经。

吸入 TCE 的 40%～75%可以被代谢，其代谢产物具有多样化特征。尿液中的主要代谢产物是三氯乙醇、葡萄糖醛酸苷共轭物和三氯乙酸。未被代谢的 TCE 可以通过呼出气排出。肾脏是主要的代谢物清除途径，三氯乙醇和三氯乙酸通过尿清除，在暴露结束后的 5 天和 13 天内可分别被完全清除。通过测量呼出气、血液和尿液中的 TCE 或其主要代谢物三氯乙酸的水平，可以对个体的 TCE 暴露进行评估。

（2）四氯乙烯。四氯乙烯（PCE）也是无色、有类似氯仿气味的气态污染物。呼吸摄入 PCE 是普通人群最常见的接触途径。在水污染严重的地区，水摄入也是重要途径。使用消费产品或者污染了的饮用水是主要的室内 PCE 暴露源。此外，干洗衣服可以向室内释放 PCE，干洗店工人的呼出气也是其家庭 PCE 的来源之一。PCE 进入人体后，主要通过胃肠道和肺被吸收。肺部吸收与呼气速率、接触时间及空气中的 PCE 浓度成正比。初始吸入后的吸收速度较快，暴露数小时后吸收速率即可稳定下来。气相的皮肤吸收可以忽略不计。由于 PCE 脂溶性较好，反复吸入会导致该化合物在体内，尤其是脂肪组织中积聚。PCE 可以穿过胎盘，也出现在母乳中，因此，胎儿和哺乳期新生儿会因母体暴露而增加发生不良反应的风险。

肝脏、肾脏、血液和中枢神经系统是 PCE 全身作用的目标器官。空气中 740～1480mg/m^3 的急性暴露，会刺激皮肤、眼睛和上呼吸道，发生非心源性肺水肿、恶心、呕吐和腹泻等。370～1110mg/m^3 的 PCE 急性吸入暴露可影响中枢神经系统，更高的暴露浓度可能会导致意识丧失。急性暴露后产生的影响还包括身体失去协调性、情绪异常、行为改变或潜在的麻醉作用等。长期接触 PCE 会出现神志不清、烦躁不安、周围神经病变、短期记忆缺陷和睡眠障碍等。PCE 与神经行为功能障碍有关，包括降低个体的注意力。PCE 还可能对人体产生肝毒性，包括肝功能异常、肝硬化、肝炎、肝肿大和肝细胞坏死。PCE 还可影响肾功能，包括导致蛋白尿和血尿等。PCE 暴露与食道癌、宫颈癌和非霍奇金淋巴瘤的疾病风险之间也有一定的相关性，但是相关的证据比较有限。

通过测量血液、尿液或呼出气中 PCE 母体化合物或者其代谢物（三氯乙酸、三氯乙醇）的水平，可评估 PCE 暴露水平。相比来说，呼出气中的 PCE 检测具有较好的特异性，而血液或尿液中代谢物的检出不一定是 PCE 暴露所导致，因为一些相关的氯代烃（三氯乙烯、1,1,1-三氯乙烷等）会产生相同的代谢产物。

6）臭氧

臭氧（O_3）是强氧化性的、有类似鱼腥气味的气态污染物。O_3 的氧化性比氯气强 52%。在典型大气条件下 O_3 为气态污染物，呼吸暴露是人体的主要暴露途径。由于 O_3 的低水溶性，其可以进入肺部深处。大量的流行病学研究表明，室外 O_3 浓度增加与短期死亡率增加之间存在关联。在不同的城市中，室内 O_3 暴露量与室内外空气交换速率和居民在室内的停留时间有关，相同的室外 O_3 浓度增加可能导致个体的总臭氧暴露量（室外和室内暴露量之和）有所不同。美国的国家发病率、死亡率和空气污染研究项目（National Morbidity, Mortality and Air Pollution Study，NMMAPS）对美国 95 个城市社区的 O_3 暴露和短期死亡率进行了研究，结果发现 O_3 浓度每增加约 $20\mu g/m^3$，短期死亡率增加率处于 $-0.2\%\sim1.7\%$，这个幅度较大的波动可能与室外到室内 O_3 渗透的差异有关。另外一项研究中，将室内外空气交换律差异导致的室内、室外 O_3 浓度差异进行区分后，发现在考虑室内和室外的总 O_3 暴露量后，总 O_3 暴露水平与短期死亡率的相关性增强，表明考虑室内 O_3 暴露在分析 O_3 健康影响中的重要性。

急性 O_3 暴露可导致呼吸困难（咳嗽、嗓子沙哑、痒等）、肺功能下降和气道炎症等，还可能加重其他呼吸道疾病，如哮喘、肺气肿和其他 COPD 等。同时，还可能导致人体呼吸道更容易受到感染。O_3 通过佐剂效应可导致过敏人群的过敏反应增强。O_3 与室内其他颗粒物成分发生反应后，会产生新的室内空气污染物，进而影响健康。O_3 的健康效应与其浓度、肺部沉降浓度和暴露时间等密切相关。长期 O_3 暴露可能造成过早死亡。相比其他疾病，O_3 与呼吸系统疾病死亡率的相关性最强。由于儿童单位体重暴露的 O_3 量较高，且儿童的肺部仍处于发育过程中，因此儿童的 O_3 暴露风险更大。

O_3 作为一种强氧化气体，会对呼吸道细胞和黏液层造成氧化损伤，从而在肺中引起免疫炎症反应，进一步还会影响机体的先天免疫能力。O_3 暴露引起的炎症反应可能进入循环系统，对心血管和神经系统产生影响，通过影响止血和自主神经，导致心血管疾病发病率和死亡率的增加。急性暴露 O_3 时，血清中血管紧张素转换酶（ACE）浓度升高，DNA 甲基化下降，脂质代谢发生变化，这可能与血压上升和血管内皮细胞功能异常的现象有关。健康老年人暴露于 O_3 几分钟后，其心率变异性即可受到影响，说明心脏的自主神经系统可能受到了影响。此外，最近的流行病学研究均表明，神经退行性疾病（如阿尔茨海默病和帕金森病）与 O_3 暴露有关。

7）氮氧化物

氮氧化物（NO_x）包括 NO 和 NO_2，主要来源于各类燃烧烟气。NO 是无色、无味、难溶于水的气态污染物，NO_2 是棕红色、具有刺鼻气味的气态污染物，其毒害性远大于 NO。尽管不同污染源排放的烟气中 NO 和 NO_2 比例存在一定差异，但大多数排放源以 NO 为主，占 90%～95%，即只有 5%～10%的 NO_x 为 NO_2。NO 在环境空气中氧化性组分作用下被氧化为 NO_2。由于氧化速度较快，通常认为 NO_2 是主要污染物，浓度水平一般在 10～100$\mu g/m^3$ 以下。欧洲与北美洲的室内水平相似，但亚洲相对较高。一项研究中对 15 个国家/地区的 18 个城市的家庭中的 NO_2 浓度进行了检测，两日平均值范围为 10～81$\mu g/m^3$，个体暴露浓度为 21～97$\mu g/m^3$。燃气烹饪和取暖导致的 NO_2 浓度为 180～2500$\mu g/m^3$。

呼吸是 NO_2 暴露的主要途径，在浓度较高的工业环境中，直接接触眼睛也能产生刺激。NO_2 的反应活性很强，可以与很多物质发生反应，消耗体内抗氧化剂。例如，人体血浆暴露于 26mg/m^3 的 NO_2 时，其中的抗坏血酸、尿酸、蛋白质硫醇基团和维生素 E 会被快速消耗，还会导致脂质过氧化。在相对较低的 NO_2 暴露浓度下（94～1880$\mu g/m^3$），人体支气管肺泡灌洗液中抗氧化剂尿酸和抗坏血酸等也会降低。细胞试验表明，NO_2 暴露可以导致细胞损伤和炎症。在 1210$\mu g/m^3$ 的 NO_2 和 310$\mu g/m^3$ 的 NO 环境空气中进行的长达 5.5 年的长期暴露的动物试验表明，长时间的高浓度 NO_2 暴露会造成肺气肿，该暴露浓度是目前为止试验中获得的可导致肺气肿的最低浓度。尽管这个暴露浓度在发达国家室内环境中较为少见，但在发展中国家是可能出现的。基于人群的急性暴露研究表明，2000$\mu g/m^3$ 的急性暴露对正常人的肺功能没有显著影响。不过，部分研究发现，哮喘患者或者气道敏感人群在浓度高于 560$\mu g/m^3$ 即可出现明显症状，包括支气管收缩加重等。也有 meta 分析研究认为，浓度低于 1147$\mu g/m^3$ 会造成明显症状的证据尚不充足。

NO_2 暴露对呼吸系统的影响主要包括呼吸系统症状、支气管收缩、支气管反应性增强和气道炎症。更重要的是可以降低个体对病毒和细菌感染的抵抗能力，严重程度与暴露浓度和时长有关。meta 分析结果证实室内 NO_2 暴露对儿童呼吸道感染的影响，基于此世界卫生组织发布的《空气质量指导准则》中给出的 NO_2 长期暴露推荐限值为 40$\mu g/m^3$。每 30$\mu g/m^3$ 的室内 NO_2 暴露即可造成 12 岁以下儿童呼吸道感染率增加 20%。在靠近交通道路和发展中国家的室内空气中，NO_2 水平一般都高于世界卫生组织的推荐值。因此，NO_2 可能是下呼吸道感染上升的原因之一。患有哮喘的婴儿和儿童、女性成年人更容易受到 NO_2 暴露造成的呼吸系统影响。女性长期暴露于 NO_2 环境会导致其 COPD 发病率上升。NO_2 暴露也可能起到佐剂效应，增强过敏原的致敏性。流行病学研究表明，室外环境大气中的 NO_2 暴露和各种死因的死亡率均有显著关系，且不受颗粒物浓度影响。但是，关于 NO_2 长期暴露对心肺疾病死亡率影响的证据相对不充分。

8）二氧化硫

二氧化硫（SO_2）是无色、有刺激性臭味的气态污染物。SO_2可通过人体的内源性机制产生，具有抗氧化、抗炎症、抗高血压和抗动脉粥样硬化的作用。SO_2可有效调节心血管功能，包括血管紧张度、钙通道活力、心脏功能和脂质代谢等。内源性SO_2是由含硫氨基酸（例如半胱氨酸）和硫化氢产生的。近年来，环境空气中二氧化硫SO_2浓度下降较快。一项在巴尔的摩的研究对个体的24h SO_2暴露进行测定表明，多数个体暴露浓度均低于$18.5\mu g/m^3$的检测限。然而仅仅利用个体某一天的暴露水平进行评估可能会高估或者低估其整体暴露水平。此外，由于个体长时间在室内停留，利用室外监测点的SO_2浓度评估个体暴露水平时，也会产生较大的不准确性。呼吸摄入是SO_2的主要暴露途径，在上呼吸道的停留比例可超过96%。SO_2和鼻腔、喉咙内的水分发生反应后，可以刺激呼吸系统，导致呼吸系统炎症。

健康人体暴露于$4.6mg/m^3$的SO_2时，会出现支气管收缩现象，在$23\sim34mg/m^3$的暴露浓度下几分钟内即可对喉咙产生刺激，在$57mg/m^3$的暴露浓度时可出现咳嗽和眼部刺激，当暴露浓度高达$1140\sim1430mg/m^3$时可以危及生命。部分研究认为$570\mu g/m^3$的SO_2或者$200\mu g/m^3$的硫酸盐对健康人群和哮喘人群的肺活量或肺功能无明显影响。SO_2还可能通过亚硫酸盐/亚硫酸氢盐衍生物等中间产物，调节体内基因表达。动物试验表明，SO_2暴露后形成的亚硫酸氢盐可在体内过氧化酶催化作用下生成羟基自由基，诱发动物海马体中的蛋白质氧化、细胞凋亡和DNA-蛋白质交联物的形成。近年来，研究人员基于流行病学的观察性研究，开始关注SO_2暴露与各种疾病和症状的影响，包括糖尿病、高血压、抑郁症、关节炎、先天性畸形、新生儿死亡和低出生体重等。

9）一氧化碳

一氧化碳（CO）是无色、无味的气态污染物。呼吸暴露是人体CO的唯一体外暴露途径，人体自身也可以产生少量CO。CO是体内的信号传导分子，与NO在血管舒张中的作用有密切关系。CO和血红素结合后，会降低血红素的输氧能力。同时，可使携带氧的血红素的解离常数曲线发生左偏，继而导致氧气释放压力降低，最终造成局部缺氧，引起头痛、呕吐、眩晕、呼吸暂停和疲劳等症状，高浓度CO暴露甚至可造成昏迷和死亡。部分CO可从与血红素结合的化学动态变化过程中解离出来，但是解离的CO量并不清楚。CO暴露后产生的影响与其浓度、暴露时长和暴露个体健康状况密切相关。胚胎在子宫内的CO暴露尤其危险。CO还可以和肌红蛋白结合，降低输送至肌肉的氧气量，尤其是心脏内肌肉。当碳氧血红素比例低于20%时，流向大脑的血流量会相应增加，确保足够的氧供应；当碳氧血红素的比例超过20%时，就会导致不适症状出现，包括头痛、眩晕、混乱、昏迷、呕吐和失去意识等。患者在暴露后，需要尽快远离暴露环境，及时输氧，将碳氧血红素的半衰期从 6h 降低至 70min。如果不能迅速终止暴露，极其容易导致死亡。心脏和大脑缺血的后果非常严重，包括心肌梗死和脑梗死，对基底神经系统的影响尤为明显。除了造成组织缺氧，CO 也可以直接影响大脑细胞，产生一系列的功能性损伤。

长期的低浓度 CO 暴露也可以产生一系列的健康影响，包括不适症状、感觉-运动系统变化、认知记忆缺陷和情感-心理变化等。已有流行病学研究结果证实，长时间低浓度 CO 暴露与低出生体重、先天性缺陷、婴儿成人死亡率、心血管疾病就诊率、充血性心力衰竭、中风、哮喘、肺结核和肺炎等有一定的相关性。但这些症状或疾病并不完全可以用 CO 造成的缺氧来解释。尤其是针对长时间低浓度 CO 暴露对大脑产生的影响，仍然需要大量研究来证实。孕期抽烟对新生儿体重有显著影响，可能是由于 CO 造成胎儿发育减缓，进而导致低出生体重。

10）氨

氨（NH_3）是无色、有刺激气味的气态污染物。环境空气中 NH_3 浓度一般在 $0.75\sim7.5\mu g/m^3$。NH_3 是所有哺乳动物的代谢过程都会产生的代谢产物，大部分是由器官和组织产生的，也有部分是由人体肠道内部细菌代谢产生的，是 DNA、核糖核酸（RNA）和蛋白质合成过程必需的，在维持哺乳动物组织酸碱平衡上起到一定作用。人体内的 NH_3 主要由肝脏、肾脏和肌肉来代谢产生，最主要的两个代谢途径是将其转化为尿素和谷氨酰胺。NH_3 可以通过尿液排出，也可通过呼出气的形式排出。人体呼出气中 NH_3 浓度一般在 $0.08\sim2.43mg/m^3$。

呼吸暴露是人体暴露 NH_3 的主要途径。吸入 NH_3 后，大部分会很快通过呼出气排出，剩余部分会变成氨化合物，在几秒钟内快速循环到整个机体。当空气中 NH_3 浓度高于 $3.8mg/m^3$ 时，人体可以通过嗅觉闻到。哮喘患者和其他敏感人群可能对低浓度 NH_3 暴露产生较为明确的响应。由于其碱性特征，气态氨和液态氨对呼吸道、眼睛和皮肤都有刺激性，影响程度与环境空气浓度、人体暴露剂量和暴露时间有关。

NH_3 呼吸暴露浓度在 $530\sim7600mg/m^3$ 时，会导致咳嗽、支气管痉挛、胸痛、眼睛刺激和流泪等。NH_3 呼吸暴露浓度超过 $3800mg/m^3$ 时，会引起化学性支气管炎、肺部积液和化学性皮肤烧伤，甚至可能致命。急性 NH_3 暴露一般不会导致永久性肺损害，但是当接触浓度接近致命水平时除外。持续暴露于 $19mg/m^3$ 的 NH_3 时，血液内 NH_3 浓度不会受到显著影响。在暴露浓度高于 $38mg/m^3$ 时，会对敏感人群的眼部、鼻子和喉咙造成刺激。部分呼吸道疾病患者，如过敏人群或者哮喘患者，在吸入高浓度 NH_3 时呼吸道受到的刺激可能更为明显。目前尚没有证据表明 NH_3 对癌症和出生缺陷等疾病有影响。由于 NH_3 在人体内长期存在，所以长期低水平 NH_3 暴露可能对人体没有长期的健康影响。一项流行病学研究中，对 NH_3 暴露浓度在 $18mg/m^3$ 以上、暴露时间在 $10\sim15$ 年的工人进行了调查，未发现长期

NH₃ 暴露的健康风险。另外，长期接触 NH_3 不会对基因、生殖系统或发育中的胎儿造成伤害。

11）二氧化碳

二氧化碳（CO_2）是无色、无味的气态污染物。室内环境中 CO_2 主要产生于人体呼吸，一般室内空气的 CO_2 浓度高于室外。当人均通风量降低时，室内外 CO_2 浓度差异的幅度会增加。当前，减少能源消耗的需求不断上升，室内的低通风率现象增加，从而导致室内 CO_2 浓度更高。CO_2 浓度为 2%时人的呼吸会加深，4%时人的呼吸频率会显著增大，10%时人的视觉会出现障碍，并可能导致意识丧失。当 CO_2 浓度上升至 25%时人会死亡。建议的职业环境中最高接触浓度为 0.5%。

流行病学和干预研究均表明，正常室内环境内较高浓度的 CO_2 与人体的急性健康症状（头痛、黏膜刺激增加）、工作绩效降低和出勤率降低等有较好的相关性。不过，目前普遍认为，较高浓度的 CO_2 并不是导致上述相关性的直接原因，这是因为在较低的通风速率下，较高的室内 CO_2 浓度同时伴随着直接造成不利影响的其他室内污染物处于较高的浓度水平。针对该问题，研究人员在控制其他暴露不变的情况下，研究了 CO_2 暴露对人体工作表现和健康状况的影响。结果表明，仅增大室内 CO_2 浓度与决策绩效的显著降低有较好的相关性。相比 0.06%的 CO_2 浓度，当 CO_2 浓度升至 0.1%时，被试人员在九项决策绩效指标中的六项指标效出现显著下降；当 CO_2 浓度升至 0.25%时，有七项指标出现显著下降。因此，研究人员认为低浓度的室内 CO_2 暴露对人体也有直接影响。

12）氡

氡是自然电离辐射的重要来源，也是普通人群所接受的电离辐射剂量的主要贡献者。氡及其衰变产物的最主要暴露途径是呼吸暴露，摄入氡浓度高的水也是暴露途径之一。相比呼吸暴露，饮水的暴露剂量和风险较小。在室内空气中，氡会产生一系列短寿命的衰变产物，这些衰变产物可能附着或沉积在气溶胶颗粒表面。考虑到各衰变产物的放射性半衰期、物理和化学特性，肺部受到的辐射暴露主要来自氡的短寿命衰变产物钋-218（半衰期 3.05min，α 粒子能量 $E_\alpha = 6.00\text{MeV}$）和钋-214（半衰期 1.64×10^{-4}s，α 粒子能量 $E_\alpha = 7.68\text{MeV}$）释放的 α 粒子。伴随着这些短寿命氡衰变产物的吸入和沉积，肺组织中敏感细胞（如支气管上皮基底细胞）即受到 α 粒子的辐射影响。这些 α 粒子在组织中的辐射范围分别为 48μm 和 71μm，所以可以对这些短距离内的细胞造成高强度的 DNA 损伤。

人体暴露于含有氡的空气环境中，不同组织和器官的吸收剂量受多种因素影响，具体包括未附着在颗粒物的比率、附着有氡的气溶胶粒径分布、呼吸道沉积比例、个体呼吸速率、黏液清除率、靶细胞在呼吸道中的位置以及肺对血液的吸收参数等。可以使用国际辐射防护委员会（ICRP）的人体呼吸道模型和其他模型来估算肺部暴露剂量，受输入参数选择和模型假设的影响，估算获得的吸收剂量存在一定的不确定性。

在呼吸暴露过程中，几乎所有吸入的含氡气体都很快被呼出，因此约 99%的肺部暴露量来自氡衰变产物，而不是氡气体本身。氡衰变产物主要沉积在呼吸道表面。由于其半衰期相对较短，因此衰变主要发生在肺部，之后可进入血液或随着纤毛清除颗粒物的过程进入胃肠道。因此，在呼吸暴露途径中，肺和胸外气道（即鼻子、咽和喉）的暴露量最高，其他器官和组织的暴露量低至少一个数量级。此外，肾脏也是氡暴露的靶器官。氡在脂肪含量较高的组织中溶解性较好。总体上，氡自身的暴露量远低于氡衰变产物的暴露量。

氡及其衰变产物会引起细胞转化、染色体结构变化、基因突变以及碱基对的变化。即使在家中暴露于较低浓度的氡，也有可能增加罹患癌症的风险。体外细胞研究表明，α 粒子辐射对细胞不仅有直接损伤，还可以发出信号，导致附近未受到辐射的细胞受损，产生旁观者效应。这种旁观者效应可能导致非线性的剂量-反应关系和剂量-速率反比效应，使得难以基于线性模型根据少量的室内氡暴露研究结果对其他环境中的氡暴露风险进行外推。在暴露于氡的矿工中观察到染色体畸变与癌症发生率之间的关联，在室内氡暴露人群中也有类似发现，因此染色体畸变是氡暴露影响和剂量的最有效的生物标记之一。

从 20 世纪 60 年代起，由于暴露于氡及其衰变产物，地下矿工人群中出现了极高的肺癌风险。因此，1988 年 IARC 将氡列为致癌物。但是直接基于矿工研究得出的肺癌风险对室内氡暴露的肺癌风险进行外推存在很大的不确定性。因此，自 80 年代以来，一系列流行病学研究直接调查了室内氡与肺癌风险之间的关系。通过氡暴露水平与肺癌发生率之间的关系研究及大量的病例对照研究，表明氡暴露与肺癌风险之间存在正相关关系。不过各研究得到的与氡有关的风险系数存在较大差异。

由于多数人暴露于较低或中等浓度的氡，因此这些与氡有关的肺癌并非在较高浓度暴露下发生的。在许多国家，氡是仅次于吸烟的肺癌的第二大诱因。由于吸烟和氡暴露的强烈综合作用，大多数氡引起的肺癌病例都发生在吸烟人群和有吸烟史的人群中。对于非吸烟个体，氡暴露可能是肺癌的主要原因。此外，也有迹象表明氡暴露与其他癌症，尤其是白血病和胸外气道癌有关，但这些证据是建议性的，仍需要大量证据来证实。

13）生物性物质

室内环境中微生物来源多样，浓度水平一般在 $10^2 \sim 10^6$ 个/m³。室内微生物主要通过呼吸、接触等途径影响人体健康。人体本身携带大量的微生物，是室内微生物的主要来源之一，其数量可达到人体自身细胞的十倍之多。人体内微生物是一个稳定的生态系统，外在的微生物暴露如何影响人体微生物尚不清楚。除了微生物本身，微生物释放的碎片物质以及其他生物源物质（如花粉及其过敏原、尘螨过敏原等）也可以通过呼吸途径进入人体，引起炎症、过敏等症状或疾病。

不同于其他类型的室内污染物，室内微生物暴露对人体健康有一定的保护作用。"卫生假说"的提出正是基于此类保护作用，该假说认为幼年时期的微生物暴露可有效降低其成年后的过敏性疾病、哮喘等免疫疾病的患病率。当前，卫生条件改善导致人体的微生物暴露水平降低，对于免疫系统发育尚不完善的婴幼儿影响较大，使其日后面临免疫系统异常相关疾病的风险上升。在农场等微生物群落丰富的环境中成长的儿童，由于长期暴露于浓度较高、种群较为丰富的微生物，其天然免疫系统得到了较好的发育和发展，大大降低了患哮喘等过敏性疾病的风险。该保护作用可能是通过影响呼吸道、皮肤及肠道微生物群落实现的。当生长环境发生变化时，儿童的微生物暴露相应发生变化，其呼吸道和肠道黏膜免疫反应、微生物组和代谢组等均可能受到影响。不过，有关对哮喘、过敏等免疫系统相关的疾病风险，仍然需要更多的深入研究。

室内微生物暴露相关的不利健康影响包括对呼吸系统、眼部等的刺激，疲劳，恶心等非特异性症状和病态建筑综合征、传染性疾病、呼吸道疾病、过敏和癌症等，主要与病毒、细菌、真菌、原生动物和寄生虫等的直接接触、空气传播和媒介传播有关。部分微生物的代谢物质也可以影响人体健康，包括鼻炎、喘息、咳嗽、气短、哮喘、支气管炎、呼吸道感染、过敏性鼻炎和湿疹等。例如，当湿度上升时，部分真菌孢子、细菌孢子或者休眠细胞的某些代谢物质相应上升，包括醛类、醇类、胺类、酮类、芳烃、氯代烃和土臭素等化学物质，进而影响人体健康。

当前，人类的普遍行为仍是致力于消除室内微生物，这样的微生物消除过程会对室内微生物群落产生一定的选择性压力，进一步改变人体的微生物暴露。然而，室内微生物群落的变化对室内环境空气和人体健康的影响程度尚不清楚，仍然需要对室内环境的微生物群落及其在人体健康中的影响进行大量研究。

2.2.3　室内空气污染健康效应中的剂量-效应关系

全球每年大约有 300 万人死于室内空气污染，这主要与发生在发展中国家的燃烧固体燃料做饭或者取暖产生的室内污染暴露有关。1990～2015 年，室内由于使用固体燃料引起的暴露风险从第五位变为第十位，室外空气污染的暴露风险从第四位变为第五位。尽管室内燃烧固体燃料造成的疾病负担和室外空气污染的疾病负担是相当的，但是这两类污染物的剂量-健康效应并不是线性的。由于室内燃烧固体燃料产生的污染物浓度极高，如果按照室外污染物的剂量-效应关系外推室内污染物的健康效应，室内空气污染的疾病风险要远远高于现有的疾病风险负担估算。

　　哈佛六城研究是第一个针对室外空气颗粒物健康效应的队列研究。该研究发现 $PM_{2.5}$ 与心肺疾病的死亡风险拟合效果最好，且在该研究覆盖的颗粒物浓度范围内，拟合的剂量-效应关系为线性关系。在进一步的跟进研究中发现，这个线性关系中最显著的为心血管疾病。每 $10\mu g/m^3$ 的 $PM_{2.5}$ 浓度上升造成的非意外死亡风险增加系数为 6%，考虑到室内外 $PM_{2.5}$ 来源之间的相似性（化石燃料或者其他固体燃料燃烧），该系数可能可以直接用于室内空气污染的健康风险评价。然而室内燃烧固体燃料产生的颗粒物浓度远高于上述研究中发达国家的室外空气颗粒物浓度，差别高达 100 倍，此时室外的剂量-效应关系曲线就可能和室内的剂量-效应关系曲线有较大的差异。

　　通过将大气颗粒物的低浓度暴露和吸烟的高浓度暴露情景相结合，获得 $PM_{2.5}$ 暴露的剂量-效应关系，如图 2.5 所示，$PM_{2.5}$ 日浓度覆盖范围从室外空气的相对低浓度到卷烟烟雾的极高浓度，其中图 2.5（a）$PM_{2.5}$ 日浓度范围为 $0\sim400\mu g/m^3$，以线性形式显示；图 2.5（b）$PM_{2.5}$ 日浓度范围为 $0\sim100\mu g/m^3$，取对数表示。可以看出，细颗粒物的暴露浓度和健康风险之间并非简单的线性关系。

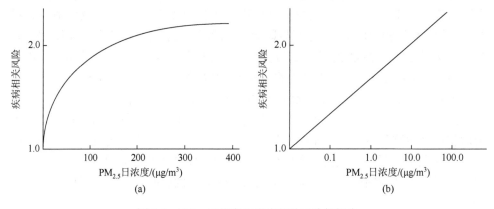

图 2.5　$PM_{2.5}$ 日浓度和疾病相关风险的拟合

　　以心血管疾病死亡率为例，进一步考虑暴露时长的影响因素，研究人员绘制了疾病死亡率、暴露时间和暴露浓度的三维图（图 2.6）。从图 2.6 中可以看出，在初始暴露阶段，暴露浓度和暴露时间增加均会导致死亡率快速上升；随着暴露时长和浓度继续增加，死亡率增加逐渐趋缓。这种关系可用于解释三种不同程度的健康效应：一是急性效应，发生在几小时到几天内，主要是对心脏和血压造成急性影响；二是亚急性效应，从几天到 1 年不等，主要是影响血管内皮细胞功能、凝血功能，并表现为动脉粥样硬化斑块等变化；三是慢性效应，主要表现为动脉粥样硬化、血压和血糖升高等方面变化。

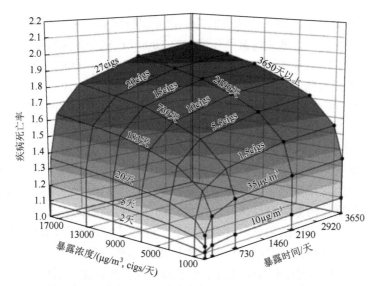

图 2.6　心血管疾病死亡率与 PM$_{2.5}$ 暴露浓度和暴露时间之间的剂量-效应关系拟合

cigs 指卷烟（cigarette）支数

也有研究指出，该三维曲线研究中存在一个剂量的间隙区间，即室内固体燃料燃烧造成的暴露剂量区间。发达国家的室外空气污染暴露研究属于最低浓度的暴露风险研究，主动吸烟为最恶劣的高浓度暴露情景，室内固体燃料燃烧情形则处于二者之间。剂量-效应曲线从低浓度到高浓度逐渐变缓。类似地，砷暴露与肺癌、吸烟与膀胱癌、PAHs 暴露与体内 DNA 加合物等也具有类似的曲线。人体暴露于高浓度 PM$_{2.5}$ 时，机体可能出现判断错误，也可能通过特有的反应机制掩盖高浓度暴露带来的风险，也可能由于过高暴露导致机体在生物学响应层面出现饱和，同时高浓度 PM$_{2.5}$ 可能附着在大颗粒表面，这些均可能导致非线性的剂量-效应关系。此外，有研究将颗粒物的表面积和疾病风险进行拟合，发现二者之间有很好的线性关系。

总的来说，室内空气污染暴露与心血管疾病的发生和死亡有明确的因果关系。然而，COPD 与暴露的关系则有较大的不确定性，尤其在发达国家。研究表明，主动吸烟与 COPD 的发生具有明确的因果关系，因此可推测高浓度污染物暴露与 COPD 存在明确的因果关系。如果将主动吸烟的暴露风险和高浓度的室内暴露风险等同对待，那么室内的低浓度暴露是否对 COPD 有影响仍需要深入研究。室内固体燃料使用造成的暴露风险分析证实这样的影响是存在的。室内空气污染可能是非吸烟人群出现 COPD 的最重要的原因，其中女性的 OR 是 2.3（1.73～2.06，95% CI），男性的 OR 则是 1.9（1.15～3.13，95% CI）。

另一个值得注意的问题是污染物的真实暴露剂量。Smith 等提出了一个"1000 倍法则",该法则认为,若将相同浓度的污染物分别释放于室内和室外环境,室内环境暴露导致的人群疾病风险是室外环境中的 1000 倍。这个关系可以通过两个概念来明确,一是污染源排放污染物的暴露有效性(exposure effectiveness,EE),即排放的污染物进入到人体呼吸区的比例;二是剂量有效性(dose effectiveness,DE),即污染物质实际被呼吸进去的比例。由于不是所有呼吸进来的物质都可以停留在呼吸道内,因此剂量有效性一般指潜在的可能被呼吸进去的比例,而非实际比例。Smith 等对毒理学法则"剂量决定毒性"进行了补充,提出了"位置决定毒性"的概念。根据该概念,不同源释放的污染物在考虑到暴露有效性时,其健康效应会发生直接变化。某一特定源排放的污染物的毒性,取决于多方面的因素,包括源强度、污染物毒性大小、排放源到暴露点的距离、暴露时间和人体敏感性等。基于这些不同的因素,可以想象在一个狭小空间内采用固体燃料做饭或取暖的女性及其照顾的儿童所经历的暴露情景是非常严重的。

按照能源阶梯理论,室内空气污染水平随着人群的能源利用结构优化而下降。也就是说,发展中国家居民在室内环境的污染物暴露排在第一位,发达国家使用电取暖的室内居民暴露浓度最低。但是,这并不意味着发达国家的室内污染物暴露没有任何健康影响。相反,考虑到发达国家人群在室内环境的停留时间可以高达 90%,其污染物暴露多属于室内污染物暴露,因此其室内污染物暴露的健康影响也不可忽略。同时,室外的污染物可以渗透进入室内环境,因此发达国家开展的室外污染物健康效应研究在部分程度上可反映其室内污染物暴露的健康效应。

室内源产生的污染物暴露强度与室内外的空气交换率直接相关。现代社会中,由于对低碳排放和舒适度的需求不断上升,现代建筑的通风速率大幅度下降。同时,过去由于室内环境中明火使用较多,室内多有烟囱,明火使用时,热气流向上走,通过烟囱排出去,在此过程中,室外的冷气流则通过窗户和门等缝隙进来,一定程度上提高了室内通风量,而随着明火使用的降低,这种通风量则在一定程度上降低。此外,为了减少热量损失,现代建筑门窗密闭性越来越好,在一定程度上导致室内通风量下降。室内外空气交换量降低除导致室内源产生的污染物积累之外,水汽问题也成为室内环境的新问题。每个成年人每天蒸发约 800mL 的水,包括呼出气和汗液等,同时烹饪也会产生水汽。这些水汽停留在室内环境中,可能冷凝到窗户等温度较低的表面环境,进而导致潮湿。而潮湿会导致霉菌、真菌生长和孢子释放,细菌生长也可能会增加,这些生物性污染物的暴露可能增加室内暴露人群的过敏性疾病风险。此外,室内通风量下降也会导致其他气体污染物形成。

2.3　室内空气污染健康效应机制

尽管不同类型的污染物在机体内各个系统引起的健康效应不同,但就影响机制而言，多有共同点，主要包括促炎症效应、氧化损伤、致敏反应、佐剂效应和致癌效应等。

2.3.1　促炎症效应

免疫系统是人体生命系统之一，通过识别自己和排除异己保持机体的生理功能稳定。免疫系统包括免疫器官（骨髓、胸腺、腔上囊、淋巴结、脾脏、黏膜相关淋巴组织等）、免疫细胞（T 细胞、B 细胞、单核细胞、巨噬细胞、树突细胞、K 细胞、NK 细胞、粒细胞和红细胞等）和免疫分子（细胞因子、补体、抗体等）。炎症是机体在应对病原微生物、机体内损伤时启动的防御性生理过程，病理学表现为组织变质、组织液渗出和增生，急性炎症表现为红、肿、热、痛。参与炎症免疫应答的细胞都可称作炎症细胞，包括巨噬细胞、肥大细胞、内皮细胞、淋巴细胞、粒细胞和血小板等。在炎症发生过程中，由炎症细胞释放的炎症介质，可参与和介导炎症反应过程，主要包括血管活性与平滑肌收缩介质（组胺、腺苷、花生四烯酸等）、酶类介质（胰蛋白酶等）、细胞因子、趋化因子和补体等。

细胞因子是免疫功能中不可缺少的一类活性物质，是细胞间传递信息的重要途径。细胞因子在体内除了可以单独发挥作用之外，更主要的是通过细胞因子间相互诱生、产生的生物学效应而相互影响，从而构成一个巨大的细胞因子网络系统，进而发挥作用。常见的细胞因子包括白细胞介素（interleukin，IL）、干扰素（interferon，IFN）、肿瘤坏死因子（tumor necrosis factor，TNF）、集落刺激因子（colony-stimulating factor，CSF）、趋化因子［诱导免疫细胞到免疫应答局部，参与免疫调节和病理反应，如单核细胞趋化蛋白（monocyte chemotactic protein-1，MCP-1）］等。细胞因子通过旁分泌、自分泌或者内分泌等方式发挥作用。自分泌是指细胞因子的产生细胞和靶细胞为同一细胞，旁分泌是指细胞因子的产生细胞和靶细胞非同一细胞，且两者相近。内分泌是指产生细胞因子的细胞与靶细胞距离较远。细胞因子的分泌是一个短时自限的过程，半衰期极短，其中干扰素为 7～11min，IL-2 为 3～22min，肿瘤坏死因子为 0.5～2.4h。细胞因子通过结合细胞表面的细胞因子受体而发挥生物学作用。细胞因子与其受体结合后，可启动复杂的胞内分子间的相互作用，最终引起细胞在基因转录层面的变化，这一过程又称为细胞的信号转导。

炎症反应中各种炎症相关细胞因子的释放依赖于效应细胞的激活，该激活过程除了受到细胞因子-受体分子的结合影响之外，也受到胞内的基因转录激活和产物表达等多重因素的影响。蛋白磷酸化和脱磷酸化是对细胞信号转导至关重要的生化过程，污染物可对激酶（促成蛋白磷酸化）、磷酸酶（促成蛋白脱磷酸化）等产生影响，导致相应的下游信号通路变化，从而产生炎症反应。不同种类的重金属对于激酶有不同的影响。例如，V 和 Zn 等可抑制酪氨酸磷酸酶，导致磷酸化酪氨酸累积，进而激活丝裂原激活蛋白激酶（mitogen activation protein kinase，MAPK），引起炎症效应，而 As 则没有类似效应。As、Cu、V 和 Zn 等重金属可促进表皮生长因子（epidermal growth factor，EGF）磷酸化，进而激活 MAPK，引起细胞炎症反应。信号转导过程的蛋白磷酸化和脱磷酸化受到影响后，下游的基因转录和表达也会相应发生变化。颗粒物有机组分可刺激细胞活性氧产生，进而激活 MAPK、激活蛋白 1（AP-1）、核因子-κB（NF-κB）和核转录因子 2（Nrf2）等炎症相关的转录因子，使得相关的炎症介质被大量表达和分泌。

2.3.2　氧化损伤

氧化损伤是由于活性氧（ROS）等氧化剂的形成与机体内抗氧化系统之间的不平衡所引起的，可导致蛋白质、脂质和大分子（如 DNA 和 RNA）的损伤。尽管不同类型的环境空气污染物产生的毒性存在差异，但是部分污染物如臭氧、氮氧化物和颗粒物等有一个共性特点，即具有氧化性，可以直接影响蛋白质和脂质，也可以间接影响胞内的氧化损伤相关信号通路。具有氧化性的室内空气污染物进入呼吸道后，首先在呼吸道内造成氧化损伤，进一步则诱导大量炎症细胞涌入呼吸道，这些涌入的炎症细胞会进一步产生第二波氧化性物质，本意是抵御入侵的外来物质，但同时也会对呼吸道本身造成氧化损伤。

颗粒物中的 PAHs、硝基 PAHs、过渡金属（铁、铜、铬、钒）等均对其颗粒物的 ROS 有贡献。除了颗粒物本身 ROS 的贡献，颗粒物中吸附的重金属还可以直接影响机体内 ROS 的产生。臭氧、二氧化氮、VOCs 和部分二次污染物等均有较强的氧化损伤潜势。在这些氧化性污染物导致的氧化压力下，细胞内线粒体损伤发生，会进一步导致更多的胞内 ROS 产生，吸引更多的炎症细胞。在初始反应阶段，胞内的转录因子（如 Nrf2）会诱导生成一系列胞内的抗氧化剂和解毒酶［如过氧化氢酶、超氧化物歧化酶和谷胱甘肽 S-转移酶（GSTs）等］，用于抵御氧化损伤压力。随着反应的进行，细胞内的抗氧化系统逐渐难以应对胞内增加的氧化损伤压力，进而就会产生各种类型的细胞毒性，造成促炎症效应，表现为炎症相关的细胞因子、趋化因子和黏附分子等的表达上调。

2.3.3　致敏反应

致敏反应又称超敏反应、变态反应，是机体异常、过度的免疫应答。一般常见的过敏反应属于 IgE 介导的 I 型过敏反应，过程如图 2.7 所示。过敏原首次进入机体后，刺激 B 细胞释放抗体，抗体结合到靶细胞（肥大细胞）表面；当机体再次接触到过敏原时，过敏原和靶细胞表面的抗体结合，导致靶细胞表面抗体交联，刺激靶细胞释放组胺等物质，从而产生一系列过敏反应。

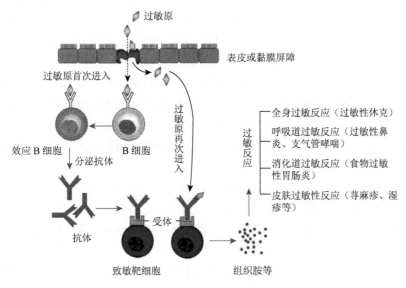

图 2.7　过敏反应过程示意图

　　Ⅰ型过敏反应的特点是发生快、消退快。与室内暴露相关的主要包括呼吸道过敏反应和皮肤过敏反应。室外最常见的过敏原来自花粉和真菌，这些室外过敏原可以通过渗透和空气交换进入室内环境。室内过敏原主要来自尘螨、宠物、蟑螂和啮齿动物等。粒径较大的包含过敏原的颗粒物主要沉降到上呼吸道，而亚微米的包含过敏原的颗粒物可以进入肺的深处，停留更长的时间。呼吸道过敏反应主要是由于花粉、细菌、尘螨、动物皮毛等过敏原的吸入暴露，吸入的过敏原与呼吸道黏膜下肥大细胞表面的 IgE 结合，引起组织胺等活性物质的释放，导致呼吸道平滑肌痉挛、腺体分泌增加和黏膜水肿等现象。皮肤过敏反应多是在患者摄入或者接触某些食物、药物、花粉等过敏原时发生，主要表现为皮肤荨麻疹。

2.3.4　佐剂效应

　　在免疫学中，佐剂是指可以促进或者调控抗原免疫效应的物质，佐剂的英文 adjuvant 来自拉丁文 adiuvare，意思是 "to help or aid"。该词常用在疫苗中，任何可以加速、延长和增强抗原免疫效应的物质都可称为佐剂。通过向疫苗中添加佐剂物质，如氢氧化铝，可以增强免疫系统应对疫苗中抗原的反应，从而提高机体应对某一类型疾病的免疫力。此处讨论的佐剂效应主要是针对由过敏原引起的过敏反应。

早期的科研人员在利用动物试验开展过敏原致敏性研究时发现，无论是腹腔注射，还是鼻腔注射，相比注射单一的过敏原，柴油车尾气颗粒物和过敏原共同注射时均可导致试验动物产生更多的 IgE 抗体。当试验动物再次暴露相同过敏原时，抗体的持续时间延长。因此，可认为柴油车尾气颗粒物对过敏原起到了佐剂的作用，增强了过敏原的致敏性。基于人群的随机和安慰剂对照的交叉试验表明，柴油车尾气颗粒物的佐剂效应在无 GSTs 基因的过敏人群中更为显著，从而推测 GSTs 可以有效地抑制柴油车尾气颗粒物通过刺激活性氧对过敏原产生的佐剂效应。研究也发现，室内 PM_{10} 和过敏原共同暴露于试验动物时，试验动物的特异性 IgE 浓度升高，表明 PM_{10} 起到了佐剂效应。流行病学研究也证实了部分类型污染物对于过敏原存在佐剂效应。

关于颗粒物的佐剂效应有两个问题最为关键，一是颗粒物通过何种机制导致佐剂效应；二是颗粒物中的哪些组分对该效应影响最大。哮喘动物模型研究表明，$PM_{2.5}$ 可通过 TLR2/TLR4/MyD88 信号通路导致肺部嗜酸性粒细胞显著上升，而内毒素则可能是导致该现象的关键组分。在另一项研究中，将小鼠暴露于来自真实大气环境且具有不同粒径的颗粒物，结果发现超细颗粒物的佐剂效应是通过引起机体氧化损伤而实现的，影响强度与颗粒物中氧化还原活性较强的环状有机物浓度有关。

不同类型的颗粒物，其佐剂效应存在差异。在哮喘小鼠模型暴露研究中，将其反复多次暴露于低剂量的柴油车尾气颗粒物，哮喘小鼠的气道反应性明显升高，且与哮喘相关的细胞因子、趋化因子的基因表达显著上升。相反，连续暴露时这种影响逐渐消退。还有研究使用不同粒径的颗粒物和过敏原对小鼠进行暴露试验，发现二氧化钛和炭黑这两种超细颗粒物可以诱导气道炎症、增强过敏原的致敏性，而大于 100nm 的其他超细细颗粒物则无此佐剂效应。另外一项研究中发现交通源释放的超细颗粒物也有类似佐剂作用，统计分析表明，该作用与颗粒物所含有机碳和无机碳浓度显著相关。动物试验研究表明，真菌的细胞壁组分葡聚糖和过敏原共同刺激试验动物时，也可导致动物体内 IgE 水平显著升高，表明葡聚糖也存在相应的佐剂作用。

除了颗粒物，其他类型的污染物也可产生佐剂效应。甲醛和过敏原共同暴露时，通过影响气道反应性、肺部组织、IL-4 和嗜酸性粒细胞等产生佐剂效应。聚氯乙烯（PVC）地板释放的 VOCs 主要为 N-甲基-2-吡咯烷酮（NMP）和 2,2,4-三甲基-1,3-戊二醇二异丁酸酯（TXIB）。动物试验表明，在同时暴露于 PVC 地板材质和过敏原时，动物体内产生的 IgE 浓度更高，与 Th2 相关的细胞因子（如 IL-12）均显著升高。进一步通过 NMP 和 TXIB 标样与过敏原开展共同暴露试验，发现试验动物在共同暴露时表现出了更强的过敏性反应，从而证实这两种 VOCs 的佐剂效应。不同于上述 VOCs，在塑化剂邻苯二甲酸二（2-乙基己基）酯（DEHP）和过敏原共同暴露试验动物时，动物血清中 IgG1 水平显著升高，且有明显的梯度变化趋势，推测 DEHP 对 Th1/Th2 型细胞因子有混合影响，但是该影响仅在极高暴露浓度下才观测到，在接近真实环境的暴露水平下则无类似现象。另外一项研究中，研究人员发现单独暴露柠檬烯对试验动物的炎症水平和 IgE 水平都没有影响，低浓度的单独臭氧暴露可以促进肺部炎症，二者混合暴露时可以促进动物体内 IgE 的产生，但是不会出现显著的肺部炎症，可能是由于柠檬烯和臭氧的混合暴露产生了复杂的混合效果。

除了针对吸入性过敏原的影响，室内环境空气污染物对食物过敏也可能产生一定影响。在一项针对花生过敏现象的研究中，研究发现小鼠共同暴露于花生和室内空气颗粒物时，其体内产生的 IgE 显著升高。同时，小鼠肺部和原代的上皮细胞释放的部分炎症细胞因子也相应升高，淋巴结中与花生过敏原相关的抗原呈递细胞 I 型树突细胞和滤泡辅助性 T 细胞数量上升，推测这些现象是造成 B 细胞数量上升和 IgE 升高的重要因素。

除了过敏性疾病，污染物还有可能通过佐剂效应造成下呼吸道感染。例如，NO_2 暴露增加了人群的细菌或者病毒感染风险，尤其是儿童，同时也降低了人体抵抗感染的能力，但是具体的影响机制尚不清楚。

2.3.5　致癌效应

致癌物质主要通过损伤 DNA，引起基因突变，促进肿瘤生成。人体基因组存在致癌基因和抑癌基因。上述基因受到损伤时，通常情况下细胞自身会启动修复机制，但是当 DNA 损伤程度较严重或持续性较久时，细胞自身的修复机制受到影响，基因由于无法修复就会发生突变。在基因突变发生后，基因表达失常，细胞发生异常增殖而形成肿瘤。此外，基因未发生突变，但是基因表达改变、DNA 转录后被修饰、蛋白被修饰等也会产生致癌作用。

常见的致癌物质可分为化学类、生物类和辐射，包括多环芳烃、亚硝胺、真菌毒素和植物毒素等。多数致癌物对 DNA 产生影响，并没有暴露阈值。针对甲醛，则只有在超过一定的暴露浓度时才具有致癌性，因此不同于其他室内致癌物，甲醛有室内暴露阈值。对于大多数致癌物，多是给出单位风险因子，即人体终生暴露于单位浓度的特定的某类污染物时所造成的风险指数。需要注意的是，该指数中的"单位浓度"在不同物质之间有较大差异。

2.4　室内空气污染健康效应研究方法

室内空气污染物通过多种途径进入人体后，会引起各种不同类型的健康效应，目前研究主要通过流行病学调查和毒理学方法研究暴露引起的各类健康效应及其机制。

2.4.1　流行病学研究

流行病学是以人群为对象，探讨其健康或疾病状态的分布、模式及其影响因素，是公共卫生和预防医学的重要组成部分。传染性疾病、慢性疾病（如癌症、心脏病、糖尿病、高血压等）、精神疾病等，以及各种疾病的危险因子（抽烟、肥胖、营养摄取状态、生活方式等）是流行病学研究的主题。流行病学研究可分为观察性研究和实验性研究，观察性研究又分为描述性研究和分析性研究两类，如表 2.1 所示。

表 2.1　流行病学研究方法、内容和应用

研究类型	研究方法	研究内容	应用
描述性研究	横断面研究	时间分布	监测
	纵向研究	地区分布	健康计划
	生态学研究	人群分布	提出假设
分析性研究	病例对照研究	危险因素	危险因素评价
	队列研究	病因	假设检验
实验性研究	临床试验	效果	验证危险因素假设
	人群现场实验	效益	流行病学试验
	社区干预实验	效应	卫生服务评价

描述性研究是在对某类疾病的发生、发展过程和决定性因素了解比较少时，通过描述该疾病及其可能的影响因素在不同时间、空间或人群间的分布，寻找疾病的病因线索，进而对相应疾病的病因给出假设，目的在于给出某个人群中该疾病发生的频率和时间趋势。分析性研究是在对某一疾病的分布已经有一定了解时，用于检验其病因假设的研究类型，目的在于验证目标疾病与各影响因素的关系假设，估计各因素对疾病发生的作用大小，并提出可能的干预策略。分析性研究主要方法为队列研究和病例对照研究。在队列研究中，队列是指具有共同经历或共同状态和特征的一群人，通过测量一个或者某几个队列人群中疾病或健康状态的发生频率，比较在不同暴露水平下各队列发生疾病的风险，探索暴露与疾病之间的联系，并检验病因假说，确定疾病危险因素。队列研究设计的基本原理是选定暴露和未暴露的两组人群，随访一定时间，观察并记录研究对象的疾病或者健康状态的结局，比较两组人群中该结局的发生率，从而判断该因素与疾病发生或健

康状态有无关联及关联大小。病例对照研究多用于评估某暴露因素和某疾病或健康状态之间的关系，属于"由果及因"，通过选择病例组和对照组，调查病例组和对照组的暴露史，用病例组的暴露比数除以对照组的暴露比数来计算暴露引起的疾病 OR。

针对污染物健康影响的流行病学研究一般采用观察性研究。在观察性研究中，研究人员无法直接对人群进行污染物暴露，也难以将人群直接划分为暴露组和对照组。因此该类研究中，污染物暴露评估的有效性和准确性、混杂变量的控制是关键因素。尽量避免错误的暴露评估，针对比较确定的、受限制的人群开展观察性研究非常重要。优点在于被观察人群是处于真实环境水平的暴露情景。但是仅仅观察性研究不足以对观察到的关联性给出因果关系的结论，需要结合其他研究数据来佐证这样的因果关系。

实验性研究则可以弥补上述观察性研究的缺陷。实验性研究中，暴露（干预）和结局有明确的时间先后顺序，基本要素是随机、对照和重复，并在条件许可时采用盲法。研究人员可以控制暴露环境和暴露人群，但是这样的研究仅适用于面向健康人群或者亚健康人群，结果可逆且适中、短期的实验研究。

2.4.2　毒理学研究

毒理学研究方法以动物试验为主，观察试验动物通过各种方式和途径、接触不同剂量的室内环境污染物后出现的各种生物学变化。试验动物一般为哺乳动物，也可利用其他的脊椎动物、昆虫以及微生物等。

根据试验长度，可以分为急性毒性试验、亚急性毒性试验和慢性毒性试验。急性毒性试验时间一般是在 24h 内进行一次或者多次试验。急性毒性试验主要测定参数为半数致死量（污染物浓度），同时观察急性中毒表现。半数致死量的概念是在 1927 年由 Trevan 提出的，属于经典的测定参数。由于半数致死量的局限性，最近几年研究开始重点发展替代经典半数致死量的方法，用以减少试验动物的用量，精简试验的操作流程，以便于更好地提高试验的准确性。

亚急性毒性试验是指让试验动物与目标污染物接触一段时间，观察其在这个过程中表现出的毒性，一般为 10 天乃至数月，大多数时间为 3 个月。亚急性毒性试验研究观察的指标一般包括：①临床检查，包括试验动物的中毒表现和周体重变化等。②血液学检查，包括血红蛋白含量、红细胞数、白细胞数以及其分类计数等。③血液生物化学检查，包括谷草转氨酶、谷丙转氨酶、尿素酶、肌酐、血清总蛋白和白蛋白、总胆固醇、细胞因子等；根据所观察到的试验动物的毒性效应，可适当增加一些其他生化指标。④脏器称重，包括测量其肝、肾等的重量，计算其脏器的重量系数。⑤病理学检查，即在试验结束时，处死试验动物，进行全面尸检，并将尸检发现的异常组织和主要的脏器和组织（心、肺、肝、肾、脾、大脑、肾上腺、卵巢、睾丸以及肠胃等）固定保存。当各试验剂量组的动物尸检没有发现明显病变时，先进行高剂量组和阴性对照组动物脏器的组织病理学检查。如果发现病变，还应对中、低剂量组动物的相应器官进行组织病理学检查。试验结束之后将各试验组动物观察指标与阴性对照组加以比较，并进行统计学检验。这种研究可提供除致癌性以外的各种慢性毒性信息，并为确立更长时间的暴露试验剂量提供依据。

慢性毒性试验的试验期限一般在 6 个月甚至更长。观察指标一般以亚急性毒性试验的观察指标作为基础，包括体重、食物摄取、临床症状、行为、血液化学、尿的性状及生化组分等，重点观察在亚急性毒性试验中已经显现出来的阳性指标。由于部分指标观察到的变化量可能很低，因此应在试验前对这些指标，尤其是血、尿常规等重点测定的生化指标，进行试验前的正常值测定。

动物试验研究优点是暴露条件和终点可控。缺点是从动物向人、从高浓度向低浓度的研究结果外推需要结合其他研究，才可以做出全面和正确的评价。

细胞试验是以细胞作为研究对象，应用细胞体外培养技术，研究污染物对于细胞本身的毒性影响。细胞试验省时、省力，相比于动物试验，避免了伦理学问题。但是细胞试验也有其不可避免的局限性。由于细胞体外培养脱离了机体复杂的生理环境，体外细胞在其生理学性状上会有一定程度的改变，由此获得的试验结果与实际的人体和动物试验可能存在一定的差别，导致更多的不确定性。在细胞毒性试验中往往以细胞形态学观察、增殖能力、存活率、细胞代谢活力、细胞膜电位变化、细胞因子分泌、基因表达和转录调控等方面来评价污染物的毒害作用和机制。利用细胞株开展试验，优点在于成本低于动物试验，可较快地获得试验结果，可用于机制机理研究，缺点在于细胞试验结果不能直接用于生物体整体的响应预测。

第3章 室内空气污染源控制技术

污染源控制是指从源头入手避免或减少污染物的产生；或隔断污染物传输通道，不让其进入室内环境。毫无疑问，建立健全室内空气质量控制的相关标准，做到有法可依；强化产品认可认证和环保标识，严禁生产和销售有害物质含量超标的产品；强化科学研究，不断降低室内各类用品的污染物释放水平；提高全民卫生意识，培养良好的生活工作习惯，优化能源结构等都是源头控制室内空气污染的具体举措。综合考虑室内空气污染源及污染物特征，本章着眼于无机类建筑和装修材料、有机类装修装饰材料和家具、人体和室内活动、其他污染源4个方面，介绍建筑相关的室内空气污染源控制技术。有关通风空调系统和室外污染物的源头控制，将在第4章介绍。

3.1 无机类建筑和装修材料释放污染物及其控制

无机类建筑材料包括砂、石、砖、砌块、钢、水泥、混凝土及其预制件等建筑结构材料，以及石材、卫生陶瓷、石膏板、吊顶材料、无机瓷质砖黏结材料等建筑装修材料。无机类建筑和装修材料释放的污染物主要是氨和放射性氡及其子体。在《民用建筑工程室内环境污染控制规范》（GB 50325—2020）和《混凝土外加剂中释放氨的限量》（GB 18588—2001）中，对混凝土外加剂的氨释放量、氡通量和放射性内、外照射指数都给出了明确的限量要求。

3.1.1 混凝土释放氨及其控制

1）混凝土释放氨

混凝土外加剂释放的污染物主要是氨。混凝土外加剂的品种繁多，可能释放氨的外加剂主要是减水剂和防冻剂等。减水剂和防冻剂生产原料和工艺不同，使得氨释放量存在显著的差异，以联苯酚和尿素为原料合成的氨基磺酸系减水剂，其氨释放量通常比基于其他原料合成的减水剂高得多；防冻剂一般不是单一组分，而是组合不同作用的组分，包括氯化钠、氯化钙、亚硝酸钠、硝酸钙、碳酸钾、尿素、乙酸钠和氨水等，若防冻剂中掺有尿素和氨水，其氨释放量通常较高。若混凝土外加剂涉及尿素或氨水原料，则在碱性、受热条件下，很容易分解，从墙体扩散释放出来。实际上，掺有尿素和氨水的混凝土防冻剂曾经广泛应用于我国北方地区的建筑施工。

2）混凝土释放氨控制

对于由混凝土外加剂造成的室内氨污染，最根本的控制手段是从源头控制，即从外加剂的生产和使用上加以控制。严格按照国家标准，控制添加剂的生产和流通，禁止劣质产品进入建材市场是从源头上控制混凝土外加剂氨污染最有效的措施。混凝土外加剂生产企业应通过研制新型无氨或少氨的混凝土外加剂，从根本上消除氨的来源。在生产具有含氮基团（官能团）的外加剂时，一定要严格控制工艺流程，减少杂质的存在，特别是游离氨的存在。在使用中，应考虑对环境方面的影响，控制外加剂的使用量，尽可能不使用或少使用掺尿素及氨水的防冻剂，积极寻找其他有相同防冻作用的外加剂代替目前使用较为广泛的尿素类及氨水类防冻剂。

此外，采用气密性涂料对墙面、楼板等外露面进行密闭处理也是控制混凝土结构氨散发的有效途径。该法可在尚未装修的房间进行，已经装修入住的房间不易施工。对于新建或新装修的居室，应注意开门开窗，使空气流通，这样既能加快墙体中氨的释放，又能使已经释放出来的氨尽快散去，以减少对人体的伤害。

3.1.2　建筑材料和地基释放氡及其控制

1. 建筑材料和地基释放氡

释放氡的建筑材料包括建筑石材、砖、土壤、泥沙、砂等，以矿渣水泥、灰渣砖及一些花岗岩石材为主，在各类工业与民用建筑建设中，为降低生产成本，一般均使用当地天然砂、石材料作为混凝土骨料。在天然放射性本底较高地区，可供使用的骨料大多具有较高的放射性水平，所含的天然放射性元素主要为镭-226和钍-232，这两类放射性元素的蜕变会生成放射性氡及其子体。使用由这类骨料生产的混凝土会造成建筑物室内空气中氡的污染。例如，瑞典用含矾页岩多孔混凝土建房曾有长久历史，结果发现，室内放射性氡的等效平均浓度高达260Bq/m³，为国际辐射防护委员会提出的上限值100Bq/m³的2.6倍。此外，由于水泥也是由天然的矿物原料（石灰石、黏土、石膏等）生产而来，因而水泥也是导致混凝土材料释放氡的主要原因之一。国内常用建筑材料的放射性含量如表3.1所示。可以看出，在列出的建筑材料中，天然石材的放射性核素含量相对较高。

表 3.1 我国常用建筑材料的放射性核素含量 （单位：Bq/kg）

放射性核素	天然石材	砖	水泥	砂石	石灰	土壤
^{226}Ra	91	50	55	39	25	38
^{232}Th	95	50	35	47	7	55
^{40}K	1037	700	176	573	35	584

另外，近年来，工业废渣在建材生产中的再利用越来越广泛，达到了降耗利废、防止污染和降低建筑成本等目的，成为解决工业废渣污染的重要途径。据不完全统计，仅 2004 年，我国水泥行业利用各种工业废渣已达到 2 亿 t，建材全行业利用工业废渣超过 4 亿 t。如矿渣硅酸盐水泥和粉煤灰硅酸盐水泥就是在硅酸盐水泥熟料中掺入粒化高炉矿渣和粉煤灰，辅以适量石膏磨细制成的。水泥中粒化高炉矿渣和粉煤灰掺加量按重量比例计分别为 20%～70% 和 20%～40%。工业废渣经过磨细、加工等工艺处理，制得各种矿物掺合料、骨料或外加剂，可以显著改善混凝土的性能，满足不同工程实际的要求，如优质粉煤灰、磨细矿渣等成了生产混凝土不可缺少的材料。然而，由于多数工业废渣具有较高的放射性，用工业废渣生产的水泥和水泥混凝土材料中天然放射性核素的放射性比活度往往也较高，成为建筑物室内环境中氡的重要来源。

除了建筑和装修材料之外，放射性氡及其子体也来源于地基，包括地基岩石和土壤。据统计，世界范围来自建筑地基的氡约占室内氡的 60%。一般来说，酸性岩（如花岗岩）比沉积岩（如石灰岩、红色砂岩）高；正变质岩（从岩浆岩经变质而成，如花岗片麻岩）比副变质岩（从沉积岩经变质而成的，如大理岩）高。另外，铀矿化（床）或油气田地下水流经区域的地面氡释放速率往往较高；构造带（尤其是新近纪以来的新构造带）区域大多伴有较高的氡释放速率。构造带本身并不是氡的直接来源，但它是地下氡汇集和迁移的通道。有中高渗透性的土壤往往也具有高的氡污染潜势。土壤渗透性资料可以依据国土保护部门绘制的相关地图识别出来。黏性土壤的氡放射潜力明显低于沙质/石质底土。所以对于建在黏性底土之上的房屋，通常可确保氡水平在允许的范围之内。土壤的透气性（受到土壤的颗粒尺寸、孔隙度和水分含量的影响），底质和附近岩石构造的稳定或破碎程度也显著影响氡进入室内的程度。

氡在自然环境中一直处于不规则的运动状态。当介质（岩石、大气、水等）中氡浓度分布不均匀时，这种不规则运动使得氡由高浓度区扩散至低浓度区，直到各处的氡浓度达到动态平衡。除了扩散运动之外，氡的迁移机制还包括对流作用下的运动、抽吸（烟囱）作用下的运动、水作用下的运动（即氡溶于水并随水流动）、伴生气体压力作用下的运动（即借助 O_2、N_2、CO_2 等扩散压力推动向上迁移到地表）、泵吸作用下的运动（即由于定时涨落，裂隙开闭导致氡的迁移）、地热作用下的运动（即地热梯度影响气体向冷/低压区迁移带动氡迁移）、地震应力作用下的运动（即地震应力引起毛细压力变化使氡迁移）、大气压力的纵深效应导致氡迁移和搬运作用下的运动（即指风速、风向和旋流对土壤气体的作用导致氡迁移）。

2. 氡在地质环境中的扩散理论

氡在自然界以气体形式存在，这就表明了氡原子的热运动强烈。由于热运动使得氡一直处于不规则的运动当中，当介质（岩石、大气、水等）中氡浓度分布不均匀时，这种不规则运动的综合结果表现为氡由高浓度向低浓度处传播，直到各处的氡浓度达到动态平衡时为止。了解氡在地质环境中的迁移规律对于从源头控制氡暴露具有指导意义。

氡的扩散传播服从菲克定律，根据菲克第一定律，氡穿过某一面积的通量与氡的浓度梯度成正比。例如，对于岩体的暴露表面来说，当以表面的外法线方向为正方向时，由氡的扩散传播造成的氡通量为

$$J_1 = -\eta D \frac{\Delta c}{\Delta x} \tag{3.1}$$

式中，J_1 为氡通量，$Ci/(s \cdot cm^2)$；η 为岩石的孔隙度；D 为氡在该介质中的扩散系数，cm^2/s；$\frac{\Delta c}{\Delta x}$ 为沿 ox 方向的氡浓度梯度，Ci/cm^4。式中负号表示氡的传播方向与氡浓度梯度的方向相反。

由扩散公式看出：氡通量的绝对值大小取决于 3 个因素，即扩散系数 D 的大小，岩石孔隙度的大小，以及氡浓度梯度的大小。

氡的扩散系数实际上是表示氡在某一具体条件下的扩散能力的参数。氡的扩散系数差别很大，如表 3.2 所示。

表 3.2　氡在一些介质中扩散系数 D　　　　　（单位：cm^2/s）

	空气	水	坡积物	残积物	亚黏土	花岗闪长岩	松散沉积物
D	0.1	0.82×10^{-5}	0.07	0.045	0.01~0.03	0.005	0.02~0.035

由于氡是气体，它易于穿过有孔隙的介质。岩石看起来很致密，但实际上各种岩石均有一定数量连通的孔隙。氡沿着孔隙的运动大致和它在空气中运动一样。另外，所有岩石都不同程度地存在着裂隙，这些连通的孔隙和裂隙即为氡在岩体内传播的通道。孔隙度不同的岩石，即使含铀（氡的母体）量相近，仍然可以有相差悬殊的氡通量（表 3.3）。

表 3.3 岩石孔隙度对氡通量的影响

岩石种类	孔隙度/%	含 U_3O_8/(g/kg)	氡通量/[Ci/(s·cm²)]
新墨西哥砂岩	20	2.27	5×10^{-14}
埃利奥物湖砾岩	0.1	1.35	5×10^{-16}

由表 3.3 可以看出，两种岩石含铀量相近，但孔隙度高 200 倍的砂岩，其氡通量差不多为孔隙少的砾岩的 100 倍。

孔隙是氡气在岩体中扩散的通道，由上面的例子看出，通道在氡扩散中的重要作用。不过，在无孔隙的介质中，氡也能传播，但传播速度减慢。氡在空气中的扩散速度为 0.46×10^{-3} cm/s；氡在水中的扩散速度为 4.15×10^{-6} cm/s。

氡的迁移与其他气体有一个很大的不同，就是氡是一种放射性气体，所以传播过程中会有一部分原子发生衰变，造成氡在扩散过程中的衰变损失。

以氡在空气中扩散传播为例，如果扩散的时间经历 5 个半衰期时，氡浓度降低到原来浓度的 $\left(\dfrac{1}{2}\right)^5$，可以忽略不计，这时氡扩散的距离可按式（3.2）计算：

$$d = V \times T_{1/2} \times 5 \times 10^{-2} \qquad (3.2)$$

式中，d 为氡最远扩散距离，m；V 为扩散速度，cm/s；$T_{1/2}$ 为氡半衰期，s。

计算得到 d 约等于 7.6m，即氡由于衰变的关系，在空气中扩散程仅为 7.6m。在岩石中即使孔隙度大到 40%，其扩散程也不超过 6m。换句话说，当以上述经典的扩散理论来探寻环境中的氡源时，应当在 6～7m 的距离内寻找，因为扩散理论认为氡就是从 6m 以内的源扩散而来的。不过，有些室内氡普遍偏高的情况并不与当地岩石土壤中含铀量相对应，因此扩散理论受到了挑战。

3. 建筑材料释放氡控制

通过原材料的优选和控制减少混凝土材料中放射性元素的含量是最有效的氡释放控制措施。为此，建材生产企业以及建筑施工单位在选取混凝土配料时应考虑其放射性水平，确保所生产的混凝土材料满足国家相关标准要求。

在建筑结构成品后，可以通过在混凝土结构表面设置扩散屏障或涂覆封闭剂，阻止混凝土材料释放的氡气扩散到建筑物室内。以塑料材料作为含氡容器覆盖材料进行氡扩散屏障实验，结果表明，随着储存时间延长，这些塑料材料的屏障有效性下降，只有覆盖聚酰胺箔的容器中未检测到氡损耗。实验还表明，覆盖材料的厚度是一个重要的因素，0.2mm 的塑料膜的有效性明显高于 0.05mm 的材料。对用于控制磷酸盐矿渣混凝土砖氡释放的 4 种密封材料进行的性能测定表明，聚乙烯板、乳胶涂料、环氧树脂涂料和墙纸的氡释放削减率分别为 78%、32%、49% 和 51%。

理想的防氡涂料应该能渗透进材料中一定深度，增加建筑材料的密实性，同时其本身还应具有足够的气密性和放射防护性。例如，有研究显示，应用环氧树脂封闭剂能减少大约 50%的氡进入，但其前提条件是建筑结构中不存在缝隙，而这些缝隙是氡主要的进入通路。若这些缝隙不能完全避免，则单独使用密封剂作为氡削减措施的效果有限。

4. 地基释放氡控制

毫无疑问，避免在放射性水平高的区域建设建筑物是防止氡污染的上策，但在条件受限时，必须通过采取有效的措施，来防止氡污染带来的危害。这些措施包括铺垫地基隔离层、防止土气进入室内和主动释放地下氡气等。

1）铺垫地基隔离层

铺垫地基隔离层可在一定程度上降低进入新建房屋的氡水平。例如，在铀矿废地和废弃磷酸盐土层上建造房屋时，用对土气具有高阻抗性能的土壤替换、覆盖原土层，或者铺设聚乙烯薄膜防渗层等，均可降低氡释放率。

2）提高建筑物的密封性

放射性污染物通常随土气进入室内。因此，管控好建筑物（尤其是地下和近地建筑物）的设计、建筑和运行全过程，尽可能提高建筑物的密封性，可有效防止土气进入室内。如图 3.1 所示，提高建筑物密封性的主要措施包括：①浇注地板时，要保证钢筋网均匀地埋入混凝土中，以防止地板、柱脚等处出现较大的裂缝；混凝土外表面要浇注水泥层，并浇水养护，以最大限度地减小水泥收缩和地板裂缝。②地板养护期，地板与墙体接缝部位要设置可伸缩材料，确保密封，防止土气通过接缝进入室内。养护稳定之后，可将这些可伸缩连接材料取出或压至底部，然后用高质量、无缝的聚氯酯或类似填料填充缝隙。③地板养护作业完成后，应拆除浇注护坡桩和模板，并填充密封留下的孔，以防止土气通过这些路径进入室内，或护坡桩或模板腐烂后成为土气通道。④不能采用直通方式排出地板上的水，应通过设置存水弯的管道将水排至室外明沟、阴沟或水坑。若将水排至地板下集水坑，则需注意对集水坑顶部作密闭处理，并利用潜水泵将集水排至室外。⑤对全部穿墙、穿地板、穿阻挡层的孔管周围缝隙应作密封处理。尤其要注意盆池、沐浴和厕所里地漏周围的缝隙，以及穿越地板的管道。⑥基础墙的外表面应用高质量防渗、防水密封胶或聚乙烯膜喷涂，内表面应涂覆高质量防水涂料。空心砌块基础墙的顶部应进行密封处理或加盖。

当室内存在负压时，在压力差的作用下，土气更易通过缝隙快速进入室内。因此，除提高墙体缝隙密封性之外，避免建筑物内部空气对流运动形成局部负压，对于防止土气进入建筑物也至关重要。

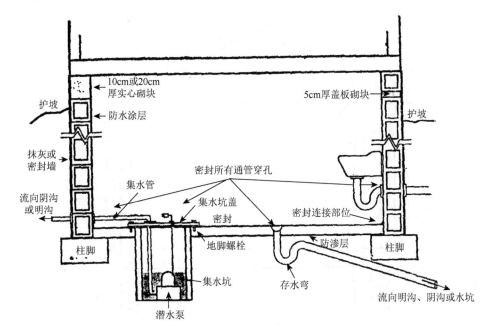

图 3.1 防止土气进入室内的强化密封示意图

5. 主动外排土气

在浇注水泥地板之前，在地板下面铺垫约 10cm 厚豌豆大小或再大些的砾石层，并将直径不小于 10cm 的耐腐蚀管垂直插入该砾石层，再连接到外排风管。当外排抽力足够大时，地板下面的高放射性水平土气就可从屋顶排出，如图 3.2 所示。可利用热压，提供外排抽力。若管道系统的阻力较大，热压不足，也可采用主动通风系统，即利用风机动力抽出土气。不论采用何种通风方式，排风口都应高于顶层或屋檐，并且远离门窗，以防止抽出的土气进入建筑室内。

3.2 有机类装修装饰材料和家具释放污染物及其控制

有机类装修装饰材料和室内用品是释放甲醛和挥发性有机物的各类材料，包括装修装饰用人造板、涂料、胶黏剂和水性处理剂（阻燃剂、防水剂、防腐剂等）、壁纸、聚氯乙烯卷材、地毯、地毯衬垫。在《民用建筑工程室内环境污染控制规范》（GB 50325—2020）和涉及有机污染物的室内装饰装修材料有害物质限量强制性国家标准（GB 18680～18677）中，都对有机类污染物释放率给出了限量要求。

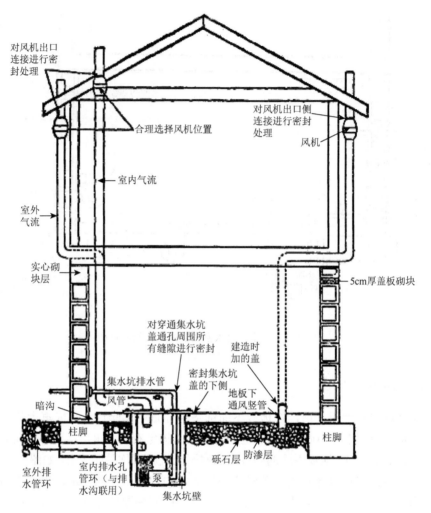

图 3.2　防止土气进入室内的主动外排土气示意图

3.2.1　有机物释放机理

污染物释放涉及复杂的物理和化学过程，其释放量也受材料和用品等污染源的特征、温度和湿度等环境条件的影响，了解各类材料和用品中污染物的释放特征，可为预测和评价室内空气污染及人群暴露程度提供依据。就甲醛和挥发性释放而言，其主要释放机理包括游离甲醛释放、有机溶剂挥发、纤维素降解、酯类化合物水解、不饱和脂肪酸降解和有机磷脂水解等。

1）游离甲醛挥发

人造板所含游离甲醛释放是室内空气甲醛的最主要来源。生产人造板时，需将树脂涂刷到单板或喷洒到刨花或纤维表面，再送入压机进行加温加压固化。其中，使用最广泛的树脂是脲醛树脂，其生产原料是尿素和甲醛。由于配方和工艺条件等原因，在树脂生产过程中，投加的甲醛没有与尿素完全反应形成线型树脂，残余的甲醛就以游离状态存在于树脂中。使用过程中，这些甲醛会通过孔道经内表面—外表面—室内空气过程挥发出来。

2）有机溶剂挥发

涂料和油漆等装修装饰材料所含有机溶剂挥发是室内挥发性有机物的最主要来源。涂料和油漆通常覆盖在室内墙体或物件的表面，其挥发会经历湿阶段有机物快速释放和干阶段残留有机物缓慢释放两个过程。其中，湿释放阶段往往会导致室内出现高浓度挥发性有机物污染，其释放速率主要受边界的气相传质过程控制，可用式（3.3）表达：

$$E(t) = k_g \frac{C_{v0}M(t)}{M_0 - C(t)} \tag{3.3}$$

式中，C_{v0} 为源/气界面的初始 TVOC 蒸气浓度，mg/m^3；M_0、$M(t)$ 分别为源相中 TVOC 初始含量和 t 时刻的残留量，mg/m^2；k_g 为气相物质传输系数，m/h；$C(t)$ 为 t 时刻空气中 TVOC 浓度，mg/m^3。

3）纤维素降解

室内建筑和装饰装修使用大量木质材料，在使用过程中，木制材料所含纤维素、半纤维素和木素在适宜的条件下会发生降解，释放出多种有机污染物。例如，云杉的磨木木素酸性水解时会放出甲醛。刨花板热压时，在热和水的作用下，半纤维素水解和木素中某些甲氧基断裂会释放甲醛。纤维素羟甲基在较高温度和酸性条件下，可以与脲醛树脂中含有的甲醛反应生成半缩甲醛，还能进一步与其他纤维素羟基形成缩甲醛交联，甲醛的低聚物也可直接与纤维素羟基形成聚合缩甲醛交联。然而，这些反应均是可逆的，各种缩甲醛在一定的条件下会逐步放出甲醛。再如，软木复合材料半纤维素（多糖）降解会释放糠醛和乙酸。

4）酯类化合物水解

人造板生产所用脲醛树脂为线型结构物质，生产过程中经加温加压固化处理，这类线型结构的树脂会变成不熔不融的网状结构或体型结构。由于板坯加压时，大多采用压板接触，在板坯厚度方向上存在着从表面到芯层温度逐步降低的梯度曲线，或者说板坯芯层含水率稍高而不利于胶黏剂固化。因此，在板坯内部，尤其在芯层，就存在一些未发生固化反应的线型结构树脂，以这种状态存在的树脂很容易水解而释放出甲醛。即使完全固化的树脂也会离析导致甲醛散发。在试验中发现，历经长时间使用的人造板与刚刚热压成型的同类型人造板的甲醛散发量相差不大，有时甚至有所增加，这表明人造板甲醛散发的长期性和顽固性。

另外，增塑剂是现代塑料工业的助剂，对促进塑料工业特别是聚氯乙烯工业的发展起着决定性作用。邻苯二甲酸二丁酯（DBP）、邻苯二甲酸二异丁酯（DIBP）和邻苯二甲酸二辛酯（DEHP）类增塑剂是目前产量最大、应用最广的品种。增塑剂本身有毒，在使用过程中还会降解，形成的产物大多也是有毒有害物质，主要是羧酸和醇类等物质。当室内环境中存在大量的软质 PVC（地板覆盖物、窗帘等）材料时，增塑剂的水解会向室内空气散发大量有机污染物，如 DEHP 的水解产物 2-乙基己醇、DBP 的水解产物正丁醇、DIBP 的水解产物 2-丁醇等，这些醇类物质都具有特殊气味，会影响感官空气质量。当把 PVC 地板材料粘在潮湿的混凝土表面时，PVC 板会阻止混凝土的进一步干燥，材料随处可获得的水分和混凝土较高的 pH 则成为邻苯二甲酸酯和己二酸增塑剂水解的最佳条件，地板也因此成为室内空气中异味的重要来源。邻苯二甲酸酯水解时除了产生醇类物质，还会产生含有羧酸基团的单酯，进一步水解还会产生邻苯二甲酸。这些酸性产物可能造成居住者不适。

5）不饱和脂肪酸降解

油酸、亚油酸和亚麻酸等不饱和脂肪酸是许多装饰装修材料的助剂成分，如油酸可用作环氧油酸丁酯和环氧油酸辛酯等塑料的增塑剂，亚油酸是涂料中干性油的主要成分。不饱和脂肪酸在毛纺工业中可作为抗静电剂和润滑柔软剂，在木材工业中用于制备防水剂（石蜡乳液），还可用于制备复写纸、打印纸、圆珠笔油及各种油酸盐等。不饱和脂肪酸经氧化裂解可制备壬二酸，壬二酸是合成聚酰胺树脂（尼龙）的原料。

不饱和脂肪酸在氧化和降解过程中会生成大量挥发性醛类物质，如油酸的典型降解产物是从庚醛到癸醛的饱和醛，亚油酸降解主要生成己醛，亚麻酸的氧化会生成不饱和化合物，如 2,3-庚二烯醛。室内臭氧浓度对不饱和脂肪酸的氧化过程具有重要影响。

6）有机磷脂水解

随着我国合成材料工业的发展和应用领域的不断拓展，阻燃剂在建筑材料、电子电器、日用家居、室内装饰、衣食住行等各个领域中得到广泛应用。阻燃剂已发展成为仅次于增塑剂的第二大高分子材料改性添加剂。国内阻燃剂的生产和消费以有机阻燃剂为主，但无机阻燃剂近年来发展势头较好，市场潜力较大。

常用的有机卤系阻燃剂虽然具有其他系列阻燃剂无可比拟的高效性，但在使用过程中会发生水解而释放出有害物质，污染室内空气，危害人体健康。如磷酸三（2-氯丙基）酯（TCPP）和磷酸三（2,3-二氯丙基）酯（TDCPP）发生水解反应会生成 1-氯-2-丙醇、2-氯丙醇和 1,3-二氯-2-丙醇，磷酸三（β-氯乙基）酯（TCEP）的水解会生成氯乙醇。

3.2.2　有机物释放影响因素

影响建筑室内污染物释放的主要因素包括环境温度、相对湿度、空气交换率、空气流速以及材料装填率、产品使用时间和吞吐效应等。

1）环境温度

气态污染物的蒸气压、扩散系数和相平衡与温度有关，因此温度既影响污染物在材料内部的扩散，也影响其从材料表面向空气层的迁移。温度升高和波动会加快污染物释放，因此低温、尽可能小的室内温度波动，以及室内不同区域的温度均匀，有助于维持低的室内空气污染物浓度。甲醛释放浓度受温度影响公式如下：

$$C_a = C_0 \cdot e^{-R\left(\frac{1}{t}-\frac{1}{t_0}\right)} \tag{3.4}$$

式中，C_a 为空气中甲醛浓度，mg/m^3；C_0 为甲醛的校正浓度，mg/m^3；R 为温度系数；t 为实际温度，℃；t_0 为校正温度（25℃）。

2）相对湿度

湿度会影响吸湿性材料和水溶性气体的释放特性，因为水对这些物质的迁移可以起到媒介的作用，最典型的例子是湿度可以影响刨花板中甲醛的释放率。因为甲醛分子易与水分子结合形成甲二醇分子（$CH_2(OH)_2$），降低了自由甲醛分子气相侧分压，致使板材中游离甲醛更容易扩散到空气中，使板材界面与空气中甲醛含量比值减少。在高湿度环境中，板材含水率增加。然而，树脂胶黏剂中羟甲基（—CH_2OH）、亚甲基醚键（—CH_2—O—CH_2—）的分解速率随板材含水率的增加而增加，使得板材中初始可释放的甲醛量 $C_{m,0}$ 增加，因此相对湿度越高，密闭舱内甲醛平衡浓度越高。

甲醛的释放浓度受到湿度影响的公式如下：

$$C_a = C_0 \cdot [1 + A(H - H_0)] \tag{3.5}$$

式中，C_a 为空气中甲醛浓度，mg/m^3；C_0 为甲醛的校正浓度，mg/m^3；A 为湿度系数；H 为相对湿度实际值，%；H_0 为相对湿度校正值，%。

3）空气交换率

空气交换率是指通过室内外之间的空气流量与室内体积之比，即单位时间室内空气置换次数，它直接影响室内气态污染物的浓度。当污染物的室外浓度低于室内浓度时，空气交换率越高，释放污染物的驱动力越大，单位面积释放速率越大，室内气态污染物的浓度越低。因此通风是降低室内 VOCs 浓度，使室内 VOCs 尽快散发完毕的一种行之有效的方法。

换气次数与室内甲醛浓度呈负相关性，相应的表达式如下：

$$C_e = C\frac{K \cdot L}{N + K} \tag{3.6}$$

式中，C_e 为室内甲醛平衡浓度，mg/m^3；C 为甲醛初始浓度，mg/m^3；K 为板材孔隙度；N 为空气置换次数；L 为室内负荷值。

4）空气流速

材料表面空气流动有助于气态污染物扩散，促进污染物释放。相反，若空气处于静止状态或流动缓慢，则不利于材料表面附近空气转换，局部区域污染物浓度会升高，进而抑制材料内部污染物向表面扩散，降低污染物的释放速率。

空气流速对污染物释放速率的影响随着材料污染物扩散系数的增大而增大。扩散系数大的材料（$>10^{-10}m^2/s$），空气流速对污染物释放的影响更加显著，即污染物释放量随着空气流速的增加而增加。而扩散系数较小的材料（$<10^{-10}m^2/s$）空气流速的影响相对较小。

5）材料装填率

材料装填率是指材料表面积与室内体积之比，提高材料装填率将增大单位室内体积污染物释放量，从而使室内空气污染物浓度上升。在用环境试验舱测试材料污染物释放特性时，材料装填率一般模拟室内实际装填率。同温度类似，装填率变化也会影响舱内甲醛浓度。装填率越大，初始时刻污染物增长速率越快，最终的浓度也越大。

$$C_\infty = C\frac{K_g a}{n + K_g a} \tag{3.7}$$

式中，C_∞ 为测试室内甲醛平衡浓度，mg/m^3；C 为板材表面甲醛初始浓度，mg/m^3；K_g 为物质传质系数；a 为装填率。

但板材单位体积甲醛释放量随装填率减小而增大，因为舱内空气与板材界面处的污染物浓度服从亨利定律，设定板材界面与空气中 VOCs 比值为分配系数 K，K 只与环境因素和板材类型有关，因此当装填率减小时，只有增加板材单位体积的甲醛释放量才能保证 K 不变。

6）产品使用时间

对大多数材料、产品而言，污染物的释放速率随时间延长而下降。有些变化迅速，如涂料成膜后气态污染物的释放速率急剧下降。有些变化缓慢，如木质板材中甲醛的释放速率下降缓慢。

7）吞吐效应

气态污染物从材料表面释放出来，扩散或停留在室内空间的过程中，会被室内墙壁和其他用具的表面吸附、吸收，甚至发生化学反应，使室内空气污染物浓度降低，继而又促进污染物从材料释放，这种现象称为吞吐效应。由于吞吐效应的复杂性，其影响程度很难确定。因此，在测试材料释放特性时，要最大限度地减小吞吐效应，使数据分析简单化。选用惰性材料时可以不考虑吞吐效应。

必须说明的是，除了上述因素之外，材料本身污染物的含量特征也是影响其释放速率的主要因素。

3.2.3　有机物释放率检测方法

对建筑和装修装饰材料中有害物质的含量提出明确的限制要求是预防和控制室内空气的最有效对策，而采取适当方法测定相关有害物质的含量是实施各项有害物质限量标准及认证认可的基础。目前常采用的污染物释放率检测方法包括静态释放量测定法和动态释放量测定法两大类。

1）静态释放量测定法

静态释放量测定法是将待测样品置于一定体积的密闭容器中（图 3.3），在一定条件下，待污染物释放平衡或经过特定的释放时间后，测定容器内空气中污染物的浓度或容器内置吸收剂、吸附剂所吸收、吸附的污染物的量。目前国家标准对于人造板甲醛释放量、壁纸中释放出的甲醛量以及建筑材料中放射性核素的放射性比活度等的测定均规定采用静态法。污染物静态释放量反映的是在密闭环境内材料中有害物质的散发程度，可用于预测密闭环境中材料有害物质散发引起的空气污染物浓度。

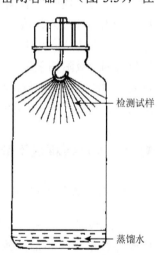

检测试样

蒸馏水

图 3.3　用于测定静态释放量的密闭容器示意图

2）动态释放量测定法

污染物动态释放量是指在一定温度、相对湿度、空气交换率、空气流速和材料装填率等条件下，单位时间材料向环境中释放污染物的量，常用环境测试舱法（气候箱法）测定。由于测定时可模拟真实的室内环境和材料装填率条件，因此污染物动态释放量能较客观地反映材料在现实环境中散发有害物质和引起室内空气污染的情况。

动态释放量测定的主体设备是由化学惰性材料（不锈钢）制成的环境测试舱，同时配套空气循环装置。为了实现一定温度、湿度、空气交换率和空气流速等要求，还需要设置温度控制系统、湿度控制系统、洁净空气供给系统等，如图 3.4 所示。伴随科学技术的不断发展，污染物原位分析仪器应用越来越普遍。

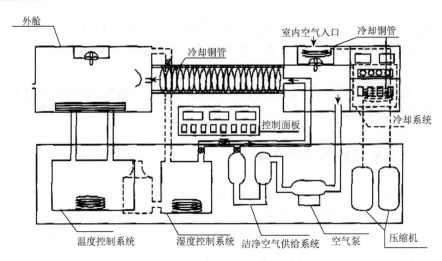

图 3.4　环境测试舱系统构造示意图

　　测试时，将一定表面积的待测样品（如人造板等）或涂刷了待测样品（如涂料等）的载体放入温度、相对湿度、空气交换率和空气流速控制在一定值的测试舱中；污染物从样品中释放出来，与舱内空气混合；定期抽取舱内空气，选择合适的吸收剂或吸附剂采集空气气流中的污染物；选用合适的分析技术或仪器测定所吸收或吸附的污染物的量，结合抽取的空气体积值、空气交换率和材料装填率，计算出舱室空气中污染物的浓度（mg/m³）和材料释放污染物的速率[mg/(m²·h)]。

3.2.4　人造板释放甲醛及其控制

1. 人造板释放甲醛

　　人造板是指以木材或其他纤维材料（如甘蔗秆）为原料，经一定机械加工分离成各种单元材料后，施加或不施加胶黏剂和其他添加剂胶合而成的板材或模压制品，主要包括细木工板（大芯板）、胶合板、刨花（碎料）板和纤维板四大类产品。与天然木材相比，人造板不但具有节约和充分利用人类资源的特点，而且具有板材幅面大、变形小、表面平整光滑、无各向异性等优点。另外，人造板由于具有外观漂亮、重量轻、价格便宜等优点，因而被广泛地用于室内装修和制作家具。

　　人造板生产使用的胶黏剂主要是脲醛树脂（约占 91%）和酚醛树脂胶（约占 9%）。这些树脂的主要原料是甲醛、尿素、苯酚和其他辅料。由于生产过程质量控制不严，或者后处理不当，板材中可能残留甲醛，在使用过程中释放到空气环境，成为影响室内空气质量的主要因素。人造板甲醛释放周期长，可达十几年，因而污染期也很长。人造板生产所用胶黏剂中的甲醛未完成聚合，以游离状态存在于人造板中是造成甲醛释放的最主要原因。因此，人造板甲醛释放可通过改进胶黏剂、改进生产工艺和后期处理 3 种途径实现。

2. 改进胶黏剂控制甲醛释放

改进胶黏剂是最重要、最有效的措施，降低甲醛/尿素摩尔比和分批投加尿素是控制甲醛释放行之有效的方法。除此之外，多元共聚制胶、无醛胶黏剂、无胶胶合等都是技术可行的减少甲醛释放的途径。

1) 降低甲醛/尿素摩尔比

降低甲醛/尿素摩尔比实质上是运用化学平衡的原理，依靠增大反应物尿素的量，从而提高甲醛的转化率，达到减少胶液中游离甲醛含量的目的。化学法能测出的游离甲醛除未参加反应的甲醛水化物（$HO—CH_2—OH$，甲撑二醇）外，还有弱键结合的半缩醛化羟甲基分解放出的一分子甲撑二醇：

$$\sim\sim\sim\sim NH—CH_2O—CH_2OH \xrightarrow{H_2O} \sim\sim\sim\sim NH—CH_2OH + HO—CH_2—OH$$

图 3.5 是用氯化铵法测得的游离甲醛含量与甲醛/尿素摩尔比的关系。可以看出，当摩尔比从 2.2 降至 1.3 时，游离甲醛含量随摩尔比减小而降低；摩尔比小于 1.3 时，游离甲醛降低幅度下降，即使摩尔比小于 1.0 也不能得到不含游离甲醛的树脂；摩尔比大于 2.2 时，游离甲醛含量明显上升，这表明尿素与甲醛的反应趋近平衡，增加的甲醛已几乎不再参加反应。纵观国内外低甲醛释放量人造板脲醛树脂的合成，无不采用降低摩尔比的方法。实践证明，摩尔比为 1.3，并辅以合理的工艺类型，合成后经数日存放的脲醛树脂，完全能满足我国人造板甲醛释放量的要求，即甲醛释放量低于 50mg/100g 板重，与此相对应的脲醛树脂游离甲醛含量小于 0.5%。

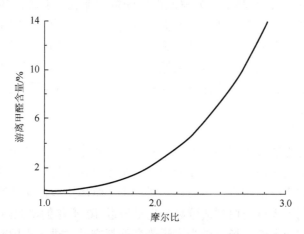

图 3.5 合成脲醛树脂中游离甲醛与甲醛/尿素摩尔比的关系曲线

2）尿素分批投料（多次缩聚）

在摩尔比不变的前提下，尿素分多次投料对降低游离甲醛非常有利。尿素与甲醛反应的第一阶段是加成反应，甲醛摩尔数较高，有利于二羟甲基脲的生成，对胶合强度及胶黏剂的稳定起重要作用。最后一批尿素的加入有利于捕捉树脂中未反应的甲醛，此时尿素与甲醛反应生成一羟甲基脲，从而吸收残存的甲醛。一羟甲基脲稳定性远大于其他较高取代度羟甲基脲，较高温度下不易分解而释放出甲醛。

实验表明，尿素与甲醛生成羟甲基脲的反应是放热反应，羟甲基化越完全则树脂中游离醛含量越少。根据勒夏特列原理，降低温度可使平衡向着放热方向进行，有利于羟甲基化反应，也就有利于降低树脂中游离醛含量。采用强酸性条件下降低反应活化能的方法来提高反应体系中活化分子百分数，可使中、低温合成工艺顺利实施，从而避免该条件下生产脲醛树脂用时过长等问题。

3）开发环保型低甲醛释放脲醛树脂

最近10多年来环保型低甲醛释放脲醛树脂开发一直广受关注，主要方法是采用聚乙烯醇、三聚氰胺和苯酚等对脲醛树脂进行改性。聚乙烯醇是线型高分子化合物，具有良好的韧性和弹性，将其分子链嵌入脲醛树脂大分子链中，可提高分子链的柔韧性，使胶层在一定范围内随着应力的变化而伸缩，从而减小应力对胶合强度的削弱，提高胶层的耐老化能力，控制树脂降解。脲醛树脂的耐水性较差，其主要原因在于固化后的树脂中，存在着亲水性的游离羟甲基。此外，酸性固化剂的使用使胶层固化后显酸性，易使次甲基键水解。三聚氰胺引入脲醛树脂分子中，形成三维网状结构，封闭了许多吸水性基团。同时三聚氰胺呈碱性可中和胶层中的酸，在一定程度上防止和降低了树脂的水解和水解速度，从而提高了产品的耐水性。苯酚-聚乙烯醇或三聚氰胺改性酚醛树脂在竹胶板的应用中获得了成功。由于在树脂中引入苯环链节，改变了树脂的骨架结构，封闭了树脂的吸水基团，使其耐水性及耐老化性能得到显著改善，相应地也抑制了树脂降解，释放甲醛。受开发深度的局限，这些环保型低甲醛释放树脂在实际应用中暴露出固化速度慢影响生产效率、初始强度低导致制板工艺波动大，从而影响成品率和产品尺寸稳定性等问题。

4）开发非甲醛类胶黏剂

树脂非醛化是解决甲醛污染的根本方法，近年来水性高分子异氰酸酯胶黏剂在刨花板生产中的应用比例正逐步增加，只是相对传统树脂，其成本偏高，还难以在人造板生产中全面推广。另外，从树皮中提炼单宁胶，从低浆废液中提炼木质素胶，以及利用大豆蛋白制造胶黏剂也是最近10多年的研究热点。2015年环境保护部将刨花板和纤维板认定为高污染高能耗产品，进一步掀起了推广使用非甲醛类胶黏剂的热潮。

5）无胶胶合工艺

无胶胶合，即不用传统的脲醛树脂和酚醛树脂等合成树脂胶黏剂，而是借助化学物质处理木材表面，使其活化，然后在热压条件下胶结在一起。无胶胶合的机理是：木材表面经化学助剂处理后进行表面活化，这种活化包括木素和碳水化合物的氧化、硝化、水解、缩聚、脱水、降解及其自由基引发等，同时产生类似于胶黏剂的物质而使被胶合材料在热压条件下胶黏成板。可利用无胶胶合工艺制成人造板、胶合板、中密度纤维板及其他各种人造板。

综合考虑胶黏、环保和经济等性能，新型胶黏剂或胶合工艺尚无法与脲醛树脂相比，因此在一定时期内，脲醛树脂和酚醛树脂仍是木材胶黏剂的主流胶种。在制好的胶黏剂中添加一定量的甲醛捕捉剂，可望在热压时使树脂胶中残余的游离甲醛能与捕捉剂进行化学反应生成不熔不融的体型结构，一定程度降低游离甲醛量并控制脂类物质降解。

3. 改进生产工艺控制甲醛释放

改进生产工艺可在一定程度控制甲醛释放，具体措施包括降低水分、改进热压条件和使用甲醛捕捉剂。

1）降低水分

脂类化合物水解会生成甲醛，进而释放，所以在保证满足制板要求的前提下，应当严格控制拌胶后的刨花含水率。例如，采用减压脱水可浓缩树脂，并兼有脱除游离甲醛的作用。

2）改进热压条件

提高热压温度，或延长热压时间，可降低热压后人造板的甲醛释放量，如表 3.4 所示。当所用胶料摩尔比较高时，这种作用更为明显。由于提高温度降低甲醛释放的能力主要取决于热压时板坯内部的温度是否足够，所以采用高频加热之类技术有利于降低甲醛释放量。值得注意的是，提高热压温度会导致热压车间空气中甲醛浓度较高。

表 3.4　热压条件对甲醛释放的影响

指标	220℃			180℃		
热压时间/s	12	10	8	12	10	8
甲醛释放量/%	0.015	0.016	0.017	0.018	0.020	0.021

3）捕捉游离甲醛

脱水后的脲醛树脂，再补加少量尿素或与甲醛反应能力强的物质，可再一次结合游离甲醛，起到游离甲醛捕捉剂作用。一般地，这次尿素除少数形式（如羟甲基脲）外，绝大多数游离于树脂中，捕捉树脂中不稳定基团，并分解释放甲醛。由于脱水后的树脂接近中性，温度接近室温，反应条件温和，所以尿素结合甲醛速度缓慢，一般都要在树脂储存若干天后才能观察到成效。

也有人建议在施胶前将三聚氰胺或间苯二酚之类的甲醛捕捉剂添加到全部或部分刨花之中。这些添加剂不仅在热压过程中，而且在热压之后都会和游离的或散发的甲醛起化学反应。用这种方法制得的人造板其甲醛释放量很低，不过，采用这种方法会对板的平面抗拉强度和吸水厚度膨胀产生不利的影响。

4. 借助后期处理控制甲醛释放

后期处理是在热压后进行应急补救的控制措施，适合甲醛释放量较高的人造板。可通过化学处理和封闭处理两种方法实现。化学处理是在人造板的表面施加某种有反应活性的物质，这些物质能够与人造板中的游离甲醛发生化学反应，阻止甲醛向外界散发；封闭处理是在人造板表面贴面或涂饰，使这些经过表面处理的人造板具有较强的阻止甲醛散发的能力。这两种方法也可结合使用。例如，已经开发一些涂料配方，一方面这些涂料具有封边的功能；另一方面涂料中也含有能参加反应的物质，以化学结合游离甲醛，阻止其对外散发。

1）氨处理

把热压后的人造板送入氨处理室，用氨对其进行后期处理可显著地降低人造板的甲醛散发量。在处理过程中，氨可以和人造板中的游离甲醛发生化学反应生成六次甲基四胺（乌洛托品）。

$$6CH_2O + 4NH_3 = C_6H_{12}N_4 + 6H_2O$$

这种方法可以有效地捕捉游离甲醛。除与甲醛反应外，氨还能够同人造板中的游离酸反应，导致人造板的 pH 升高。

为了确定经过氨处理的人造板在存放期间甲醛散发量的变化情况，有人曾专门进行过实验，结果表明，人造板的甲醛散发量显著降低，但存放一段时间后，散发能力在一定程度上重新回升，但是低于未处理的水平。经过氨处理后的人造板存放三个月以后，甲醛散发量降低率为 56%～71%，如表 3.5 所示。

表 3.5　氨处理的人造板甲醛释放量的变化

胶黏剂	未处理	氨处理后天数/天					存放 90 天甲醛降低比例/%
		1	30	60	90	120	
HF 树脂	20.1	2.8	6.4	—	8.7	9.8	56.7
HF 树脂	34.2	4.6	8.9	9.9	13.4	—	60.8
HF-MF-PF 树脂	52.5	10.4	12.5	—	15.9	17.9	69.7
HF 树脂	56.6	5.5	9.1	12.2	16.6	—	70.7

注：①用广口瓶测定（WKI）方法测得的甲醛散发量，mg/100mg 人造板；②HF 树脂为环氧树脂，MF 树脂为三聚氰胺甲醛树脂，PF 树脂为酚醛树脂。

2）尿素处理

将尿素溶液喷洒到人造板表面可使人造板的甲醛散发量降低 30%（表 3.6），假如对工艺进行优化选择，甚至可以降低 50% 以上。实际应用中，应将尿素溶解成一定的浓度，喷洒量常以每平方米表面积若干克计。尿素的作用是多种多样的，一是可以和甲醛起化学反应并与之结合；二是尿素在水溶液中热分解，尤其在酸性条件下分解形成铵离子，后者可以和甲醛起化学反应生成六次甲醛四铵。加酸和加热能促进尿素热分解。酸的作用在于与氨结合使反应向平衡方向移动。当用氨基树脂胶制成人造板时，固化剂（NH_4Cl 或 $(NH_4)_2SO_4$）的分解产生微量的酸，这些微量的酸以及从木材中游离出来的酸参加尿素的分解反应。

表 3.6 用尿素处理对于人造板甲醛释放量的影响

施胶量/%*	后期处理	甲醛散发量/(mg/100g)	
		24h	48h
8	无	34.44	52.28
8	用尿素处理	22.91	33.36

* 施胶量是指胶的固体重量与制作人造板的干木料重量的比例。

3）油漆处理

在刨花板表面涂刷可与游离甲醛进行反应的油漆也是控制人造板甲醛散发的一种好方法。部分涂料里含有尿素、联氨等可与甲醛反应的物质，同时涂层还具有一定的封闭功能。油漆涂饰后，人造板向外界环境散发甲醛能力的降低程度取决于涂饰量、涂层抗渗能力、可与甲醛反应的添加剂种类及其用量以及人造板原有的甲醛散发能力等。

4）表面封闭处理

对人造板的表面和端面进行封闭处理不失为一种可操作性强的措施，归纳起来，大致有以下各种贴面方法，即单板贴面、微薄木贴面、PVC 薄膜贴面、塑料装饰板贴面、三聚氰胺浸渍纸贴面、硬质纤维板贴面、金属箔贴面等，这些方法大多已在工业性生产中得到应用并取得了良好的封闭效果。不同表面封闭处理的效果如表 3.7 所示。可以看出，最好的封闭处理效果可以把甲醛浓度降低到基值的 1.67%。

表 3.7 各种不同表面封闭处理方式对测试仓内甲醛含量的影响（单位：mg/m^3）

表面封闭方式	仓内甲醛浓度	表面封闭方式	仓内甲醛浓度
基板、不封边	1.2	三聚氰胺浸渍纸贴面板、封边	0.02
单板贴面板、封边	0.81	聚酯漆涂饰板、不封边	0.09
微薄木贴面板、封边	0.19	聚酯漆涂饰板、封边	0.02
三聚氰胺浸渍纸贴面板、不封边	0.10	薄膜贴面板、封边	0.03

3.2.5 涂料释放挥发性有机物及其控制

1. 涂料释放挥发性有机物

涂料是指涂布于物体表面，在一定的条件下能形成薄膜而起保护、装饰或其他特殊功能（绝缘、防锈、防霉、耐热等）的一类液体或固体材料，由主要成膜物质［即基料，包括（半）干性油、天然树脂、合成树脂等］、次要成膜物质（颜料、填料、功能性材料添加剂）和辅助成膜物质（溶剂、稀释剂和助剂）组成，按形态可分为溶剂型涂料、高固体分涂料、无溶剂型涂料、水性涂料和粉末涂料等。早期的涂料以植物油为主要原料，故又称作油漆。现在合成树脂已大部分或全部取代了植物油，故称为涂料。室内装饰装修用涂料主要包括内墙涂料和木器涂料。

内墙涂料主要用于室内墙体的涂装，具有装饰、保护和改善居室环境等功能，是普遍使用的室内装饰装修材料之一。合成树脂乳液内墙涂料（俗称内墙乳胶漆）是目前主要的内墙涂料，它是指以合成树脂乳液为成膜物质，以水为分散介质，加入颜料、体质颜料、助剂经分散、研磨后制成的产品。根据所用合成树脂乳液的不同，常用合成树脂乳液内墙涂料主要有乙烯-醋酸乙烯酯共聚乳胶漆、醋酸乙烯-丙烯酸乳胶漆、苯乙烯-丙烯酸乳胶漆、醋酸乙烯-叔碳酸乙烯酯共聚乳胶漆和纯丙烯酸乳胶漆等品种。

木器涂料主要用于木质材料及木制品表面的保护和装饰，是目前室内装饰装修常用材料之一，用于涂刷家具、门窗、地板、护墙板和日常生活用木器等。目前市场上销售的大多数木器涂料属于溶剂型涂料，由硝基纤维素、醇酸树脂、聚氨酯树脂等为主要成膜物质，加入颜料、体质颜料、催干剂及有机溶剂等原料配制而成。常用的溶剂型木器涂料有聚氨酯漆、硝基漆、醇酸漆。

涂料之所以成为室内空气污染源，主要原因在于传统的溶剂型涂料配方中含有大量的有机溶剂（一般在 50% 以上），如苯、甲苯、二甲苯、乙醇、丁醇、乙酸乙酯、乙酸丁酯、丙酮、甲乙酮、环己酮、溶剂汽油等。这些溶剂原则上不构成涂料，也不应留在涂料中，其作用是将涂料的成膜物质溶解分散为液体，使之易于涂抹。在涂料施工过程及施工后的一段时期内，这些挥发性有机化合物全部挥发到空气中，造成室内空气污染。另外，涂料中游离的合成树脂单体以及涂料配方中用量很少，但能显著改善涂料或涂膜的某一特定方向性能的各类助剂也会在涂料涂装过程及涂装后的一段时间内挥发释放至空气中，对室内人群的健康造成危害。常用溶剂的相对挥发速率如表 3.8 所示。

表 3.8　常用溶剂的挥发速率（25℃）

溶剂	沸点/℃	挥发速率	溶剂	沸点/℃	挥发速率
丙酮	56	944	乙酸丁酯	125	100
甲乙酮	80	572	二甲苯	138～144	73
乙酸乙酯	77	480	丁醇	118	36
乙醇	79	253	环己酮	157	25
甲苯	111	214			

注：挥发速率指以乙酸乙酯挥发速率为 100 的相对挥发速率。

2. 涂料释放挥发性有机物控制

从源头上控制涂料污染的措施主要包括发展和应用绿色涂料、改进生产工艺和合理使用助剂等。

1）发展和应用绿色涂料

绿色涂料是指节能、低污染的水性涂料、粉末涂料、高固体含量涂料（低溶剂涂料）和光固化涂料等。20 世纪 70 年代以前，几乎所有的涂料都是溶剂型的；70 年代以后，由于溶剂价格昂贵以及挥发性有机物排放控制要求高，低含量有机溶剂和不含有机溶剂涂料得到较快发展。例如，水性涂料是以水代替有机物作为涂料溶剂，不仅降低了涂料的成本，也大大降低了挥发性有机化合物的释放量，因此它在绿色涂料领域占有举足轻重的地位。常见的水性涂料主要包括丙烯酸树脂型、水性聚氨酯型、环氧树脂型、无机水性涂料、有机硅水性涂料等。

2）改进生产工艺

就生产工艺而言，可降低涂料有害物质（主要是 VOCs）散发的措施包括涂料树脂水性化、改进聚合工艺和合理选择涂料助剂等。涂料树脂水性化是指在分子链上引入相当数量的阳离子或阴离子基团，使之具有水溶性或增溶分散性；或在分子链中引入一定数量的强亲水基团（如羧基、羟基、氨基、酰胺基等），通过自乳化分散于水中；或外加乳化剂乳液聚合或树脂强制乳化形成水分散乳液。根据水性化途径的差异，又可将水性涂料分为水溶性、胶束分散型和乳液三种。

乳液中残余的合成树脂单体和用于改善成膜性能的成膜助剂（Texanol、醇醚、溶剂汽油、苯甲醇等溶剂）是水性涂料 VOCs 的主要来源之一。改进聚合工艺是指在不影响涂料性能的情况下不用或少用成膜助剂以及通过调整聚合工艺参数来提高单体的转化率，使残余单体量降到最低值甚至趋于 0，从而减少水性涂料 VOCs 释放。在不添加助剂的情况下要保证涂料仍具有良好的综合性能，要求在乳液合成时就能够改善一些具体性能，如使乳液具有高玻璃化转变温度（T_g）来提高涂膜的硬度、耐擦洗性和耐玷污性，并考虑降低乳液的最低成膜温度（MFT）使涂料在无需成膜助剂时具有较好的低温成膜性能等。

3）合理选择涂料助剂

添加到水性涂料的各种助剂（分散剂、消泡剂、增稠剂、防霉杀菌剂和防冻剂等）也是 VOCs 的主要来源。选择与水性涂料相配伍的助剂，不仅能大幅度提高涂料和涂膜的质量，也是控制 VOCs 散发的一个关键。常用的分散剂为聚羧酸盐。该类分散剂对无机盐填料有很好的分散性且完全不含 VOCs，特别适用于水性涂料，其用量为涂料的 0.5%～1.0%（质量分数）。常用的消泡剂有矿物油类（如石蜡、脂肪酸酯、金属皂等）、有机硅类（聚二甲基硅氧烷或聚醚改性聚二甲基硅氧烷）和不含有机硅的聚合物类（如聚醚型聚合物）三大类。为了降低涂料中 VOCs 的含量，应尽量避免选用矿物油类的消泡剂。常用的增稠剂包括碱溶胀型和疏水改性碱溶胀型，这两类增稠剂基本上不含有机溶剂，其中后者具有较好的流平性和施工性。常用的防霉杀菌剂主要有有机、无机和复合型三大类。普通的乳胶漆大多采用有机防霉杀菌剂，它有效期较短，有一定的毒性，会带来一定的 VOCs 释放，主要用于罐内防腐。与之相比，无机抗菌剂抗菌谱广、抗菌期长、毒性低、不产生耐药性、耐热性好、无 VOCs 释放问题，目前也开始在涂料中应用。考虑到罐内防腐问题，可与少量有机防霉杀菌剂协同使用，但不应选用对人体有明显伤害的含甲醛的品种。常用的防冻剂是乙二醇，乙二醇本身不会对生物体产生作用，但经动物肝脏分解以后对生物体产生剧毒，危害不容忽视。为了减少防冻剂对生物体的毒害，一方面可采用毒性很小的丙二醇代替乙二醇做防冻剂；另一方面，利用保护性助剂（如低分子量的纤维素或乳化剂）提高乳液的抗冻能力，可以减少体系对防冻剂的需求。

3.2.6　胶黏剂释放挥发性有机物及其控制

1. 胶黏剂释放挥发性有机物

能将两种或两种以上同质或异质的制件（或材料）连接在一起，固化后具有足够强度的有机或无机的、天然或合成的一类物质，统称为胶黏剂或黏合剂，习惯上简称为胶。采用胶黏剂将各种材料或部件连接起来的技术称为胶接技术。胶接具有应力分布连续、质量小、密封、多数工艺温度低等特点，特别适用于不同材质、不同厚度、超薄规格和复杂构件的连接。

前述人造板胶黏剂作为生产原料，已固化于人造板内。这里的胶黏剂是指在建筑装饰装修过程中用于板材黏结，墙面预处理，壁纸粘贴，陶瓷墙地砖、各种地板、地毯铺设黏结等用途的黏结剂。按照其所用溶剂和外观形态不同主要分为溶剂型、水基型和本体型三大类；其中溶剂型胶黏剂主要有氯丁橡胶胶黏剂、苯乙烯系嵌段共聚物（SBS）胶黏剂、聚氨酯类胶黏剂等；水基型胶黏剂主要有缩甲醛类胶黏剂、聚乙酸乙烯酯胶黏剂（白乳胶）、水性聚氨酯类胶黏剂等。

由胶黏剂造成的室内空气污染问题主要是在使用过程中，胶黏剂中含有的部分有毒有害物质（主要是挥发性有机化合物）会释放至室内空气中，如缩甲醛类胶黏剂中游离的甲醛、聚氨酯类胶黏剂中游离的甲苯二异氰酸酯、溶剂型胶黏剂中含有的有机溶剂（如苯、甲苯、二甲苯等苯类溶剂，二氯甲烷、二氯乙烷、三氯乙烷、三氯乙烯等氯化溶剂）等。

2. 胶黏剂释放挥发性有机物控制

前述改进人造板胶黏剂控制甲醛释放的方法，也同样适用于释放甲醛类胶黏剂的释放控制。除此之外，控制胶黏剂释放污染物的方法还包括使用热熔型和水基胶黏剂。热熔胶黏剂是一种在室温下呈固态，加热到一定温度后即融化为液态流体的热塑性胶黏剂。在融化时，将其涂敷于物体表面，合拢冷却至室温，即将被黏结物连接在一起，具有一定的胶结强度，使用过程中无溶剂挥发，不会给环境带来污染。目前乙烯-醋酸乙烯酯共聚物（EVA）类、聚酰胺类、聚酯类、SBS和聚氨酯类等主要品种基本都实现规模生产。水基胶黏剂具有无溶剂释放、环境友好、无毒、不可燃、使用安全、成本低等优点；其固含量可高达 50%～60%；分子量大，很小的上胶量就可以达到相当高的复合强度。

近年来胶黏剂在产量增长的同时，产品质量也在不断提高，品种增多，一些技术含量高、性能较好的胶黏剂不断涌现，如抗寒耐水性好的乳胶、耐擦洗、耐污染和耐水性好的有机改性丙烯酸建筑用乳液等。目前，除常用的丙烯酸、聚醋酸乙烯和 EVA 乳液外，聚氨酯乳液也已成功开发并得到应用。

3.2.7　地毯释放污染物及其控制

1. 地毯释放污染物

地毯是以棉、麻、毛、丝、草等天然纤维或化学合成纤维为原料，经手工或机械工艺进行编结或纺织而成的地面铺敷物。根据原料组成，地毯可以分为纯毛地毯、混纺地毯、化纤地毯和塑料地毯四大类。传统地毯以动物毛为原材料，手工编制而成。目前广泛使用化学纤维原料编制地毯，这类化学纤维大多为高分子有机纤维，如聚酰胺纤维（锦纶）、聚酯纤维（涤纶）、聚丙烯纤维（丙纶）、聚丙烯腈纤维（腈纶）以及黏胶纤维等。

地毯在纺丝、印染、毯背涂胶等后处理制造工序中，所使用的染料、胶乳、处理剂、添加剂等都不可避免地在产品中存留一些有害物质，如甲醛、苯乙烯、4-苯基环己烯、丁基羟基甲苯、2-乙基己醇等，释放出来会污染室内空气，危害人体健康。纯羊毛地毯的细毛绒是一种致敏源，使用过程中脱落的细毛绒进入室内空气中，与人体皮肤及呼吸道接触，可引起皮肤过敏，甚至引起哮喘。地毯的另外一种危害是其吸附能力很强，能吸附许多有害气体（如甲醛）、灰尘以及病原微生物，尤其纯毛地毯是尘螨的理想滋生和隐藏场所。微小节肢昆虫蜱螨，常在地毯表面或接近地面的空间里活动，通过蚕食人皮肤上的微型鳞状物来生存与繁殖；其在咬人的同时又释放出一定量的毒素使人体过敏；其排泄物也是一种较强的致敏源。喜欢在地毯上玩耍的儿童，往往比成人更易受到伤害。

2. 地毯释放污染物控制

从地毯的危害可知，选择含有害物质尽可能少的地毯产品以及保证地毯的及时清洁是从源头上控制地毯污染最重要的措施。此外，随着新科技的开发和应用，健康、环保的新型地毯将是未来的发展方向。

地毯产品主要包括地毯、地毯衬垫和地毯胶黏剂。为控制地毯产品对室内空气造成的污染，国家颁布了《室内装饰装修材料　地毯、地毯衬垫及地毯胶粘剂有害物质释放限量》标准（GB 18587—2001），对生产或销售的地毯产品中的有害物质的释放限量制定了强制性的标准规定。消费者在选购地毯产品时应注意选择有害物质释放限量合格的产品或环保型产品。

吸尘是地毯清洁最基本的工作，吸尘最好在每个部位吸两遍，第一遍逆地毯绒头而吸，虽用力大但可有效地清除表面和深藏毯内的灰尘；第二遍顺地毯绒头而吸，可使地毯恢复原有的绒头导向。吸尘设备还可用于清除地毯上落下的绒毛、纸屑等质量轻的物质。定期将纯毛地毯放在日光下晾晒，可以有效地杀灭地毯上的螨虫。此外，每半年到一年应将地毯送到专业清洗公司进行彻底的清洗。

自洁型地毯是指利用具有自洁功能的新型纤维编织的地毯。例如，丙烯酸纤维的表面存在着大量直径为几十纳米的孔穴，能够以物理方式有效地吸附异味（氨、硫化氢、三甲胺、硫醇等）、细菌以及有机污物（如烟碱）等污染物。也有研究认为，在光照的情况下，掺入地毯纤维的 TiO_2 可促进污染物的分解。

3.2.8　壁纸释放污染物及其控制

1. 壁纸释放污染物

装饰壁纸是目前国内外使用最为广泛的墙面装饰材料。制造壁纸的材料很多，大体上可分为纸类、纺织物类、玻璃纤维类以及塑料类四大类。目前，国内市场上的壁纸基本上是以纸为基材的，有的在其生产过程中加入助剂，以提高其使用性能；有的则在纸基上进行二次加工，如在纸基上涂覆聚氯乙烯等。

壁纸在美化居住环境的同时也对居室内的空气质量造成不良影响，包括壁纸本身的有害物质造成的影响以及施工时使用的胶黏剂和基层用界面处理剂造成的室内环境污染两方面。由于壁纸的成分不同，其影响也不同。天然纺织物壁纸尤其是羊毛壁纸中的织物碎片是一种致敏源，可导致人体过敏。有些化纤纺织物壁纸可释放出甲醛等有害气体，污染室内空气。塑料壁纸由于其中含有未被聚合的单体以及塑料的老化分解等，在使用过程中可向室内释放大量有机污染物，如甲醛、氯乙烯单体等，严重污染室内空气。此外，壁纸在生产加工过程中由于原材料、工艺配方等原因而可能残留钡、铬、铅、汞等重金属，其可溶性将对人体皮肤、神经、内脏造成危害，尤其是对儿童身体和智力发育有较大影响。

壁纸胶黏剂在生产过程中为了使产品有好的浸透力，通常采用了大量的挥发性有机溶剂，因此在施工固化期中有可能释放出甲醛、苯、甲苯、二甲苯等有害物质。另外，为保证壁纸的美观平整，铺贴壁纸前需要对预铺设壁纸的墙面进行清理、打磨、刮平腻子和油漆粉刷等处理。由使用的处理剂（如聚酯油漆）中有害物质造成的室内环境污染问题也不容忽视。有的装饰公司为了降低成本，采用低档清漆，加入大量的稀释剂进行墙面涂刷，严重污染室内空气。

2. 壁纸释放污染物控制

选择含有害物质尽可能少的壁纸、壁纸胶黏剂以及基层用界面处理剂是从源头上预防和控制壁纸污染最有效的措施。此外，由于壁纸的磨损会导致壁纸中的有害物质直接暴露于空气中，同时，由壁纸原材料产生的粉尘增多，因此壁纸的养护对于保证壁纸装饰之后的室内空气质量也具有十分重要的意义。

强制性国家标准《室内装饰装修材料 壁纸中有害物质限量》（GB 18585—2001）中对壁纸中钡、镉、铬、铅、砷、汞、硒、锑、氯乙烯单体、甲醛等 10 种有害物质做出了限量要求。国家生态环境标准《环境标志产品技术要求 壁纸》（HJ 2502—2010）中对壁纸类环境标志产品可溶性重金属钡和挥发性有机化合物的含量也有明确的限制要求。另外，壁纸施工过程中使用的胶黏剂和基层用界面处理剂应分别符合《室内装饰装修材料 胶粘剂中有害物质限量》（GB 18583—2008）和《建筑用墙面涂料中有害物质限量》（GB 18582—2020）的要求，在保证使用性能的前提下尽量选用有害物质含量较低的水基型产品。

3.2.9　隔热保温材料释放污染物及其控制

隔热保温材料属于建筑专用材料，建筑节能是近年来世界建筑业发展的基本趋势，建筑节能的措施很多，其中非常重要的一点是在建筑房屋的时候使用保温隔热材料，即利用建筑围护结构保温材料（主要有屋面、墙面保温材料及节能门窗等），减少建筑物室内外之间不受控制的热量交换。目前国内外广泛使用的建筑保温材料可分为有机保温材料和无机保温材料两大类。相应地，既释放挥发性有机物，也释放无机污染物。

1. 隔热保温材料释放污染物

以泡沫塑料类如聚苯乙烯、聚氨酯、聚氯乙烯、聚乙烯以及酚醛、脲醛泡沫塑料等为代表的有机保温材料因其质轻、致密性高、保温隔热性好等特点，在建筑节能领域占据了绝对的主导地位。其中，聚苯乙烯保温板［简称聚苯板，分为模塑聚苯板（EPS 板）和挤塑聚苯板（XPS 板）两类］是目前我国使用最多的建筑保温材料，其中又以 EPS 板最为普遍。耐久性和防火阻燃性差是有机类保温材料的致命弱点。泡沫塑料类保温材料是以各种树脂为基本原料，加入一定量的发泡剂、催化剂、稳定剂等辅助材料，经加热发泡而制成的。其制品按形式可分为保温板材和保温料浆，可用于建筑围护结构的保温隔热。泡沫塑料类保温材料作为室内空气污染源，主要原因在于泡沫塑料在合成过程中的一些未被聚合的游离单体或某些成分，在使用过程中会逐渐逸散到空气中。另外，随着使用时间的延长或遇到高温时，泡沫塑料会发生分解，产生许多气态的有机污染物，如甲醛、苯乙烯、氯乙烯、苯、甲苯、甲苯二异氰酸酯（TDI）等。例如，有研究发现，聚氯乙烯泡沫塑料在使用过程中能挥发出 150 多种有机物。这些有机物若向室内散发，便会造成室内空气污染。

无机保温材料主要包括石棉、玻璃棉、岩棉和矿渣棉等。其中，石棉是一种天然矿物纤维材料，玻璃棉、岩棉和矿渣棉统称为矿物棉，属于人造矿物纤维类材料。依其矿物成分和化学组成不同，可分为蛇纹石石棉和角闪石石棉两类。蛇纹石石棉又称温石棉，是石棉中产量最多、用途最广的一种。角闪石石棉包括青石棉（也称蓝石棉或紫石棉）、铁石棉、直闪石石棉、透闪石石棉和阳起石石棉，产量比蛇纹石石棉少。石棉具有高度耐火性、电绝缘性和绝热性，是重要的防火、绝缘和保温材料。石棉制品可用于建筑物天花板处的保温隔热，也可用于管路绝热。矿物棉（玻璃棉、岩棉和矿渣棉）是由熔融玻璃、岩石、矿渣（工业废渣）经喷吹或离心制成的棉状纤维材料，纤维直径一般在 2～9μm，是一种含多种成分的定型硅酸盐。矿物棉经过黏结等加工处理可以制成矿棉板、毡、管壳等制品，可用于建筑物的墙壁、屋顶、天花板等处以及设备管道的保温隔热。

石棉含有可致癌的有害物质，特别是角闪石石棉。温石棉的危害主要起因于它是由一种非常细小质脆的肉眼几乎看不见的可吸入性纤维组成。当这些细小的纤维被吸入人体时，就会附着并沉积在肺部，导致石棉肺、胸膜和腹膜的间皮瘤等疾病，严重时可能引起肺癌。这些疾病往往有很长的潜伏期，如肺癌潜伏期一般为 15～20 年，间皮瘤潜伏期长达 20～40 年。石棉已被 IARC 肯定为致癌物。

2. 有机类隔热保温材料释放污染物控制

以无机保温材料替代目前广泛使用的发泡塑料类保温材料是从根本上消除有

机污染物来源的措施。鉴于目前无机保温材料尚存在保温隔热性能较差等缺点，研究开发新型无机保温材料，提高现有无机材料的保温性能，是全面推广使用无机保温材料的关键。目前，可满足节能要求、技术比较成熟的新型无机保温系统有无机纤维喷涂保温系统、硫铝酸盐多孔保温板外墙外保温系统等，已在部分地区推广应用。另外，保证保温结构的内墙面完全密封可以有效防止发泡塑料类材料释放的有机污染物向室内空间扩散。

3. 无机类隔热保温材料释放污染物控制

基于石棉对人体健康的严重危害，20 世纪 80 年代起包括美国、大部分欧洲国家、日本、澳大利亚等在内的许多国家纷纷出台了禁止或限制生产、使用石棉制品的法规。中国也已在 2002 年淘汰角闪石石棉，但允许安全合理地生产和使用温石棉。另外，矿物棉作为石棉的替代品，由于其良好的绝热性，且对健康的影响相对较小，在建筑物保温隔热领域的应用越来越广泛。但对这类纤维性物质的健康效应仍在研究和进一步认识之中。有研究表明，矿物棉粉尘对人和动物具有一定的生物学损害作用，其生物学活性及病理作用虽不及石棉，但作为石棉替代品的大量使用，其危害不容忽视。理论上，安全合理地使用矿物棉保温材料，避免矿物棉纤维进入居住空间是最重要的减少矿物棉暴露、防治其危害的措施。使用矿物棉时应按下述顺序采取防护措施：①采用无害或危害最小的产品或技术。在选择保温材料时应了解其已知的及潜在的健康影响和危害程度，选择在安装、使用、维护和拆除作业中符合国家规定的职业接触限值要求的保温材料。如果有更好的替代技术，应尽量避免或减少采用喷涂法使用矿物棉。②采用工艺隔离及工程控制措施，控制危害源。使用产生纤维和粉尘最少的工具。例如，用刀切割比用锯产生的纤维粉尘量要少。如果使用电动工具切割矿物棉，则应配备适当的粉尘收集系统，并尽可能配以有效粉尘过滤器。③采用技术措施如局部或全面排风除尘，使危害降低到最小。另外，产生纤维和粉尘的固定操作点应配备局部排风除尘装置，装置应尽量靠近尘源；尘源为非固定时，尽可能配备移动式局部排风除尘装置；局部排风除尘装置应有有效粉尘过滤、除尘装置，排出的粉尘或纤维应捕集在密闭容器中，一般不应使空气回流至工作场所。④使用适当的个人防护用品。在进行矿物棉保温材料的拆除和维护工作时，使用适当的个人防护用品非常重要。但是，个人防护用品不能代替工程和技术防护措施，只是作为补充防护措施，或在应急情况下使用。

3.3　人体和室内活动释放污染物及其控制

人体新陈代谢和卫生习惯、室内能源利用和抽烟，以及化妆品、杀虫剂等生活用品和电脑、打印机、复印机等现代办公用品的使用都会释放空气污染物，控制这些污染物的释放也是保障室内空气质量的主要措施。

3.3.1 人体释放污染物及其控制

1. 人体释放污染物

人体释放空气污染物主要表现为两种方式，一是新陈代谢过程，二是欠卫生的生活习惯。首先，人体代谢过程是人体与周围环境不断进行物质和能量交换的生理-生化过程。在这个过程中，机体产生各种代谢产物，并通过呼气、大小便和皮肤排出人体。随后，微生物又分解尿、大便、汗液和皮脂分泌物中的有机成分，并产生二次污染物。现代科学研究表明，人体在新陈代谢过程中，已检测出通过各种形式排出体外的废物多达上千种，其中化学废物有 500 余种，既有 CO、H_2S 和 NH_3 之类还原性无机物，更有几乎涉及所有类型的有机物。这些废物中不乏有毒有害物质，有些甚至具有致癌作用。呼吸道传染病患者、带菌者还会通过吐痰、咳嗽、打喷嚏等方式，向室内空气中散发细菌、病毒等病原体，如流感病毒、SARS病毒、中东呼吸综合征冠状病毒（MERS-CoV）、新型冠状病毒、结核杆菌、链球菌等。表 3.9 给出了人体新陈代谢过程部分污染物的释放量。可见，除 CO_2 和 CH_4 之外，还有醇类化合物、醛类化合物、有机酸化合物、有机氮化合物、硫醇和硫化物、酮类化合物、无机化合物等。

表 3.9　人体代谢活动的污染物释放量　　　[单位：mg/(d·人)]

	化合物名称	释放量		化合物名称	释放量
醇类化合物	甲醇（甲基醇）	1.42	有机酸化合物	2-含氧丙酸（丙酮酸）	208.30
	乙醇（乙基醇）	4.00		正戊酸	0.83
	2-甲基 1-丙醇（异丁醇）	1.20		辛酸	9.17
	1-丁醇（正丁基醇）	1.33	有机氮化合物	1-苯并吡咯（吲哚）	25.00
醛类化合物	乙醛	0.08		3-甲基吲哚（臭粪素）	25.00
	戊醛	0.83	无机化合物	氢	50.00
醇和硫化物	甲硫醇（甲基硫醇）	0.83		氨	250.00
	乙硫醇（乙基硫醇）	0.83		一氧化碳	33.30
	1-硫代醛（正丙基硫醇）	0.83		二氧化碳	8.8×10^5
			酮类化合物	丙酮	0.13

呼气是人体污染物的主要释放途径，而且其种类和浓度差异性较大，总体来说，浓度分布符合正态分布。表 3.10 给出了从多名健康成年人呼气中测得的主要有害挥发成分及其浓度。

表 3.10　不同健康成年人呼气中主要挥发成分及其浓度　（单位：μg/L）

成分	浓度	成分	浓度
丙酮	1.23，0.38，0.35，0.26，0.28，0.12	苯	0.074，0.004，0.004
甲醇	1.37，0.50，0.19	异戊间二烯	0.64，0.24，0.23，0.03
乙醇	0.86，0.29，0.24，0.04，0.007	一氧化碳	38，16，18.2，5.5，11
乙醛	0.087，0.015，0.0055	氨	0.011
甲苯	0.018，0.0095，0.006		

　　运动强度对呼气释放污染量也产生显著影响，对 20 名受试对象进行的测试表明[①]，在不同运动强度状态下释放的主要污染物及其浓度水平如表 3.11 所示。

表 3.11　人体呼气中检测出的主要污染物及其平均浓度[单位：mg/(人·d)]

污染物名称	平均浓度		
	安静	轻度运动	中度运动
2,3-二羟基丙酸	0.22	0.25	0.23
乙醇	0.14	0.16	0.26
硝基吡啶	0.19	0.23	0.39
甲醇	0.68	0.83	1.27
1,3-戊二烯	1.99	2.86	3.06
丙酮	3.83	5.87	10.70
硫化氢	0.17	0.14	0.28
氨	1.68	2.77	5.60
二氧化碳	18.21	22.03	37.97
氢气	20.17	24.41	50.49
甲烷	37.99	55.16	95.08

　　表 3.12 给出了新鲜尿液的主要挥发成分及其浓度。尿中不仅含有氨、胺和有机酸等有毒有害物质，还含有各种细菌及其营养物，在陈旧的尿液中，这些细菌能分解尿中的有机物和无机物，从而产生新的化学成分，包括氮氧化物、硫化氢、硫醇和二氧化硫等，并随着尿液储存时间的增长，其浓度也增加。

表 3.12　新鲜尿液主要挥发成分及其含量　（单位：mg/100mL）

成分	含量	成分	含量
氨和脂肪酸	0.012	有机酸	痕量
酚类	0.024	一氧化碳	0.055
硫醇和硫化氢	痕量	烃	0.033
酮类	0.010		

① 郭莉华，徐国鑫，何新星. 密闭环境中人体代谢微量污染物的释放行为研究[J]. 载人航天，2013，19（01）：71-76.

大便的特殊臭味和有毒气体成分与饮食的质和量、肠道功能、肠道细菌有关，表 3.13 给出了新鲜大便的主要挥发物。陈旧大便因细菌的分解作用，挥发物的浓度明显提高。

表 3.13　新鲜大便主要成分及其含量　　（单位：mg/100mL）

成分	含量	成分	含量
氨和脂肪胺	0.019	有机酸	0.259
硫醇和硫化氢	痕量	氮氧化物	0.061
酚	0.009	烃	0.802
吲哚和粪臭素	痕量	一氧化碳	0.122

皮肤是人体面积最大的器官，一个成年人全身皮肤的总面积可达 $1.5\sim2.0m^2$。皮肤作为人体器官之最，散发的污染物数量也最多。皮肤除直接呼出污染物之外，皮肤表面的细菌还会分解汗腺和皮脂腺分泌物，产生新的化学物质，包括挥发性有机酸、二氧化碳、氨、丙酮、乙醛、硫醇、硫化氢、含氮化合物、甲烷和氢等。其中，汗液的特殊气味主要源于有机酸。此外，头皮屑、皮脂腺分泌物和毛发大多散落于室内，也是室内空气的主要污染物。研究人员曾对室内尘埃进行了测定，发现尘埃中 90%的成分竟是人体皮肤脱落的细胞。这是由于人体皮肤表层每 27天左右就更新一次，人的一生中大约有 18kg 左右的皮肤以碎屑的形式脱落下来，某些年龄阶段的人体一年内就将脱落 0.68kg 的皮肤碎屑。

导致室内空气污染的不卫生生活习惯包罗万象。其中，室内随地吐痰和大小便是最严重、最不能容忍的习惯。除此之外，长时间不洗澡、不洗净或不清理衣物、被褥等织物上的脏物，以及室内放置马桶和夜壶、人禽和人畜共处等也是室内空气污染的主要成因。

2. 人体释放污染物控制

保持良好的生活与卫生习惯，可以减少人体新陈代谢活动排出的污染物量。例如，控制萝卜、豆芽之类易致排气的食物和大蒜、韭菜、韭黄和洋葱之类气味较浓的调料都可以在一定程度上减轻人体新陈代谢活动排放的污染物和人体不适气味，因而成为潜艇特种食物选择原则；勤洗澡可以及时将人体表面的各种污垢清除至下水道，防止这些污垢脱落成为室内空气中的悬浮颗粒物；勤洗衣物和被褥可及时清除代谢废物，减少其向室内空气中散发。此外，杜绝随地吐痰、大小便之类极端不卫生行为，及时治愈呼吸道疾病、消化道疾病、皮肤疾病以及其他传染病等，必要时采取隔离治疗措施等，更是防止室内空气污染以及防止病原体进入室内环境后危害其他人员健康的最基本要求。

3.3.2　燃烧相关活动释放污染物及其控制

1. 燃料燃烧产生污染物与控制

1）燃料燃烧产生的污染物

燃料本身含有可氧化或不完全氧化生成的污染物以及因高温过程形成的热力型 NO_x 之类污染物。处于发展中的农村地区因为采用煤、薪材、秸秆和稻草等固体燃料做饭（在气温偏低的地区也包括采暖），而且缺乏排风设施，所以燃料燃烧是室内空气污染的主要原因之一。固体燃料燃烧会产生烟尘、NO_x、SO_2、CO、各类碳氢化合物（包括多环芳烃类物质）和重金属等，其产生量远远高于液体和气体燃料。燃用固体燃料往往与燃料效率低、燃烧不完全、通风条件差相伴，带来的室内空气污染更严重，尤其是还会形成一些多环芳烃及杂环化合物，如萘、芘、苯并[a]芘、苯并[k]荧蒽等。在我国云南宣威农村地区进行的研究表明，烟煤燃烧排放的以苯并[a]芘为代表的多环芳烃类物质是导致该地区肺癌高发的主要原因。对山西农村地区室内污染进行调查表明，居民室内燃煤污染物冬季显著高于夏季，厨房显著高于卧室，超标污染物主要包括 CO、SO_2、苯并[a]芘。其中，厨房和卧室苯并[a]芘平均浓度分别为 $15.0ng/m^3$ 和 $11.84ng/m^3$，超标率为 97.9% 和 93.8%，最高超标倍数高达 557.7 倍和 153.5 倍，由此引发当地居民严重的健康问题。在甘肃陇东地区进行的肺癌病例-对照流行病学研究表明，该地区大部分人使用煤和未经处理的生物燃料取暖和做饭，而且居住的环境大多为窑洞，通风换气效果不佳，由于吸入大量的污染气体，引发大量的肺癌病例。

2）燃料燃烧产生污染物控制

源头控制燃料燃烧污染物的主要措施是优化能源结构，改进炉灶与燃烧方式。对于北方采暖地区，还包括改进采暖方式等。

（1）优化能源结构。燃料升级替代是控制农村室内空气污染的根本途径。条件允许的地区，优先使用电和管道燃气；经济和布管条件受限的地区，应尽可能使用罐装液化石油气等液体燃料。由于管道燃气和液体燃料的能源利用效率高，对于仅需烧水做饭，不需采暖和饲养牲口的家庭，其经济性与煤差异较小，应优先考虑。另外，还应鼓励因地制宜、合理开发、积极利用地热能、太阳能之类可再生、易实施的分布式能源。

对于生物质和畜禽养殖相对集中的地区，可考虑沼气替代煤和生物质，通过发展"猪-沼-果""猪-沼-鱼""猪-沼-菜""猪-沼-稻"等生态农业，充分利用生物质原料生产沼气的技术来代替传统的直接燃烧利用方式。我国在此方面已积累丰富的经验，形成沼气池的建造与"改厨房、改厕所、改猪圈"相结合，收集厨房和厕所的废水以用禽畜粪便等产生沼气，用于炊事和照明的炉子。另外，沼渣具有无害、肥效高等优点，是农作物和果树等的极好的肥料；沼液也是一种很好的饲料，可用于养猪、养鱼等，综合利用价值很高。

在没有条件使用清洁燃料的地方，提倡使用改良燃料，如固硫固氟煤和固砷煤等。示范研究表明，燃煤固氟固硫在相对落后地区行之有效，技术简单、成本低廉。如中国科学院在陕西、贵州等地的推广示范，从试验抽检到最后的综合评价，证明以钙基吸收剂为基料，加入铝硅系黏土矿物添加剂，燃烧时可以形成稳定的固氟生成物残存于灰分之中，从而显著降低室内的氟、硫和粉尘水平。

（2）改进炉灶。改进炉灶是指将旧式炉灶改造为新型节煤、省柴炉灶，既可提高能源利用效率，也可降低大气污染物排放。21世纪初期，由世界银行资助在我国西部贵州、陕西、甘肃和内蒙古开展了"中国农村相对落后地区室内空气污染干预"研究，项目中包括"农村相对落后地区改良炉灶降低室内空气污染的效果评价"的子项目。该子项目选择中国4个省（自治区）的相对落后农村地区实施项目，分别为贵州省贵定县和陕西省安康市实施燃煤炉灶改良，甘肃省徽县和内蒙古自治区和林格尔县实施燃柴炉灶改良。根据项目地区不同燃料、生活习惯以及房屋结构情况，确定燃煤炉灶的改良方式为贵定县老式"北京炉"改为回风炉，安康市旧煤灶和地炉改为带有烟囱的新灶和新型地炉；徽县燃柴炉灶的改良方式为徽县旧柴灶改为柴煤两用灶，火炕改为吸风炕；和林格尔县灶连炕改为灶炕分室。示范研究表明，炉灶改造后，各项目地区的室内空气污染物浓度均有较大幅度降低，贵州、陕西、甘肃三省项目地区炉灶改造前后室内空气污染中，PM_{10}浓度的降低幅度最大，三省平均降低了93%左右，CO和SO_2的平均浓度分别降低了79%和68%左右，此外，在云南省宣威地区也进行了类似研究，结果表明，实施改炉改灶在肺癌预防与控制工作中起到了重要作用。

（3）有效推进北方地区清洁取暖。一方面要从实际出发，尽可能使用电、气、地热和太阳能等清洁能源替代煤和秸秆等固体取暖，利用集中供热替代分散取暖，减少污染物产生量，提高热利用效率。另一方面，冬季建筑物密封通常更严，因此要采取有效措施防止取暖燃料燃烧过程产生的大气污染物进入室内环境。

2. 烹饪产生污染物与控制

1）烹饪产生的污染物

我国的烹调方式以炒、油炸、煎、蒸和煮为主，即使采用电之类清洁能源烹饪，也会因为食用油和食物在高温条件下发生一系列变化，而产生含有多种有害化合物的气态和气溶胶状态共存的油烟类污染物。据测算，2015 年我国城镇烹饪产生的气溶胶态油烟 24.46 万 t，气态非甲烷总烃 47.77 万 t。当采用非清洁燃料烹饪时，油烟通常还会和燃烧烟气混合在一起。油烟污染物成分复杂，已测出的组分包括烷烃、烯烃、芳香烃、卤代烃、含氧 VOCs、含硫 VOCs 等 220 多种。其中多数有毒，部分物质如多环芳烃、杂环胺类化合物、苯系物、巴豆醛、2-甲基丙烯醛等具有致癌作用，而油脂中不饱和脂肪酸的高温氧化和聚合反应产物常具有致突变活性。油烟污染物的具体组分及其浓度水平取决于烹调温度、油的品种、食物种类和烹调方法等因素。

2）烹饪油烟污染物控制

源头控制烹饪油烟污染物产生的主要措施包括：①多样化食物烹饪方式。尽可能提高蒸、煮的占比，降低煎、炸和炒的占比。②精选食用油和改进烹饪习惯。选用精炼植物油作为烹调用油，并控制植物油的加热温度；尽量少用易形成致突变物的油煎、炸、烤等烹调方法。对室内空气质量保障而言，还应尽可能借助局部排风的方式排出烹饪油烟，以防止其污染室内空气。

3. 抽烟释放污染物及其控制

1）抽烟释放污染物

吸烟有害健康，这是众所周知的事实，吸烟可明显增加心血管疾病的发病概率，是人类健康的"头号杀手"。卷烟在燃吸过程中产生烟雾，烟雾成分复杂，有固相和气相之分。经国际癌症研究机构专家小组鉴定，并通过动物致癌实验证明，烟草烟气中的"致癌物"多达 40 多种，烟雾分为主流烟雾和侧流烟雾两部分。主流烟雾是指被吸烟者直接吸入体内的烟雾，仅占烟草烟雾的10%；而侧流烟雾是指烟草燃烧时直接进入环境的烟雾，占烟草烟雾的 90%。无论主流烟雾或侧流烟雾均含有几千种化学成分，以气态（占 90%以上）和气溶胶状态存在，其中有害成分包括一氧化碳、尼古丁等生物碱、胺类、腈类、醇类、酚类、烷烃、烯烃、羰基化合物、氮氧化物、多环芳烃、杂环族化合物、重金属元素、有机农药等，其中的部分物质如苯并芘、苯并蒽，亚硝胺、β-萘胺、钋-210、镉、砷等对人体具有致癌作用，而氰化物、邻甲酚、苯酚等有促癌作用。与主流烟雾相比，侧流烟雾毒性更强。侧流烟雾中一氧化碳、尼古丁、苯并芘和亚硝胺的含量分别为主流烟雾中含量的 5 倍、3 倍、4 倍和50 倍。全部侧流烟雾和吸烟者呼出的部分（约 50%）主流烟雾在环境中混合和扩散，形成环境烟草烟雾。环境烟草烟雾是室内空气重要污染源之一，环境烟草烟雾暴露（或称被动吸烟、吸二手烟）对人体健康的危害已引起社会各界的广泛关注。

卷烟烟雾中对人体健康危害最大的物质是尼古丁、焦油和一氧化碳，其中尼古丁会使人上瘾或产生依赖性；焦油中含有大量的致癌物质，如多环芳烃（3～8 环）、砷、镉、镍等。尼古丁和焦油都以可吸入颗粒物的形式存在。有研究表明，吸烟主要产生粒径在 1.1μm 以下的细颗粒物，这些细颗粒物可长时间飘浮在空气中，极易通过呼吸道进入细支气管和肺泡，严重损害人体健康。据《控烟与中国未来》报告，2005 年中国人群中归因于烟草使用的死亡人数已达 120 万人，其中有 33.8% 在 40～69 岁死去。

2）抽烟释放污染物控制

为减少烟草使用和烟草烟雾暴露，保护当代和后代免受烟草消费和接触烟草烟雾对健康、社会、环境和经济造成的破坏性影响，2003 年 5 月第 56 届世界卫生大会通过了世界卫生组织《烟草控制框架公约》（以下简称《公约》）。它是首个限制烟草的全球性公约，目前已有包括我国在内的 170 多个缔约方，涵盖全球 86% 的人口。按《公约》及其实施准则规定，缔约方在《公约》生效后，须严格遵守《公约》的各项条款：提高烟草的价格和税收，禁止烟草广告，禁止或限制烟草商进行赞助活动，打击烟草走私，禁止向未成年人出售卷烟，在卷烟盒上标明"吸烟危害健康"的警示，并采取措施减少公共场所被动吸烟等。

为进一步推动我国控烟进程，国家《"十二五"规划》提出"全面推行公共场所禁烟"，这是控烟内容首次被纳入国家经济和社会发展的五年规划中。与此同时，卫生部于 2011 年 3 月推出了新版《公共场所卫生管理条例实施细则》，明确将"室内公共场所禁止吸烟"列入公共场所卫生管理条例，为公共场所禁烟执法提供了依据，也为今后我国制定国家层面的烟草控制法案奠定了基础。

另外，自觉养成不吸烟的个人卫生习惯，不仅有益于健康，也是一种高尚公共卫生道德的体现。对于吸烟者而言，戒烟是保护自身和周围人群健康的最佳选择。暂时无法戒烟或无意愿戒烟的吸烟者，在公共场所应遵守禁烟规定，尽量选择在室外开阔处吸烟；在家庭居室等场所则应尽量选择通风较好的区域吸烟，以促使卷烟烟雾向室外扩散，依靠稀释作用减轻其危害。

3.3.3　生活和办公用品释放污染物及其控制

近年来，随着经济发展和人们生活水平的迅速提高，化妆品、杀虫剂和洗涤用品等生活用品及电脑、打印机和打印纸等办公用品等大量进入家庭和办公等室内场所，给人们的生活和工作带来了极大的便利，但也带来一些室内环境污染问题。例如，杀虫气雾剂、化妆品等日用化学品在使用过程中会释放出有机污染物；

电脑、打印机、复印机和传真机等现代化办公设备的广泛使用带来有机化合物、臭氧、粉尘等污染物，也会影响人体健康。

1. 生活用品释放污染物及其控制

1) 杀虫气雾剂释放污染物与控制

杀虫气雾剂是指将卫生杀虫药剂、溶剂、辅助剂密封充装在气雾包装容器内，借助抛射剂的压力喷出的杀虫制品。卫生杀虫气雾剂具有杀灭效果好，便于携带、使用和储存等各种优点而成为居家必备的生活用品。家用卫生杀虫气雾剂主要有油基、醇基和水基三种类型，其主要溶剂分别为煤油、酒精和水。从杀虫感观指标上看，煤油能快速软化飞虫翅膀和外壳，故击倒速度快，通常其为击倒型杀虫气雾剂；酒精雾化效果好，能快速扩散到空间的每个角落，适量喷洒约 3min 后，即可杀死全部飞虫、爬虫，无须对准虫子喷射，通常称其为熏杀型杀虫气雾剂。

随着杀虫气雾剂的迅速发展和广泛使用，由其带来的室内环境污染问题越来越受到人们的重视。目前广泛使用的各种杀虫气雾剂，其有效成分大多由两种或两种以上除虫菊酯（如胺菊酯、氯菊酯、氯氰菊酯等）混合配制而成。国内外环境毒理学家试验证实，这类杀虫成分对人畜神经系统有明显毒性，长期接触会引起神经麻痹、感觉神经异常及头晕头痛等神经症状。另外，当前我国卫生杀虫气雾剂市场上有 90% 以上的产品是油基型，这种产品的特点是杀虫效果好、生产技术简单，但在使用过程中会释放出大量有机污染物，严重污染室内空气。长期接触这些有机污染物会引起过敏性哮喘、过敏性鼻炎和头痛头昏等病症，甚至会产生一定潜在的致癌性。

为减少由杀虫气雾剂带来的室内环境污染，维护人体健康，环境保护部发布了国家环境保护标准《环境标志产品技术要求　杀虫气雾剂》（HJ/T 423—2008）。该标准规定产品中苯系物（苯、甲苯、二甲苯、乙苯）等挥发性有机化合物控制要求。

消费者在选购卫生杀虫气雾剂时，不仅要对产品的杀虫功效进行了解，还应仔细查看产品配方和主要成分含量，购买正规厂家生产的环境标志产品，从根本上控制杀虫气雾剂污染的来源。

另外，正确使用杀虫气雾剂也是防止杀虫气雾剂中有毒有害物质污染室内环境，危害人体健康的关键。首先，要尽量节制使用杀虫气雾剂，可用可不用时不用；在施药之前，必须先把所有食物、水源、碗柜密封，以避免污染食品及厨具等；施药时应做好防护工作，最好能穿上长袖衣服，戴上口罩，尽量减少同杀虫气雾剂接触；施药时应对准害虫直接喷射，或者关闭门窗，向空间各方向随意喷射，使房间内布满药雾，数分钟内可使蚊蝇等飞虫死亡，10min 后打开门窗，充分通风后方可进入室内。此外，由于杀虫气雾剂属于压力包装，因此要避免猛烈撞击以及高温环境；部分产品使用易燃的有机物作溶剂，因此不要将其对着火源喷射，以免发生危险。

随着人们环保意识的不断增强，对环保型卫生杀虫气雾剂产品的需求日益迫切。开发推广低毒、高效、安全的杀虫气雾剂势在必行，具体措施包括采用国际公认环保、安全的天然除虫菊素作为杀虫气雾剂的有效成分，以水代替煤油、酒精溶解杀虫药剂以及使用普通气体作为抛射剂等。

2）化妆品释放污染物与控制

化妆品是指以涂擦、喷洒或者其他类似的方法，散布于人体表面任何部位（皮肤、毛发、指甲、口唇等），以达到清洁、消除不良气味、护肤、美容和修饰目的的日用化学工业产品。按使用目的可分为清洁类化妆品、护肤类化妆品、彩饰类化妆品、美发用化妆品以及特殊用途化妆品等。近30年来，世界化妆品发展迅速，人类使用化妆品越来越普遍，化妆品已从奢侈品发展为生活必需品。但同时，随着化装品种类和数量的增加，加上不合理的运用，化妆品也带来了越来越多的环境卫生问题。

化妆品成分主要包括油脂、表面活性剂（也称乳化剂）、防腐杀菌剂、抗氧化剂、色素、香料等；某些特殊功用的化妆品还必须添加保湿剂、增黏剂、收敛剂、抗氧化助剂、漂白剂和紫外线吸收剂等。化妆品原料大多为人工合成的化学物质，包括挥发性组分（主要是各类有机物），散发到室内空气中会危害人体健康。

尽管减少化妆品使用是从源头控制由其引起的室内污染的有效途径，但是这显然不是普适可行的方法。不过，从控制室内空气污染的角度考虑，减少化妆品中挥发性有毒有害物质的含量，减少不必要的化妆品使用，应该成为化妆品发展的方向和生活习惯。

2. 办公用品释放污染物及其控制

1）办公用品释放的主要污染物

电脑、打印机、复印机和传真机等现代化办公设备在使用过程中散发的污染物主要包括挥发性有机化合物、臭氧和粉尘等。

（1）挥发性有机化合物。挥发性有机化合物主要产生于塑料添加剂散发、黑粉高温熔化分解和墨水有机溶剂挥发。电脑、打印机、复印机和传真机等办公设备中含有大量塑料件，工作过程中由于温度升高，塑料中的添加剂等有毒有害物质会释放至室内空气中，包括不同种类的阻燃剂（如磷酸三苯酯）、增塑剂（如邻苯二甲酸酯）以及脱模剂中含有的多种多环芳烃等。

墨粉主要由颜料或染料等着色剂和热塑性树脂构成。黑色着色剂多数使用炭黑，其中含有的多环芳烃杂质是强致癌物。树脂有着决定墨粉定影温度和极性的作用，常用树脂主要包括聚苯乙烯、苯乙烯-甲基丙烯酸共聚体、丙烯酸树脂等。在定影过程中，墨粉因受热熔化会加速散发或分解释放出多环芳烃、苯乙烯等有害物质，尤其是使用热熔点较低的代用墨粉；定影器频繁卡纸使墨粉的热熔时间延长；调整复印件图像密度以及过多地制作全黑复印件时，墨粉因高温会产生过量的有害气体。双组分显影剂中的载体通常由有磁性的球型铁粒外裹树脂材料构成，因此在定影过程中也会有少量有害的有机气体产生。此外，部分纸张表面的有机涂层在高温下也会释放有机污染物。

喷墨打印墨水通常由溶剂、着色剂、表面活性剂、pH 调节剂、催干剂及其他必要添加剂等成分组成。按溶剂不同分为水性墨水和溶剂型墨水（油性墨水）两大类，其主要溶剂分别为水和酯、酮类有机溶剂。由于水的挥发速度慢且不易被介质吸收，因此水性墨水主要应用于有涂层的各种纤维类（纸、布）介质上。溶剂型墨水不要求介质覆有涂层，且其干燥速度快，能够满足高速打印的要求，因此被广泛地应用于各品牌喷墨打印机中。其主要问题在于使用过程中，有机溶剂会挥发释放出来，污染打印室内的空气。

综上所述，现代化办公设备的使用导致种类繁多的有机污染物混合存在于室内环境中，对人体健康多有不良影响，有些甚至具有致癌作用。

（2）臭氧。打印机、复印机和传真机等设备运行时因放电以及紫外线辐射等作用会产生相当浓度的臭氧，尤其是静电打印机、复印机等充电电位高达几千伏，又是利用率相当高的办公设备，因此臭氧产生量较大。臭氧是一种刺激性气体，具有强氧化作用，浓度达到数百微克每立方米时就会危害人体健康。因此，释放臭氧的办公设备安置在狭小而且通风条件不佳的房间时，必须防止臭氧积累造成危害。

（3）粉尘。电脑显示屏、机箱壳体、散热风扇等部件由于静电作用会吸附大量粉尘，积聚的粉尘由于各种人为或非人为原因散发出来会污染周围的空气。最新研究表明，电脑粉尘中含有苯并[b]荧蒽、苯并[g, h, i]苝、二苯并[a, n]蒽、䓛以及苯并[a]芘等多种多环芳烃。这些多环芳烃主要来自卷烟烟雾和电脑所用塑料材料中的添加剂成分。由电脑粉尘漂浮造成的室内空气中颗粒相多环芳烃浓度可达 2.99ng/m³，对暴露人群构成严重的健康威胁。

在运行打印机、复印机、传真机等设备过程中，高温、高速运动中的墨粉、双组分显影剂中的载体材料以及单组分显影剂中的铁氧粉等将有部分外逸，产生一定量的粉尘。如果采用喷墨打印，喷出的墨汁颗粒非常小，飘浮在空气中也会造成颗粒物污染。有研究表明，在一个封闭式的办公空间内，空气中的微粒浓度在打印机工作时比不工作时高 5 倍。打印或复印时微粒的释放程度与所使用设备和耗材的类型以及新旧等因素有关。在新加了墨粉（墨水），以及打印或复印图表和图像等耗费大量墨粉（墨水）的文件时，更容易散发出粉尘和微粒。另外，显影剂受潮或载体老化，显影剂与感光鼓间隙过大，清洁器回收刮板或清洁辊老化变形，清洁器中废粉板结阻塞，显影器或清洁器密封垫严重磨损，以及排除卡纸时未定影的墨粉溅落和聚积等，在维护时都可能造成周围空气中粉尘含量超过限定值。这些粉尘颗粒粒径极小，被人体吸入时可以有效渗入肺部，轻者引发各种呼吸类炎症，重者可以诱发心血管疾病甚至癌症。

2）办公用品释放污染物控制

办公用品释放污染物的源头控制措施可从合理选择办公设备及耗材、控制连续使用时长和强化设备维护3个方面入手。

（1）合理选择办公设备及耗材。选择污染物释放潜力小、有害物质含量低的办公设备及耗材是从源头上控制办公设备污染的根本措施。为了减少打印机、传真机和多功能一体机在生产、使用和处置过程中对人体健康和环境的影响，促进节能产品的使用，国家环境保护总局曾发布环境保护行业标准《环境标志产品技术要求打印机、传真机和多功能一体机》（HJ/T 302—2018）。该标准主要适用于各种类型的家用及办公用打印机（针式打印机、喷墨打印机、激光打印机等）、标准普通纸传真机（喷墨传真机、激光传真机、热转印传真机等）和多功能一体机（激光式、热转印式、喷墨式）的环境标志产品认证，虽不是强制性的环境保护标准，但对这些产品的生产厂家和广大用户的选购具有很强的导向作用。

打印机等的耗材一般有纸张、墨粉与墨水等。好的纸张，其表面处理使用的涂料多为水性低毒涂料，在相同温度下释放的有机污染物较覆有有机涂层的纸张要少得多；劣质假冒的墨粉（代用粉）多含有多环芳烃及二甲基硝胺等高毒害物质。

（2）控制连续使用时长。电器的高温部件运行后散热需要一定的时间，若长时间持续运行必然产生大量的热，从而促进有机有害物质的形成与扩散。因此，应控制电脑、打印机等设备的连续使用时长，减少其长时间运作产生发热情况，减缓有机有害物质排放。

（3）强化设备维护。定期的电脑清洁是减轻电脑粉尘散发的有效措施；对于打印机、复印机等设备，应定期用吸尘器清洁机腔，用丙酮或纯酒精清洁定影辊；在补充墨粉时不宜过满，以防止机器工作时墨粉溢出、飞扬；另外，在出现定影器频繁卡纸等故障时，应及时予以排除，避免大量未定影墨粉的溅落或墨粉因热熔时间延长而释放大量有害物质。

3.4　其他污染源释放污染物及其控制

3.4.1　宠物释放污染物及其控制

随着社会经济的发展和城市化进程的加速,城市居民家庭的独立性、封闭性、个性化和人口老龄化问题日益突出,居民的休闲、消费和情感寄托方式也呈多样化发展,宠物饲养已经成为城市居民消费的新热点。随之而来的由宠物带给人的健康风险也明显增加。这主要是因为宠物所携带的多种病原都是人兽共患的,如鸟类的鹦鹉热衣原体、犬和猫携带的狂犬病毒、钩端螺旋体、弓形虫等,在人类与宠物的接触中,这些病原就可以由宠物传播给人类,引起人类的感染性疾病。另外,宠物代谢产物、毛屑等不仅能直接传染疾病,还会污染环境,使室内有特殊的臭味。

预防和控制由饲养宠物给人类健康和室内环境带来危害的措施主要包括:①完善宠物管理制度和检疫体系,发展先进的宠物的病原检测技术,同时研制应对人畜共患病病原的疫苗,对宠物接种,提高对宠物质量的监控。②普及感染性疾病防控知识,形成良好的卫生习惯,在接触宠物之后应该洗手。③及时正确地处理宠物的排泄物和分泌物,打扫宠物笼舍时应避免污染物感染。④避免用生肉喂养宠物,正确处理患病的宠物,尽可能减少感染性疾病的发生和蔓延。

3.4.2　卫生间释放污染物及其控制

1. 卫生间释放污染物

卫生间污染物主要来源于人体排泄物、下水道、清洁消毒用品和微生物滋生 4 个方面。

1）人体排泄物释放污染物

人体排出的大小便中含有大量的有毒有害物质,其中易挥发的成分释放出来会造成空气污染。例如,尿液散发的氨气是卫生间空气中的主要污染物之一,它是一种具有强烈刺激性气味的气体,可对皮肤、呼吸道和眼睛造成刺激,严重时可出现支气管痉挛及肺气肿。长期受到过多氨气污染,会使人出现胸闷、咽痛、头痛、头晕、厌食、疲劳、味觉和嗅觉减退等症状。

2）下水道散发污染物

卫生间下水道散发的气体中含有硫化氢、甲硫醇、甲硫二醇、乙胺、吲哚等恶臭有害物,不仅刺激人体感官,引起呕吐和降低食欲,而且还危害人体健康。

以硫化氢为例，当空气中硫化氢的含量达 30～40mg/m³ 时，人就会感到刺鼻、窒息，引起眼睛及呼吸道症状；当含量达 50～70mg/m³ 时，会引起急性或慢性结膜炎；即使低浓度的长期接触，也会发生慢性中毒反应，加之甲硫醇、乙胺、吲哚等有害气体的作用，易导致头痛、眩晕、困倦、乏力、精神萎靡、记忆力和免疫功能下降，并不同程度地引起神经衰弱和自主神经功能紊乱等症状。

3）清洁消毒用品散发污染物

卫生间是家用清洁和消毒用品的主要存放和使用场所，而多数家用清洁消毒剂为人工合成的化学品，在使用过程中会释放出多种有毒有害的化学物质，严重危害卫生间使用人员的健康。以消毒水为例，其主要成分是氯、酚、醛等易挥发的物质，长期吸入这些物质的蒸气会刺激呼吸道，损伤呼吸道黏膜，甚至诱发细胞变异而导致白血病、肺癌等疾病。

4）卫生间滋生微生物

人体排泄和下水道散发的有毒有害微生物进入相对潮湿的环境，使得卫生间成为有毒有害微生物的繁殖滋生乐土。有研究表明，32%的马桶上有痢疾杆菌，有些痢疾杆菌在马桶圈上存活的时间长达 17 天。而绒布马桶垫圈由于容易吸附和滞留排泄污染物，成为病菌繁殖的"安乐窝"。另外，如果冲水时马桶盖打开，马桶内的瞬间气旋可以将病原微生物带到 6m 高的空中，并悬浮在空气中长达几小时，而后落在卫生间的墙壁以及与抽水马桶共处一室的浴缸、牙杯、牙刷和毛巾等物品上。马桶刷是保持马桶清洁的功臣，然而，如果不注意清洁和干燥，它也会成为细菌污染源。因为每次刷完马桶污垢，刷子上难免会沾上脏物。另外，许多家庭习惯于在抽水马桶边放置一个废纸篓，用于存放使用过的卫生纸等，若不及时清理，卫生纸上含有的大量致病菌会在纸篓里迅速繁殖，并随空气散播。接触、使用带有致病菌的物品或吸入含有致病菌的空气均会对人体健康造成威胁。

2. 源头控制卫生间空气污染的措施

及时清除人体的代谢废物，避免在卫生间内储存和使用过量化学品以及加强卫生间内的各项清洁工作是从根本上预防和控制卫生间空气污染的途径，具体做法包括：①如厕后及时冲水，冲水时盖上马桶盖。②使用带有水封功能的地漏，并随时保持地漏中有足够的水，以防止下水道内的气味泛入室内。③卫生间内最好不存放过多化学用品，清洁消毒剂应按照使用说明，单独存放在通风较好的地方，并单独使用。④每隔一两天应用稀释的家用消毒液擦拭马桶圈；尽量不用绒布垫圈，若一定要用，应经常清洗和消毒。⑤每次使用完马桶刷，应及时用清水将其冲净，然后放在通风干燥处。⑥在水溶性厕纸已普及的条件下，大可不必在卫生间放置废纸篓。如果要用废纸篓收集非水溶性或易导致下水道堵塞的废物，要尽量选择有盖子的容器，并在当天清理里面的废物。

3.4.3　室内滋生有毒有害微生物及其控制

1. 室内滋生的有毒有害微生物

除以上宠物携带的有毒有害微生物和卫生间滋生微生物之外，室内滋生的有毒有害微生物通常还以霉菌、尘螨和军团菌等形式存在。

1）霉菌

霉菌是一种能够在温暖和潮湿环境中迅速繁殖的微生物，其中一些能够引起恶心、呕吐、腹痛等症状，严重时还会导致呼吸道及肠道疾病，如哮喘、痢疾等。患者会因此精神萎靡不振，严重时则出现昏迷、血压下降等症状。有研究表明，在成年人中各类霉菌导致的哮喘比花粉及动物皮毛过敏导致的哮喘要严重得多。

2）尘螨

尘螨是最常见的空气微小生物之一，是个体很小的节肢动物，肉眼不易发现。室内空气中尘螨的数量与室内的温度、湿度和清洁程度相关。近年来，家庭装饰装修中广泛使用地毯、壁纸和各种软垫家具，特别是空调的普遍使用，为尘螨的繁殖提供了有利的条件，这也是近年来室内尘螨剧增的原因之一。

监测数据表明，铺地毯的房间尘螨密度远远高出其他地面，不洁空调吹送出来的螨虫至少在万只以上。尘螨对人体有害作用主要是其产生的致敏源引起的。尘螨的致敏作用，最典型的是诱发哮喘。患过敏性皮炎的患者有相当一部分是由螨虫引起的。同时还可以引起过敏性鼻炎、过敏性皮炎、慢性荨麻疹等。

3）军团菌

目前已知军团菌是一类细菌，军团菌可寄生于天然淡水和人工管道水中，也可在土壤中生存。研究表明，军团菌可在自来水中存活约 1 年，在河水中存活约 3 个月。军团病的潜伏期 2～20 天不等。主要症状表现为发热、伴有寒战、肌疼、头疼、咳嗽、胸痛、呼吸困难，病死率高达 15%～20%，与一般肺炎不易鉴别。

2. 有毒有害微生物控制

源头控制有毒有害微生物可从创造不利于微生物滋生繁殖的气候环境和抑制或杀死微生物两方面入手。

1）创造不利于微生物滋生繁殖的气候环境

微生物滋生和繁殖离不开潮湿和合适的温度两个要素，因此，加强通风和防止潮湿是控制生物性污染产生的主要方法，具体措施包括：①保持家居、办公室及其他室内环境清洁，削减尘螨及其他引致过敏的源头。②保持室内空气流通及室内空气清洁干爽，清除能引致真菌滋生的水源或潮湿源头。③使用空调的房间应经常开窗换气；在厨房和浴室要安装并使用抽气扇，将废气及时抽出室外排放。④写字楼的通风系统很容易受细菌和真菌污染，应采用有效的预防性检修计划，使用有效的隔尘网来减少真菌孢子和粒子进入空调的通风系统，并定期清洗隔尘网。⑤注意个人和室内环境卫生，做到勤洗澡、勤换衣、勤剪指甲、勤理发、勤晒被褥、勤打扫卫生、勤消毒。⑥注意饲养宠物的卫生，特别是家中有儿童、孕妇的一定要注意。⑦定期到相关的卫生机构对中央空调和冷热水进行检测，一旦发现军团菌检测阳性和浓度超标，就应当立刻采取有效的消毒措施。

2）抑制或杀死微生物

将有机抗菌剂和无机抗菌剂施加于建筑材料、家用电器、家庭用品中，以抑制和杀死微生物，减少空气环境中潜在的微生物污染源，从而达到控制室内空气微生物污染，改善和提高室内空气质量的目的。其中，有机抗菌剂采用有机氯、有机硫和有机氮等化合物，或者采用天然植物提取物，抑制和杀死细菌和真菌等微生物。抗菌的作用机制为有机抗菌剂水解后带正电荷，构成微生物的蛋白质表面带负电荷，正负电荷相互吸引，抗菌剂被微生物吸附后，借助亲油基的作用进入微生物体内，搅乱微生物的活性直至死亡。有机抗菌剂的优点是浓度低时呈现出灭菌效果，杀菌速度快，对许多真菌有灭菌效果。缺点是存在安全隐患。

无机抗菌剂主要是指用银、铜、锌等作为抗菌金属的抗菌剂，以及二氧化钛（TiO_2）光催化剂抗菌剂。另外，无机抗菌剂也包括通常所使用的含氯（如次氯酸、二氧化氯）、碘和氧（如过氧化氢、过氧乙酸）抗菌剂。但是这些属于速效性的、消耗性的抗菌剂。金属抗菌剂的作用机制是利用金属离子具有的强氧化能力，氧化分解细胞膜直接杀死细菌。抗菌剂往往制备成为粉末状、小粒子、中粒子和大粒子各种粒度，要求抗菌剂安全性高，吸附能力强，抗菌金属离子在载体内扩散速度快，抗菌金属离子与细菌和真菌等微生物接触面积大，杀死细菌和真菌等微生物的能力强，速度快。其优点是安全性高，有广谱抗菌效果，抗菌效果持续时间长，稳定性高，耐热性好。缺点是相对于有机抗菌剂而言，无机抗菌剂抗菌比较迟效，对真菌抗菌效果较差。另外，其分散性差，在制品表面无抗菌剂的地方，不能发挥抗菌效果，以及硫、氯等容易与抗菌金属离子发生化学反应而降低抗菌性能。

3.4.4　室外污染物及其控制

建筑外门是隔断室外空气污染物进入室内的重要屏障，其中以颗粒物尤为明显。正常情况下，污染物通过外门缝隙渗入或随外门偶尔开启直接进入室内；若外门未及时关闭，污染物涌入量将是正常情况下的几倍至几十倍。建筑外门如实现自动关闭则可以降低开启状态下污染物涌入量。

此外，室外污染物可通过外窗和幕墙缝隙穿透进入室内，根据建筑评价相关规定，建筑物应依据《建筑外门窗气密、水密、抗风压性能检测方法》（GB/T 7106—2019）要求及所在地大气空气质量状况，对不同地区建筑外窗气密性进行分级要求，以防止室外污染物进入室内。

第4章 通风与室内空气污染控制

建筑和装修装饰材料、人体新陈代谢及生活和工作活动、室内用品等总是以不同的速率持续不断地将污染物释放到室内。室内空间有限则意味着，若不采取积极有效的措施，必然导致室内空气中这些污染物的浓度不断增加，甚至超过人体可接受的水平。通风换气是指利用室外空气交换室内空气，从而稀释和排出室内污染物，是最方便、快捷的室内空气质量改善方法。在室外大气环境质量优良、温度和湿度适宜的条件下，也是最经济有效的方法。

实际上，通风稀释作为控制室内空气污染的方法早已得到广泛应用。但是，通风不足或送风质量不良的现象也普遍存在。早在 1987 年，美国国家职业安全与卫生研究所对被投诉存在室内空气质量问题的 529 个场所进行了一项调查，结果表明，通风不足是导致室内空气质量不良的主要原因，占总投诉场所数的 53%。通风量是各类建筑或室内环境相关标准的基本指标之一，美国采暖、制冷和空调工程师学会（American Society of Heating，Refrigerating and Air-Conditioning Engineers，ASHRAE）是国际标准化组织（International Organization for Standardization，ISO）指定的唯一负责制冷、空调方面的国际标准认证组织。1973 年 ASHRAE 制定了第一个关于室内空气质量的标准 ASHRAE 62—1973，最近于 2019 年又对标准 62.1 和 62.2 进行了扩展和修订，规定了最低通风率和其他措施，以最大程度地减少对人类健康的危害，标准认为 CO_2 浓度低于 0.1% 是可接受的水平，对应的住宅新风量不得低于 7.5L/(s·人)，ASHRAE 62.2 规定低层住宅建筑按照居住人数和面积确定通风量，最小换气次数为 $0.2\sim0.4h^{-1}$。我国《室内空气质量标准》（GB/T 18883—2002）规定住宅和办公建筑新风量不小于 $30m^3/(h·人)$；《民用建筑供暖通风与空气调节设计规范》（GB 50736—2016）则规定，居住建筑根据人均居住面积确定通风量，最小换气次数为 $0.45\sim0.70h^{-1}$。

伴随人们对于通风控制室内空气污染的认识不断提高，人们也越来越重视通风与室内空气质量之间关系的研究，并将这些研究成果应用于通风系统的设计和完善。图 4.1 给出了室内空气污染物浓度和能耗与换气次数（通风量）的关系。可以看出，合理的通风换气可在能耗增加不多的情况下，使室内空气污染物浓度急剧下降。

按照空气流动动力，可将通风分为自然通风和机械通风两类。按照通风换气涉及的范围，可将通风分为局部通风和全面通风，本章主要介绍通风的基本原理，以及通风在室内空气污染控制中的应用。考虑到空调与通风之间密不可分的关系，

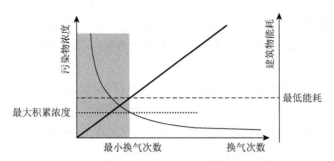

图 4.1　室内空气污染物浓度和能耗与换气次数的关系

也介绍空调系统及其对室内空气质量的影响。另外，近年来室外新风净化越来越受重视，因此也专门介绍此方面的内容。

4.1　自然通风与室内空气质量

自然通风是指风压和热压作用下的空气运动，具体表现为通过墙体缝隙的空气渗透和通过门窗的空气流动。自然通风不仅可以避免或降低机械通风系统运行能耗，改善室内热环境；而且能够提供新鲜、清洁的自然空气，有利于人体健康，并满足人们亲近自然、回归自然的心理需求。因此，自然通风是一种经济、有效的改善室内空气质量的措施，在条件许可时，应优先考虑。

4.1.1　自然通风原理

1）风压作用下的自然通风

气象学上把空气水平方向的运动称为风，它因水平方向的气压差而产生。若风在运动过程中遇到建筑物，则会产生能量转换，动压转变为静压。于是，迎风面产生正压（约为风速动压力的 0.5～0.8 倍），而背风面产生负压（约为风速动压力的 0.3～0.4 倍）。

如图 4.2 所示，建筑物有 a、b 两个开口，分别位于迎风面和背风面。假设室内与室外温度相等，即不存在温度差引起的热压作用。则当风经过该建筑物时，将发生绕流现象。同时，迎风面气流因受到建筑物阻挡而动压降低，静压增高，当该静压值高于迎风面开口 a 的内侧静压时，在内、外压差作用下，空气将由开口 a 流入室内；而建筑物侧面和背风面则因产生局部涡流而静压下降，当该静压值低于处于该面上的开口 b 的内侧静压时，开口 b 的

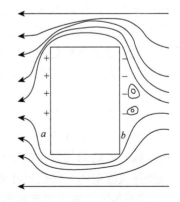

图 4.2　风压作用下的自然通风

内、外侧也将产生压力差，空气由开口 b 流出。可见，正是室外风的存在，造成开口 a、b 两侧出现压力差，从而引起室内空气流动。这样的空气流动就称为风压作用下的自然通风。

风压作用下的自然通风量与风压有关。对应特定建筑物，实际风压分布取决于风速、建筑物几何形状和尺寸，以及风向与建筑物夹角等因素。图 4.3 和图 4.4 分别给出了与风向成直角和斜角的矩形建筑对风场及其压力分布的影响。

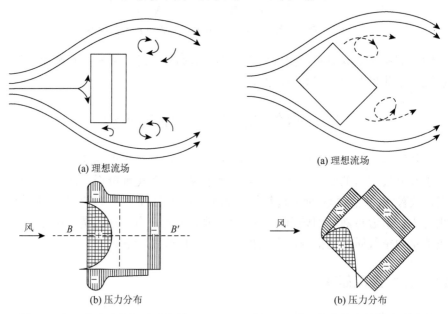

(a) 理想流场　　　　　　　　　　(a) 理想流场

(b) 压力分布　　　　　　　　　　(b) 压力分布

图 4.3　与风向垂直的矩形建筑的　　　图 4.4　与风向成斜角的矩形建筑的
　　　　理想流场和压力分布　　　　　　　　　理想流场和压力分布

为了利用风压进行自然通风，达到通风换气的目的，首先，应从建筑物选址和设计入手，外部风环境合适、平均风速不低于一定水平的地点是建筑物选址的基本要求。除此之外，在建筑物设计时还需考虑朝向，朝向与当地夏季主导风向呈一定角度通常更有利于自然通风。其次，为了便于形成"穿堂风"，建筑物的进深不宜过大，一般宜小于 14m。最后，要组织好建筑平面和开口的位置及面积，为了引风入室，要从平面、剖面及建筑细部来考虑，如内外围护构件要尽量通透，尽可能将门窗对齐布置在一条直线上，以减少气流阻力，使通风顺畅。此外，由于自然风变化幅度较大，在不同季节、风速和风向的情况下，建筑应采取相对应的措施，如适当的洞口构造形式、百叶可调节的窗户等来调节室内气流状况，顺应外界气流变化，保证自然通风效果。

2）热压作用下的自然通风

热压作用下的自然通风是指因室内外或室内不同高度的空气存在温度差而形

成的自然通风。如图 4.5 所示，以室内外空气温度存在差异为例，若在建筑物外墙上有 a、b 两个开口，其高度差为 h。假设室内、外温度分别为 t_n 和 t_w，对应的密度分别为 ρ_n 和 ρ_w。同时，将开口 a 的内、外侧静压分别记为 P_{an} 和 P_{aw}，开口 b 的内、外侧静压分别记为 P_{bn}、P_{bw}。则开口 a 的内、外侧压力差为

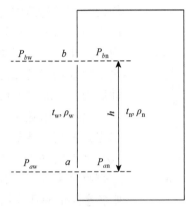

图 4.5　热压作用下的自然通风

$$\Delta P_a = P_{an} - P_{aw} \tag{4.1}$$

开口 b 的内、外侧压力差为

$$\Delta P_b = P_{bn} - P_{bw} \tag{4.2}$$

开口 b 的内、外侧压力差还可表示为

$$\begin{aligned}\Delta P_b &= (P_{an} - \rho_n gh) - (P_{aw} - \rho_w gh) \\ &= \Delta P_a + gh(\rho_w - \rho_n)\end{aligned} \tag{4.3}$$

现假设 $\Delta P_a = 0$，即 a 开口不存在内外压力差，但是，$t_n > t_w$，即 $\rho_n < \rho_w$，即室内、外温度不同，则 $\Delta P_b > 0$，空气将由开口 b 由里向外流出；相反，若 $t_n < t_w$，即 $\rho_n > \rho_w$，则 $\Delta P_b < 0$，空气将由开口 b 由外向里流入。类似地，可假设 $\Delta P_b = 0$ 而当 ΔP_a 大于或小于 0 时，空气由 a 流出或流入。

实际上，当建筑物内空气通过某一开口流出时，必然导致室内静压降低，诱导空气从其他开口由外向里注入，反之亦然。此外，注入和流出风口的风量相等，即进风量等于排风量，室内静压达到平衡：

$$\Delta P_b - \Delta P_a = gh(\rho_w - \rho_n) \tag{4.4}$$

可见，正是室内、外温度差的存在，造成开口 a、b 两侧出现压力差，从而产生了通过开口的空气流动。

一般来说，在采暖季节，室外温度低于室内，建筑物内部暖空气上升，并从建筑物顶部附近流出。靠近建筑物底部的室外冷空气则通过开口或缝隙进入建筑物，补充排出的空气。在制冷季节，通常产生的空气流动方向相反。相对而言，采暖季节室内、外温差较大，热压作用产生的空气流量也较高。

在采暖季节，因室内、外温度差而引起的建筑物压力分布如图 4.6 所示。中性压力面（NPL）为室内压力与室外压力相等所对应的面，其位置取决于建筑物开口和缝隙分布情况。在中性压力面以上，空气由内向外流出；在中性压力面

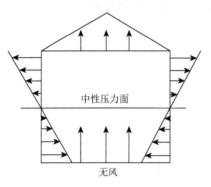

以下，空气由外向内流入。图 4.6 表示缝隙均匀分布于建筑物外围护结构的情况，对应的中性压力面位于建筑物半高度位置。若室内有产生烟雾的燃烧热源，则中性压力面将位于建筑物半高度之上。在高层建筑中，中性压力面一般位于 0.3～0.7 倍建筑物高度处。

热压作用随建筑物高度和温度差增大而增强。在高层建筑中，因存在电梯、楼梯井或其他辅助井等，热压作用更加明显。如果建筑物气密性好，各楼层之间无气流通道，则各楼层的热压作用互不影响。

图 4.6　室内、外温度差引起的
建筑物压力分布

4.1.2　影响自然通风的建筑因素

除风速（风压）和室内外温度差（热压）之外，建筑物渗透性和门窗设置方式及其开启程度也影响自然通风。

1）建筑物渗透性

在一定程度上，风压和热压作用下的通风量取决于建筑物的渗透性能。影响建筑物渗透性能的主要因素是墙壁缝隙和非常规开口的大小及其分布。渗透作用的重要性在于它不仅决定着风压和热压作用下的空气交换量，还影响建筑物内部的气流分布。图 4.7 给出了一个独户式家庭住宅的空气渗透位置分布情况，主要渗透部位包括门窗与墙体的接缝、地漏、裂纹、穿线孔、穿墙管缝等等。

建筑物的渗透性可用风机增压法进行评价，即将风机固定在门或窗上，四周密闭，以给定的通风量将空气送入或排出建筑物，通过改变通风量，可以得到室内、外压力差与通风量的对应关系，如图 4.8 所示。渗透试验在正压或负压下进行皆可，压差以 10Pa 为间隔递增，总的压差变化范围为 10～60Pa，相应地，可得到正压-通风量和负压-通风量两种模式。为便于试验中装卸风机，通常将风机密封于门上。

基于风机增压法测量，可将通风量与室内、外压力差的关系表示成下列方程：

$$Q = K\Delta P^n \tag{4.5}$$

式中，Q 为通风量，m^3/h；K 为流量系数，取决于渗透缝隙或孔口大小及其分布，由实验确定；ΔP 为室内、外压力差，Pa；n 为流量指数，取决于渗透缝隙或孔口大小及其分布，由实验确定。

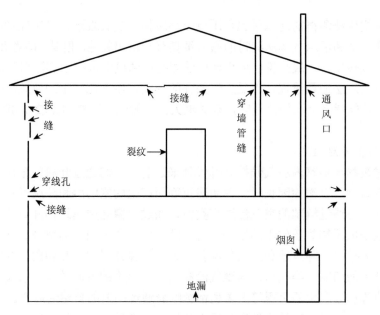

图4.7　独户式家庭住宅的空气渗透位置分布

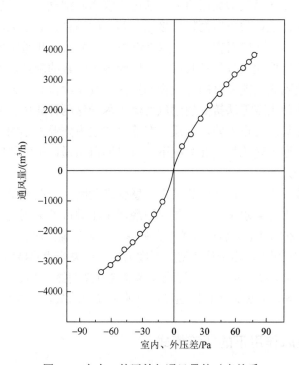

图4.8　室内、外压差与通风量的对应关系

风机增压法测得的通风量也可用单位小时换气次数表示。必须注意的是，尽管风机增压法和示踪气体法测得的通风量具有一定相关性，但是，两者并不等同，也不能直接转化。一般来说，风机增压法测得的通风量远高于实际自然通风量。

风机增压法测量渗透性不受天气条件的影响，便于比较不同建筑物的渗透性能，在涉及能耗之类比较测量时，意义重大。一般地，这样的比较在 4Pa 或 50Pa 下进行。

2）门窗开启程度

在建筑物全年室内小气候控制时代到来之前，人们通过开启门窗让空气流入或流出建筑物，以消除因长时间关闭建筑物而产生的室闷感和陈腐气味，或改善热舒适性。与通过缝隙的空气渗透相类似，通过门窗之类建筑物开口的空气输入和输出也是风压和热压作用的结果。与缝隙相比，通过门窗的室内、外空气交换量通常要大得多。除风速和室内外温差之外，门窗开口大小和朝向，周围是否存在其他开启的门窗之类孔口，与微气流和局地障碍物的方向关系，以及因屋檐和建筑物边缘诱导产生的负压等因素也都影响着通过门窗的自然通风量。

当风速较低时，建筑物的空气输入或输出主要受室内、外温度差引起的热压作用，空气交换量随温差增大而增大。通过建筑物的空气交换量也与开口尺寸及其相对位置相关，进口与出口面积越接近，两者的垂直距离越大，通过建筑物的通风量越大。就单一开口而言，开口越靠近中性压力面，其通风量越小。

通过门窗的自然通风效果及其可接受性受多种因素的制约，当天气较热时，门窗开启会导致隔离性能良好的建筑物的室内空气温度提高。大风时，门窗开启会导致建筑物内部出现无法接受的通风气流。尽管这两种通风有利于室内空气污染水平降低，但舒适度也下降。相反，在静风和室内外温差小的情况下，可能只有很小或无空气通过建筑物，此情况下，只借助自然通风换气可能导致人体暴露的空气污染水平较高。

自然通风效果主要根据居住者的主观感受来判断。一般来说，新鲜的室外空气有助于降低室内污染水平。一项住宅甲醛污染相关诉讼案例的调查表明，在受调查的住户中，80%以上的居民描述：在夏季，当开启窗户时，室内甲醛污染症状减轻；而采暖季节伊始，由于住宅密闭程度增加，相关症状明显增强。可见，居住人员调控自然通风对减轻室内空气污染暴露风险意义明显。在技术和经济条件受到制约的地区，由居住人员调控自然通风也可能是唯一的减轻室内污染的措施。

4.1.3 自然通风作用下的气流模式

风压和热压作用下的自然通风包括单侧通风、双侧穿越式通风和烟囱效应拔风等多种模式。

1）单侧通风

单侧通风的开口设在单个房间的同一侧，它是自然通风中最简单的一种形式。根据开口数目，可再分为单开口和双开口两种情况，如图 4.9 所示。对于单侧单开口的房间，风压是主要甚至是唯一的通风推动力，开口小时更是如此。双开口是指在不同高度有两个开口设在房间的同一侧立面上，此时热压作用会强化风压作用，使通风量和通风径深均增大，而且随着单侧开口垂直距离和内外温差的增加，这种强化作用增强。由于单侧通风仅在通风口附近形成了局部的压力差，很难形成大范围的气流，因此单侧通风降低污染物的效果较差。

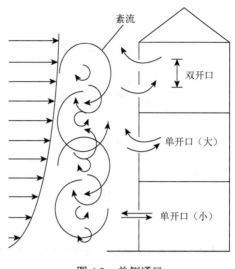

图 4.9　单侧通风

2）双侧穿越式通风

双侧穿越式通风是指空气从单个房间的一侧开口进入，从另一侧开口排出所形成的通风，如图 4.10 所示。双侧穿越式通风的驱动力主要是风压，但只要进、出风口存在明显的高度差，热压也会起作用。值得注意的是，如果建筑物间径深过大，双侧穿越式通风气流不仅带走污染物而使污染水平降低，也会导致建筑物深处温度明显变化。

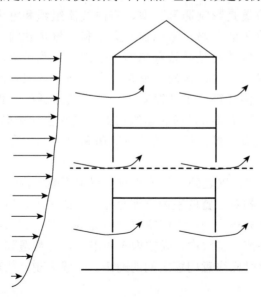

图 4.10　双侧穿越式通风

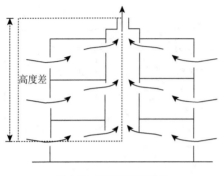

图 4.11　烟囱效应拔风

3）烟囱效应拔风

烟囱效应源于建筑物内有烟囱或类似构筑物，当建筑物内空气温度高于外界温度时，烟囱或类似构筑物内部的空气温度也高于建筑物外部。于是，在热压作用下，烟囱或类似构筑物内部的空气向上流动，并诱导外部空气从其开口流入，如图 4.11所示。为了借助风压协同烟囱效应，或防止气流倒罐，烟囱出口应尽量设置在建筑物的负压区。

4.1.4　影响自然通风的通风口设计

对于主要借助自然通风实现通风换气的建筑物来说，科学合理地设计通风口至关重要。因通风需求不同，通风口的类型也多种多样，可以是门窗洞口、外墙通风口，也可以是排风通风管。不过，通风口的基本功能都是引入足够的新鲜空气，并以合适的气流方式通过建筑物，从而保证室内舒适性和良好空气质量。

1）门窗洞口布局及尺寸设计

最常见、最主要的通风口是建筑的门窗洞口，尤其是窗户。窗户的形式、面积大小及安装位置是影响通风效率、室内气流组织和室内热舒适性的主要因素。结合建筑物平面布局，考虑窗户大小和位置是建筑设计的基本要素。另外，当地的气候条件也是必须考虑的一个因素。我国除西北部以外的大部分地区都处于季风气候区，南向为夏季主导风向，若卫生间和厨房设置在北侧，而且南、北两侧开窗，则开窗有利于室内气流通畅，促进建筑物降温和污染气体排出。若具有相同布局的建筑物处在夏季主导风向不为南向的地区，则夏季通风不但气流不畅，还可能导致厨房和卫生间的异味扩散至起居室和卧室（图 4.12）。

除了窗户大小和位置之外，门窗相对位置也影响室内气流模式，表 4.1 给出了对应不同门窗相对位置的室内气流分布。总的来说，当门窗位于正对的墙体时，气流通畅且分布均匀；当门窗位于相邻墙体时，容易产生气流偏移，导致部分角落出现涡流。实践中，因室内布局限制，经常遇到门窗只能布置在相邻墙体的情况，此时应注意门窗之间的距离。一般来说，相对距离越大，越有利于通风换气。

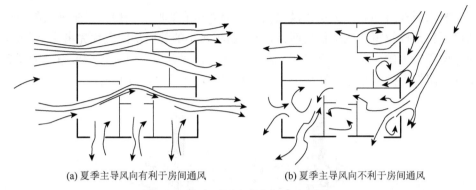

(a) 夏季主导风向有利于房间通风　　　　　(b) 夏季主导风向不利于房间通风

图 4.12　住宅平面布局与门窗自然通风

表 4.1　门窗相对位置与室内气流模式

门窗位置关系	门窗在相邻墙面		门窗在相对墙面	
	门窗距离较远	门窗距离较近	门居中	门居一侧
窗居一侧				
窗居中				
窗居东侧				

　　室外气流的入射角度也与室内通风效果有关，表 4.1 中分析的是室外风垂直入射窗口时的室内气流模式，当室外风斜向入射时，可以在窗口部位采取适当的引导措施，保证室内通风效果。

　　除布局之外，门窗开口大小也直接影响通风量和气流分布。一般来说，开口大，则气流涉及范围宽；开口面积减小，流速相应增加，但气流场覆盖的范围缩小。根据测定，当开口宽度为开间宽度的 1/3～2/3、开口面积为地板面积（窗地面积比）的 15%～20% 时，通风效率最佳。随窗地面积比增大，室内气流场均匀性提高。不过，当比值超过 25% 后，空气流动基本上不受进、出风口面积影响。

窗扇形式对通风量大小以及室内气流分布也有影响。一般来说平开窗的有效通风面积是推拉窗通风面积的两倍，开窗面积较小的北向房间宜优先考虑平开窗，开窗面积较大的南向房间可采用推拉窗。此外，平开窗可以通过调节窗扇的位置引导或阻挡室外气流进入和流出，具有较强的可控性（图 4.13）。

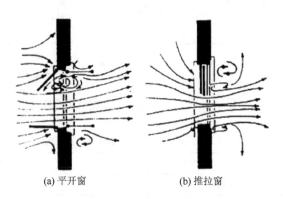

(a) 平开窗　　　　　　(b) 推拉窗

图 4.13　窗扇开启形式与窗口处气流模式

2）利用自然通风的窗口构造设计

建筑通风口设置应该与窗户统筹考虑，我国早期的木窗大多设有气窗（门窗上部用来通风换气的小窗），尤其是北方严寒地区。当室内空气污浊或氧气不足时，打开气窗就可起到通风换气的效果，既保障了室内空气质量，又可避免过多的能量损失。目前，多数建筑物采用塑钢窗，不仅气密性比木窗大大提高，而且大多不设气窗。为了通风换气，需要将窗户全部打开，热量损失严重。

国外的一些住宅设计中，为满足通风需求，通常将通风口与窗结合在一起进行特殊处理，如穿过窗框的通风口、穿过墙体的通风口和涓流通风器等，也可将通风口（器）设计成可调结构，如图 4.14 所示。

涓流通风器是在欧洲得到普遍使用的通风口，可作为成品安装在窗上，通常设置在窗户的顶部，为房间持续地提供适量的新风。涓流通风器的优点是原理简单，造价适中，安装也比较方便，并且具有一定的可控性。缺点是降低了窗户的隔热效果，在严寒地区冬季有可能导致开口处冷凝甚至结冰。

4.1.5　自然通风量计算及测量

1）自然通风量计算模型

正常情况下，通过建筑物的空气交换是风压和热压共同作用的结果。一个综合考虑风压和热压作用的自然通风量计算模型为

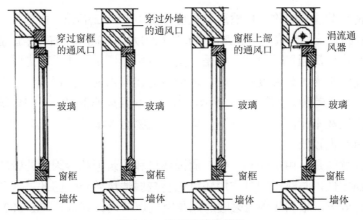

图 4.14　窗口的特殊构造

$$I = A + B\Delta T + Cv^2 \tag{4.6}$$

式中，I 为通过建筑物的自然通风量，表示为单位小时的换气次数，次/h；A 为拦截系数，对应于 $\Delta T = 0$ 和 $v = 0$ 的空气流量；B 为温度系数；ΔT 为室内、外空气温差，℃；C 为风速系数；v 为风速，m/h。

基于室内、外温差和风速，获得三个不同建筑物的自然通风量预测模型及曲线，如图 4.15 所示。可见室内、外温差和风速都显著影响着建筑物的自然通风量。

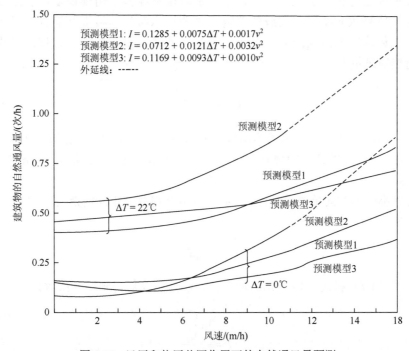

图 4.15　风压和热压共同作用下的自然通风量预测

　　对于密闭节能建筑物，自然通风量可低至 0.1～0.2 次/h，而缝隙和门窗开口大、数量多的建筑物可高达 3 次/h，一般建筑物为 0.5 次/h 左右。尽管室内空气质量可以用平均自然通风量表征，但是，实际自然通风量取决于特定时间的环境条件，当风速和室内、外温度差小时，密闭节能建筑物的自然通风量与老式、透风建筑物并无显著差异。如图 4.15 所示，当 $\Delta T = 0$ 且风速低时，不同建筑物的单位小时换气次数基本相同。此情况下，即使建筑物有许多缝隙、孔口，室内、外污染物交换速率也较低。

　　值得注意的是，由于受到天气、周围环境和建筑形状等因素的影响，风压作用具有不稳定性，与热压同时作用还可能会减弱通风效果。因此，为了保证自然通风的设计效果，根据我国《采暖通风与空气调节设计规范》（GB 50019—2015）的规定，在实际计算时仅考虑热压作用，风压一般不予考虑。但是，必须定性地考虑风压对自然通风的影响。一般来说，建筑进深小的部位多利用风压来实现自然通风；进深较大的部位多利用热压或热压与风压的结合解决自然通风问题。

　　2）自然通风量测定

　　风力和热压作用下的自然通风量可用示踪气体法测定。该法基于质量平衡假设，即受试空间示踪气体的变化量等于释放于该空间的示踪气体量减去因通风或外渗去除的量。示踪气体法测定自然通风量可通过浓度衰减、恒速率释放和恒浓度释放三种技术实现。其中，示踪剂浓度衰减技术用得最多，它涉及将定量示踪气体释放到特定空间或建筑物，并假设示踪气体被很好混合。然后，测定示踪气体浓度随时间的变化关系。并基于测量结果，按下列方程计算渗透产生的自然通风量。

$$C_t = C_0 \mathrm{e}^{-\left(\frac{Q}{V}\right)t} \tag{4.7}$$

式中，C_t 为时间 t 时的示踪气体浓度，$\mu g/m^3$；C_0 为示踪气体的初始（$t = 0$）浓度，$\mu g/m^3$；V 为受试空间体积，m^3；Q 为渗透产生的自然通风量，m^3/s；t 为时间，s。

　　若以小时为时间单位表示比值 Q/V，则可推得单位小时的换气次数 I，并将方程变换为

$$C_t = C_0 \mathrm{e}^{-It} \tag{4.8}$$

　　对式（4.7）和式（4.8）两边取对数，经过变换后得到换气次数为

$$I = \frac{\ln \dfrac{C_0}{C_t}}{t} \tag{4.9}$$

用示踪气体法测定自然通风量时，所用示踪气体必须是惰性、无毒、低浓度下可检出的气态物质。较常采用的有六氟化硫、氧化二氮、二氧化碳和全氟化碳。其中，六氟化硫和全氟化碳的检出下限低至 ppb[①]级，作为渗透示踪气体最具吸引力。

4.1.6　自然通风在建筑中的应用案例

人类在利用室内外条件，如建筑周围环境、建筑构造（如中庭）、太阳辐射、气候、室内热源、机械通风等，来组织和诱导自然通风方面已做了不懈的努力。

1）利用窗户调节自然通风

大多数情况下，自然通风以窗户作为通风口，所以窗户的形式、面积大小及其安装方式是影响通风量、通风效率和室内气流分布，进而影响室内空气热舒适性和空气质量的主要因素。为举行 2008 年北京奥运会而建设的中国农业大学体育馆即为利用窗户调节自然通风的典型建筑。如图 4.16 所示，该体育馆顶部安装了 400 多块高低错落的玻璃天窗，自然光可以透过层次分明的窗户照射场馆，日间提供足够的照明，即使在多云天气条件下，不开灯也能满足一般性训练和娱乐的需要，从而大大节省场馆日常运营成本。除了采光之外，通过这些玻璃

图 4.16　利用窗户调节自然通风（中国农业大学体育馆）

① 1ppb = 10^{-9}。

天窗，结合南北两侧设置的可电动调节的 120 个窗户和场馆进出口，可形成热压作用下的自然通风，实现场馆内、外空气交换，有效降低温度，减少空调运行能耗，并保障场馆空气质量。

2）利用中庭调节自然通风

中庭是指由回廊和房间围绕而成的中心庭院，最早的中庭采用露天模式，俗称天井。在炎热的季节，太阳不受阻碍地直射导致中庭温度上升幅度更大。于是，中庭空气向上运动，并诱导空气从中下部流入补充，形成中庭烟囱效应。这种效应可降低中庭气温，改善庭院气候环境。伴随社会的发展，有中庭的大型建筑也越来越多，中庭结构模式也趋于多样化。北京奥运主场馆——鸟巢即为利用中庭实现自然通风的典型建筑。如图 4.17 所示，在该场馆的中心位置设计了一个露天的中庭，可分享外部自然环境，并解决观景与自然光线的限制、建筑成本和安全性等一系列问题。与此同时，借助场馆中心的温度高于场馆外部而形成的热压作用，可实现以场地出入口为进风，开放式馆顶为出风口的自然通风，保证馆内空气清洁。

图 4.17　利用中庭调节自然通风（北京国家体育场）

值得注意的是，有的建筑中庭采用轻质网架结构上铺玻璃的顶棚结构。若不能开启且楼层高度大的话，有可能造成顶棚温度高，而且来自中性压力面以下楼层的污染气流可能进入中性压力面以上的楼层。

3）利用围护结构调节自然通风

围护结构是当今生态建筑普遍采用的一项先进技术，被誉为"可呼吸的皮肤"，既具有节能效果，又可以调节自然通风。围护结构有多种形式，通常采用由双层玻璃或三层玻璃构成的围护结构。在玻璃之间留有空隙形成空气夹层，并配有可调节的百页。在冬季，空气夹层和百页构成一个利用太阳能加热空气的装置，以提高建筑外墙表面温度，有利于建筑的保温采暖，并提高进入室内的空气温度；在夏季，利用热压原理使热空气不断从夹层上部排出，达到降温的目的。这种结构可大大减少建筑冷、热负荷，提高自然通风效率。与此同时，还具有如下优点：

①避免开窗干扰室内气候；②使室内免受室外交通噪声的干扰；③夜间可安全通风。对于高层建筑来说，直接对外开窗容易造成紊流，不易控制，而围护结构则能够很好地解决这一问题。

清华大学环境节能楼是利用围护结构调节自然通风的典型代表。如图 4.18 所示，借助可调控的"智能型"外围护结构设计，可自动适应气候条件的变化，并满足室内环境控制的要求，从采光、保温、隔热、通风等多维度改善节能和自然通风效果。该建筑的东立面和西立面采用双层皮幕墙及玻璃幕墙加水平或垂直遮阳两种设计方式。双层皮幕墙可根据室内外的温度差，调节室外空气进出风口的开合，夏季室外空气经过热的玻璃表面加热后升温，在幕墙夹层形成热压通风，带走向室内传递的热量；冬季进风口和出风口关闭后，可减少向室内的冷风渗透。

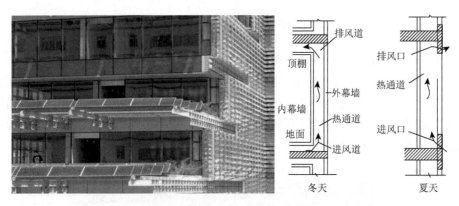

图 4.18　利用围护结构调节自然通风（清华大学环境节能楼）

4）利用排风管实现自然通风

我国严寒地区的农村住宅在采暖期会借助烟囱排出采暖炉的烟气，如图 4.19 所示。这种传统的排烟管借助浮力作用，可实现采暖房间的自然通风，但对其他房间的通风换气作用较小。欧洲的独立式住宅通常利用排风管道，从建筑物的顶部排出室内空气，如图 4.20 所示。排风管的设计有以下一些原则：①排风管出口应高于屋脊高度，排风管出口与屋脊的高度差不小于 1.5m；②出屋面的排风管可以弯曲，但尽可能少，一般不大于两处，且角度不小于 45°；③室外部分管道应进行保温处理，避免发生冷凝。

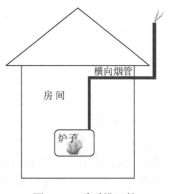

图 4.19　采暖排风管

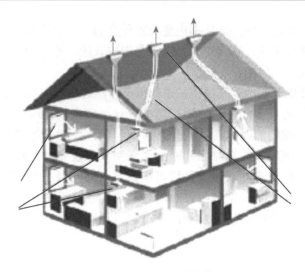

图 4.20　住宅管道排风系统图

5）利用风压捕风器实现自然通风

风压捕风器是利用风压作用的强化自然通风方式等。如图 4.21 所示，风压捕风器借助风压驱动连接排风扇的捕风器旋转，进而排出室内空气。若有风时借助风压驱动排风扇，无风时借助电机驱动排风扇，则构成一个部分主动的风压捕风器，有风和无风季节均适应。

图 4.21　风压捕风器

6）自然通风净化技术

对于空气污染严重的区域或建筑物外部环境，自然通风可能导致室内环境恶化。在这种情况下，需要采用改进型自然通风系统，通常依托多层玻璃窗实现。如图 4.22 所示，借助双向通风窗结合送、排风机和过滤，可使颗粒污染严重的室外空气，经过滤净化后再送至室内。送风气流与排风气流之间通过中间层玻璃换热，实现热交换，可降低供暖或制冷能耗失，改进室内热舒适性。同时，这种多层玻璃窗设计也具有隔音降噪、保温等作用。同样地，在前述涓流通风器中，设置便于拆卸的过滤网，也可增加过滤净化功能，如图 4.23 所示。

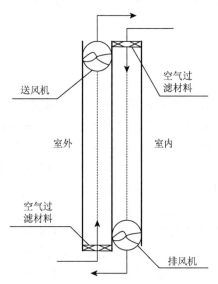

送风机
空气过滤材料
室外
室内
空气过滤材料
排风机

图 4.22　双向通风窗通风原理

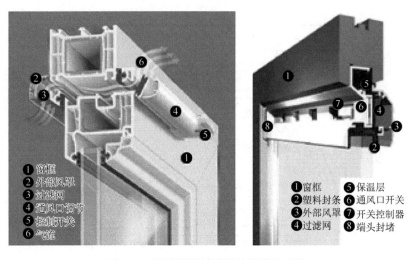

❶窗框
❷外部风罩
❸过滤网
❹通风口调节
❺控制开关
❻气流

❶窗框　　❺保温层
❷塑料封条　❻通风口开关
❸外部风罩　❼开关控制器
❹过滤网　　❽端头封堵

图 4.23　两种设置过滤网的涓流通风器

4.2　机械通风与室内空气质量

机械通风依靠风机产生的风压驱动空气流动，根据通风气流的作用范围，可将机械通风划分为局部通风和全面通风两种。其中，全面通风通常假定除室内局部小区域通风口附近和之外,室内其他绝大部分区域的室内空气处于完全混合状态,即气体组分均匀一致。实际上,在室内有明显热污染源或者有特定需求时,也可通过气流组织,使室内各区域的气体构成呈现规律性变化,基于这种气流组织的通风称为置换通风。

4.2.1　局部通风

局部通风包括局部排风和局部送风两种。局部排风是指排出局部区域气体,防止其影响周围环境;局部送风是指将新鲜空气送至局部区域,确保该区域的空气质量。局部通风经济性好,在建筑物室内空气污染控制中,主要采用局部排风,用于排出诸如厨房油烟、浴室湿气、卷烟烟雾、办公复印机产生的臭氧等。脱排油烟是居家利用局部排风的典型例子,烹饪作业时,借助脱排油烟机的抽力排出锅灶区域产生的油烟,可有效防止其污染室内空气。

局部排风效果取决于气流组织和排风量两个方面,从气流组织方面考虑,应该尽可能包围污染源,减少吸风口与污染源之间的距离,以及充分利用污染气流自身的动能。毫无疑问,在其他条件不变的情况下,污染控制效果与局部排风量呈正相关关系,如图 4.24 所示。

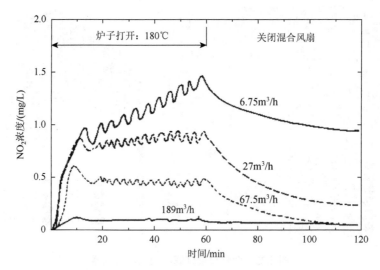

图 4.24　炉灶排风量对 NO_2 浓度的影响(基于 $27m^3$ 环境试验箱试验)

局部通风在室内空气污染控制中还有一个特殊应用领域,就是地下室和基础层通风,目的是防止含有氡气的土壤气体进入建筑物,维持建筑物主体的氡浓度在很低的水平。

设计合理的局部通风系统能有效地防止污染气流进入室内空间，或在很短的时间内降低室内污染物浓度。正常情况下，从室内排出的气体进入大气环境后，会迅速稀释至很低的浓度。但是，若排出的污染物浓度高，或排气口设置不合理，有可能造成交叉污染或污染气体回流。

4.2.2　全面通风

全面通风系统是对整个房间进行通风换气，即利用新鲜空气使整个房间的有害物浓度稀释至允许浓度以下。全面通风分为全面送风、全面排风，以及进风与排风相结合的联合通风三种类型，不论何种类型，其系统基本都由进风百叶窗、空气净化模块、空气加热或冷却模块、通风机、风管、送和（或）排风口等组成。全面通风适用于污染源多而分散，单个污染源的污染物发生强度不大的情景。

1）全面通风的气流组织

全面通风控制室内空气污染物的效果主要取决于通风量和通风气流组织两个方面。就气流组织而言，应遵循的基本原则是，将干净空气直接送至工作人员所在地或污染物浓度低的地方，然后排出。图 4.25 给出了两种截然不同的气流组织方案，图中箭头表示送排风方向。方案 1 中，新鲜空气依次通过进风口、人、污染源和排风口的位置，人的呼吸区处于新鲜空气之中，显然是合理的。方案 2 中，情况相反，显然是不合理的。

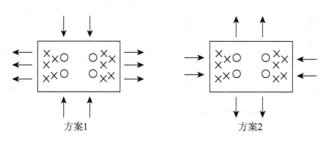

方案1　　　　　　　　　　方案2

图 4.25　全面通风气流组织方案

○：人的位置；×：污染物发生位置

图 4.26 和图 4.27 分别给出了住宅单元和酒店就餐区的全面通风气流组织示意图。可见，通风合理组织气流，将新鲜空气入口设置在人的主要或者长时间活动区域（客厅、卧室），排风口设置在产生污染物的区域（卫生间和厨房），并创造活动区的空气压力高于污染区的条件，则可以形成良好的室内空气品质。

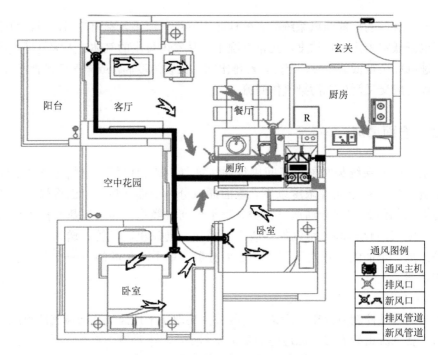

图 4.26　住宅单元全面通风示意图

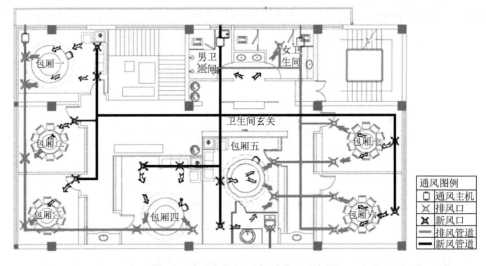

图 4.27　酒店就餐区全面通风示意图

常用的送、排风方式有上送上排、下送上排及中间送、上下排等多种形式。具体应用时，应遵循的原则是：①送风口应位于排风口上风侧。②送风口应靠近人员所在地点，或者污染物浓度低的地带。③排风口应设在污染物浓度高的地方。④在整个控制空间内，尽量使室内气流均匀，减少涡流的存在，从而避免污染物在局部地区聚积。

2）全面通风量的计算

全面通风可通过直通和部分回风两种方式实现，直通式通风系统百分之百地使用室外新风，这类通风方式的通风量计算可根据房间体积、污染物散发量和允许污染物浓度、基于全混通风假设来计算。如图 4.28 所示，在体积为 $V(\text{m}^3)$ 的室内，若该空间中污染物的发生量为 $x(\text{g/s})$，通风量为 $L(\text{m}^3/\text{s})$，通风开始时室内污染物浓度为 $y_1(\text{g/m}^3)$，送风气流（新风或经过处理后的由新风和回风组成的混合空气）中污染物浓度为 $y_0(\text{g/m}^3)$，则通风后室内污染物浓度是时间 t 的函数 $y(t)$。

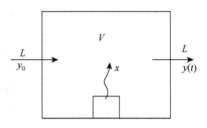

图 4.28　房间全面通风计算示意图

现假设：

（1）x、L、y_0、y_1 均为常数；

（2）x 均匀散发到整个空间；

（3）基于全混通风的假设，送入室内的空气一进入室内立即与室内空气充分混合，而且送风量等于排风量，室内、外空气温度相同。则在时间 Δt 内，室内污染物改变量为

$$\Delta y \cdot V = x \cdot \Delta t + L y_0 \cdot \Delta t - L \cdot y(t) \cdot \Delta t \tag{4.10}$$

当 $\Delta t \rightarrow 0$ 有

$$\frac{\mathrm{d}y}{\mathrm{d}t} = \frac{1}{V}[x + L y_0 - L y(t)] \tag{4.11}$$

式（4.11）称为全面通风的基本微分方程，易求得其解（C 为常数）为

$$-\frac{L}{V}t = \ln[x + L y_0 - L y(t)] + C \tag{4.12}$$

当通风开始 $t = 0$ 时，有 $y(t) = y_1$，因而有：

$$\exp\left(\frac{L}{V}t\right) = \frac{x + L y_0 - L y_1}{x + L y_0 - L y(t)} \tag{4.13}$$

式（4.13）反映了全面通风过程中，室内污染物浓度 $y(t)$ 随时间 t 和全面通风量 L 的变化关系。由于 $y(t)$ 是随时间变化的，故式（4.13）也称为不稳定状态下的全面通风量公式。已知 t 和 L 可以用式（4.13）求得 $y(t)$；已知 $y(t)$ 和 t，也可用式（4.13）求得 L。

例 4.1　某地下建筑的体积 $V = 200\text{m}^3$，设有全面通风系统，全面换气量 $L = 0.06\text{m}^3/\text{s}$。如果有 198 人进入该室从事较轻强度的工作，$CO_2$ 产生量为 2.475g/s。

人员进入室内后立即开启风机，送入经过处理的空气，试问经过多长时间该室的 CO_2 浓度会达到 $3g/m^3$（即 $y(t) = 3g/m^3$）。

假设送入室内的空气 CO_2 浓度 $y_0 = 0$，人员进入前该地下建筑内的 CO_2 浓度 $y_1 = 0$。

根据式（4.13），有：

$$\exp\left(\frac{L}{V}t\right) = \frac{x + Ly_0 - Ly_1}{x + Ly_0 - Ly(t)}$$

$$t = \frac{V}{L}\ln\left(\frac{x}{x - Ly(t)}\right)$$

$$= \frac{200}{0.06}\ln\left(\frac{2.475}{2.475 - 0.06 \times 3}\right)$$

$$= 251.7s$$

如果通风过程的时间无限长（即 $t \approx \infty$），x、L 均保持不变，这时室内空气中的污染物浓度 $y(t)$ 会趋近于一个常数。这种状况就是一个稳定的过程，即与过程有关的各参数都不随时间而变化。实际上，大多数通风工程都按稳定状态设计。

当 $t \to \infty$ 时，式（4.13）可以写成：

$$Ly(\infty) - x - Ly_0 = 0 \tag{4.14}$$

所以在稳定状态下全面通风换气量可按式（4.15）计算：

$$L = \frac{x}{y(\infty) - y_0} \tag{4.15}$$

值得注意的是，室内污染物不可能均匀散发，室内送风也不可能与室内空气充分混合，所以实际所需的全面通风量要比式（4.15）计算结果大得多，因此应引入安全系数 k，即

$$L = \frac{kx}{y(\infty) - y_0} \tag{4.16}$$

安全系数 k 要考虑多方面的因素，如污染物的毒性、污染物的分布及其散发的不均匀性，室内气流组织及通风的有效性等。对于精心设计的小型试验室可取 k 为 1；而对于一般的通风房间可根据实际情况，按经验在 3～10 范围内选用。

另外，当室内同时散发多种污染物时，一般情况下，应分别计算，然后取最大值作为全面通风量。但是，若多种溶剂（苯及其同系物或醇类、醋酸类）的蒸气或多种刺激性气体（三氧化硫、二氧化硫或氟化氢等）在室内同时散发时，通风量应按稀释各污染物所需通风量之和计算。

对于部分回风的全面通风系统，计算通风量时，除以上各因素之外，还需考虑进风污染物浓度和回风比等因素。

3）特殊情况下全面通风量的确定

对于特殊情况，需要采用专门的通风量确定方式。以控制各类病毒引发的呼吸性传染性疾病为例，通风量直接影响空气中传染病的病毒量，加大通风可显著降低感染风险。感染风险与通风量的关系可用如下 Wells-Riley 方程来表达。

$$P = \frac{C}{S} = 1 - e^{-Iqpt/Q} \tag{4.17}$$

式中，P 为感染概率，无量纲；C 为新产生的感染人数，人；S 为总易感人数，人；I 为通风环境中已感染人数，人；q 为一个感染者产生的感染病毒量（quanta[①]/h），肺结核患者取 1.25~249quanta/h，麻疹患者取 5480quanta/h；P 为呼吸通风量，$m^3/(h·人)$；t 为暴露时间，h；Q 为通风量，m^3/h。

4）空气平衡

在任何通风房间中，无论采用何种进排风方式（局部的或全面的，机械的或自然的），单位时间内的进风量应等于排风量，即

$$G_{zj} + G_{jj} = G_{zp} + G_{jp} \tag{4.18}$$

式中，G_{zj} 为自然进风量，kg/s；G_{jj} 为机械进风量，kg/s；G_{zp} 为自然排风量，kg/s；G_{jp} 为机械排风量，kg/s。

以上就是室内空气平衡。在图 4.29 所示的室内，设有机械进风和机械排风，如果机械进风量大于机械排风量 $G_{jj} > G_{jp}$，室内空气压力将升高。由于通风房间不是非常严密的，有一部分室内空气会通过门窗及其他不严密缝隙渗到室外，见图 4.29（a）。一直到总进风量等于总排风量，即 $G_{jj} = G_{jp} + G_{zp}$ 时，室内压力才保持稳定。这里把渗到室外的这部分排风量 G_{zp} 称为自然无组织排风。如果机械排风量大于机械进风量 $G_{jp} > G_{jj}$，室内压力将下降，处于负压状态，这时室外空气将经门窗及不严密的缝隙渗入室内，见图 4.29（b）。一直到总进风量等于总排风量，即 $G_{jj} + G_{zj} = G_{jp}$ 时，室内压力才保持稳定，把渗入室内的这部分风量 G_{zj} 称为自然无组织进风。

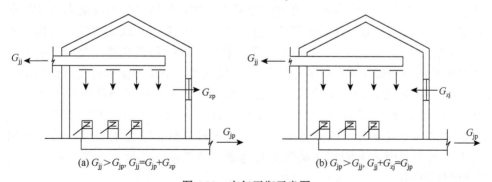

(a) $G_{jj} > G_{jp}$, $G_{jj} = G_{jp} + G_{zp}$ (b) $G_{jp} > G_{jj}$, $G_{jj} + G_{zj} = G_{jp}$

图 4.29 空气平衡示意图

① quanta 是 Wells 在 1955 年给出的统计意义上的概念，是指使一个人致病的最少的病原体数目。

　　进行工程设计时，可以有目的地利用无组织进风或排风，保护建筑物内部特定房间的空气清洁，或者使建筑物不同区域处于不同的洁净条件下。以传染病房为例，为了防止致病细菌或病毒外逸，机械排风量应大于机械进风量，允许空气无组织渗入。同时，为了保护医护人员感染，防止交叉，必须采用如图 4.30 所示有序组织气流，科学设计通风系统。具体来说，应考虑以下主要因素：①负压运行。即整个建筑处于负压环境，防止空气以无组织方式外渗。②压力递减。在不同的区域维持不同的空气压力，在压差作用下，空气依次通过清洁区、半污染区、污染区和消毒区，最后排至室外。③合理的微气流组织。在病房，气流应尽可能依次通过进气口、医护人员、患者和排气口。④安全消毒。空气排向外界大气之前，进行可靠的消毒。

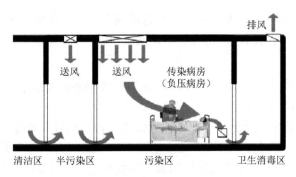

图 4.30　传染病房气流组织

4.2.3　置换通风

　　传统的全面通风采用全混通风方式，即干净空气送入室内后，与室内空气几乎完全混合后，室内各处污染物浓度基本一致，外排空气的污染物浓度与室内空气平均浓度一致，这种通风方式的不足是通风效率和能效比低。置换通风是一种特殊的全面通风方式，最早出现于北欧，1978 年置换通风第一次应用于德国柏林的一个焊接车间，在改善厂房空气品质和节能方面取得良好的效果。20 世纪 80 年代，因病态建筑综合征引发的室内空气质量问题引起了人们的极大关注，而通风是解决这种问题简单易行的方法。但是，大量通风换气会引起建筑物能耗上升，因此置换通风作为一种高效、节能的通风方法，开始应用于室内空间较大的写字楼等商业建筑，主要解决卷烟、二氧化碳、热量等引起的污染。

　　置换通风具有与全混通风送风方式不同的特征。置换通风基于空气密度差形成的热气流上升、冷气流下降的原理，实现通风换气。置换通风的送风分布器通常靠近地板布设，送风口面积较大，因此送风风速较低（一般低于 0.5m/s）。在这样低的流速下，送风气流与室内空气的掺混量很小，能够保持分区的流态，置换通风用于夏季降温时，送风温度通常低于室内空气平均温度 2~4℃。

置换通风送入室内的这种低速、低温空气在重力作用下先下沉，随后缓慢扩散，在地面上方形成一空气层。与此同时，室内热污染源产生的热污染气流因浮力作用而上升，并在上升过程中不断卷吸周围空气，形成如图 4.31 所示的蘑菇状上升气流。置换通风的排风口通常设置在顶棚附近，在热污染气流浮升过程的"卷吸"作用和后续新风的"推动"作用，以及排风口的"抽吸"作用下，覆盖在地板上方的新鲜空气缓缓上升，形成类似活塞一样的向上单向气流。于是，工作区的污染气体诱导向上流动，新风不断补充，如同热污染气流被新鲜空气置换。当气流流动达到稳定状态时，在流态上便形成上部混合区和下部单向流动区两个污染程度显著不同的区域，两区域在空气温度和污染物浓度上存在一个明显的界面。上部区域为紊乱混合区，其污染物浓度与外排口相当。下部区域由向上浮升的热气流区和热气流周围的清洁空气区组成，在两个区的分界面上，热污染气流的流量 q_b 与外部送风量 q_s 相等，并且可以认为处于下部热污染气流区域之外的空气的清洁度与送风气流近似相同。置换通风所具有的这种空气分层效应可以确保人体处于清洁空气区。

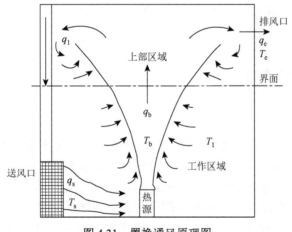

图 4.31　置换通风原理图

T_s 为送风温度；T_b 为上升气流温度；T_1 为工作区域温度；q_e 为排风气量；T_e 为排风温度；q_1 为回返气流气量

实际上，置换通风不仅适用于热污染源的房间，以及采用自下而上的气流组织方式，这种方式也特别适用病房通风或手术室通风，使洁净空气从上部区域进入室内。然后，自上而下依次通过医护人员、患者和排风口，如图 4.32 所示。同样地，可采用机械排风大于机械送风，使室内处于负压状态。

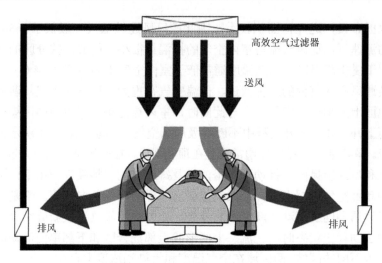

图 4.32　病房或手术室通风气流组织

4.3　通风空调与室内空气质量

　　自然通风受自然条件的影响，具有不确定性；简易式机械通风尽管可实现通风换气，但调控不够灵活。因此，伴随人们对室内空气舒适和洁净要求的不断提高，以及社会发展和科学技术的进步，兼具通风和空气调节功能的空调系统应用越来越普及。

4.3.1　空调系统概述

1. 空调系统分类

　　空调是通过各种空气处理手段，如加热或冷却、加湿或减湿和空气净化等，维持室内空气的温度和流动速度，以及洁净度和新鲜度，以满足舒适性或生产工艺要求的电器。根据空气调节目的，可将空调分为舒适性空调和工艺性空调两大类。舒适性空调以室内人员为服务对象，目的是创造一个舒适的工作或生活环境，提高工作效率或维持良好的健康水平，住宅、办公室、影剧院、百货大楼的空调，就属于这一类。工艺性空调的目的是满足科学研究或生产过程等需求，如计算机房、电话总机房、精密电子车间和某些特殊的实验室、博物馆等，此时空调的设计应以保证工艺要求为主，室内人员的舒适感是次要的，当然两者通常可以兼顾。

　　一个完整的建筑物空调系统通常由空气处理设备、空气输送管道和空气分配装置组成。通过向室内不断送入经过处理的空气，来消除室内热、湿干扰及空气污染物，从而维持所需的室内温度、湿度、风速、压力和洁净度等。根据空气处理设备的设置情况、担负室内空调负荷所用的介质和空调系统使用的空气来源的差异，可对空调系统进行分类。

1）按空气处理设备的设置情况分类

（1）集中式空调系统。在这种系统中，所有空气处理设备集中在空调机房，空气处理设备处理全部空气。空气处理后，由风管送到各空调房间。这种空调系统具有处理空气量大，运行可靠，便于管理和维修等优点，但机房占地面积较大。

集中式空调系统按风量是否变化又可分为变风量系统和定风量系统。根据送入每个房间的送风管的数目分为单风管和双风管系统。

（2）半集中式空调系统。在这种系统中，空调机房的空气处理设备仅处理一部分空气。各空调房间内还有空气处理设备，它们或对室内空气进行就地处理，或对来自空调机房的空气作补充处理。诱导系统、风机盘管系统就是这种半集中式空调系统的典型例子。这种系统可以满足不同房间对送风状态的不同要求。

（3）分散式空调系统。在这种系统中，空气处理设备完全分散在各空调房间内，因此，又称为局部空调系统。家用空调器即属此类，其特点是将空气处理设备、风机、冷源、热源等都集中在一个箱体内，形成一个非常紧凑的空调系统，接上电源即可进行空气调节。因此，这种空调系统使用灵活、安装简单、节约风管。

2）按担负室内空调负荷所用的介质分类

（1）全空气空调系统。全部由集中处理的空气来承担室内的热湿负荷。由于空气的比热容小，通常这类空调系统占用建筑空间较大，但室内空气的品质较好。

（2）全水空调系统。室内的热湿负荷全部由水作为冷热介质来承担。由于水的比热容比空气大得多，所以在相同情况下，只需要较少的水量，从而使输送管道占用的建筑空间较少。但这种系统不能解决空调空间的通风换气问题，通常情况下不单独使用。

（3）空气-水空调系统。由空气和水（作为冷热介质）来共同承担空调空间的热湿负荷。这种系统有效地解决了全空气空调系统占用建筑空间多和全水空调系统中空调空间通风换气不足的问题。在对空调精度要求不高和采用舒适性空调的场合广泛地使用此系统。

（4）直接蒸发空调系统。这种系统中将制冷系统的蒸发器直接置于空调空间内来承担全部的热湿负荷。随着科学技术的发展，目前小管道内制冷剂的输送距离可达到 50m，再配合良好的新风和排风系统，使得这类系统在小型空调系统中较多地被采用。其优点在于冷热源利用率高，占用建筑空间少，布置灵活，可根据不同房间的空调要求自动选择制冷和供热。

根据以上两种分类原则，各种空调系统分类见表 4.2。

表 4.2　　各种常见空调系统的分类

空调系统	集中式空调系统	单风管系统	单风管定风量系统	全空气空调系统
			单风管变风量系统	
		双风管系统	双风管定风量系统	
			双风管变风量系统	
			多区系统	
	半集中式空调系统		全空气诱导器系统	空气-水空调系统
			风机盘管＋新风系统	
			空气-水诱导器系统	
			冷、暖诱导器系统	
			风机盘管系统（无新风）	全水空调系统
			闭式环路水热源热泵系统	
	分散式空调系统		房间空调器	直接蒸发空调系统
			多台机组型空调器	
			单元式空调机组	

3）按空调系统使用的空气来源分类

（1）封闭式系统。在这种系统中，没有室外空气的补充，所处理的空气全部来自室内的再循环空气。因此房间和空调设备构成一个封闭环路，如图 4.33（a）所示。这种系统用于封闭空间且无法（或不需要）采用室外空气的场合，其优点是系统冷、热能消耗最少。但是，这种系统的卫生效果差，只适用于战时的地下庇护所等战备工程以及很少有人进出的仓库。

（2）直流式系统。在这种系统中，所处理空气全部来自室外，吸收余热、余湿后，又全部排至室外，如图 4.33（b）所示。由于开放式系统的室内空气得到完全的交换，因此，特别适合于不允许采用回风的场合，如产生病菌的病房、产生剧毒物的生产车间和产生放射性物质的实验室等，不过，这种系统耗能最多。

（3）混合系统。在这种系统中，所处理空气一部分来自室外的新风，另一部分来自室内再循环的回风，如图 4.33（c）所示。它既能弥补封闭式系统卫生条件差的不足，又解决了直流式系统能耗太高的问题，故应用范围最广。

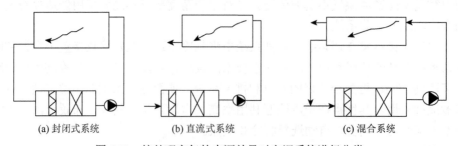

(a) 封闭式系统　　　　　　(b) 直流式系统　　　　　　(c) 混合系统

图 4.33　　按处理空气的来源差异对空调系统进行分类

2. 全空气空调系统

全空气空调系统是集中式空调系统的一种，空调机组处理的空气部分来自新鲜空气，另一部分来自空调房间的回风。该类系统又可分为单风管全空气空调系统（简称单风管系统）和双风管全空气空调系统（简称双风管系统），分别如图 4.34 和图 4.35 所示。

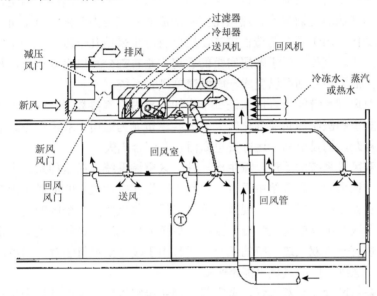

图 4.34 单风管系统

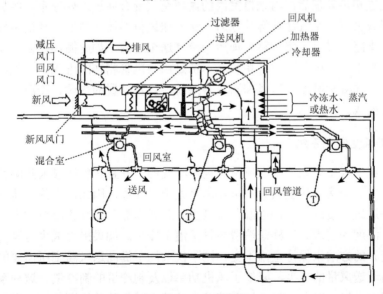

图 4.35 双风管系统

单风管系统由一根风管将符合要求的空气送入空调房间，而双风管系统有两根送风管道，一根送冷风，另一根送热风。两种状态的空气在每个空调房间或每个区的双风管混合箱中混合变成送风状态。根据各房间或各区的负荷及对送风状态的不同要求，在混合箱中冷、热风可以采用不同的比例。

在双风管系统中，混合箱是一个关键且造价也较高的设备，它应具备两种功能，一是能根据房间负荷变化自动调节冷、热风的比例，以满足室内空调参数要求；二是当其他房间调节冷、热风比例时造成的系统压力变化不至于引起本房间送风量的变化。由于混合箱造价较高，所以有时也采用几个风口或一个区用一个混合箱的方式。例如，对于多层宾馆的客房，垂直部分可以用双风管，每层设一个混合箱，混合箱后则可以变成一般低速单风管系统。

由于双风管系统能较好地保证每个房间的室内空气参数，所以对于旅馆、办公室、实验室和医院等负荷变化较大的公共建筑尤为适用。双风管系统的主要缺点是系统复杂，初投资高，运行费也高而且有混合损失。

根据双风管系统的原理，派生出一种多区空调系统。在这种系统中，冷、热风不是在空调房间的混合箱中混合，而是由附设在空调机上的混风阀混合。混风阀设在加热器和冷却器之后，混风阀分成多组，每组负责一个区的送风，因此可以保证每个区有不同的送风温度。混风阀后仍为单风道。这种系统有一定的方便性，但它也有一般双风道系统的缺点，而且由于没有定风量装置，当各区负荷变化较大时，送到各区的风量可能不平衡。

不论是单风管还是双风管，全空气空调系统空气处理过程皆为来自室外的新鲜空气经过初步处理后，与来自室内的循环空气混合并进入处理室。经加热或制冷、加湿或去湿、空气净化等处理后，送入送风机增压。然后，经消声器将空气分配到各支路。最后，将这种处理后的空气送至室内，如此循环往复，以维持室内空气参数不变。因此，空调系统基本都是由与风管相连的进风、空气净化、加热和冷却、加湿和减湿、送风和回风等系统，以及外置的热源、冷源、控制和调节装置等构成。

3. 变风量空调系统

普通集中式空调系统的送风量是全年不变的，并且按房间最大热湿负荷确定送风量。实际上房间热湿负荷不可能总是处于最大值，因此，当热负荷减少时就要靠提高送风温度的方法，当湿负荷减少时就要靠提高送风含湿量的方法来满足室内温、湿度的要求。这样既浪费热量又浪费冷量。如果采用减少送风量（送风参数不变）的方法来保持室温不变，则不仅节约了提高送风温度所需的热量，而且还由于送风量的减少，降低了风机功率以及制冷机的制冷量。这种系统的运行费用相对经济，对于大型空调系统尤为显著。国外随着能源危机的出现，对变风量系统进行了大量的研究和推广工作，不仅用于新建筑中，而且用于旧建筑的改造。图 4.36 是变风量空调系统的示意图，与定风量空调系统不同，变风量空调系统是通过特殊的送风装置来实现的，这种送风装置统称为"末端装置"，常用的末端装置有节流型末端装置、诱导型末端装置和旁通型末端装置。

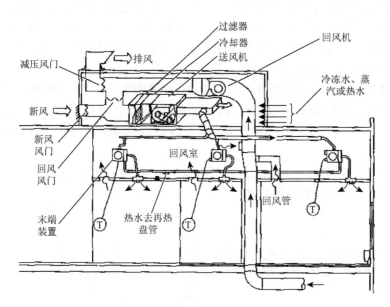

图 4.36　变风量空调系统

全年使用的变风量空调系统一般根据系统夏季最大冷负荷设计。该负荷不是各区最大冷负荷之和，而应考虑系统的同时负荷率，这是因为空调设备提供的冷量能自动地随负荷的变化在建筑物内部进行调节。系统的最小风量可按系统最大风量的 40%～50%计算，但最小风量应满足房间气流分布的最低要求和卫生要求。

变风量空调系统的特点是：①运行经济，由于风量随负荷的减小而减少，所以冷量、风机功率能接近建筑物空调负荷的实际需要。在过渡季节也可以充分利用室外新风冷量。②各个房间的室内温度可以个别调节，每个房间的风量调节直接受装在室内的恒温器控制。③具有一般低速集中空调系统的优点，如可以进行较好的空气过滤、消声等，便于集中管理。④不像其他系统那样，始终能保持室内换气次数、气流分布和新风量，当风量过少而影响气流分布时，则只能通过末端再热来进一步减少风量。

国外在高层和大型建筑中，通常在内区使用这种系统，因为它没有多变的建筑传热、太阳辐射热等。室内全年或多或少有余热，因此全年需送冷风，用变风量系统比较合适。而在这种建筑物外区，有时仍可用定风量系统（低速集中式）或空气-水系统等，以满足冬季和夏季内区和外区的不同需要。

4. 半集中式空调系统

在空调房间设置风机盘管机组，再加上经集中处理的新风送入房间，由两者结合运行，这种对空气的局部处理和集中处理相结合的方式就是半集中式空调系统。这种系统在目前的大多数办公楼、商用建筑及小型别墅中较多地被采用。

1）风机盘管机组系统的构造、分类和特点

风机盘管机组是由冷热盘管（一般 2～3 排铜管串片式）和风机（多采用前向多翼离心式或惯流式）组装而成。室内空气直接通过机组内盘管进行冷却减湿和加热处理。风机的电机多采用单相电容调速低噪声电机，通过调节输入电压改变转速。

图 4.37 是立式和卧式风机盘管机组的结构。可按室内安装位置选定，同时根据装潢要求制成暗装和明装形式。

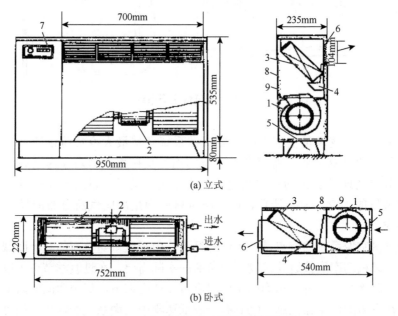

图 4.37　立式和卧式风机盘管机组结构

1-风机；2-电机；3-盘管；4-凝水盘；5-循环风进口及过滤器；
6-出风格栅；7-控制器；8-吸声材料；9-箱体

风机盘管机组系统通常采用风量调节（一般为三速控制），也可以进行水量调节。

风机盘管机组有时独立负担全部室内负荷，这时就成为"全水系统"空调方式，如果配备新风系统，则属于空气-水系统空调方式。

从风机盘管机组结构特点来看，其优点在于：布置灵活，容易与装潢工程配合；各房间可独立调节室温，当房间无人时可方便地关机而不影响其他房间的使用，有利于节约能量；房间之间空气互不串通；系统占用建筑空间少。

其缺点是：布置分散，维护管理不方便；当机组没有新风系统同时工作时，冬季室内相对湿度偏低，故不能用于全年室内温度有要求的地方；空气的过滤效果差；必须采用高效低噪声风机；水系统复杂，容易漏水；盘管冷热兼用时，容易结垢，不易清洗。

2）风机盘管机组系统新风供给方式和设计原则

风机盘管机组系统的新风供给方式有多种（图4.38），具体如下。

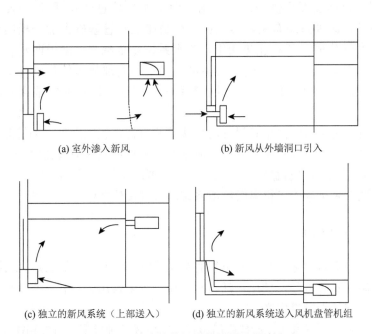

(a) 室外渗入新风 　　　　　　　　(b) 新风从外墙洞口引入

(c) 独立的新风系统（上部送入）　　(d) 独立的新风系统送入风机盘管机组

图4.38 风机盘管机组系统的新风供给方式

（1）渗入室外空气（室内机械排风）补充新风。如图4.38（a）所示，机组基本上处理再循环空气。这种系统初投资和运行费用经济，但室内卫生条件差，且受无组织的渗透风影响，室内温湿度分布不均匀。因而这种系统适用于室内人员稀少的场合。

（2）墙洞引入新风直接进入机组。如图4.38（b）所示，新风口做成可调节型，夏季按最少新风量运行，过渡季节尽量多采用新风。这种方式虽然新风得到了较好的保证，但随着新风负荷的变化，室内参数将直接受到影响，因而这种系统适用于室内参数要求不高的建筑物。

（3）由独立的新风系统提供新风，即把新风处理到一定的参数（或承担部分室内负荷），由风管系统送入各个房间，见图 4.38（c）和图 4.38（d）。这种方案既提高了系统的调节能力和运行灵活性，又提高了进入风机盘管的供水温度，水管的结露现象可得到改善。这种系统目前被广泛采用。

　　3）风机盘管机组系统的水系统

对于具有供、回水管的双水管系统，它和机械循环的热水采暖系统相似，夏季供冷水，冬季供热水。对于要求全年使用空调且建筑物内负荷差别较大的场所，如在过渡季节内有些房间要求供冷，而另一些房间要求供热。为了使用灵活，可使用三水管系统，即在盘管进口处设有程序控制的三通阀，由室内恒温器控制，根据需要提供冷水或热水（但不能同时通过）。更为完善的方式是四水管系统，这种系统有两种做法：一种是在三水管基础上加一根回水管；另一种是把盘管分成冷却和加热两组，使水系统完全独立。采用四水管系统，初投资较高，但运行很经济，因为大多可由建筑物内部热源的热泵提供热量，而且对调节室温具有较好的效果。四水管系统一般在舒适性要求很高的建筑物内采用。

风机盘管机组系统的水管设计与采暖管路有许多相同之处，如管路同样要考虑必要的坡度，以排除管路内空气，防止产生气堵；系统应设置膨胀水箱（开放式和闭式）；大多数风机盘管机组系统中应设置凝水管（干工况除外）。采暖管路的设计方法大多可用于风机盘管机组系统的水管设计之中。

　　5. 局部空调机组

局部空调机组实际上是一种小型的空调系统，采用直接蒸发或冷媒冷却方式，它结构紧凑，安装方便，使用灵活，是空调工程中常用的设备。小容量空调装置已作为家电产品大批量生产。

按容量大小，有窗式、壁挂或吊装式和立柜式三种类型。窗式和挂壁式空调的容量小，冷量分别在 7kW 和 13kW 以下，风量低于 1200m³/h，如图 4.39 和图 4.40所示。立柜式空调的容量较大，冷量在 70kW 以下，风量低于 20000m³/h，如图 4.41 所示。

按制冷设备冷凝器的冷却方式分，有水冷式和风冷式两种。水冷式用于容量较大的机组，必须具备冷却水源。风冷式用于容量较小的机组，如窗式空调。其中冷凝器部分在室外，借助风机用室外空气冷却冷凝器。容量较大的机组也可将风冷冷凝器独立放在室外（图 4.41）。

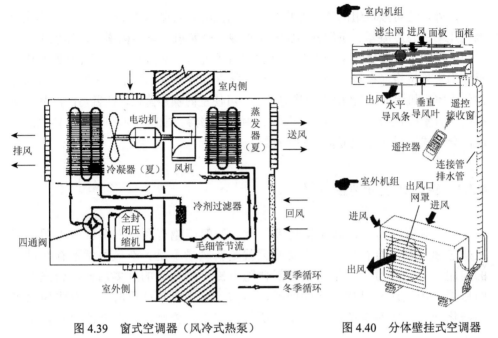

图 4.39　窗式空调器（风冷式热泵）　　　　图 4.40　分体壁挂式空调器

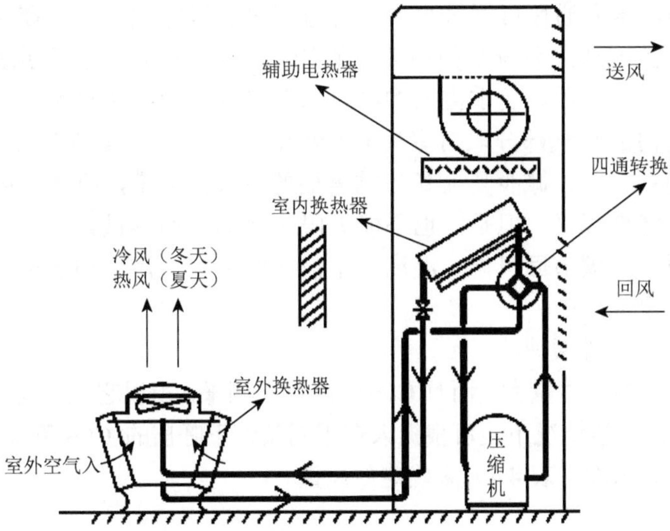

图 4.41　立柜式风冷型空调机组（冷凝器分开安装，热泵式）

根据供热方式，可将局部空调机组分为普通式和热泵式，普通式冬季用电热供暖。热泵式冬季仍由制冷机工作，借四通阀的转换，使冷剂逆向循环，把原蒸发器当作冷凝器（原冷凝器作蒸发器），流过它的空气经加热后可用于采暖。

此外，还可按机组的整体性将局部空调机组分为整体式和分体式。整体式空调的压缩机、冷凝器、蒸发器与膨胀阀构成一个整机，虽结构紧凑，体积小，但噪声振动较大。分体式空调把蒸发器和室内风机作为室内机组，把冷凝器和压缩机作为室外机组（在较大型机组中，也有将冷凝器单独作为室外机组，而其余部件作为室内机组），二者用冷剂管道连接。可使室内噪声降低。在目前的产品中也有用一台室外机与多台室内机相匹配。由于传感器、配管技术和机电一体化的发展，分体式机组的形式可有多种多样。

4.3.2　空调系统新风量计算

就一般情况而言，新风量越多，对人的健康越有利。许多实例表明，产生病态建筑物综合征的一个重要原因就是新风量不足。新风虽然不存在过量的问题，但是超过一定限度，必然伴随着冷、热负荷的过多消耗，带来不利的后果。新风还有品质好坏的问题，当室外污染比较严重时，只有先做恰当的净化处理，才具有改善室内空气质量的作用。否则，也可能恶化室内空气质量。

总的来说，全面通风可通过直流和部分回风两种方式实现，在 4.2.2 节中已经介绍了直流式通风系统全面通风量的计算。由于直流式通风系统百分之百地使用室外新风，因此，夏季需要的冷量以及冬季需要的热量都很大。部分回风系统送入室内的空气部分取自室外（新风），部分为室内循环空气（即回风）。显然，这样的系统可以减少夏（冬）季需要的冷（热）量，而且使用的回风百分比越大，经济性越好。但是，也不能无限制地加大回风量。一般通风系统中新风量（适用于只调节回风温、湿度，不净化回风空气污染物的场合）的确定应遵循以下三个原则。

1）满足人员卫生要求

由于室内 CO_2 产生量大，而且 CO_2 浓度易于测量，所以它是描述生物排泄水平的理想指标。一般情况下，可根据人在不同条件下呼出的 CO_2 量（表 4.3）和室内 CO_2 的允许浓度（表 4.4）来确定新风量。

表 4.3　人在不同条件下呼出的 CO_2 量　　　　[单位：$L/(h \cdot 人)$]

人的活动强度	静止	极轻	较轻	中等	高
CO_2 呼出量	13	22	30	46	74

表 4.4　室内 CO_2 的允许浓度

房间性质	CO_2 的允许浓度	
	L/m^3	g/kg
人长期停留的地方	1.0	1.5
儿童和患者停留的地方	0.7	1.0
人周期性停留的地方（机关）	1.25	1.75
人短期停留的地方	2.0	3.0

除了衡量生物排泄水平外，CO_2 也可用来评价人体气味强度。图 4.42 给出了气味强度与 CO_2 浓度的关系，可以看出，两者具有良好的相关性。

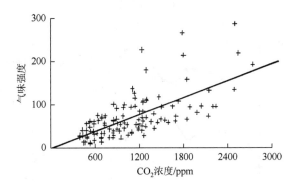

图 4.42　气味强度与新陈代谢产生的 CO_2 浓度的关系

通风方式对人体新陈代谢导致的办公室内 CO_2 水平的影响如图 4.43（a）和图 4.43（b）所示。图 4.43（a）中，通风系统的送风全部为室外新风；而图 4.43（b）中，通风系统送风由 85%回风和 15%新风组成。可见，前者 CO_2 浓度比后者低得多。从图中还可看出，室内人数也影响着室内 CO_2 的浓度水平。

由于 CO_2 浓度可借助便携式实时仪器测量，所以当室内没有源强较大的燃烧源或燃烧源配备了局部通风设施时，CO_2 浓度值是机械通风系统性能评估的依据，是确定通风系统在稀释和排除室内污染物性能方面优劣的简便方法。通过连续监测建筑物内的 CO_2 浓度，并利用 CO_2 浓度值与通风空调系统运行条件之间的关系，可调整通风空调系统回流比，以维持要求的 CO_2 浓度。此外，基于 CO_2 浓度测定值对通风空调系统进行管理的优点还表现在，可根据建筑物内人员情况和通风要求调整通风量和回风/新风比，因而具有节能潜力。

由于烟草燃烧会产生悬浮颗粒，为了降低室内烟草烟雾颗粒的浓度水平，对于允许吸烟的办公室，通风量通常应比基于 CO_2 确定的通风量高。基于吸烟相关的气味研究，环境可接受性与对应每支烟的通风量关系如图 4.44 所示。

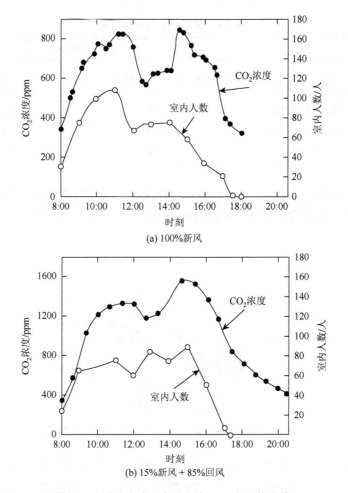

图 4.43 通风方式对办公室内 CO_2 水平的影响

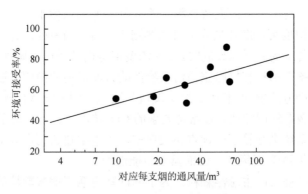

图 4.44 对应每支烟的通风量与环境可接受率的关系

2）补充局部排风要求

如果空调房间有局部排风设备，排风量为 L_P（m^3/h），则为了不使房间产生负压，至少应补充与局部排风量相等的室外新风量 L_W（m^3/h），即 $L_W = L_P$。

3）保证空调房间的正压要求

为了防止外界未经处理的空气渗入空调房内，干扰室内空调参数，需要使房间内部保持一定正压值，即用增加一部分新风量的办法，使室内空气压力高于外界压力，然后，再让这部分多余的空气从房间门窗缝隙等不严密处渗透出去。一般情况下，室内的正压值维持在 5～10Pa 即可满足要求，不应大于 50Pa。过大的正压不但没有必要，而且还将降低系统运行的经济性。

根据这一原则计算新风量时，必须知道门窗缝隙大小以及空气通过门窗缝隙时的局部阻力系数。通过缝隙渗出空气的速度 v 可按式（4.19）确定

$$v = \sqrt{\frac{2\Delta H}{\zeta\rho}} \qquad (4.19)$$

式中，ΔH 为房间正压值，Pa；ζ 为空气通过门窗缝隙的局部阻力系数；ρ 为空气密度，kg/m^3。

渗出风量，即需要增加的新风量可按式（4.20）确定

$$L_W = v\delta l \qquad (4.20)$$

式中，δ 为缝隙宽度，m；l 为缝隙总长度，m。

在工程上，要按以上三条原则分别计算出新风量后，取其中最大值。对于一般空调系统，如按上述方法算得的新风量不足系统总风量的 10%，则应加大到 10%，但净化程度要求高，房间换气次数特别大的系统不在此列。

4.3.3　空调系统对室内空气质量的影响

空调系统的主要任务是将经过处理的空气送入室内空间，以维持室内温度、湿度、洁净度，以及空气流动速度等条件。不同的通风方式和气流组织形式稀释和排除室内污染物的效果不同，室内人员可感受的空气质量也不同。因此，空调系统的任务能否实现取决于空调系统设计和运行管理两个方面。设计欠科学、运行管理不严的空调系统不但无助于室内空气环境的改善，还可能成为室内空气污染物的发生源或传播途径。实际上，室内空气质量问题在很多情况下是由通风不当引起的。因此，研究空调系统对室内空气质量的影响非常重要。

1. 空调系统通风效率及改进措施

1）空调系统通风效率

自从 20 世纪 70 年代由于节能要求、加强建筑气密性和减小新风量而出现病

态建筑综合征以来，人们对新风量非常重视，将建筑综合征归因于缺少新风。毫无疑问，对于空调房间而言，改善室内空气质量的有效措施包括合理的室内气流组织和增大新风量两方面。增加新风量是必要的，但增加新风量不仅导致建筑能耗增大，而且未收到预想效果的实例也很多。因此，只考虑风量，而不考虑新风自身质量以及实际效果是不可取的。另外，一般新风过滤器效率不高，又无净化气体的功能，空气中所含气态污染物质不可能被清除。此外，传统的送风模式以全室空间作为新风稀释对象，当其通过上部空间时污染物会掺混，再进入工作区时新风可能已经不清洁了。

可见，如何在新风量有限的情况下组织合理的通风气流至关重要。通风效率是表示送风排除热和污染物能力的指标。排除污染物的能力也称排污效率，在相同送风量情况下，能维持较低的稳态污染物浓度或者能较快地将污染物浓度降下来（非稳态）的气流组织，其排污效率就是高的。

2）提高通风效率的措施

对于混合通风，由于送风在整个房间中进行扩散混合，易达到全室空间内温度和污染物浓度一致。因此，要求送风口素流系数大，掺混性能好，以便增强二次混合气流，提高通风效率。均匀布置送风口有利于混合，排风口的影响相对较小，更有利于避免涡旋，消除死角。有条件的情况下排风口应尽可能靠近污染源，以利于就近排除。

对候车室、候机厅之类的人群密度和空间均大的场合，污染物主要因人体新陈代谢及其活动产生，因此，在人的活动区要保持较高的空气流速，以防止污染物积聚。一般来说，上送上排式气流组织很不利于工作区形成良好的空气品质。值得注意的是，人体排放的污染物温度通常高于周围，由上往下的气流并不利于向上浮升的热污染气流排出，其排污效果并不优于上送上排，除非可采用下送上排气流。

对于置换通风，送风量等于分层高度上热污染气流卷吸的空气量。若送风量过大，反而导致通风效率降低，这通常是由于送风不均匀，局部风速过高，干扰污染物自然上升，或是因出现循环气流，而导致呼吸区污染浓度增加。对于置换通风，室温与人体温差越大，越有利于 CO_2 和其他污染组分自然上升，通风效率就越高。同样，室内空气平均温度与送风温度之差越大，越有利于改善室内空气品质。另外，送风口扩散性能好、素流系数小有利于减轻送风气流与室内空气掺混，充分发挥置换作用，将污染物由上部排走。

3）空调系统对室内空气品质的潜在影响

空调系统对于室内空气品质来说是一把双刃剑，一方面可以排出或稀释各种空气污染物，另一方面，可能诱发或加重空气污染物的形成和扩散，形成不良的室内空气品质。从卫生学角度来讲，空调系统不仅要保证热舒适，更重要的是保证人体健康，以牺牲健康为代价的热舒适是不足取的。

世界卫生组织（WHO）警告说，随着发展中国家经济的发展，摩天高楼的建造与空调设备的普遍应用，增加了某些疾病的传播机会，必须引起足够的关注。根据调查，集中式空调制冷设备对人体健康造成的危害或疾病种类高达数十种。根据其对人体的危害、疾病的性质、致病的病源等，空调病大致可分为三大类：即急性传染病、过敏性疾病（包括过敏性肺炎、加湿器热病等）以及病态建筑综合征。此外，空调形成的不冷不热环境，对人体的生理活动也有一定的影响。空调系统可能以两种方式对室内空气质量构成不利影响：一是作为污染物发生源；二是作为污染物的传播途径。

2. 空调系统是污染源

2004 年，卫生部曾组织开展了全国公共场所空调通风系统卫生状况监督检查，结果显示，全国 30 个省、市、自治区 60 多个城市的 937 家公共场所中，合格仅 58 家，占抽检总数的 6.2%。也就是说，有九成多的中央空调在吹不洁净的风。2006 年 7 月，深圳市疾病预防控制中心公布了该市部分高档酒店及公共场所冷气系统卫生检查情况，结果军团菌率高达 75%。可见，空调通风系统的卫生状况不容乐观。作为污染源的空调系统，主要通过以下几种方式产生空气污染物。

1）空调系统设备用材

空调系统的主体是空气处理单元或风机盘管单元，典型的空气处理单元由耐腐蚀、抗老化的材料加工制作。但是，有些小型空调系统的空气处理单元可能用隔热玻璃纤维或氯丁橡胶作衬里材料。另外，从中央空气处理单元或风机盘管到空调房间的管道通常用薄壁金属管制作，为了防止水汽凝结和减少热损失，一般要外缚玻璃纤维毡作隔热处理。也有一些设计要求将隔热材料缚设在送风和回风管道的内壁。除了隔热之外，这些玻璃纤维毡也能起到降低管道噪声的作用。

由玻璃纤维材料组成的衬里或内部隔热层可能通过两种途径引起室内空气质量问题。首先，玻璃纤维或其他多孔性隔热材料吸水受潮后，会滋生微生物，成为细菌繁殖地。当其处于冷却盘管或加湿器下侧时尤为如此。其次，这些纤维会释放到空气中，并被气流夹带进入空调系统和人员居留区。尽管过滤器对纤维具有一定的阻留作用，但是，大多数商用建筑物空调系统过滤器的效率不高。此外，污垢和残余物也会积累在内缚隔热层的孔中。

与传统的薄金属管相比，纤维板的投资低。正因为如此，在过去几十年中，纤维板制作的管道在小型商用和居民建筑楼中的应用面不断扩大。在送风系统中使用这些材料作为内衬或板材应慎重考虑其可能带来的室内空气质量问题。在管道的送风侧，不建议使用纤维板的内部隔热方式，因为会导致纤维混入管道气流，带来室内空气质量问题。

为了降噪和隔热，风机盘管和热泵单元常常要求缚设内衬材料。由于风机盘管单元紧靠居住区安装（如阁楼、天花板上等），或直接暴露于居住区。纤维释放会严重影响居住人员的身体健康。因此，再过几年，可能因防止纤维进入居住区的需要，而不得不降低降噪和隔热要求，或改用其他隔热降噪材料。

如果用厚浆涂料涂覆管道内壁，则挥发性有机化合物会从涂层中释放出来，刚涂覆完后尤为如此。因此，建筑物启用或翻修后，高浓度挥发性有机化合物可能积聚在管道中。因此，在入住新建筑物或经过翻修的建筑物之前，一个重要的任务是通风换气，以降低室内挥发性有机化合物浓度。

2）加湿器、冷却盘管表面凝水

冷却过程会导致水凝结在冷却盘管上。无论是空气处理设备，还是风机盘管设备都配有凝水盘，用于收集凝结水，并将其排入下水系统。空调系统所在地区湿度越高，冷却盘管凝水盘收集的冷凝水量越大。冷凝排水管和凝水盘往往是污染物的滋生地。一般来说，空调系统使用时间越长，冷凝排水管被污染的可能性越大。在进行室内空气质量调查时，必须检查凝水盘，并注意是否有藻类或生物性污染物积累的迹象。在室内空气质量预防性维护过程中，也应把清理凝水盘作为基本内容。

为了防止阴沟气体通过空气处理单元或直接进入室内，在凝水盘与下水道之间应设一存水弯。若空气处理单元安置在天花板之上或凝结水会对建筑物装潢产生严重危害的其他区域，则需要在凝水盘下面设置二次排水盘，用于收集从凝水盘溢出的水。同样地，二次排水盘的水也应先经过一个存水弯，再排到下水系统。通常情况下，二次排水盘应安置在便于维护人员观察的位置，以便溢出时能及时发现。

冷却盘管表面水的残留也可能成为微生物滋生源，特别是当空气过滤系统效率低，或维护不当时，小颗粒会与水同时积聚于盘管表面，致使微生物大量繁殖。因此，合理地收集并排出空气处理单元冷却盘管的水对于室内空气质量控制非常重要。值得注意的是，目前在设计、施工和日常维护中往往忽视这一问题。

与阴暗、潮湿相关的主要污染物是生物性溶胶，即悬浮于空气之中的微生物颗粒，这些颗粒含有病毒、细菌、原生动物等，大小介于 $0.01 \sim 100 \mu m$。微生物的形成与环境条件密切相关，在通风管道内部、凝水盘、过滤器和加湿器之类阴暗、潮湿环境中，微生物繁衍迅猛。气流冲刷、系统震动、间歇操作和干燥风化过程会导致这些微生物以溶胶形式进入空气环境，并通过空调送风进入空调房间。

加湿过程的目的是提高空气的湿度。有两种类型的加湿器：绝热加湿器和等温加湿器。在绝热加湿过程中，体系与外部环境之间不发生热交换，空气的显热被转化为水的汽化潜热。典型的绝热加湿器包括空气洗涤器、蒸发冷却器和水雾化器等。等温加湿过程则是将水蒸气加入空气流中，这类加湿器又可细分为蒸汽加湿器和蒸汽发生器。加湿器不能安装在有内部隔热设施的管道中，也不能紧靠弯管或在调节风门之类内部障碍物的上侧安装。否则，管壁积水将创造有利于微生物生长的环境，并加速内部衬里的碎裂。

　　饱和蒸汽喷入空气流后，会与冷的送风气流混合，成为过饱和状态，继而凝结成水雾微粒。这些微粒一方面被气流夹带到加湿器的下游，另一方面，进一步与未饱和的空气混合，并蒸发、消失，如图 4.45 所示。管道内部蒸汽或雾的传输距离取决于喷入管道的蒸汽压力、管内的气流速度、管道构造和空气温度。当蒸汽被凝结在管内时，除了造成微生物污染，也会造成化学污染，这是因为蒸汽锅炉一般都含有防腐物质，这些物质也会进入蒸汽中。

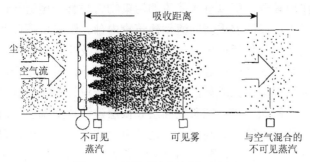

图 4.45　管道蒸汽加湿器示意图

　　3）空调系统施工残留物

　　空调系统施工过程中，一些污染物会残留在系统内部。特别是当通风管道铺设后，若未及时密封管口，污染物则会进入管道内部，并积聚在其中。实际上，在室内空气质量调查中，若发现风管及其支撑件外表积有污染物，则管道内部有污染物的可能性极大。当空调系统启动时，由于送风机运行引起的震动作用，残留在设备或管道内部的污染物会被气流卷起，并夹带着分布到整个管道系统。在空气过滤器之前的污染物借助过滤作用可以部分去除。然而，位于过滤器之后的污染物则被直接送入空调空间而污染室内环境。

　　4）空调通风管道内沉积或滋生污染物

　　由于长期得不到清洗，有的空调通风管道沉积了大量颗粒物，这些颗粒物中还含有微生物、细菌和真菌等生物性有害物。空调送风经过这些管道时，必然夹带污染物至室内，从而严重影响室内空气品质，并对人体健康带来极大的危害。实际上，在空调通风管道中检测到虫卵的事例并不少见，在个别通风管道内甚至检测到死老鼠。

　　3. 空调系统是污染物传播途径

　　1）空调系统将室外污染物传输至室内

　　许多严重的室内空气污染是因为吸入的新风中含有高浓度的污染物。例如，当新风口设置在停车场、垃圾站、车库、货场附近时，室外空气中污染物浓度通常较高。此情况下，空调系统起着将污染物传输至室内的作用。实际上，在大气污染严重的情况下，不论新风口位置如何设计，若不对室外新风进行妥善处理，都会对室内空气品质构成不利影响。另外，建筑设计人员有时会过于看重空间的有效利用和建筑物的外观，而忽视建筑物排出的污染气流返回室内的问题。其实，当新风吸入口与排风口相距较近时，污染物通过新风口返回到室内，经常引起严重的室内空气污染，从而使人群处于比直接暴露还要高的污染水平。

反流主要起因于空调系统排风与建筑物尾流的相互作用。由于尾流与自由流动的空气偶联作用较弱，所以进入尾流的污染物将与整个尾流气体充分混合，然后，通过新风吸入口或渗透重新回流到建筑物内部。影响反流以及由此带来的室内空气污染的主要因素包括排风口与送风口的位置及其相对距离、排风口高度、排风速度和通风系统的平衡性等。尽管大多数情况下，排风是否污染进风取决于风向，但是，利用现有研究成果，科学合理的建筑设计能减少机械通风引起室内空气污染的概率。例如，在系统研究高层和低层建筑物周围空气流型的基础上，研究人员发现，位于建筑物总高度三分之二以上的空气与位于建筑物总高度三分之一以下的空气很少混合，如图4.46所示。因此，从防止排风对进风影响的角度考虑，合适的新风口应设置在建筑物总高度三分之一以下位置，而排风口应设在建筑物总高度三分之二以上位置。

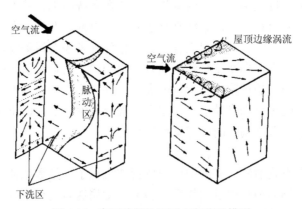

图4.46　高层建筑物周围空气流动模型

出于实用和审美考虑，大型建筑物的排风口往往与建筑物表面平齐或稍突出建筑物。多数情况下，排风口上方设有雨帽，以防气流倒灌或雨雪直接进入室内。不过，这将显著减弱排风的向上动量，使得排出的气流不能穿透建筑物周围的尾流。研究表明，当排风管伸出建筑物的高度接近建筑物总高度的10%，且排风速度高于风速的两倍时，可保证排风顺利穿过建筑物周围尾流，继而防止排风回流到建筑物内。

2）空调系统空气再分配引起的交叉污染

分区不当是引起空调系统传输污染物的另一个途径，其原因是来自不同空调区域的空气回流后将在空调系统内部混合并重新分配到各空调区域。尽管空调系统设计时会充分考虑各区域的功能和可能产生的污染物类型，但是，在建筑物的实际使用过程中，其用途或室内设施会不断变化。例如，新型办公设备的不断问世，使得设计阶段仅摆放桌椅之类简单家具的办公场所会添置计算机、复印机和打印机之类现代办公设备，这些设备成为室内新的污染源。来自这些办公场所的回流空气与其他空调房间的回流空气混合并重新分配会引起其他空调区域的室内污染。另外，烟草烟雾也是主要的交叉污染源。随着建筑物的演变和空间功能的变化，分区不当引起的问题愈发突出。实际上，对于 2020 年 2 月发生在"钻石公主"号邮轮的大范围新型冠状病毒感染，空调系统内循环空气的再分配尽管不是病毒的主要传播方式，但毫无疑问是传播途径之一。

4. 防止空调系统对室内空气质量形成不利影响的措施

从上面分析可以看出，影响室内空气质量的往往不是空调器本身的质量问题，而是由于空调系统在设计、施工安装与运行管理上存在的卫生问题，对室内空气品质造成不良的影响。测试表明，换气次数低、新风量不足以及气流组织不合理，是空调系统的通病。管理不善的空调系统管道内会产生积尘和冷凝器水污染，也会对室内空气质量带来严重的影响。因此，改进和提高通风空调系统的性能十分必要而且责无旁贷。

1）科学设计通风空调系统

空调系统合理设计至少包括：①足够的新风量和换气量；②合理组织和分布室内气流，避免短路和涡流；③采用置换（下）送风或工位送风等新的送风方式，提高新风的利用率；④当室外空气污染严重时，应加预处理或净化装置，提高入室新风质量；⑤采用先进的监测和控制手段；⑥尽可能采用先进材料和技术，并将净化与换气结合，以提高使用性能。

2）强化通风空调系统运行维护

强化通风空调系统的运行管理工作，避免系统污染，是确保系统长期、安全健康、高效低耗运行的基础。空调通风系统中的滤网、管道、风口和风机排管以及住宅的公共风道也应定期清除积尘、污垢及其他杂物。空调制冷系统的冷却塔应定期检查、清洗和消毒。清除空调通风系统内积存的污垢、灰尘、细菌和其他污染物，是改善室内空气质量的一个关键因素。美国等发达国家已经在多年前发展了这种行业，我国自 21 世纪初检测到空调通风系统的严重污染后，也意识到解决空调通风系统的污染问题刻不容缓，并先后建立健全了相关标准和规范，政府相关部门加强了此方面的监督管理，业主也将空调通风管道清洗列入例行工作。

与此同时，新型管道清洗设备不断出现，清洗技术不断提高。毫无疑问，所有这些努力都有助于空调通风系统的高效、健康运行。

3）科学认识、应对通风空调问题

随着人们对"空调病"的忧虑和对健康的追求，空调市场以"健康"为主要内容的宣传日益增多。部分空调厂家相继推出了"负离子""换气""除甲醛"等健康概念的空调器。应该说，愿望是好的，但也不排除部分厂家为了扩大市场占有而炒作概念的嫌疑，消费者对此应持审慎态度。一方面，有些空调并不像宣传中那样能够高效净化室内空气污染物。另一方面，大部分净化装置使用一段时间后，效率会降低，需要经常维护、更换部件。对于负离子来说，其可能对某些疾病有疗效，但并非人人适宜。负离子与空气中的灰尘结合能使灰尘附着在室内物体表面，与烟雾接触也能迅速使烟消散，但并不能消除烟的有害物质。另外实验证明，负离子对细菌有一定的抑制和灭杀能力，但其浓度和距离必须达到相应的条件。另有一些空调器虽加有新风口，但其风量太小，作用有限。

4.4　新风净化技术

4.4.1　大气污染与新风净化

尽管大多数污染物的室内浓度高于室外（图4.47），但在特定时段或区域，会出现某些污染物的室外浓度高于室内的情况。图4.48给出的是2015年2月1～25日

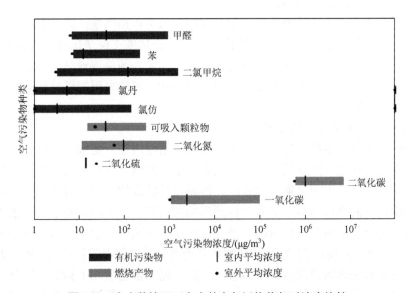

图 4.47　大多数情况下室内外空气污染物相对浓度比较

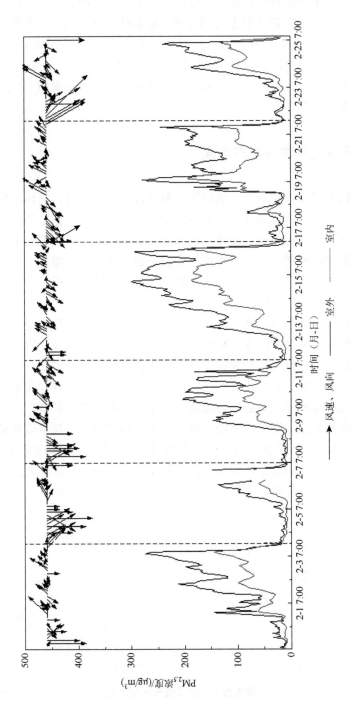

图 4.48　2015 年 2 月 1~25 日北京市某住宅室内外 PM$_{2.5}$ 实时浓度变化

北京某住宅在关窗但不采取其他控制措施情况下，测得的室内外 $PM_{2.5}$ 浓度。可以看出，室内外 $PM_{2.5}$ 浓度存在正相关性，这意味着严重的大气雾霾也会导致室内空气 $PM_{2.5}$ 污染严重。传统的通风空调系统在新风入口仅配备粗、中效过滤器，主要针对大颗粒物，净化 $PM_{2.5}$ 的效率非常低。正因为如此，应对 $PM_{2.5}$ 的新风净化近年来受到广泛关注，独立式新风净化系统或者传统空调增加 $PM_{2.5}$ 净化模块也成为一个发展方向。

4.4.2　新风净化系统分类与构成

新风净化系统是以实现空气清洁为主要目标的通风系统，新风净化系统有不同的分类方法，根据构建方式，可分为隐蔽式和外露式；根据是否回风，可分回风式（或双向流）和正压（不回风、单向流）式，双向流采用机械送风＋机械回风，单向流采用机械送回＋自然排回；根据是否配备热交换组件，可分为热回收式和非热回收式。以下按照隐蔽式和外露式分类对其进行介绍。

1）隐蔽式新风净化系统

完整的新风净化系统由送、排风口、新风主机（包括风机、空气净化、热交换和导流组件）和风管等构成，如图 4.49 所示。隐蔽式新风净化系统的新风主机和风管部分通常都隐藏在吊顶天花板或立式布置的包管中，或阳台、储物间和厨房等对噪声要求较低的空间，只有送、排风口和检修维护口外露在室内。隐蔽式新风净化系统属隐蔽工程，必须与建筑工程或建筑物装修同步规划、同步设计、同步施工。这类系统主要用于学校、办公场所和酒店等公共建筑以及私人别墅和成套住宅等，大多与传统的空调系统耦合使用，或作为通风空调系统的一个模块。与传统通风空调系统的本质区别是，新风净化要求更高，具体体现在净化细颗粒物的效率更高，或净化的污染物范围更广。

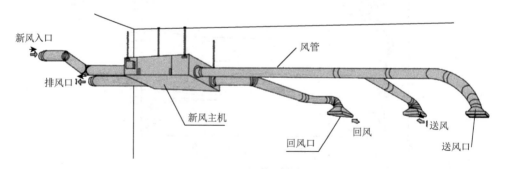

图 4.49　隐蔽式新风净化系统

在风机作用下，新鲜空气通过风管进入主机（图 4.50），空气得到过滤净化和温度调节后送入室内，在每个房间均设置送风和排风两根管道及对应的进风口和排气口。隐蔽式新风净化系统的主机大多安装在吊顶内，故一般要求主机厚度较薄。相应地，滤芯和热交换模块高度也应较小。另外，设计、安装还要充分考虑后期更换滤芯和维护。

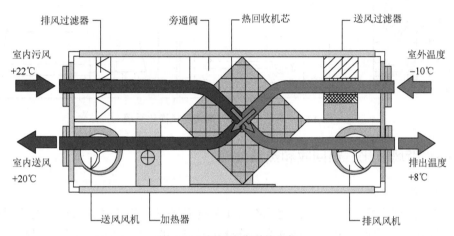

图 4.50　新风净化系统主机

配备热交换的主机夏季可使新风降温，若新风湿度大，还具有除湿效果；冬季可使新风升温，若新风湿度低，还可配加湿器。由于降温和升温过程依靠与室内排出空气的热交换实现，因此可节省空调或供热负荷。不过，静态热交换器的设置会增大风阻，造成风机能耗增大。因此，是否配备热交换组件需要综合考虑这两方面的因素。对于不配备热交换组件的系统，可利用正压使室内空气通过墙体缝隙或门窗、洞口排出，此情况下也就不需配备排风口及排风管道，因而可节省投资和运行费用。

　2）外露式新风净化系统

外露式新风净化系统的构成和运行方式与隐蔽式相同，区别在于外露式新风净化系统的主机外露于室内。因此，系统安装、运行维护等方便得多，而花费通常比隐蔽式少，但是，会降低室内空气利用率。隐蔽式新风净化系统的进、排风口一般设置在吊顶天花板上，相应地采用上送上排的气流组织模式，外露式新风净化系统布置要灵活得多，其主机可采用落地和壁挂两种安装方式，图 4.51 给出了落地安装的外露式新风净化系统。

外露式新风净化系统主要用于空间较小或房间数量较少的建筑，否则，需设置多套净化系统，以弥补送风或回风空间受限的不足。有些小型外露式新风净化系统不配置送、回风管道系统，直接利用主机上的风口送、回风。也有仅配置送风，不配排风，使室内空气处于正压状态，利用门窗洞口和墙体缝隙排风。

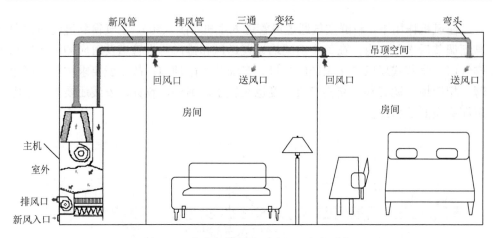

图 4.51　落地安装的外露式新风净化系统

4.4.3　新风净化、热回收和热湿处理

1）新风净化

与传统空调不同，新风净化系统或单元配备的净化模块净化污染物的范围更广、净化效率更高。其中，能够高效净化细粒子的纤维过滤或高压静电模块、紫外杀菌模块通常作为必备。根据实际需要，还可增配吸附、催化净化模块，分别应对挥发性有机化合物和臭氧之类气态污染物。因此，即使在沙尘和雾霾等污染天气，甚至在传染病流行的地区，设计配置科学、选材和制造可靠、运行维护到位的新风净化系统也能确保进入室内的新风安全、清洁。

2）新风热回收

小型的户式新风净化系统通常采用板式热回收装置或冷凝热回收装置进行热湿处理。板式热回收又分为全热回收和显热回收两种，全热回收装置的换热核心采用特制的纸质材料构造，一般需要定期更换；显热回收装置的换热核心多采用铝合金等金属材料构造，使用寿命较长。冷凝热回收装置由于内置压缩机等运动部件，选择时应注意考察产品噪声和质量。对于集中式新风净化机组，也可考虑转轮热回收装置和热管热回收装置等。热回收新风净化机宜设置旁路，在过渡季节旁通换热核心，以便延长其使用寿命，并降低气流阻力。当新风净化系统需要承担室内全部潜热负荷时，新风温度需要调节到露点温度以下，以便除湿。为避免室内送风口结露，除湿后的新风再热处理后才能送入室内。

3）新风热湿处理

新风热湿处理主要涉及：①冷却减湿处理。利用表面式冷却器，可使温度低于空气终状态温度的制冷工质对新风进行冷却，新风的焓值、温度及含湿量均降低。②等湿加热处理。利用蒸汽、热水或电热直接加热新风，可使新风的焓值及温度增加而含湿量保持不变。在严寒地区，为防止冻坏热水盘管，需要对室外引入的寒冷空气进行预热处理，预热热源可以考虑蒸汽、高温热水或电热。③等温加湿处理。利用干蒸汽对新风进行加湿处理，可使新风的焓值及含湿量增加而温度不变。在有蒸汽源的情况下，可以优先考虑使用干蒸汽加湿器。电加湿器（电热或电极）也可以实现等温加湿过程，但其耗电量过高及对水质要求高的特点限制了其应用范围。④降温升焓加湿处理。利用水喷雾的方式对新风进行加湿处理，新风的焓值及含湿量增加而温度下降。常用的加湿器种类有高压喷雾加湿器、超声波加湿器、湿膜加湿器等。

4.4.4　新风净化系统的运行管理

新风净化系统的风管、风口、过滤网和换热核心等不及时清洗或更换，会造成风管、风口、过滤网上积灰过多而引起二次扬尘，并造成换热核心堵塞而降低换热效率。冷盘管或加湿设备等不及时清洗并消毒，易造成霉菌滋生，随新风送入房间将对室内人员的身体健康构成直接威胁。因此，加强维护，定期清理过滤网和热交换器的换热核心，以及风管和风口等，显得非常重要。

很多建筑为了节约电费，或者减少工作量，新风净化系统常年关停，无人操作，全靠开窗通风。在天气寒冷或雾霾风沙天气下室内密闭，室内空气状况十分恶劣。因此，新风净化系统的日常管理也非常重要。针对以上情况，一方面，应宣传新风净化对于保障身心健康和提升生活环境品质的重要性，普及相关知识，强化新风健康意识。另一方面，应加强运行管理人员的技能培训，提高新风净化系统运行管理能力，确保面临室外大气污染时，新风净化系统有效发挥作用，并及时消除二次污染隐患。

4.4.5　新风净化标准建设与应用

1）新风净化发展概况

新风净化技术在精密制造、微电子等工业领域已经历很长时间的发展历史，但在民用领域发展时间还不长，而且非常缓慢。不过，自从 2003 年 SARS 病毒暴发，以及 2011 年大气雾霾问题受到全民广泛关注以来，民用领域新风净化发展很快，据不完全统计，2013 年新风净化行业营收不到 30 亿元，2019 年已突破 150 亿元。尽管工业领域新风净化技术面临的诸多问题已得到很好的解决，但是，应用到民用领域，如何实现健康、节能与温度和湿度舒适兼顾，是否需要那么高的净化级别，花费多大的代价来保障室内空气品质，以及全生命周期内新风净化系统的效果及二次污染等问题都尚需系统、深入地研究。实际上，近些年由于雾霾天气比较多，很多企业盲目涌入新风净化领域，已导致新风净化概念和市场都有些混乱。出现这种状况的根本原因在于，市场需求与标准和支撑技术不同步，中国的新风净化需求明显早于相应标准和技术，这既不同于国外发达国家，更区别于同样面临严重大气污染但经济落后的发展中国家。因此，建立标准，强化技术支撑，提高运行维护能力等迫在眉睫。其中，建立标准，规范行业的健康和持续发展至关重要。

2）新风净化标准

从净化系统组成及其性能评价指标体系来看，新风净化与传统的室内空气净化并无本质区别，但净化对象和目标污染物存在差异。新风净化对象是室外大气，目标污染物是大气环境的特定污染物，如大气环境的 $PM_{2.5}$；传统的室内空气净化对象是室内循环风，目标污染物不仅包括颗粒物，通常还有甲醛、有毒有害微生物和苯系物等。针对新风净化，美国采暖、制冷与空调工程师协会制定了《一般通风用空气净化装置试验方法——计重法和比色法》（ANSI/ASHRAE52.1-1992）和《一般通风用空气净化装置计径效率方法》（ANSI/ASHRAE52.2-2007），欧洲标准化委员会制定了《一般通风过滤器：过滤性能的测定》（BS EN 779：2002）等标准。这些标准对新风净化的性能要求和测试方法等做了相应的规定。我国制定的《通风系统用空气净化装置》（GB/T 34012—2017）也已正式发布，并于 2018 年 6 月 1 日起正式实施。该标准对净化能效进行了分类，对颗粒物和微生物净化效率分为 A、B、C 和 D 四个级别，对气态污染物净化效率分为 A、B 和 C 三个级别；对净化性能进行了分解，重点给出了外观、净化效率、阻力、风量、机外静压、额定功率、净化能效、噪声、容尘量、臭氧浓度增加量、紫外线泄漏量、电气安全等指标，并明确了试验方法；确定了 $PM_{2.5}$ 净化效率的试验方法，明确了臭氧浓度增加量和紫外线泄漏量试验方法；提出了工程现场的检测方法等。此标准的建立对于新风净化系统的评价和运行管理具有十分重要的现实意义。

此外，北京市的《居住建筑新风系统技术规程》（DB11/T 1525—2018）和《公共建筑室内空气质量控制设计标准》（JGJ/T 461—2019）等行业标准，以及《中小学新风净化系统设计导则》（T/C AQI 28—2017）、《中小学教室空气质量管理指南》（T/C AQl 29—2017）、《中小学新风净化系统技术规程》（T/C AQI 30—2017）和《室内空气质量在线监测系统技术要求》（T/C AQI 31—2017）等团体标准也已颁布实施。其中，《居住建筑新风系统技术规程》从新风净化系统的设计、选型、安装、高度、维修和维护等方面提出了要求。《公共建筑室内空气质量控制设计标准》明确了新风净化系统的设计要求。《中小学新风净化系统设计导则》对新风净化机、风管、风阀、风口等作了要求，适用于新建和既有中小学教室的新风净化系统设计。《中小学教室空气质量管理指南》适用于中小学普通教学教室空气质量的日常运行管理。该标准指出中小学教室空气质量管理应充分利用已有条件，以安全作为首要原则，采取制定管理措施和签订管理合同等一系列措施达成空气质量管理目标。《中小学新风净化系统技术规程》适用于新建和既有中小学教室的新风净化系统的设计、施工验收和运行维护。《室内空气质量在线监测系统技术要求》则明确，室内空气质量在线监测系统主要由检测单元、传输单元、存储及显示单元组成。各组成单元组装应坚固，各部件连接应可靠，安装维护应方便。安装位置应不影响数据的稳定采集及传输，并应留有检修空间。

4.4.6　新风净化系统调控技术

经过最近几年的发展，我国新风净化技术和产品的研究与应用已取得显著的进步，并且初步形成了一个具有较大发展潜力的产业。但是，在工程应用中也发现，部分净化设施的净化效果并不理想，净化技术和产品在工程应用中表现出很多不足。另外，新风净化系统运行调控技术与系统也有待进一步完善。

新风净化系统调控需考虑的问题主要涉及：①基于什么参数的监测进行调控？毫无疑问，温度、湿度和二氧化碳是最基本，也是实践证明技术可行、行之有效的监测参数。除此之外，还需全面考虑应用场景的实际情况，尤其是对空气污染指标和监测技术可得性等进行补充。实际上，近年来，在新风净化系统中，已将 $PM_{2.5}$ 和 O_3 浓度之类参数纳入常规监测范畴，而甲醛、VOCs 和微生物等指标因监测技术还处于开发、完善中，尚未得到广泛应用。②对哪些组件或因素进行调控？可调控的因素主要包括风量和净化组件姿态，需要根据监测参数值，兼顾健康（净化功能）、节能、温度和湿度舒适性需要，进行综合考虑。

4.5　通风与室内空气质量关系的数学描述

4.5.1　描述室内空气质量的数学基础

基于质量守恒定律，各因素对室内空气质量的影响可表示为

室内污染物量 =（室外渗入污染物量 + 室内产生污染物量）
　　　　　　　－（室内渗出污染物量 + 室内降解污染物量）

或

$$\frac{\mathrm{d}x}{\mathrm{d}t} = \frac{V\mathrm{d}C_{\mathrm{in}}}{\mathrm{d}t} = [(室外渗入 + 室内产生) - (室内渗出 + 室内降解)] \quad （4.21）$$

引起的污染物质量变化速率。式中，V 为室内体积，m^3；C_{in} 为室内浓度，$\mathrm{mg/m}^3$。

一旦确定式（4.21）等号右边各项的微分表达式，即可对室内空气浓度变化速率进行求解。

4.5.2　室内空气污染物的产生与耗损

1）室外污染物渗入室内

渗入室内的污染物量是以下两个量之乘积：

（1）交换的空气量（vV）。交换的空气量是建筑物体积（V）和室内外空气交换率（v）的乘积，单位为 m³/h。

（2）室外污染物浓度（C_{out}）。考虑到室外空气进入建筑物时，部分室外污染物会被建筑物墙体材料吸收或吸附，即产生洗涤效应。因而，实际进入室内的污染物浓度低于室外。假定因洗涤效应去除的浓度分数为 F_B，则在一个时间增量 dt 内，室外渗入室内的污染物量为 $(1-F_B)vVC_{out}dt$。

2）室内污染物产生

当室内污染源连续产生污染物的时间为 dt，污染物产生速率为 S 时，室内产生的污染物量可表示为 Sdt。

3）室内污染物渗出室外

与渗入一样，从室内渗出的污染物量也是交换的空气量（vV）与室内渗出空气的污染物浓度（C_{exit}）的乘积。假定室内污染物混合均匀，渗出污染物浓度（C_{exit}）等于室内污染物浓度（C_{in}）。则渗出量可表示为 $vVC_{in}dt$。

4）室内污染物耗损或净化

NO_2、O_3 和 SO_2 等化学性质活泼的物质因化学反应或吸附，浓度会下降，氡及其子体因辐射衰减而耗损。这类作用引起的浓度降低可表示为 λdt，其中，λ 为总衰减速率。当几种衰减同时作用时，各作用引起的衰减（λ_i）可单独考虑，总衰减为 $\lambda = \sum \lambda_i$。室内污染物也能利用净化装置去除，去除量可表示为 $qFC_{in}dt$，其中，q 为净化装置单位时间的处理气量，F 为净化装置的去除效率。

5）扩散体积

当污染物产生于室内时，污染物的实际室内扩散体积对室内浓度有直接影响。污染物实际室内扩散体积也称有效体积，是体积修正因子（c）与室内几何体积（V）之乘积（cV），取决于空气循环的程度。若有中央空调之类促进室内空气循环的机械通风系统，污染物能扩散到整个室内空间，则 c 值为 1。当没有被动混合装置，则循环的程度取决于室内空间各区域存在的温度梯度。

4.5.3　质量平衡通式

基于上述讨论，得到式（4.21）右侧各项，从而可写出完全混合条件下的室内浓度的质量平衡关系式：

$$cV\mathrm{d}C_{\mathrm{in}} = (1 - F_{\mathrm{B}})vcVC_{\mathrm{out}}\mathrm{d}t + S\mathrm{d}t - vcVC_{\mathrm{in}}\mathrm{d}t - \lambda\mathrm{d}t - qFC_{\mathrm{in}}\mathrm{d}t$$

或

$$\frac{\mathrm{d}C_{\mathrm{in}}}{\mathrm{d}t} = (1 - F_{\mathrm{B}})vC_{\mathrm{out}} + \frac{S}{cV} - vC_{\mathrm{in}} - \frac{\lambda}{cV} - \frac{qFC_{\mathrm{in}}}{cV} \tag{4.22}$$

式中，C_{in} 为室内污染物浓度，mg/m^3；F_{B} 为因洗涤效应去除的污染物浓度分数，无量纲；v 为空气交换率，$1/h$；C_{out} 为室外污染物浓度，mg/m^3；S 为室内污染物产生速率，mg/h；cV 为有效室内体积，m^3，其中，c 无量纲；λ 为衰减速率，mg/h；q 为通过空气净化装置的流量，m^3/h；F 为空气净化装置的效率，无量纲。

考虑到室内污染物混合的不均匀性，引入混合因子 m 修正空气交换率。定义 m 为污染物在室内的实际停留时间与根据空气交换率计算得到的理论停留时间之比，或排出空气中污染物浓度与室内污染物浓度之比。同时，定义污染物的有效空气交换率为混合因子与空气交换率之乘积（mv）。于是，可得到非完全混合条件下的质量平衡方程：

$$\frac{\mathrm{d}C_{\mathrm{in}}}{\mathrm{d}t} = (1 - F_{\mathrm{B}})mvC_{\mathrm{out}} + \frac{S}{cV} - mvC_{\mathrm{in}} - \frac{\lambda}{cV} - \frac{qFC_{\mathrm{in}}}{cV} \tag{4.23}$$

实际应用上述公式求解室内空气污染物浓度时，可根据实际情况对问题进行简化。例如，对于 CO 之类化学惰性化合物，可假定 $\lambda = 0$；如果没有室内源和净化装置，则 $S = 0$，$F = 0$。类似地，若不存在洗涤效应，而且室内污染物完全均匀混合，即 $F_{\mathrm{B}} = 0$，$m = 0$，则方程（4.23）可简化为

$$\frac{\mathrm{d}C_{\mathrm{in}}}{\mathrm{d}t} = vC_{\mathrm{out}} - vC_{\mathrm{in}} \tag{4.24}$$

为了解上述微分问题，考虑边界条件：对应起始时间 $t = t_0$ 的室内污染物浓度为 $C_{\mathrm{in},0}$；室内最终污染物浓度为 C_{out}，$C_{\mathrm{out}} = $ 常数。于是，根据方程（4.24）可得到任意时间 t 时的室内污染物浓度：

$$C_{\mathrm{in},t} = C_{\mathrm{out}} + (C_{\mathrm{in},0} - C_{\mathrm{out}})\mathrm{e}^{-v\Delta t} \tag{4.25}$$

式中，$\Delta t = t - t_0$。

如上所述，进行室内空气质量计算涉及的参数包括空气交换率（v）、室外污染物浓度（C_{out}）、室内污染物产生速率（S）、有效室内体积（cV）、衰减速率（λ）、因洗涤效应去除的污染物浓度分数（F_{B}）、通过空气净化装置的流量（q）、空气净化装置的效率（F）和混合因子（m）等，影响这些因子的变量如表 4.5 所示，此表可作为选择需要测量指标的基础。

表 4.5　影响室内空气质量平衡方程参数的变量

方程参数	影响变量
空气交换率，ν	
自然通风，ν_{NV}	建筑物密封程度、墙体缝隙和门窗尺寸、位置和开启方式、室内外温差、风速和风向
机械通风，ν_{MV}	全面通风和局部通风的风量、送/排风口的位置和类型、运行方式、空气-空气热交换器
室外污染物浓度，C_{out}	与室外污染源的空间关系、地形、气象条件、季节和时辰
室内污染物产生速率，S	用具或炉具的类型、规格，运行模式、维护状况，建筑材料、地基类型、日用消费品消费状况
有效室内体积，cV	自然因素、机械通风和室内台扇或吊扇等通风设施引起的室内空气循环模式
衰减速率，λ	污染源表面类型、活性位置面积或数量、面积/体积比、室内空气相对湿度、放射性物质的辐射半衰期
因洗涤效应去除的污染物浓度分数，F_B	建筑材料、建筑施工、污染物类型
通过空气净化装置的流量，q	净化装置的类型、处理能力和操作维护状况
混合因子，m	局部排风状况

第5章　室内空气净化技术

室内空气净化是指借助物理、化学和生物手段降低室内空气污染物的浓度，改善室内空气质量的技术。室内空气污染物主要包括颗粒物、气态污染物和有毒有害微生物三类。三类污染物的性质不同，可采用的净化技术也存在较大的差异。

5.1　室内空气颗粒物净化技术

室内空气颗粒物净化是指从空气中分离颗粒物出来的技术。室内空气颗粒物主要是动力学直径小于 2.5μm 的细粒子（PM$_{2.5}$），所以只有那些能高效分离细粒子的技术才适用于室内空气净化。另外，净化后的空气需送至室内，与人体直接接触，其温度和湿度等参数应与人体感觉需求相一致。如此，工业上采用的部分除尘技术并不适用于室内空气净化。实践中，主要采用纤维过滤和静电除尘两类技术净化室内空气（包括新风）颗粒物。

5.1.1　纤维过滤技术

1. 纤维过滤技术原理

依照分离的颗粒物大小，纤维过滤技术主要依靠重力沉降、筛分、惯性碰撞、拦截、扩散和静电等机械作用力实现。当颗粒物或纤维自身带电时，也存在静电作用力，如图 5.1 所示。

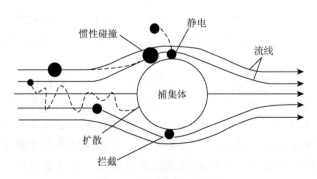

图 5.1　纤维过滤作用机理

1）重力沉降作用

粒径和密度大的颗粒，进入纤维过滤器后，在气流速度不大时，颗粒物可借助自身重力沉降作用，在被气流带出过滤器之前，沉降下来，即实现从气流中分离。由于气流通过纤维过滤器的时间较短，绝大多数颗粒物因其粒径较小，重力沉降速度小，在沉降到捕集物体之前即被气流带出过滤器，因此重力沉降作用较弱。

2）筛分作用

纤维过滤层内纤维排列错综复杂，并形成无数网格。当颗粒物粒径大于纤维网孔或沉积在纤维表面的颗粒物构成的间隙时，颗粒物就会被阻留在纤维或颗粒物，从而实现从气流中分离。

3）惯性碰撞作用

气流通过纤维层时，其流线不断改变，但颗粒物因质量大而产生惯性。在惯性力作用下，颗粒物脱离气流流线，碰撞到纤维上，即沉积下来，实现从气流中分离。

4）拦截作用

当气流接近纤维时，细小粒子随气流绕着纤维运动，若粒子半径大于流线中心到纤维表面的距离，则粒子与纤维表面接触而被截留，从而使气流中分离。

5）扩散作用

在气体分子热运动引起的碰撞作用下，非常细的粒子像气体分子一样作不规则的布朗运动，即扩散运动，颗粒尺寸越小，扩散运动越强烈，迁移距离越长。对于 0.1μm 的粒子，常温下每秒钟扩散距离可达 17μm，比纤维间的距离大几倍至数十倍，因而使颗粒物有更大的机会运动到纤维表面而沉积下来，从而实现从气流分离。

6）静电作用

除了以上机械作用效应之外，新鲜纤维滤料大多带有电荷，部分颗粒也带有电荷。遵循同性相斥，异性相吸的原理，带异电荷的颗粒与纤维之间或带电体与中性物体之间会相互吸引，从而促使颗粒附着在纤维表面。由于电荷中和后不再具有静电作用，所以如何实现纤维滤料连续荷电，是新型纤维滤料的重要发展方向。

总的来说，用于室内空气颗粒物净化的纤维过滤与工业袋式除尘的技术原理并无区别。但是，工业袋式除尘面对的颗粒物浓度远高于室内，其过滤阻力不仅与过滤组件的固有结构、颗粒物性质和气流速度有关，也取决于积累的颗粒层厚度。随着烟尘厚度增大，过滤阻力显著升高，必须通过清灰才能维持滤料的过滤能力。而室内空气净化面对的颗粒物浓度通常要低三个数量级以上，可连续运行的时间远大于工业袋式除尘。

2. 过滤材料

室内空气净化常用的过滤材料包括玻璃纤维过滤材料和熔喷非织造过滤材料。近年来抗菌型的室内空气过滤材料也成为研究热点和发展方向。

1）玻璃纤维过滤材料

玻璃纤维过滤材料也称玻璃纤维滤纸。玻璃纤维是将玻璃球置于约 1500℃的温度下熔融，然后利用高压熔喷或者拉丝等方式加工成的纤维状材料。具有尺寸稳定性强、不易变形、电绝缘性好及耐酸碱、耐油、耐腐蚀、耐热性好等优良特性。玻璃纤维滤纸由玻璃纤维抄造而成，通过加入相应的化学试剂，玻璃纤维在水中均匀分散形成悬浮液，在成型网上滤水成形。由玻璃纤维为主原料制备出的玻璃纤维滤纸具有极高的空气过滤效率和良好的化学稳定性，是理想的空气过滤滤材，用玻璃纤维滤纸制作空气过滤器，过滤效率可高达 99.9%～99.9999%，是室内空气净化以及高档家用吸尘器、高效洁净领域的主要过滤材料。

美国早在 1940 年就成功开发玻璃纤维材料，并将其应用于空气过滤，从而提出高效过滤器（high efficiency particulate air filter，HEPA）的概念。随后，20 世纪 80 年代针对 0.1μm 粒子又研制出超高效空气过滤器（ultra-low-penetration air filter，ULPA），为需要高洁净度环境的电子、光学、宇航等尖端技术的飞速发展创造了有利条件。我国的玻璃纤维滤料起步于 70 年代，近年来逐步跟上国际最先进技术的步伐。现代玻璃纤维滤纸具有良好的韧性，可折叠成波纹状，从而增大有效过滤面积。同时，还具有较高的机械强度，不会因为生产、运输、储存及使用过程中不可避免地冲击或挤压而损坏。因此，效率进一步提高，阻力显著降低，而且适用范围更宽。

2）熔喷非织造滤材

熔喷是制作非织造材料的一种工艺方法，其流程是先用螺杆挤出机将聚合物熔融并由喷丝口喷射出，熔融的高聚物在高压高热气流作用下，形成一定长度的超细纤维。然后，纤维由冷空气急冷固化并落在接收装置上，形成纤维网，再通过纤维的余热黏合在一起，形成非织造材料。美国海军最早于 1954 年成功开发这种制备方法，目的是生产用于收集核爆产生的放射性微粒，不同直径的纤维网组合可形成具有梯度过滤性能的熔喷非织造材料。

单组分熔喷织造材料的力学性能较差，不适合作为过滤材料。在单组分熔喷工艺基础上发展起来的双组分熔喷技术，可以改善产品的强度、柔软性、弹性和耐用性等，同时纤维更细，因此具有比单组分熔喷产品更好的性能。其制备方法是将两种不同性能的聚合物树脂，经过不同螺杆挤压机熔融挤压后，再经过熔体分配流道到达特殊设计的熔喷模头，熔体细流经气流牵伸，在成网滚筒上凝聚成网。双组分熔喷技术的难点在于熔喷模头的设计，具备和满足熔融温度、黏度等性质存在差异的双组分成形工艺，以及产品的特性要求，不同的模头可制备皮芯型、并列型、三角形等多种类型的双组分熔喷非织造材料。

熔喷非织造材料自问世以来，因其纤维直径小（小于 10μm）、比表面积大、孔隙度高、过滤阻力小等优点，受到空气过滤行业的广泛关注。另外，经后处理后，还可吸附异味、有毒有害气体等，因而应用领域不断拓宽。不过，熔喷非织造材料属于一次性易耗品，高过滤精度的滤材往往造价昂贵，在使用一段时间后，滤材积累颗粒物较多，不能继续使用，造成资源的极大浪费，因此可重复使用的复合型空气滤材以及可应用于挥发性有机化合物的功能纳米颗粒改性熔喷材料成为关注焦点。

3）驻极体熔喷非织造滤材

驻极体熔喷非织造滤材主要是指聚丙烯（PP）熔喷驻极滤材，是由改性 PP 熔喷材料经电晕放电处理制备而成。具体地说，是将熔融状的 PP 从模头喷丝孔中挤出，形成熔体细流，并经热气流牵伸和冷空气冷却形成超细纤维，依靠自身黏合或其他加固方法成为 PP 熔喷非织造材料，经电晕放电驻极后，形成 PP 熔喷驻极材料。驻极技术用于过滤材料最初出现于 1976 年，近年来伴随熔喷超细非织造材料的问世，以及高分子化学纤维生产技术的发展和驻极体技术的逐渐成熟，驻极体静电合成纤维过滤材料在口罩、家庭及车载空调和建筑用空气过滤器等行业的应用不断拓展。

PP 熔喷驻极复合滤材具有低阻力、高效率、长寿命、高集尘能力、废弃物易于焚烧处理等优点。过滤颗粒物时，除原有的机械阻挡作用外，PP 熔喷驻极复合滤材主要依靠静电力吸引作用，捕获空气中的颗粒物，尤其是细粒子。近年来，功能性熔喷驻极滤材的开发又赋予了滤材抗菌、除臭等功能，扩展了熔喷驻极滤材的用途。值得注意的是，PP 熔喷驻极复合滤材的静电吸引作用会随着颗粒物的积聚和使用时间的延长而减弱，导致过滤性能变差，缩短使用寿命。因此，维持驻极的长期静电性能或静电再生性能又成为努力方向。

除了以上纤维过滤材料之外，无机膜（陶瓷膜、金属无机膜等）和有机膜（聚偏氟乙烯膜、聚四氟乙烯膜等）等微孔膜材料，以及微孔覆膜过滤材料也在高效空气过滤领域得到越来越广泛地应用。

3. 影响过滤效率的因素

影响纤维过滤器效率的因素有很多，主要包括颗粒物性质、纤维粗细、过滤速度等。

1）颗粒物性质

颗粒尺度对过滤效率的影响显而易见，颗粒尺度决定各过滤机理所起作用的大小。对同一种过滤材料，孔隙度、纤维直径和内部结构不变，大尺度颗粒物的惯性效应和重力作用比小尺度颗粒物大得多，因此颗粒物越大捕集效率越高。相反，微细粒子的扩散效应随着其尺度减小而增强，所以存在一个效率最低点，即最易穿透粒径，如图 5.2 所示。可见，在大多数情况下，纤维层过滤器的最低效率点出现在 0.1～0.4μm。必须说明的是，该最低效率对应的粒径并不是一个定值，而是随颗粒物的性质、纤维的特性以及过滤速度的变化而改变。图 5.3 给出了不同过滤速度下穿透率与粒径的关系。可见，随着过滤速度提高，穿透率最大值向粒径减小的方向移动。

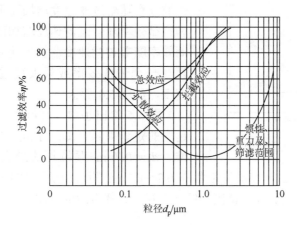

图 5.2　过滤效率与粒径的关系

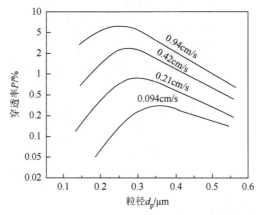

图 5.3　在不同过滤速度下穿透率与粒径的关系

图中数值代表过滤速度

　　除了粒径之外，颗粒物的形状也影响过滤效率，不规则外形颗粒物的过滤效率通常比球形颗粒物高。

　　2）纤维粗细

　　在填充率不变的情况下，纤维直径变大，纤维之间的距离相应增加，使得纤维本身的拦截作用增加，但是扩散效应和惯性效应减小。此外，纤维直径变大使得纤维间空隙增大，这会导致含尘气流通过滤料的通道变大，颗粒更易穿透滤料，过滤效率下降。正因为如此，在选择高效过滤器滤材时，力求采用尽可能细的纤维。不过，过滤器的阻力随纤维直径减小而增大。

3）过滤速度

与最大穿透粒径类似，每一种过滤器都有一最大穿透滤速。如图 5.4 所示，扩散效率随着过滤速度增加而下降，惯性碰撞和拦截效率随着过滤速度增加而提高，所以过滤效率随着过滤速度增加呈现先降后升趋势，存在一个最低效率或最大穿透率对应的过滤速度，如图 5.4 所示。

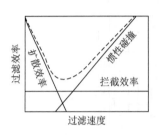

图 5.4　过滤速度对各类效率的影响

图 5.5 给出了单一纤维的过滤效率与过滤速度的定量关系，如对于 $d_f = 20\mu m$ 的玻璃纤维，$d_p = 0.7\mu m$ 颗粒物的最大穿透率出现在 0.8m/s 附近，而 $d_p = 2\mu m$ 颗粒物在 0.2～0.3m/s 附近出现最大穿透率。因此，设计过滤器时，应根据粒径范围和纤维直径，选择合适的过滤速度。

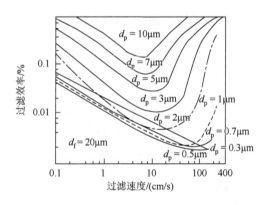

图 5.5　过滤速度对单一纤维的过滤效率的影响

4. 纤维过滤组件类型与设计

1）过滤组件分类

纤维过滤的核心组件为滤芯，根据过滤效率，可将其分为粗效过滤组件、中效过滤组件（亚高效过滤组件）和高效过滤组件三种类型。粗效过滤组件主要用于阻挡 10μm 以上的沉降性颗粒物和各种异物，其过滤等级用 H1-G4 表示；中效过滤组件主要用于阻挡 1～10μm 的悬浮性颗粒物，以避免其沉积在高效过滤器中，导致高效过滤组件寿命缩短，其过滤等级用 F5～F9 表示；高效过滤组件主要用于过滤数量最多、粗效和中效过滤组件过滤效率低的 1μm 以下颗粒物，其过滤效率分 H10、H11、H12、H13 和 H14 共五个等级，对应 0.3μm 粒径的标准过滤效率分别不小于 90%、99%、99.9%、99.99% 和 99.999%。为有效净化空气中各种粒径的颗粒物，延长净化组件的使用寿命，通常将粗效、中效和高效过滤组件串联组合使用。

2）高效过滤组件设计

高效过滤滤芯的过滤效能与过滤面积成正比，因此需要先将过滤材料折叠成多层，再固定在框体内，如图 5.6 所示。折叠的纤维滤料展开后，其面积通常是框体断面积的数十倍。毫无疑问，由于过滤面积增大，过滤风速相应减小，既有助于提高过滤效率，也有利于降低风阻。但是，在有限的净化器组件断面尺寸内，滤芯折叠数量过多，滤料堆积密度过大，会造成相邻折叠滤料之间的中空面积过小，反而增大风阻。因此，设计滤芯时，要综合考虑风机效能、洁净空气量（CADR）和滤芯尺寸等多个因素，确定折叠数。

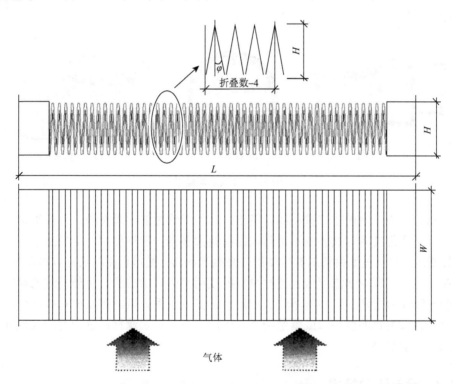

图 5.6 折叠式纤维过滤滤芯示意图

L 为滤芯长度；W 为滤芯宽度；H 为折叠宽度；φ 为折叠半角度

对于折叠式滤芯，其过滤面积可按式（5.1）计算：

$$A = \frac{2 \cdot N \cdot L \cdot W \cdot H}{\cos\varphi} \tag{5.1}$$

式中，A 为滤芯展开面积，cm^2；L 为滤芯长度，cm；W 为滤芯宽度，cm；N 为单位长度折叠数，个/cm；H 为折叠深度，cm；φ 为折叠半角度。

根据以上计算滤芯结构参数，可得到断面风速和过滤风速为

$$v = \frac{Q}{3600 \cdot L \cdot W} \cdot 10^4 \tag{5.2}$$

$$u = \frac{Q}{7200 \cdot N \cdot L \cdot W \cdot H \cdot (N \times 2)} \cdot \cos\varphi \tag{5.3}$$

式中，v 为断面风速，m/s；u 为过滤风速，m/s；Q 为通过滤芯的空气流量，m^3/h。

为了控制噪声在 40~50dB（A）以内，一般室内空气净化通风系统的主风道断面风速为 4~7m/s，支管断面风速为 2~3m/s。通风机与消声装置之间的风管，其断面风速可采用 8~10m/s。

高效过滤滤芯可设计成不同形状，主要包括方形平板、圆形平板和空心圆筒，如图 5.7 所示。

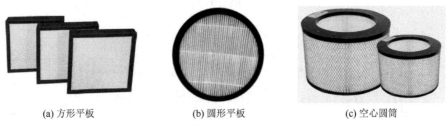

　　(a) 方形平板　　　　　　　　　　　(b) 圆形平板　　　　　　　　　　　(c) 空心圆筒

图 5.7　高效过滤滤芯

总的来说，室内空气颗粒物粒径小，高效纤维过滤是最有效、运行维护最简单的分离净化技术。其主要不足是过滤材料大多为一次性使用，更换滤芯会增大运行费用，而且过滤材料的有效使用寿命判断困难，使得更换时机难以准确把握。好在室内空气颗粒物浓度低，过滤材料的使用寿命通常较长。另外，过滤材料阻留的一般性粉尘和生物性气溶胶长期附着在滤料表面，可能挥发出有机组分，也可能成为微生物的滋生源或繁殖场所。因此，及时对过滤材料进行消毒处理或更换滤芯非常重要。

5.1.2　静电除尘技术

静电除尘具有净化效率高、气流阻力小、风机噪声低等优点，在微电子、高

精度光学仪器和航天等需要营造高洁净空气环境的领域，应用静电除尘净化空气已有悠久的历史。近年来，在室内空气（包括新风）净化中的应用也越来越普遍。

1. 静电除尘技术原理

1）电晕放电

电晕放电（corona discharge）是指气体介质在不均匀电场中的局部自持放电，是最常见的一种气体放电形式。实现静电除尘需要在曲率半径很小的尖端或细圆线电极附近形成激发气体电离的电场强度，从而使气体电离，即发生电晕放电。电晕放电时在电极周围可以看到光亮，并伴有咝咝声。电晕放电可以是相对稳定的放电形式，也可以是电场击穿过程的早期发展阶段。

在直流电压作用下，负极性电晕放电或正极性电晕放电均在尖端或细圆线电极附近聚集起空间电荷，但两者的电荷积累和分布状况存在很大的差异。在负极性电晕中，当电子高速碰撞气体分子导致后者电离后，电子被驱往远离尖端电极的空间，并形成负离子，在靠近电极表面则聚集起正离子。电场继续加强时，正离子被电极吸收，此时出现一脉冲电晕电流，负离子则扩散到间隙空间。此后又重复开始下一个电离及带电粒子运动过程。如此循环，以致出现许多脉冲形式的电晕电流。若电压继续升高，电晕电流的脉冲频率增加、增幅增大，转变为负辉光。电压再升高，出现负流注放电，因其形状像羽毛，因此又称羽状放电或称刷状放电。当负流注放电得以继续发展到相反电极或接地电极时，即转变成所谓的火花放电，整个间隙被击穿。整个过程图 5.8 所示。

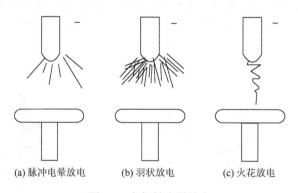

(a) 脉冲电晕放电　　　(b) 羽状放电　　　(c) 火花放电

图 5.8　负极性电晕放电

正极性电晕在尖端或细圆线电极附近也分布着正离子，但不断被推斥向间隙空间，而电子则被放电极吸收，同样形成脉冲电晕电流。电压继续升高时，出现流光放电或流注放电。电压再进一步升高，则转向辉光放电，而且极易导致间隙击穿，即火花放电。整个过程如图 5.9 所示。

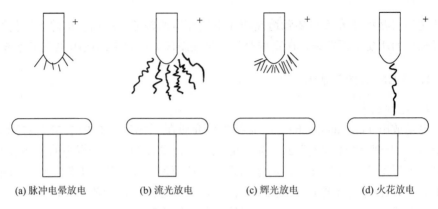

| (a) 脉冲电晕放电 | (b) 流光放电 | (c) 辉光放电 | (d) 火花放电 |

图 5.9　正极性电晕放电

　　不论是正极性放电还是负极性放电，维持持续、稳定的电晕放电而不发生火花放电，是实现静电除尘的前提条件。电晕放电的特征是伴有"嘶嘶"的响声。电晕放电时，尖端附近的场强很高，尖端附近气体被电离，电荷可以离开导体；而远离尖端处场强急剧减弱，电离不完全，因而只能建立起微小的电流。电晕放电可以是连续放电，也可以是不连续的脉冲放电。电晕放电的能量密度远小于火花放电的能量密度。

　　2）静电除尘过程

　　如图 5.10 所示，含尘气流进入静电除尘电场后，在电晕放电和静电场作用下，实现颗粒物从气流中分离要经历四个过程：①颗粒荷电。含尘气体通过电极间隙时，在电场作用下定向运动的电子和负离子与颗粒碰撞，使颗粒荷电。②荷电颗粒定向运行。荷电颗粒在电场作用下也作定向运动。对于负极性放电，荷负电荷

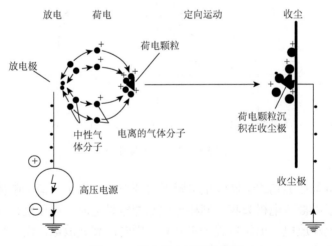

图 5.10　静电除尘过程示意图

的颗粒向收尘极（接地极）方向运动，荷正电荷的颗粒向放电极方向运动；对于正极性放电，情况相反。③电极沉积。荷电颗粒到达收尘极板或放电电极后，附着在极板或极线上，同时释放自身所带电荷，以收尘极板沉积为主。④电极清灰。当收尘极板或放电电极积聚一定颗粒时，继续工作会出现除尘效率下降的现象。此时，应采用吹扫和水洗的方法进行清理，以便恢复良好的除尘工作状态，这种清理作业可根据实际情况，采取在线或离线的方式进行。

2. 颗粒荷电

按荷电机制，颗粒荷电分为电场荷电和扩散荷电两类。对于直径大于 0.5μm 左右的颗粒，电场荷电占主导地位，颗粒荷电是电场中定向运动的电子和负离子与颗粒碰撞的结果。这种荷电所需的时间通常小于 0.1s，即在很短的时间内即达到最大荷电量或饱和荷电量；对于直径小于 0.2μm 左右的颗粒，扩散荷电占主导地位，颗粒荷电是电子和负离子与不规则运动的细颗粒发生表面接触的结果；对于直径介于 0.2～0.5μm 的颗粒，两种荷电作用相当，因此，两者的加和效应可近似地反映荷电情况。不同荷电机制的荷电量计算方法如下。

1）电场荷电量

根据静电理论，大于 0.5μm 的颗粒主要依靠电场荷电，其最大（饱和）荷电量按式（5.4）计算：

$$q_{max} = 3\pi[\varepsilon_r / (\varepsilon_r + 2)]\varepsilon_0 d_p^2 E \qquad (5.4)$$

式中，ε_r 为粒子相对介电常数；ε_0 为真空介电常数，等于 8.85×10^{-12}F/m；E 为电场强度，V/m；d_p 为颗粒物直径，cm。

2）扩散荷电量

小于 0.2μm 的颗粒主要依靠扩散荷电，其荷电量按式（5.5）计算：

$$n = \frac{2\pi \cdot \varepsilon_0 \cdot k_{kB} \cdot T \cdot d_p}{e^2} \ln\left(1 + \frac{e^2 \cdot d_p \cdot N_0 \cdot t \cdot \bar{\mu}}{8\varepsilon_0 \cdot k \cdot T}\right) \qquad (5.5)$$

式中，π 为圆周率；k_{kB} 为玻尔兹曼常数，1.38×10^{-23}J/K；T 为气体温度，K；N_0 为离子密度，个/m³；e 为电子电量，1.6×10^{-19}C；t 为电场荷电所需要的时间，s；$\bar{\mu}$ 为气体离子的平均热运动速度，m/s。

对于 0.2μm～0.5μm 的颗粒物，荷电量按电场荷电量和扩散荷电量之和处理，即根据以上公式分别计算对应粒径的电场和扩散荷电量，然后两者相加即可。

3. 静电除尘效率

颗粒荷电后，在电场力的驱动下向收尘极运动过程中，当颗粒所受的静电力和受到的气流阻力相等时，颗粒向收尘极做匀速运动，此时的运动速度就称为理论驱进速度，用 ω 表示，按式（5.6）计算：

$$\omega = \frac{q \cdot E}{3\pi \cdot \mu \cdot d_{\mathrm{p}}} \tag{5.6}$$

式中，q 为荷电量；μ 为气体离子的热运动速度。

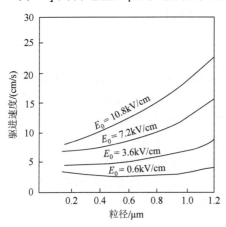

图 5.11　颗粒的理论驱进速度与粒径和电场强度 E_0 的关系

颗粒的理论驱进速度与粒径和电场强度的关系如图 5.11 所示。

静电除尘效率与颗粒性质、放电条件、含尘气流性质及除尘器结构等因素有关，德意希（Deustch）基于假设：①除尘器中气流为紊流状态；②在垂直于集尘表面的任一横断面上颗粒浓度和气流速度是均匀分布的；③颗粒进入除尘器后迅速完成荷电过程，达到饱和荷电；④忽略电风、气流分布不均匀和被捕集颗粒重新进入气流等影响。推得对于特定粒径的颗粒，其除尘效率计算公式，即德意希分级效率方程为

$$\eta_i = 1 - \exp\left(-\frac{A}{Q} \cdot \omega_i\right) \tag{5.7}$$

式中，η_i 为对应 i 粒径或粒径范围颗粒的除尘效率，%；A 为集尘板面积，m^2；Q 为空气流量，m^3/s；A/Q 为比集尘面积，s/m；ω_i 为对应 i 粒径或粒径范围颗粒的驱进速度，m/s。

德意希分级效率方程概括了除尘效率与集尘板面积、空气流量和颗粒的驱进速度之间的关系，指明了提高电除尘器捕集效率的途径，因而在除尘器性能分析和设计中被广泛采用。

实际上，各种因素的影响使得按理论方程计算的捕集效率往往高于实际值。为此，实际的做法是将某种结构形式的电除尘器在一定运行条件下捕集特定粉尘的总捕集效率代入德意希分级效率方程中反算出相应的驱进速度，并称之为有效驱进速度。这样，便可用有效驱进速度来描述电除尘器的捕集性能，并作为同类电除尘器设计中确定其尺寸的依据。将按有效驱进速度表达的总捕集效率方程称为德意希-安德森（Deutsh-Anderson）方程，即

$$\eta = 1 - \exp\left(-\frac{A}{Q} \cdot \omega_e\right) \tag{5.8}$$

式中，η 为总除尘效率，%；A 为集尘板面积，m^2；Q 为空气流量，m^3/s；A/Q 为比集尘面积，s/m；ω_e 为颗粒的有效驱进速度，m/s。

据估计，理论计算的驱进速度值比实测有效驱进速度可能大 2～10 倍。有效驱进速度取决于粉尘种类、粒径分布、电场风速、电除尘器的结构形式和供电方式等因素。这类经验数据的大量积累，对静电除尘组件设计非常有指导价值。

4. 影响除尘效率的因素

影响静电除尘效率的因素主要涉及颗粒性质、放电条件和比集尘面积三个方面。

1）颗粒性质

与静电除尘相关的颗粒性质主要是粒径和粉尘比电阻。如式（5.6）所示，除尘效率与驱进速度成正比，又从图 5.11 可以看出，颗粒驱进速度与粒径和电场强度密切相关。随着颗粒增大，驱进速度提高，而且电场强度越高，这种作用越明显。

除了粒径之外，颗粒比电阻也会影响除尘效率。其原因是颗粒比电阻是衡量颗粒导电性的一个指标。当颗粒比电阻太低时（如炭黑颗粒），颗粒达到收尘极后，会迅速释放电荷达到中性，而脱离收尘极，形成二次扬尘，使除尘效率降低。当颗粒比电阻太高时，荷电颗粒达到收尘极后，一方面不易释放电荷，从而排斥随后到达的颗粒，降低电除尘效率；另一方面，还可能引起反电晕，进一步降低除尘效率。一般情况下，电除尘器运行最适宜的比电阻范围为 $10^4 \sim 10^{11} \Omega \cdot cm$。室内空气净化面临颗粒物的比电阻基本都在适应的范围内，若能及时清理电极上沉积的颗粒，不会因为比电阻问题带来不利影响。

2）放电条件

影响除尘效率的放电条件包括电压（或电场强度）和放电极极性两个方面。从以上计算公式可以看出，升高电压（或增大电场强度）有利于提高颗粒荷电量和驱进速度，进而提高除尘效率。

就放电极极性而言，负电晕放电的稳定性要高于正极性放电，因而可以施加更高的放电电压，形成更高的电场强度，这有利于提高除尘效率。然而，电晕放电过程会产生臭氧，臭氧浓度过高会形成二次污染，对于室内空气净化来说尤为如此。如图 5.12 所示，与正电晕放电相比，负电晕放电产生的臭氧浓度更高。正因为如此，尽管在工业电除尘领域，普遍使用负极性电晕放电，但在室内空气净化领域，为了控制臭氧浓度，大多采用正极性电晕放电。当然，室内空气净化面对的气体组分恒定、温度和湿度适中、颗粒浓度低，这些都为在较高电压下，实现持续、稳定的正极性电晕放电创造了条件。

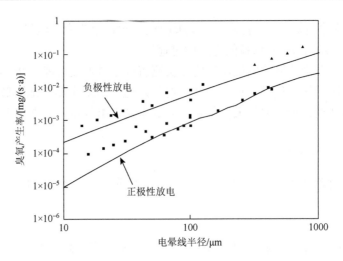

图 5.12 放电线直径和放电极极性对臭氧产生量的影响

3）比集尘面积

比集尘面积是综合考虑静电除尘组件总收尘面积和处理空气量（或气流速度）的指标，是表征气体在电场区停留时间的一个参数。比集尘面积越大，停留时间越长，除尘效率越高。具体体现为，当处理气量不变时，若电场通道数固定，则极板长度越长，比集尘面积越大；若极板长度固定，则电场通道数越多，比集尘面积越大。当电极配置不变时，比集尘面积增加意味着处理气量减小，或气体通过电场的速度降低。

5. 静电除尘组件类型与设计

1）静电除尘组件分类

根据颗粒荷电和荷电颗粒定向运动到收尘极两个过程是否分区进行，可将用于室内空气净化的静电组件分为单区和双区两种类型。单区式静电除尘组件的荷电与收尘在同一区域进行，如图 5.13 所示。

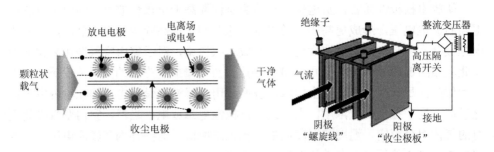

图 5.13 单区式静电除尘组件示意图

2）静电除尘组件设计

双区式静电除尘组件的荷电和收尘在两个不同的区域进行，如图 5.14 所示。研究表明，双区式静电除尘组件应用于室内空气净化时，具有更高的除尘效率。

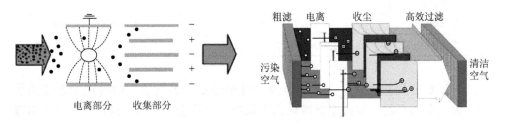

图 5.14　双区式静电除尘组件示意图

3）静电除尘组件设计

作为一种高效除尘技术，静电除尘广泛应用于工业领域，如各类燃煤锅炉和工业窑炉烟气除尘处理。同时，这种技术在室内空气（包括新风）净化中也得到广泛应用。针对两种不同的应用场合，尽管工作原理相同，但在许多方面存在显著的差异，如表 5.1 所示。

表 5.1　工业电除尘器与室内空气净化静电除尘组件比较

比较项目	工业电除尘器	室内空气净化除尘组件
工作原理	两者相同	
同极间距	～350mm	～25mm（电离区）；＜10mm（收尘区）
放电电压	～70kV	～12kV（电离区）；6kV（收尘区）
电晕极性	负电晕	正电晕
清灰方式	在线振打清灰	在线或离线吹扫或冲洗清灰

6. 纤维过滤与静电除尘的比较

纤维过滤和静电除尘是室内空气（包括新风）颗粒物净化的主要技术，两者各具特点，对两者进行比较如表 5.2 所示。

表 5.2　纤维过滤与静电除尘技术比较

比较项目	纤维过滤	静电除尘
主要作用力	筛分、惯性碰撞、拦截、扩散、静电（可选）	静电（库仑）作用力
最大除尘效率	95%以上	90%～95%以上
运行阻力	80Pa 左右	20Pa 左右

比较项目	纤维过滤	静电除尘
投资费用	中偏低	中
运行费用	中	低
使用寿命	短，一次性使用	长，清灰后可重复使用
其他性能	可能释放有机物，滋生微生物	具灭菌效果，但会释放臭氧

与工业应用相类似，为了充分发挥纤维过滤与静电除尘两种技术各自的优势，并克服其不足，室内空气净化也可采用静电除尘在前、纤维过滤在后的串联组合方式，以实现在高效除尘的同时，延长纤维过滤组件寿命和防止二次污染不足的目的。考虑到静电除尘过程会产生臭氧，应特别关注这种组合应用时，臭氧对纤维的氧化破坏性。

5.2　室内空气气态污染物净化技术

室内空气气态污染物主要是甲醛和苯系物之类挥发性有机物，目前针对这些污染物的净化方法主要包括吸附净化技术、催化净化技术和非热等离子体协同/催化净化技术，此外，其他净化技术（如光解净化、臭氧氧化净化、光催化净化）也受到关注。

5.2.1　吸附净化技术

吸附法具有净化效率高、适用污染物范围宽、技术成熟和易于推广等优点，是净化室内空气低浓度有机类污染物最常用、最有效的方法。

1. 吸附净化技术原理

气体吸附是利用多孔固体吸附剂将气体混合物中一种或多种污染组分（吸附质）富集于固体表面，从而从气流中分离出来。气体吸附得以实现的本质是固体表面的分子力处于不平衡或不饱和状态，如图 5.15 所示。消除不平衡作用力，实现由非稳态过渡到稳态是一个自发过程，而且这种过程瞬间发生，因此固体表面实际上始终处于力的平衡状态，即始终有气体分子吸附在固体表面（对于液固吸附过程，为液体分子吸附在固体表面）。在气体吸附净化中，气态污染物在固体表面吸附的实质是使原先吸附在固体表面的气体分子解离，新的气体分子吸附的再平衡过程，如图 5.16 所示。

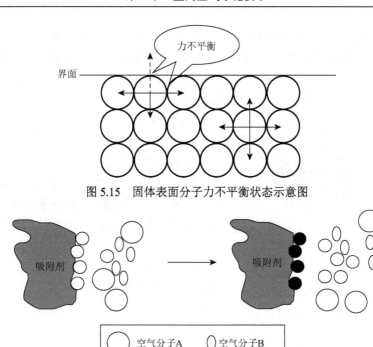

图 5.15　固体表面分子力不平衡状态示意图

图 5.16　气态污染物在固体表面的吸附

根据固体吸附剂表面与被吸附质分子之间作用力的不同，吸附可以分为物理吸附和化学吸附两种类型。

1）物理吸附

物理吸附由分子间引力（范德瓦耳斯力）引起，可以是单层吸附，也可以是多层吸附。物理吸附的特征包括：①吸附质与吸附剂之间不发生化学反应；②吸附过程极快，吸附平衡状态几乎瞬间达到；③吸附为放热反应，部分气态会液化为液体；④吸附剂与吸附质之间的吸附力不强，当气体中吸附质分压降低或温度升高时，被吸附气体容易从固体表面解吸，而气体的性质不会发生改变；⑤吸附选择性弱。几乎可吸附任何气体，不过对不同气体的吸附作用存在差异。

2）化学吸附

化学吸附由固体吸附剂表面与吸附质分子之间的化学键力引起，是固体与吸附质分子之间化学作用的结果，因此只能发生单层吸附。化学吸附的特征包括：①吸附需要一定的活化能；②吸附速率较慢。达到吸附平衡需要时间；③升高温度可以提高吸附速率；④吸附力较强，远大于物理吸附的范德瓦耳斯力；⑤吸附有很强的选择性，只有那些与吸附剂发生化学作用的气体分子才会被吸附。

值得指出的是，同一种物质可能在温度较低时发生物理吸附，而在温度较高时发生化学吸附，即化学吸附发生在物理吸附之后，当吸附剂逐渐具备足够的活化能后，化学吸附才能发生。另外，当吸附质与吸附剂长时间接触后，最终会达到吸附平衡。平衡吸附量是吸附剂对吸附质的极限吸附量，也称为静吸附量分数或静活性分数，它是吸附系统设计和运行的重要参数。

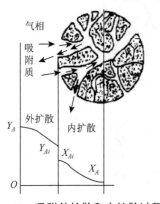

图 5.17　吸附外扩散和内扩散过程

Y_A 为 A 在气相中的含量；Y_{Ai} 为 A 在吸附剂外表面的含量；X_A 为 A 在固相表面的含量；X_{Ai} 为 A 在固相内表面的含量

3）吸附过程

如图 5.17 所示，吸附质从气相主体传递到固体表面需要经过三个过程：①外扩散，是指吸附质分子从气流主体传递到吸附剂的外表面。②内扩散，是指吸附质分子从吸附剂的外表面传递到吸附剂微孔内的表面。③吸附，是指吸附质分子附着在吸附剂内表面。

对于化学吸附，附着于吸附剂表面的吸附质分子还会与吸附剂表面的活性组分发生化学反应。

2. 吸附剂

性能优异的吸附剂是实现高效、大容量吸附的基础，对于吸附剂的一般要求包括：①具有巨大的比表面积和疏松的结构；②对不同气体的吸附作用存在差异；③具有足够的机械强度、化学与热稳定性；④吸附容量大；⑤来源广泛、造价低廉；⑥良好的再生性能。满足这些要求的吸附剂主要包括活性炭、活性氧化铝和沸石分子筛，它们也是室内空气净化常用的吸附剂，表 5.3 给出了典型吸附剂的主要物理性质。

表 5.3　典型吸附剂的主要物理性质

物理性质	活性炭	活性氧化铝	沸石分子筛
堆积密度/(kg/m³)	200～600	750～1000	800
孔隙度	0.33～0.55	0.40～0.50	0.30～0.40
比表面积/(m²/g)	600～1400	95～350	600～1000
微孔体积/(cm³/g)	0.5～1.4	0.3～0.8	0.4～0.6
平均孔径·10^{10}/m	20～50	40～120	—
比热容/[kJ/(kg·K)]	0.84～1.05	0.88～1.00	0.80
再生温度/K	373～413	473～523	473～573
导热系数/[kJ/(m·h·K)]	0.50～0.71	0.50	0.18

1）活性炭

活性炭是许多具有吸附性能的碳基物质的总称，是应用最早、用途最广的吸附剂,而且因其丰富的孔结构而具有良好的吸附性能。活性炭基于各种含碳物质,如煤、木材、锯木、骨头、椰子壳、果壳和核桃壳等的碳化,并经活化处理制备。碳化温度一般低于 873K,活化温度为 1123~1173K。其中最好的原料是椰子壳,其次是核桃壳或水果壳等。

活性炭的比表面积大多为 600~1400m^2/g 左右,孔径分布较宽,大部分为微孔(<2nm),也有中孔(2~50nm)和大孔(>50nm)。微孔适合小分子的吸附,而中孔适合吸附大挥发性有机物及半挥发性有机物之类的大分子。大孔和中孔是通向微孔的被吸附分子的扩散通道,支配着吸附分离过程中吸附速度这一重要因素。

2)活性炭纤维

活性炭纤维(activated caron fiber,ACF)是近年来出现的一种新型高性能吸附材料,一般利用黏胶丝、酚醛纤维和腈纶纤维之类超细有机纤维等作为原料,加工制成。活性炭纤维具有很大的比表面积,多数为 800~1500m^2/g,适当的活化条件可使比表面积达 3000m^2/g。活性炭纤维在表面形态和结构上与普通碳基活性炭存在很大区别,活性炭纤维主要发育了大量的微孔,这些微孔分布狭窄且均匀,孔宽大多数分布在 0.5~1.5nm,微孔体积占总孔体积的 90%左右。因此,活性炭纤维特别适合吸附小分子挥发性有机物。

3)活性氧化铝

活性氧化铝是将含水氧化铝,在严格控制升温条件下,加热到 773K,使之脱水而制得的具有多孔、大比表面积结构的活性物质。根据晶格构造,氧化铝分为 α 型和 γ 型。具有吸附活性的主要是 γ 型,尤其是含一定结晶水的 γ-氧化铝,吸附活性高。晶格类型的形成主要取决于焙烧温度,若三水铝石在 773~873K 温度下焙烧,所得的氧化铝即为含有结晶水的 γ 型活性氧化铝;温度超过 1173K,变成 α 型氧化铝,比表面积和吸附性能急剧下降。

4)沸石分子筛

沸石分子筛是一种人工合成的泡沸石,与天然泡沸石一样是水合铝硅酸盐晶体。分子筛具有多孔骨架结构,其分子式为 $Me_{x/n}[(Al_2O_3)_x(SiO_2)_y]\cdot mH_2O$。式中,$x/n$ 是价态数为 n 的金属阳离子 Me 的数目。分子筛在结构上有许多孔径均匀的孔道和排列整齐的洞穴,这些洞穴由孔道连接。洞穴不但提供很大的比表面积,而且它只允许直径比其小的分子进入,从而对大小及形状不同的分子进行筛分。根据孔径大小和 SiO_2 与 Al_2O_3 的分子比不同,分子筛有不同的型号,如 3A(钾A 型)、4A(钾 A 型)、5A(钾 A 型)、10X(钾 A 型)、Y(钾 A 型)、钠丝沸光石等。

在室内空气净化中,活性氧化铝和分子筛主要用于吸附小分子有机气体组分和无机气态污染物,或用作改性吸附剂的前体物。

5）改性吸附剂

室内空气污染物具有浓度低、组分多等特点。通过对上述常用吸附剂或其他多孔材料（包括天然多孔材料）进行改性处理，可增大吸附容量和吸附速率，增强吸附选择性和疏水性，拓宽吸附污染物范围或同步吸附多种污染物的能力。吸附剂改性可立足于改变吸附剂原料配比或制备过程，也可借助改变成品吸附剂的表面物理化学性能实现。目前，应用较多的改性方法包括：①表面氧化改性，目的是提高表面极性，从而改进对极性污染物的亲和力；②表面还原改性，目的是降低表面极性，从而改进对非极性污染物的吸附能力；③表面负载金属氧化物改性，目的是增强吸附与污染物的结合力；④表面负载可与污染物发生化学反应的组分，目的是改进化学吸附性能。例如，通过负载有机胺的方式将氨基引入活性炭表面，可大大提高活性炭吸附醛类物质的性能。除此之外，表面非热等离子体改性、微波改性和电化学改性等也是研究的热点。

3. 影响吸附净化的因素

吸附过程的影响因素主要包括以下几个方面。

1）吸附剂的物理化学性质

吸附剂物理化学性质包括比表面积、颗粒尺寸及其分布、孔隙构造及其分布、表面化学结构和电荷性质等，吸附剂种类和制备方法不同，得到的吸附剂物理化学性质也各不相同。这些差异不仅影响热力学意义的吸附效果（吸附量或吸附程度），也对动力学意义的吸附过程产生影响。比表面积通常被认为是与吸附量关系最密切的参数，从宏观上分析，一定条件下，吸附量随比表面积增大而增加。不过，并不是所有表面都具备吸附能力，只有那些污染气体分子能进入的孔道表面才具有吸附能力，而这个有效吸附表面又与微孔尺寸有关。由于位阻效应，一个分子不易进入小于某一直径的孔道，这个直径也称为临界直径，它与吸附质分子的动力学直径有关。

2）吸附质的物理化学性质

吸附质本身的性质和浓度及其与吸附剂的匹配性也是影响吸附过程和吸附量的主要因素。例如，采用活性炭吸附有机物时，对于结构类似的有机物，其分子量越大，沸点越高，吸附量越大；对于结构和分子量都相近的有机物，不饱和性越大，越容易被吸附。实际上，只有当吸附剂与吸附质相匹配时，才能获得理想的吸附效果。例如，对于非极性大分子挥发性有机物，非极性活性炭属于理想的吸附剂；SO_2 和 NO 之类极性污染物，极性分子筛的吸附能力较强。为了改进非极性活性炭对弱极性分子（包括甲醛之类小分子有机物）的吸附能力，需要对其进行氧化、负载金属氧化物或其他化学组分的表面改性处理。

3）吸附操作条件

吸附是一种放热过程，降低吸附温度有利于提高吸附量，所以物理吸附总是希望在较低的温度下进行。不过，对于化学吸附，由于提高温度会加快化学反应进程，所以从提高吸附速率角度考虑，希望适当提高吸附温度。尽管高的操作压力有利于增大吸附速率和吸附量，但是增压会造成系统设备复杂，并增大能耗。对于污染物浓度很低的室内空气净化，增压效应更弱。气体通过吸附床层的速度会影响传质过程，从而影响吸附速率。固定吸附床装载的吸附剂体积不变，增大气流速度（吸附床的断面减小、长度增大）有助于提高吸附速率。但是，气流速度提高会导致气流通过吸附床层的阻力增大，风机能耗提高，因此必须综合考虑各方面因素，确定长径比。

除了上述因素之外，吸附剂装填量、气流分布、共存气体组分、湿度等因素也会对吸附性能产生影响。

4. 吸附净化床的设计

1）吸附操作过程

室内空气净化都是采用固定床吸附器，在吸附床内的吸附可假定为推流过程。如图 5.18 所示，当吸附质浓度为 C_e 的气体匀速地通过床层长度为 Z 的固定床吸附器，污染物先在吸附床入口附近发生吸附过程，如图 5.18（b）所示，这一区域称为传质区，后面的吸附层虽然有气体通过，但其中没有吸附质，没有发生吸附，称作未用区。吸附一段时间后，靠近入口断面的吸附剂已经达到吸附饱和，形成平衡区，如图 5.18（c）所示。再吸附一段时间，吸附剂层逐渐达到吸附饱和，未用区不存在，如图 5.18（d）和（e）所示，之后传质区消失，如图 5.18（f）所示。

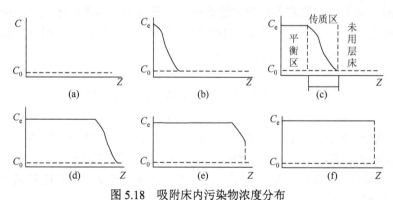

图 5.18　吸附床内污染物浓度分布

C 为吸附质浓度；C_e 为初始吸附质浓度；C_0 表示吸附质浓度为 0

与此相对应，从吸附床出口污染物浓度检测结果来看，吸附开始时，吸附床出口检测不到污染物，如图 5.19（a）～（c）所示，随着吸附的进行，污染物吸附区逐步向吸附床出口方向推进。吸附一定时间后，可从吸附床出口检测到污染物，吸附床出现穿透现象，此时间即为穿透时间（breakthrough time，τ_b），如图 5-19（d）所示。当吸附床出口检测的污染物接近入口时，吸附床层完全饱和，实现吸附平衡，此时间称为平衡时间或饱和时间（equilibrium time，τ_e），如图 5.19（f）所示。

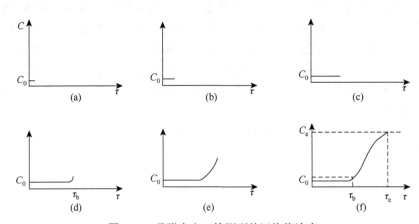

图 5.19 吸附床出口检测到的污染物浓度

C 为吸附质浓度；C_e 为初始吸附质浓度；C_0 表示吸附质浓度为 0；τ 为时间

2）吸附剂活性

吸附剂活性是表征吸附剂性质的主要指标，吸附剂活性分为静活性和动活性。静活性是指一定温度下，与气体中被吸附物（吸附质）的初始浓度达到平衡时，单位吸附剂吸附质的最大量，即在一定温度下，吸附达到饱和时的吸附量，对应图 5.19（f）的 τ_e 时间。动活性对应吸附床层中尚有部分吸附剂未达到饱和状态，但出口已检测到污染物的情形。一般认为，当吸附床出口污染物浓度达到一定值，如入口浓度的 5%或 10%时，单位质量（或体积）吸附剂所吸附的吸附质量，对应图 5.19（d）的 τ_b 时间。

3）饱和吸附量的计算

对于特定的吸附床，其饱和吸附量可按式（5.9）计算：

$$x = a \cdot S \cdot L \cdot \rho_b \tag{5.9}$$

式中，x 为饱和吸附量，g；a 为吸附剂的静活性，g/kg；S 为吸附床层断面积，m^2；L 为吸附床层长度，m；ρ_b 为吸附床中吸附剂堆积密度，kg/m^3。

假定吸附速率为无穷大，即吸附瞬时即可完成，此情况下吸附静活性等于动活性，即满足如下公式：

$$a \cdot S \cdot L \cdot \rho_b = v \cdot S \cdot c_0 \cdot \tau' \tag{5.10}$$

式中，v 为气流通过吸附床的速度，m/s；C_0 为吸附床入口污染浓度，g/m^3；τ'为吸附时间，也称保留时间。

实际上，吸附不可能瞬时发生，因此穿透时部分吸附剂并未达到饱和状态。为了确保出口污染物浓度低于允许值，实际吸附操作时间应按式（5.11）计算：

$$\tau = \frac{a \cdot \rho_b \cdot L}{v \cdot C_0} - \tau_0 \tag{5.11}$$

令 $K = \dfrac{a \cdot \rho_b}{v \cdot C_0}$，即得

$$\begin{aligned}\tau &= K \cdot L - \tau_0 \\ &= K(L - h)\end{aligned} \tag{5.12}$$

式中，τ_0 为理论吸附时间；h 为理论床层长度。

假定吸附为瞬时发生的理想吸附过程，则吸附时间与吸附床长度呈直线关系，见图 5.20。根据图 5.20，可确定 K 值和 h 值。实际上，完成吸附过程需要时间，当吸附床层长度（或高度）有限时，吸附时间与吸附床长度之间表现为曲线关系，这是因为此情况下，吸附剂并未充分利用。因此，为了提高吸附剂利用率，延长吸附床有效作用时间，吸附床层长度不能太小。

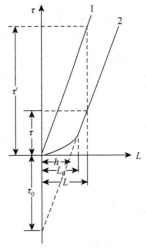

图 5.20　实际与理论吸附曲线
1-理论吸附曲线；2-实际吸附曲线

5. 吸附净化技术在室内空气净化中的应用

吸附净化对低浓度污染物净化效果好，可使污染物浓度降至很低水平，而且具有适应污染物范围广，部分吸附剂可同步消除多种污染物等优势，因而特别适用于室内空气污染物的净化。就吸附剂形态而言，与工业用途的吸附剂相同，目前应用于室内空气净化的吸附剂主要为颗粒状和蜂窝状。蜂窝状吸附剂的气流阻力显著优于颗粒状。

1）活性炭吸附净化苯系物

苯系物和甲醛是室内存在的最主要化学污染物，吸附是净化低浓度苯系物的最有效方法。目前，利用活性炭吸附净化室内空气中苯系物之类分子量较大的挥发性有机物已经得到广泛应用。为了确保或改善活性炭的吸附性能，应用时应关注以下问题：①活性炭的预处理。将活性炭原料制成商用室内空气净化产品，必须进行恰当的预处理。例如，对活性炭进行酸或酸碱交替以及清洗处理，去除活性炭中的酸碱可溶性物质和降低灰分，通常是基本的预处理要求。酸碱处理不会破坏活性炭的结构，但可显著提高活性炭的比表面积，使内孔得到充分暴露，从而改善吸附性能。有研究表明，通过酸碱交替处理煤质活性炭可使比表面增大将近 1 倍，苯饱和吸附量提高 50% 以上。由于活性炭吸附量与其表面含氧官能团量成反比，因此不宜采用氧化性酸进行预处理，通常采用盐酸水溶液。②活性炭吸附不同苯系物组分性能存在差异。室内空气苯系物组分多、浓度低，除非进行特殊改性处理，否则活性炭并不能吸附净化所有污染组分。若苯和甲苯共存于空气

之中，初期活性炭可同步吸附这两种污染物，后期吸附能力相对较强的甲苯可将吸附态苯置换出来。此外，一些共存于空气中的组分可能劣化活性炭的性能，如室内电器或空气净化器件产生的臭氧会氧化（烧蚀）活性炭，不仅耗损活性炭，而且改变了活性炭的孔结构，从而降低活性炭的吸附性能。

　　2）改性活性炭或极性吸附剂吸附净化甲醛

　　从气固吸附作用机制考虑，甲醛与苯系物的物理化学性质存在显著差异。如表 5.4 所示，甲醛的分子量、沸点和分子动力学直径明显小于苯系物，而极性、酸性和水溶性明显大于苯系物。正因为如此，普通活性炭并不能有效净化甲醛，需对活性炭进行改性处理或采用其他吸附剂。目前，实际常用甲醛吸附剂主要包括改性活性炭、活性氧化铝和沸石分子筛等。近年来，人们也在研究石墨烯之类新材料在甲醛净化中的应用。

表 5.4　甲醛与苯系物的物理化学性能

项目	甲醛	苯	甲苯	对二甲苯
分子式	CH_2O	C_6H_6	$C_6H_5CH_3$	$C_6H_5(CH_3)_2$
分子量	30.03	78.11	92.14	106.17
沸点/℃	−19.5	80	111	138.3
熔点/℃	−92	5.5	−95	13.2
密度/(g/mL)	1.09	0.874	0.866	0.861
颜色	无色	无色或浅黄色	无色透明	无色透明
气味	有强烈刺激性	强烈芳香性气味	苯的芳香性味	芳香烃的特殊气味
蒸气压/mm Hg	52	166	22	8.84
水溶解性	易溶于水	难溶于水	难溶于水	不溶于水
含碳量	0.4	0.923	0.912	0.905
分子动力学直径/nm	0.45	0.58	0.6	0.62
相对极性		0.111	0.099	0.074
极性（偶极矩）	$7.56×10^{-3}$℃·m	0	0.4024D	0
酸度系数（25℃）	13.27	43	40	

　　对活性炭进行改性处理，使其对甲醛的吸附作用由单一的物理吸附转为物理-化学联合吸附，可显著提高其吸附甲醛性能，已被证明行之有效的改性方法至少包括表面氧化、负载金属氧化物和负载胺类化合物 3 种。表面氧化改性是指用氧化性酸和过氧化氢氧化处理活性炭。研究表明，采用硫酸、硝酸或过氧化氢处理活性炭，使得表面酸性含氧官能团含量明显提高，可改进对甲醛的吸附能力。负载金属氧化物改性是将活性炭浸渍于金属盐溶液中，再经干燥和焙烧处理，改变活性炭表面化学性能。氧化锰被认为是最有效的金属氧化物，负载其他过渡金属

氧化物也能显著提高活性炭吸附甲醛性能。有研究表明，浸渍碳酸钠或亚硫酸钠溶液，也能提高活性炭吸附甲醛容量、延长吸附作用时间。一般认为，负载金属氧化物之所以能够提高活性炭吸附甲醛性能，是由于活性炭具有比表面积大和多孔的优势，并协同利用了金属氧化物的催化氧化作用。负载非挥发性有机胺是指借助加热使有机胺气化，继而渗透进入活性炭孔道并附着在活性炭表面。为了防止胺类化合物在应用过程中自然挥发，引起二次污染，必须采用非挥发性有机胺。研究表明，利用六亚甲基二胺（HMDA）改性活性炭可以使吸附穿透时间延长 20 倍以上。由于有机胺与甲醛的反应作用能力强，所以有机胺改性实质是使吸附过程由物理吸附转变为化学吸附。

与活性炭相比，分子筛由于其微孔结构更多，因而吸附甲醛等小分子有机物的能力更强。另外，甲醛等醛类有机物含有羰基极性基团，分子筛作为极性吸附剂对甲醛的吸附性能优于活性炭。阳离子和骨架结构对分子筛吸附甲醛分子的性能有很大影响，例如，用 Co^{2+} 改性 13X 分子筛可使其吸附甲醛性能显著改善。

3）吸附法净化其他室内空气污染物

除了苯系物和甲醛之外，室内空气还存在很多其他污染物。目前，通常是借助活性炭的广谱吸附进行净化处理。例如，氡作为一种无色无味的放射性惰性气体，广泛存在于放射性水平较高地区的室内环境，可借助活性炭进行广谱净化。此外，室内空气存在的含氟气体、烟味、人体和仪器排放的多种异味，也可利用基于活性炭或活性炭纤维制成的空气净化器进行净化。

6. 失效吸附剂的再生

1）再生方法及原理

吸附剂穿透或达到饱和状态时即处于失效状态，失效吸附剂再生是工业领域吸附净化的基本单元操作。常用的再生方法包括：①加热解吸再生。通过直接或间接的方法升高吸附剂的温度，使吸附质脱附。②降压或真空解吸再生。基于吸附量与吸附质在气相的分压力成正比的原理，降低操作总压力或降低气相吸附质分压力，使吸附质解析。③置换再生。选择合适的气体（脱附剂），将吸附质置换或吹脱出来。④溶剂萃取再生。选择合适的溶剂，使吸附质在该溶剂中的溶解性能远大于吸附剂对吸附质的吸附作用，将吸附质溶解下来。

实际上，气相色谱操作就是一个典型的吸附-脱附过程，如图 5.21 所示。当六通阀从取样状态切换至进样状态时，载气先将样品带入负载吸附材料的色谱柱，样品中可被吸附的气体组分被吸附截留下来。然后，载气继续流过色谱柱，此时载气 1、2、3、4 不含样品气组分，相当于吸附质气相分压力降为 0。此时，进入降压解吸状态，吸附的组分因其与吸附材料结合力的差异，先后解析出来，从而表现出不同的保留时间。与此同时，色谱柱中的吸附材料也得到再生。若样品气中含有难脱附解析的气体组分，还可借助程序升温的分析方法，使其解析下来，以便缩短气相色谱分析时间，这实际上就是加热强化脱附再生的过程。

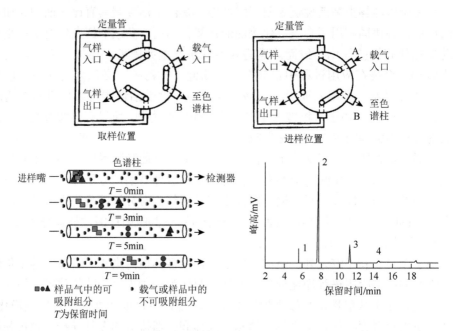

图 5.21　色谱分析的吸附-脱附行为示意图

2）室内空气净化吸附剂的再生或处置

尽管再生是工业领域失效吸附剂的常规处理方式。但是，室内空气净化吸附剂用量通常非常小，因此单独进行再生处理可操作性极低。可采取的处理或处置方法包括：①由第三方或吸附材料生产厂家回收，按照上述工业应用的常规吸附剂再生方法进行脱附再生处理。②因地制宜，利用合适的高温焚（燃）烧设备处理，集中处置。③采用其他安全有效而且不会造成二次污染，包括重新释放到大气环境的方法处置。值得注意的是，由于活性炭具有多孔特性，而且室内气候温度、湿度条件温和，微生物可能在吸附床层中滋生，所以科学使用、及时处置吸附剂非常重要。

5.2.2　催化净化技术

催化法净化室内空气是指借助催化剂的催化作用使室内空气中的气态污染物转变为无害物，在室内空气甲醛净化中已得到应用。但净化其他污染物的催化净化技术尚不成熟。与工业领域应用催化法净化气态污染物不同，室内空气净化不允许净化导致空气温度出现大的变化，这给催化净化提出了更大的挑战。

1. 催化净化技术原理

催化是借助催化剂使化学反应速率加快的现象。理论上,反应前后催化剂并不发生改变。在催化反应过程中,至少有一种反应物分子与催化剂发生了某种形式的化学作用,进而改变化学反应的途径,降低反应活化能,如图 5.22 所示。

从图 5.22 可以看出,化学反应 $A + B \longrightarrow$ AB,所需活化能为 E_a,在催化剂 K 参与下,反应按以下两步进行:①$A + K \longrightarrow AK$,所需活化能为 E_1;②$AK + B \longrightarrow AB + K$,所需活化能为 E_2,E_1、E_2 都小于 E_a。催化剂 K 只是可逆性介入了化学反应,反应结束后,催化剂 K 得到再生。

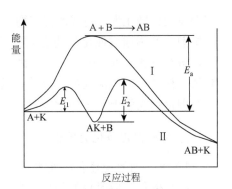

图 5.22　催化作用示意图

根据反应物与催化剂的相态,通常将化学催化分为均相催化和异相(多相)催化两种类型。均相催化是指催化剂与反应物处于相同相态发生的催化反应,多相催化发生在两相的界面,通常催化剂为多孔固体,反应物为液体或气体。室内空气净化为气固相催化反应,即借助固体催化剂的作用,使气态污染物在相对温和的条件下,转化为无害物或低害物。

2. 催化剂和催化反应过程

1)催化剂

气固相催化反应所用固体催化剂一般由载体、活性组分和助催化剂三部分组成。载体起承载活性组分的作用,使催化剂具有合适的形状与粒度,从而增加表面积、增大催化活性、节约活性组分用量,并有传热、稀释和增强机械强度的作用。活性组分是催化剂的主体,能单独对化学反应起催化作用,可作为催化剂单独使用。助催化剂本身无活性或活性不高,但是能显著提高活性组分的活性,增强催化剂的催化效果,并不是所有催化剂都含助催化剂。为了满足降低阻力、均布气流和防止磨损等多样化的应用需求,商用催化剂需要成型为颗粒状、蜂窝状和波纹形。部分催化剂还需要附载在惰性多孔载体材料的表面,以适应特定的应用环境。室内空气净化中,为了提高净化效率,降低气流阻力,催化剂最好制备成蜂窝状。

2)催化反应过程

气固相催化反应通常按下述七步进行:①反应物外扩散。反应物从气相主体向催化剂外表面扩散。②反应物内扩散。反应物从催化剂外表面扩散至催化剂孔道表面。③化学吸附。反应物吸附在催化剂的表面。④表面化学反应。在催化剂表面反应物转化为无害或低害产物。⑤产物脱附。产物从催化剂表面脱除。⑥产物内扩散。产物通过催化剂孔道扩散至外表面。⑦产物外扩散，产物从催化剂外表面扩散至气流主体。化学吸附是最重要的步骤，化学吸附使反应物分子得到活化，降低了化学反应的活化能。因此，若要催化反应进行，必须至少有一种反应物分子在催化剂表面上发生化学吸附。

3. 影响催化净化的因素

1）催化剂的物理化学性质

影响催化反应过程的因素主要包括催化剂的物理化学性质、催化反应温度和催化反应气氛。就气固催化反应而言，影响催化反应过程的催化剂物理化学性质主要包括催化剂比表面积、孔径分布和孔体积，活性组分分散度、电子结构和电性，催化剂表面酸碱性和表面官能团，催化剂对反应分子的吸附性能、晶格缺陷和暴露晶面等。催化剂的构成和制备方法均会影响催化剂的物理化学性质。

2）催化反应温度

反应温度对催化剂的活性影响很大，绝大多数催化剂都存在活性温度范围。温度太低时，催化剂的活性很小，反应速度很慢，随着温度升高，反应速度逐渐增大，但温度过高容易导致催化剂性能下降。部分催化反应还会得到不希望的目标产物。对于室内空气净化而言，一般要求反应在室温下进行。

3）催化反应气氛

尽管从理论上说，催化反应前后催化剂并不发生改变。但是，实际上，催化反应由于反应条件多变和反应气氛复杂等因素，往往导致催化剂性能出现下降现象，包括老化和中毒两种类型。老化是指催化剂在正常工作条件下逐渐失去活性的过程。这种失活是由低熔点活性组分的流失、表面低温烧结、内部杂质向表面的迁移和冷、热应力交替作用造成的机械性粉碎等因素引起的。中毒是指反应气氛的某些组分使催化剂的活性快速降低或完全丧失，并难以恢复到原有活性的现象。催化剂的有效作用时间叫作催化剂的寿命，它决定于化学反应的类型和操作条件，有的仅几小时，有的长达数年。室内空气中大多不含催化剂中毒组分，因此中毒可能性较低，但因室温使用，湿度较高往往易导致催化剂性能降低。

除以上因素之外，催化反应床的设计、气流组织、反应压力、反应时间等也是催化反应过程的影响因素。

4. 催化净化技术在室内空气净化中的应用

1）催化法净化室内空气甲醛

中国科学院生态环境研究中心围绕甲醛室温催化净化进行的系统研究表明，

在 TiO_2 表面负载约贵金属,可实现甲醛的室温催化氧化。不同活性组分表现出的催化活性顺序为 $Pt/TiO_2>Rh/TiO_2>Pd/TiO_2>Au/TiO_2>TiO_2$,如图 5.23 所示。空速为 $50000h^{-1}$ 的条件下,Pt/TiO_2 几乎可实现 100%的甲醛转化率,而且除 CO_2 和 H_2O 之外,不产生其他不完全氧化产物。

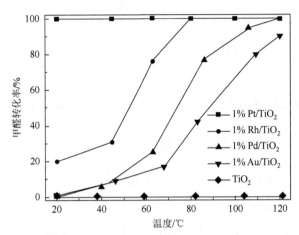

图 5.23 反应温度对甲醛催化氧化的影响

反应条件:甲醛 $123mg/m^3$,空速:$50000h^{-1}$

为了降低催化剂成本,目前正围绕掺杂碱金属和新的催化剂体系展开工作,已完成的研究表明,空速和甲醛浓度分别增大到 $120000h^{-1}$ 和 $738mg/m^3$ 后,尽管 Pt/TiO_2 室温催化甲醛的转化率仅为 20%,但掺杂适量 Na 离子的 $Pt-Na/TiO_2$ 催化剂可使转化率提高到 100%。在同等甲醛净化效率的情况下,碱金属 Na 的引入显著降低了催化剂成本。研究也注意到,其他载体和贵金属催化剂净化甲醛效率远低于 Pt/TiO_2。总的来说,迄今研究的甲醛室温催化剂体系中,非贵金属净化甲醛的效率很低;贵金属 Au、Pt、Pd、Ag 催化剂中,Pt 作为活性组分的性能最优。不过,Pt 价格昂贵,部分或全部替代 Pt,以降低催化剂成本,是室内空气甲醛净化催化剂研发的努力方向。

2)催化法净化室内空气其他污染物

热催化氧化净化苯系物已广泛应用于工业部门,但室温催化应用于气相苯系物净化尚未见报道。不过,相关研究已进行数十年,研究表明,室温条件下在 MnO_x/Al_2O_3 催化剂表面 O_3 可氧化苯系物为 CO_2 和 H_2O,但要求的 O_3 浓度较高,且随着反应时间延长,催化剂会失活(图 5.24)。

最近,也有研究表明,在室温条件下利用电催化氧化技术,可实现对氧化系物。其原理是阳极氧化水分产生的羟基自由基、过氧化氢等高活性物种,可用来氧化苯系物。

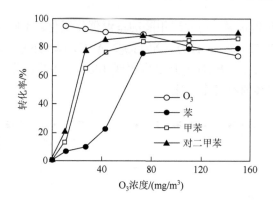

图 5.24　室温条件下在 MnO_x/Al_2O_3 催化剂表面 O_3 氧化苯系物

5.2.3　非热等离子体协同催化净化技术

1. 非热等离子体协同催化净化技术基础

1）非热等离子体及其产生

非热等离子体是特定环境中正负离子和电子等带电体的总称，也称为物质的第四态。其基本特征表现在两个方面，一是各类带电体的正、负电荷数基本相等，即总体维持电中性；二是不会因为等离子体的产生或存在而导致所处环境温度明显升高，即维持室温状态。非热等离子体可采用高压电晕放电、介质阻挡放电、辐射和电磁场激发等多种方式产生，但室内空气净化多采用高压电晕放电或介质阻挡放电。

发生非热等离子体的电晕放电原理与前述静电除尘相同。与电晕放电发生于金属电极的尖端或细圆线不同，介质阻挡放电发生于电介质材料之间，或填充电介质材料的区域之中。相应地，可将介质阻挡放电分为空腔式介质阻挡放电和填充式介质阻挡放电两种类型。

在空腔式介质阻挡放电反应器中，电介质覆盖在电极表面或置于电极之间，如图 5.25 所示。在两电极间加上足够高的交流电压时，电极间隙的气体就会击穿，形成放电。放电形成大量细微的快脉冲放电通道，表现为均匀、弥散状，电介质在放电过程中起到绝缘阻挡作用。

在填充式介质阻挡放电反应器的放电空间内填充有电介质材料，主要是 $BaTiO_3$、$SrTiO_3$、TiO_2 和 Al_2O_3 等，其中，TiO_2 和 Al_2O_3 在一定的反应条件下还可充当催化剂的作用。图 5.26 给出了线-筒结构和平行板结构的填充式介质阻挡放电反应器。当在反应器上施加高压脉冲或交变电压时，颗粒会被部分极化，在颗粒与颗粒的接触点附近将形成强电场，导致该处附近的气体发生局部放电而形成非热等离子体，当有机物分子通过此空间时很容易被氧化降解。

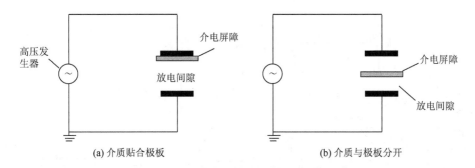

(a) 介质贴合极板　　　　　　　　(b) 介质与极板分开

图 5.25　空腔式介质阻挡放电反应器

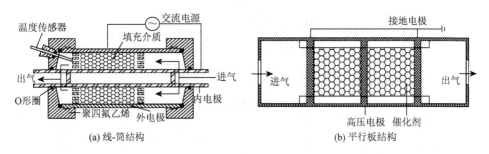

(a) 线-筒结构　　　　　　　　　(b) 平行板结构

图 5.26　线-筒结构和平行板结构的填充式介质阻挡放电反应器

2）非热等离子体净化作用原理

当电极间加上电压时，电极空间里的电子从电场中获得能量开始加速运动。若电子运动的动能足以导致 O_2 和 H_2O 脂类分子离解，则形成氧化性很强的物种，如 O、OH、HO_2 和 O_3 等。

$$O_2 + e^* \longrightarrow 2O + e, \quad O_2 + O \longrightarrow O_3,$$

$$H_2O + e^* \longrightarrow H + OH + e, \quad H + O_2 \longrightarrow HO_2$$

非热等离子体自身降解气态污染物通过断键和氧化两种途径实现。断键是指具有足够能量的电子打断污染物的化学键，如图 5.27 所示。断键的前提是电子的动能大于化学键能，部分化学键能如表 5.5 所示。氧化是借助 O、OH、HO_2 和 O_3 等物种的强氧化性氧化降解污染物，如图 5.28 所示。除了作用气态污染物之物，放电产生的非热等离子体和紫外辐射也具有消毒作用，条件合适时，还能起到除尘作用。

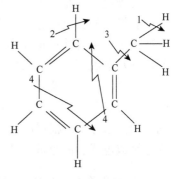

图 5.27　甲苯断键示意图

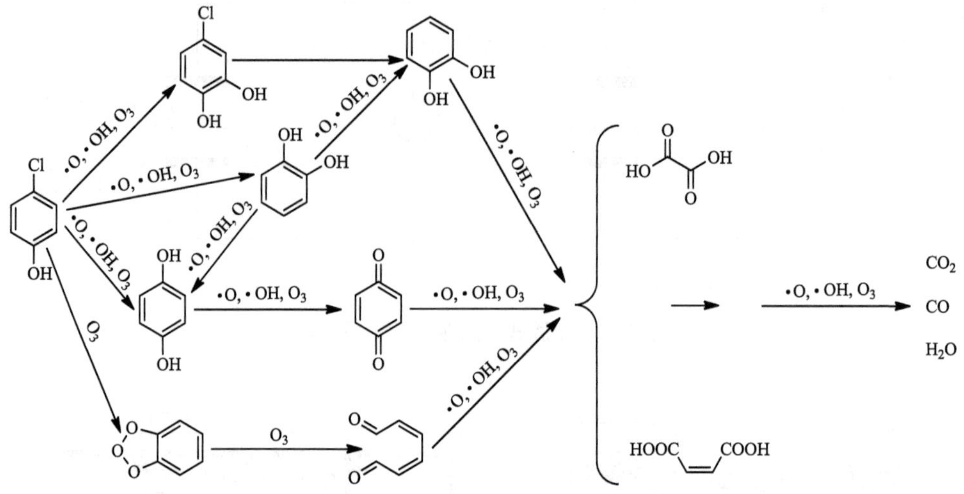

图 5.28 等离子体氧化氯酚示意图

表 5.5 部分化学键的键能

化学键	键能/eV	化学键	键能/eV
C—S	2.82	N—H	4.04
C—N	3.17	C—H	4.30
C—Cl	3.50	O—H	4.82
S—H	3.52	C＝C（苯环中）	5.50
C—C	3.60	C＝C	6.30
C—O	3.70	C＝O	7.70
HS—H	3.91	C≡N	9.25

必须说明的是，非热等离子体净化气态污染物的效率具有不确定性，即对应不同有机物的转化率存在显著差异，而且还会形成不完全氧化产物，仅依靠非热等离子体作用的能耗也非常高。非热等离子体协同吸附/催化净化污染物是指协同利用非热等离子体对污染物的预处理作用以及非热等离子体在催化作用下，强化氧化污染物作用，实现污染物的净化。在利用非热等离子体和催化各自优势的同时，可克服各自的不足，因而该技术被认为是处理低浓度、大流量有毒有害气体的有效方法之一。根据放电方式的不同，可将非热等离子体协同吸附/催化技术分为连续放电式和间歇放电式两种。

2. 非热等离子体协同催化技术在室内空气气态污染物净化中的应用

1）连续放电式非热等离子体协同催化净化室内空气气态污染物

连续放电是指气流通过反应器时，放电连续进行，非热等离子体连续发生。

采用串齿线-筒状等离子体反应器作为非热等离子体发生源，对单一非热等离子体作用（NTP）和非热等离子体协同 MnO_x/Al_2O_3 催化剂（CPC）净化低浓度苯系物的性能进行比较表明，后者的苯系物转化率和能量效率皆有显著改善。如图 5.29 所示，采用单一非热等离子体技术，当放电能量密度为 100J/L 时，尽管对二甲苯转化率接近 100%，但甲苯和苯的转化率分别仅为 70% 和 25% 左右。协同利用 MnO_x/Al_2O_3 催化剂的催化作用可在放电能量密度低至 10J/L 的情况下，使苯、甲苯和对二甲苯的转化率皆接近 100%。

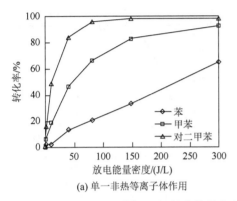

(a) 单一非热等离子体作用

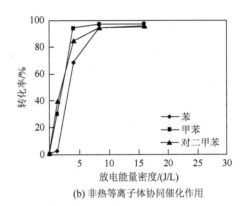

(b) 非热等离子体协同催化作用

图 5.29　放电能量密度对苯系物转化率的影响

与此同时，研究也注意到：与单一非热等离子体作用相比，协同催化作用还可显著提高 CO_2 生成产率，减少了 O_3 和 NO_2 的排放（图 5.30、图 5.31），防止二次污染物生成。

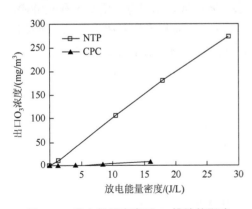

图 5.30　放电能量密度对 O_3 排放的影响

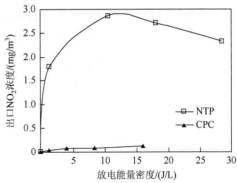

图 5.31　放电能量密度对 NO_2 排放的影响

如图 5.30 所示，当对应 10J/L 的放电能量密度，单一非热等离子体和非热等离子体协同催化反应器出口的 O_3 浓度分别为 100mg/m³ 和 4mg/m³，显然，放电形

成的绝大部分 O_3 在 MnO_x/Al_2O_3 表面发生了催化分解。从图 5.31 可以看出,非热等离子体与 MnO_x/Al_2O_3 催化剂相结合显著降低了 NO_2 的排放浓度。对应 10J/L 的放电能量密度,单一非热等离子体和非热等离子体协同催化反应器出口 NO_2 浓度分别为 2.81mg/m³ 和 0.09mg/m³。

图 5.32 表明,单一非热等离子体作用时,对应 300J/L 的 CO 和 CO_2 产率分别约为 35% 和 45%,CO_x 总产率不到 80%;协同利用催化作用后,对应 16J/L 的 CO_2 产率接近 100%。

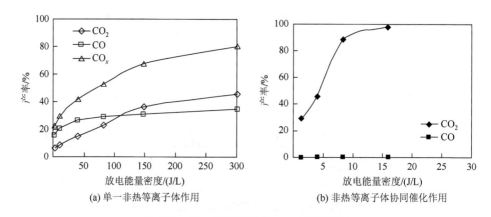

图 5.32 放电能量密度对 CO_x 产率的影响

从气相色谱检测的反应产物来看,单一非热等离子体作用时,反应器出口气体中除未降解的苯和甲苯峰之外,还有其他峰出现,显然是生成有机中间产物所致。红外分析表明,这些中间产物包括甲酸、苯甲醛、苯甲醇、硝基酚和呋喃等。另外,协同利用 MnO_x/Al_2O_3 催化作用后,不仅几乎检测不到苯和甲苯峰,而且其他峰也几乎完全消失,这表明苯系物基本实现完全矿化(图 5.33)。

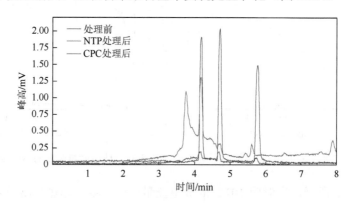

图 5.33 出口气体色谱图(对应 NTP 和 CPC 的放电能量密度分别为 300J/L 和 16J/L)

除了苯系物之外，本章还研究了 MnO_x/Al_2O_3 为催化剂时，单一非热等离子体和非热等离子体协同催化处理甲醛的效果。结果表明，注入能量密度为 20J/L 时，单一非热等离子体处理甲醛的转化率为 36%，协同催化使转化率提高到 87%。同样地，也提高了能量效率和甲醛矿化率，减少了 O_3 和 NO_2 排放。

2）间歇放电式非热等离子体协同吸附/催化净化室内空气气态污染物

尽管与单一非热等离子体作用相比，非热等离子体协同催化能带来降低能耗，提高有机物转化率和矿化率，以及防止 O_3 和 NO_2 排放等一系列有益效应。但是，非热等离子体连续发生的能耗仍然不容小觑。另外，还存在催化剂失活问题。正因为如此，近年来间歇放电式非热等离子体协同吸附/催化净化室内空气有机物广受关注。如图 5.34 所示，间歇放电式非热等离子体协同吸附/催化是指吸附和低温等子体强化催化交替进行，吸附时并不发生非热等离子体，只是利用具有吸附和催化功能的多孔材料吸附储存气相低浓度有机物。吸附达到一定程度后，再借助放电产生的非热等离子体强化催化氧化吸附态有机物，并使吸附能力得到再生。

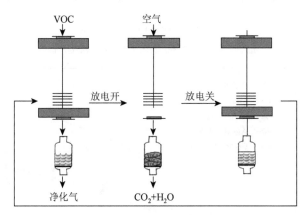

图 5.34　间歇放电式非热等离子体协同吸附/催化净化空气有机物示意图

从理论上分析，当有机物浓度较低时，吸附保护作用时间长。另外，高压放电间歇发生且放电时间短，因此，能量消耗量也可显著降低。对于间歇放电式非热等离子体协同吸附/催化技术，催化剂既要具备吸附室内低浓度有机物的能力，还要具备在非热等离子体协同作用下催化氧化有机物并分解 O_3 等放电副产物的作用，以及较强的耐氧化能力。因此，研发兼具吸附和催化功能的多孔材料是该技术面临的挑战之一。同时，优化高压放电条件，实现防止二次污染，缩短再生周期的目标，也是需要突破的技术问题。

在疏水型 ZSM-5 上负载 Mn、Ce 和 Ag 等金属氧化物的研究表明，Ag/HZSM-5 和 Ag-Mn/HZSM-5 吸附甲苯的能力优于 Mn/HZSM-5、Ce/HZSM-5 和 Ce-Mn/HZSM-5

（图 5.35）。在此基础上，进一步考察了非热等离子体原位再生催化剂的性能，结果表明，Ag-Mn/HZSM-5 显示出最佳的催化氧化甲苯能力（图 5.36）。

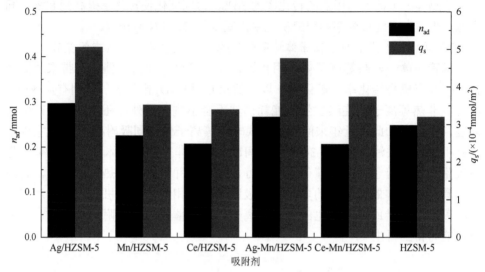

图 5.35　催化剂甲苯吸附容量

n_{ad} 表示甲苯吸附性能；q_s 表示单位表面积吸附量

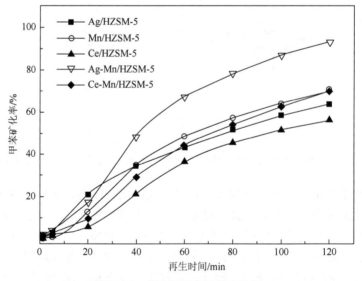

图 5.36　催化剂甲苯矿化率比较

非热等离子体强化催化氧化吸附态有机物，再生吸附/催化材料时，CO_x 生成率先增大再降低（图 5.37）。显然，再生开始时 CO_x 生成率增大是由于吸附态有机物多，随着再生的进行，吸附态有机物不断减少，因而反应速率也随之降低。

从图 5.37 也可看出，Ag-Mn/HZSM-5 催化剂生成的 CO_2 量最大。另外，CO 的出口浓度非常低，CO_2 生成选择性均高于 99%。

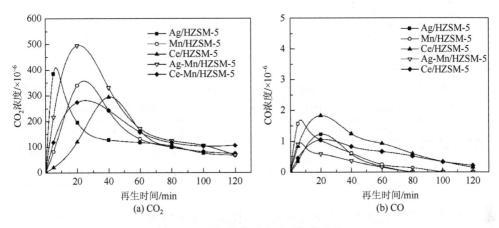

图 5.37　碳氧化物浓度随时间的变化

5.2.4　其他净化技术

除了吸附、催化和非热等离子体协同催化之外，臭氧、光催化和植物净化也是近年来的研究热点。

1. 光解净化室内空气气态污染物

光解净化技术是借助能量较高的紫外光子激发气体，使其离解成类似气体放电产生的强氧化性物种。光子能量与光波长关系为

$$E = \frac{h \cdot c}{\lambda} \qquad (5.13)$$

式中，E 为光子能量，J；h 为普朗克常数，6.63×10^{-34} J·s；c 为真空中的光速，3×10^8 m/s；λ 为光的波长，m。

根据式（5.13），可计算得到波长为 254nm 和 185nm 的光子能量分别为 7.83×10^{-19} J 和 1.08×10^{-18} J，对应 4.12eV 和 6.75eV。O_2 分子的 O=O 键能为 8.27×10^{-19} J，对应 5.17eV，这意味着只有波长小于 254nm 的紫外光子才有可能解离 O_2 分子。部分室内空气常见污染物的键能如表 5.6 所示。

表 5.6 常见室内空气污染物的键能

污染物		化学键能/eV	化学键能/($\times 10^{-19}$J)
名称	分子式		
氨	NH_3	H—N/4.04	H—N/6.46
硫化氢	H_2S	H—S/3.52	H—S/5.63
三甲胺	C_3H_9N	C—N/3.17、C—H/4.30	C—N/5.04、C—H/6.87
甲硫醇	CH_4S	C—S/2.82、H—S/3.52、C—H/4.30	C—S/4.51、H—S/5.63、C—H/6.87
甲醇	CH_4O	C—O/3.39、C—H/4.30、H—O/4.82	C—O/5.41、C—H/6.87、H—O/7.70
苯	C_6H_6	C—H/4.30、C =C/6.35	C—H/6.87、C =C/10.14
甲苯	C_7H_8	C—C/3.45、C—H/4.30、C =C/6.35	C—C/5.51、C—H/6.87、C =C/10.14
二甲苯	C_8H_{10}	C—C/3.45、C—H/4.30、C =C/6.35	C—C/5.51、C—H/6.87、C =C/10.14

除了光子的能量高于化学键能之外，提供光子与气体分子发生有效碰撞的机会也不可缺少。因此，只有当处理气体在紫外光辐照区停留足够的时间，才有可能实现这一过程，这意味着能耗高和反应器体积庞大。因此，与气体放电产生的非热等离子体作用类似，光解并不能有效净化室内空气，还可能产生二次污染，尤其是臭氧污染。只有协同催化，才可能成为可行技术。

2. 臭氧氧化净化室内空气气态污染物

臭氧在标准状态下的氧化还原电位为 2.07V，是极强的氧化剂。臭氧在平流层中可以吸收对人体有害的短波紫外线，防止地表生物遭受紫外线的辐射。在近地面人们也常常利用臭氧来进行消毒以及进行催化氧化反应。臭氧发生器、静电除尘器、紫外消毒灯、低温等离子体设备等都是常见的臭氧发生源。不过，值得注意的是，人体接触高浓度臭氧会引发不良的健康效应。

臭氧氧化法一直以来都是颇受关注和重视的高级氧化技术，臭氧可以氧化大多数无机物和有机物，因而普遍应用于难脱除的有机污染物的处理研究上。臭氧与有机物的反应极其复杂，能够与有机物发生包括普通化学反应、生成过氧化物以及臭氧分解或生成臭氧化物三种不同方式的反应。而臭氧分解是指在极性有机化合物原来的双键的位置上，臭氧与极性有机物反应，将其结构一分为二。臭氧和芳香族化合物反应时反应速率很缓慢，臭氧对部分常见有机物的氧化顺序为链烯烃＞酚＞多环芳香烃＞醇＞醛＞链烷烃，可见芳香烃化合物较难脱除。

由于产生臭氧的过程大多与高能电子或紫外光相伴，因此除臭氧之外，通常也有其他活性基团共存。臭氧之所以应用于室内空气净化，主要是因为其强氧化性可以氧化挥发性有机物之类污染物。由于氧化效率有限，而且还可能产生二次污染物。因此，臭氧耦合催化净化也成为最近 20 年的研究热点。目前广受认可的臭氧催化净化挥发性有机物的机制是臭氧首先在催化剂表面为分解氧化性更强的氧原子。然后，活性氧物种与有机物反应生成一些中间产物。最后，臭氧进一步将后者氧化为 CO_2 和 H_2O。负载型氧化锰催化剂是应用最多的催化剂，大量研究表明，负载锰氧化物的 γ-氧化铝具有较高强化臭氧氧化挥发性有机物活性，可以将甲醛氧化为二氧化碳和水，而苯系物的反应产物则除了二氧化碳和水之外，还会形成其他有机产物，不能完全氧化为二氧化碳和水。

3. 光催化净化室内空气气态污染物

光催化是指光催化剂在吸收特定波长的入射光之后，对吸附在催化剂表面的物质所发生的光化学作用。可见，光和催化剂的结合是实现光催化反应的必要条件。净化室内空气常见的挥发性有机化合物，需要具有强氧化性的活性粒子，光催化净化则是借助半导体材料在光作用下，可形成此类粒子的原理实现。与金属导体不同，半导体的能带间缺少连续区域，受光激发能产生导带电子和价带空穴（也称光致电子和光致空穴），而且在复合之前有足够的寿命。

以 TiO_2 为例，其禁带宽度为 3.2eV，对应的光吸收波长阈值为 387.5nm。当受到波长小于 387.5nm 的光照射时，价带上的电子会被激发，越过禁带进入导带，同时在价带上产生相应的空穴。光致空穴的标准氢电极电位为 1.0～3.5eV，具有很强的得电子能力，可夺取吸附在催化剂表面的有机物或其他组分的电子，使其氧化；而光致电子的标准氢电极电位为 0.5～–1.5eV，具有强还原性，可使半导体表面的电子受体被还原。水分子存在时，TiO_2 表面会形成 ·OH 基团，对光催化氧化的贡献不可忽视。不过，当有机物与水分共存于气相时，有机物本身更易作为光致空穴的俘获剂，因而有机物吸附在光催化剂表面是高效光催化氧化的必要条件。光催化净化有机物的原理如图 5.38 所示。

常见的光催化剂多为金属氧化物或硫化物，如 TiO_2、ZnO、ZnS、CdS 及 PbS 等，由于光腐蚀和化学腐蚀的原因，实用性较好的有 TiO_2 和 ZnO。其中 TiO_2 具有良好的抗光腐蚀性和催化活性，而且性能稳定、廉价易得、无毒无害，是目前公认的最佳光催化剂。

对于光催化技术的可行性，一直存在争议，因为光催化反应的最终产物取决于反应时间和反应条件等因素，越来越多的研究发现光催化降解挥发性有机化合物效率低，而且会形成各种各样的副产物。目前，光催化净化污染物的研究主要侧重以下几个方面进行：①高性能可见光催化材料研制及应用；②光催化效果强化研究；③延长光催化材料的使用寿命，解决其失活问题；④有害中间产物的控制；⑤光催化与其他方法的协同作用；⑥光催化反应器的结构和性能优化研究；⑦光催化技术在室内净化方面的应用方式和应用系统研究。

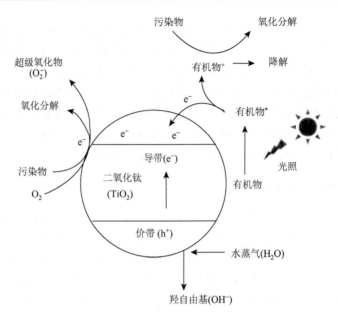

图 5.38　光催化净化原理图

+代表中间有机物；*代表产物有机物

5.3　室内空气有毒有害微生物净化技术

微生物是个体难以用肉眼观察的一切微小生物之统称，包括细菌、病毒、真菌和少数藻类等。其中，病毒是一类由核酸和蛋白质等少数几种成分组成的非细胞微生物，它的生存必须依赖于活细胞。空气中的微生物主要来源于土壤、水体表面、动植物、人体及生产活动、污水污物处理等，以气溶胶形式存在。空气中微生物传播历经发射（自污染源进入空气）、传播（在空气中扩散或弥散）和沉降（沉积在各种物体表面或进入人体并沉积）三个过程。例如，罹患传染病的患者咳嗽、打喷嚏、谈话或正常呼吸时，所含病毒即从人体发射。进入空气后，先在短距离内以飞沫方式传播，再在较远距离以气溶胶或病毒核（干燥空气环境中）形态传播。最后，附着在物体表面，或被附近的人吸入，并可能导致新的感染。

空气因为干燥，通常并不适合微生物生存，这使得微生物保持生物活性的时间有限。不过，也有不少微生物可以特殊的机制抵抗各种环境因素，以免失去活性。另外，在气溶胶浓度较高的空气环境中，微生物大多附着于这些气溶胶表面，形成带有微生物的微生物气溶胶。

微生物与人体关系密切，从这个意义可将微生物分为有毒有害微生物和有益微生物两大类。空气微生物净化是指分离并灭活其中的有毒有害微生物，这类微生物也称为病原微生物或致病微生物。因此，空气有毒有害微生物净化技术也称为有毒有害微生物消毒技术或空气消毒技术。必须指出的是，利用各种技术消毒有毒有害微生物时，对有益微生物通常也具有消毒作用。

灭活微生物通常与微生物的 DNA 和 RNA 破坏有关。DNA 是分子结构复杂的有机化合物，作为染色体的一个成分而存在于细胞核内，功能为储藏遗传信息。RNA 是存在于生物细胞以及部分病毒、类病毒中的遗传信息载体，由核糖核苷酸经磷酸二酯键综合而成长链状分子。一个核糖核苷酸分子由磷酸、核糖和碱基构成。其中，碱基主要有 4 种，即腺嘌呤、鸟嘌呤、胞嘧啶和尿嘧啶。其中，尿嘧啶取代了 DNA 中的胸腺嘧啶而成为 RNA 的特征碱基。RNA 是以 DNA 的一条链为模板，按照碱基互补配对原则，转录而形成的一条单链，其主要功能是实现遗传信息在蛋白质上的表达，是遗传信息传递过程中的桥梁。

5.3.1　物理法净化技术

最主要的物理法净化技术是紫外线照射空气消毒技术，因为其具有广谱性好、消毒效率高、无二次污染、能耗低、投资小和应用灵活等优点，所以在空气消毒领域内的应用非常广泛。除此之外，空气过滤协同紫外线照射或臭氧氧化等技术也是常规的空气消毒技术。

1. 紫外线照射空气消毒技术

1）工作原理

紫外线按波长分为 UVA（320～400nm）、UVB（275～320nm）、UVC（200～275nm）和真空紫外线（100～200nm）四个波段，UVC 波段中波长为 250～270nm 的紫外线消毒能力最强。当紫外线以足够剂量照射微生物时，会穿透微生物的细胞膜和细胞核，继而破坏核酸、蛋白质和酶的分子键，使其失去复制能力或活性，从而达到消毒的目的。医院等病原微生物高发场所通常将紫外线照射作为常规消毒手段。通风管道中安装紫外灯管也是消毒和防止交叉感染的有效措施，尤其是在传染病流行期。紫外线消毒效果可用式（5.14）表达。

$$S(t) = N / N_0 = e^{-KIt} \qquad (5.14)$$

式中，$S(t)$ 为照射 t 时间后的存活率，%；N 为照射 t 时间后存活的细菌数，PFU[①]/m³；N_0 为起始时的细菌数，PFU/m³；t 为照射时间，s；I 为照射强度，μW/cm²；K 为取决于微生物类型的死亡率常数，cm²/(μW·s)。

2）影响因素

多个因素会影响紫外线照射空气消毒效果，主要包括微生物种类、紫外线光

---

① 病毒噬斑形成单位（PFU）计数。

源、温度、湿度、距离、灯架和灯箱结构及材质等。不同微生物对紫外线的抵抗力不同，有时相差几千倍或几万倍。一般来说，病毒最弱、细菌次之。若将杀灭大肠杆菌所需的照射剂量设定为 1，则杀灭葡萄球菌和结核杆菌的照射剂量为 1～3，杀灭霉菌类为 2～50。对于大多数病原微生物，当辐射剂量在 500～2500$(\mu W \cdot s)/cm^2$ 时，杀菌率随紫外线辐射剂量变化明显。当辐射剂量低于 500$(\mu W \cdot s)/cm^2$ 时紫外线的杀菌效果非常有限，高于 2500$(\mu W \cdot s)/cm^2$ 时杀菌率趋于稳定。2012 年卫生部发布的《消毒技术规范》规定，在消毒的目标微生物不详时，照射剂量不应低于 100000$(\mu W \cdot s)/cm^2$。对于一支 15W 的紫外灭菌灯（波长 200～272nm），在距灯管 50cm 处平面照射强度为 120$\mu W/cm^2$。对应该紫外灯照射条件下，需要 14min 才能将细菌或病毒全部杀灭。

紫外线光源包括低压灯、中压灯和脉冲紫外线共 3 种，波长为 200～280nm 的紫外线具有消毒作用，又以 254～257nm 波长范围的紫外线消毒效果最佳，其原因是微生物细胞中的核酸、嘌呤、嘧啶及蛋白质等对该波段紫外线有很强的吸收能力。低压汞灯产生的紫外线非常接近这个波长范围，因此应用最为广泛。

适应的病原微生物消毒温度为 20℃左右，其原因是低压汞灯发出紫外线时，会产生热量，环境温度过高会影响紫外灯散热，进而影响灯管内部的温度场，使灯内压强增加，辐射输出减小。相反，环境温度太低时，低压汞灯不能产生理想波长的紫外线辐射，在一定的温度范围内，随环境温度升高，紫外光源强度增大。与之相类似，由于水分子吸收紫外线，会减弱紫外线的穿透力，因此过高的环境空气湿度会导致消毒效果降低。相对湿度为 40%～60%的消毒效果通常明显优于高于 60%的情况。同理，空气中悬浮的颗粒物或者灯管表面被污染会导致紫外线辐照强度下降，消毒能力减弱。值得注意的是，也有研究表明，对于某些特定的病原微生物，湿度的影响可能完全相反，即湿度高有利于微生物存活。

紫外灯布置对消毒的影响表现为，垂直气流方向布置紫外灯的消毒效果优于平行气流布置。受反射叠加效应影响，高反射率的灯架或风管能够大幅度提高紫外线的照射强度，提高消毒效果。在其他因素不变的条件下，考察风管材料对消毒效果影响的研究表明，紫外灯管布置在内衬 4 种不同材料的风管时，其杀菌效率由高到低排序为抛光铝板≈铝塑板＞镀锌铁皮＞黑布。

3）应用方式

在建筑及通风空调系统中紫外线照射空气消毒应用方式主要有以下 3 种。

（1）开放式紫外线空气消毒。开放式紫外线空气消毒广泛应用于病房、洗手间、食堂等污染源数量多或人员流动大的场所。具体来讲，是将紫外灯以吸顶或壁挂方式安装于房间稍高位置，通过照射室内上层空气，并结合空气对流达到灭杀室内空气中病原微生物的目的。在这种应用中，组织自下而上的气流非常关键，可以通过风机驱动或强化热对流等方式来实现这一目标，增强消毒效果。

（2）对截留的微生物气溶胶进行消毒。将紫外灯管安装在通风或空调系统的管道中，由于空气流速较高，微生物暴露于紫外线的时间短，接受的照射剂量通常较小，消毒效果较差。考虑到微生物会附着于颗粒表面，成为微生物气溶胶。因此，将紫外灯与纤维过滤等结合使用，不失为一种有效的消毒方法。具体地说，就是利用紫外灯长时间辐照纤维过滤分离出来的颗粒物，从而灭杀其表面附着的病原微生物。

（3）循环风紫外线照射空气消毒。循环风紫外线空气消毒是有组织地促使空气循环通过紫外灯照射区，增加紫外线照射时间，从而达到消毒的目的。这种方法对于局部环境颇为有效。在传染病流行期间，可利用循环风紫外线消毒器对医院空气做消毒处理。这种消毒器借助屏障遮挡紫外光，防止紫外线伤害人体，同时使用无臭氧紫外灯，减少臭氧的发生。因此，可在有人停留或作业的情况下持续运行，适用于病房等需要局部消毒的场合。其缺点是存在风机噪声。

2. 其他物理法空气消毒技术

1）纤维过滤消毒技术

纤维过滤分离常规颗粒物时，也会分离空气中尺度相对较大的微生物（包括微生物气溶胶），甚至小到 120nm 的病毒，其工作原理与常规颗粒物的分离完全相同。在分离过程中，部分微生物被灭活，但也存在微生物未被灭活的情况。在一定温度、湿度，以及营养环境中，纤维表面会生长、繁殖新的微生物。因此，仅仅过滤分离微生物并未实现空气彻底消毒，需要采取措施对截留下来的微生物作灭活处理。常用的方法包括对纤维过滤材料进行改性处理，使其具有灭活病原微生物的能力。或者利用紫外线辐照和消毒剂熏蒸的方法灭活纤维表面的活体微生物。

对纤维过滤材料进行改性赋予其灭活病原微生物的能力可通过在纤维表面涂覆抗微生物制剂和嵌入驻极体实现。抗微生物制剂与病原微生物直接作用，可破坏细胞壁、细胞膜，氧化蛋白酶、核蛋白，阻碍代谢过程，灭活这些病原微生物。驻极体空气过滤材料是通过驻极体的强静电场和微电流刺激微生物，使蛋白质和核酸变异，破坏细胞质和细胞膜，进而破坏微生物的结构，灭活微生物。

2）高压静电空气消毒技术

与纤维过滤不同，静电除尘过程中，微生物较长时间被置于高能电子和臭氧之类具有较高能量或强氧化性的物种之中，即使没有紫外线辐照作用，也具有较好的空气消毒效果。研究证明，高压静电场对于细菌繁殖体、细菌芽孢和真菌均有一定的灭杀作用，但对于静电场空气消毒的机理目前还没有定论，可能包括：①正离子浸润消毒。电离区若持续产生高浓度的正离子，当带负电的微生物随空气流经电场时将会处于正离子的浸润包围中，大量正离子穿透多孔的细胞壁渗透到细胞内部，能破坏细胞膜和细胞电解质，进而灭杀微生物。②跨膜电位击穿细胞膜与电穿孔原理。研究表明，当细胞受到外加电场作用时，细胞内的带电物质发生极化，按电场力方向移动到细胞膜两侧，形成一个微电场。随着作用时间的延长或者电场强度的增大，极化现象加剧，细胞膜两侧异性离子间相互吸引的作用力不断加大，导致细胞膜厚度不断减小。当微电场的电位差即跨膜电位达到 1V 时，细胞膜局部将会遭到破坏，当跨膜电位继续增大时，细胞膜上会出现更大的穿孔和破裂，从而导致细胞死亡。

　　3）负离子消毒技术

　　负离子消毒病原微生物是借助气体离子的凝并和吸附作用，与空气中的微生物或微生物气溶胶结合在一起，形成更重的粒子从而沉降，沉降的颗粒会附着在室内家具、电视机屏幕等物品表面。值得注意的是，在此过程中微生物并未灭活，而且人的活动会使其再次飞扬到空气中。另外，长久使用高浓度负离子还会导致墙壁、天花板等蒙上污垢。

5.3.2　化学法净化技术

　　像其他生命体一样，微生物也是由 C、H、O、N、P 和 S 等元素组成。化学净化法是利用化学物质与微生物发生络合、氧化等化学反应，而使微生物的结构或代谢功能发生改变，从而达到杀灭病原微生物的目的。所用化学药剂称为化学消毒剂，常用的化学消毒剂有臭氧、过氧乙酸、过氧化氢、次氯酸钠、二氧化氯和氧化电位水等，日常生活所用消毒液的主要组分大多是这些化学消毒剂中的一种或多种，如 84 消毒的有效成分是次氯酸钠。

　　1. 基于臭氧氧化的空气消毒技术

　　1）工作原理

　　臭氧具有强氧化性，臭氧消毒是通过直接破坏微生物的 DNA 或 RNA 完成的。一般认为，臭氧消毒的机制是通过生物化学氧化反应影响细胞的物质交换，具体包括：①作用于细胞膜，导致细胞膜的通透性增加，细胞内物质外流，使细胞失去活力；②使细胞活动所需酶失去活性，包括维持基础代谢和合成细胞重要成分所需的酶；③破坏细胞内遗传物质，使其失去功能。将臭氧释放到室内，在气流传输、对流和扩散作用下，气态臭氧可分布到整个室内空间，因而消毒范围广而且不留死角。臭氧消毒可用于医院、人员流动量较大的公共场所如候车（机）室、电影院、股票交易厅、会议室、银行业务室、酒店、舞厅、夜总会等。

　　2）影响因素

　　影响臭氧消毒微生物的因素主要包括臭氧浓度、作用时间、环境温度和温度等。臭氧消毒效果随臭氧浓度增大而提高，而且臭氧浓度越高，所需的消毒时间越短。与紫外线照射消毒类似，臭氧消毒效果与臭氧浓度和作用时间的关系可用式（5.15）表达。

$$S(t) = \frac{N}{N_0} = e^{-KCt} \qquad\qquad (5.15)$$

式中，$S(t)$为臭氧环境中暴露 t 时间后的存活率，%；N 为臭氧环境中暴露 t 时间后存活的细菌数，PFU/m^3；N_0 为起始时的细菌数，PFU/m^3；t 为暴露时间，s；C 为臭氧浓度，mg/m^3；K 为取决于微生物类型的死亡率常数，$m^3/(mg \cdot s)$。

一项针对多种细菌的臭产消毒效果研究表明，臭氧浓度低于 0.1×10^{-6} 时，对各种微生物的消毒效果几乎可以忽略；臭氧浓度为 0.5×10^{-6} 时，作用 120min 可杀灭90%的细菌；臭氧浓度增至 1.0×10^{-6} 时，需要90min；臭氧浓度增至 50×10^{-6} 时，只需要20min。

一般情况下，低温度而且相对湿度大于70%有利于空气消毒。其原因是臭氧的自分解速度随温度升高而增大，而湿度高会促使细胞膨胀，细胞壁变薄，因而更容易受到臭氧的渗透溶解，加快与芽孢结构中有机物的反应。

臭氧消毒的优点是广谱性好，即可以消杀的有毒有害微生物种类多。不过，由于臭氧具有强氧化性，过高的臭氧浓度会危害人体健康，包括刺激肌体的黏膜组织，引起支气管炎和肺部组织发炎等病变，以及咽喉干燥、咳嗽、胸闷和哮喘等呼吸道疾病。因此，不能在有人的场合采用臭氧进行空气消毒。此外，臭氧对各种有机物物品也具有损害作用，所以在存在此类物品的场所，也不宜采用高浓度的臭氧进行空气消毒。

2. 基于液态化学消毒剂熏蒸或喷雾的消毒技术

当采用液态化学消毒剂进行室内空气消毒时，需要熏蒸或喷雾，其中熏蒸是通过加热或加入氧化剂，使消毒剂呈气态，以便充满待消毒的空间；喷雾是借助普通喷雾器或气溶胶喷雾器，使消毒剂以微粒气雾的形式弥散在待消毒的空间。相同条件下，采用气溶胶喷雾器喷雾的空气消毒效果通常优于普通喷雾器，其原因是普通喷雾器产生的雾滴较粗，分散不充分而且容易沉降。相反，气溶胶尺度小，分散度高而且在空气中停留时间长，因此具有更好的消杀效果。

1）过氧乙酸空气消毒技术

过氧乙酸外观为无色透明液体，是一种强氧化剂，可高效、快速地杀灭各种微生物，包括细菌繁殖体、细菌芽孢、真菌、病毒等。其机理是：①依靠强大的氧化作用使酶失去活性，造成微生物死亡；②通过改变细胞内的 pH 而损伤微生物。

影响过氧乙酸消毒效果的因素包括：①湿度。喷雾消毒时，当空气相对湿度低于 20%时，消毒效果较差；当相对湿度为 20%～80%时，消毒效果越好。②浓度和作用时间。过氧乙酸的消毒效果随浓度增高、作用时间延长而增强。对密闭房间进行熏蒸消毒时，60%～80%相对湿度下，$1g/m^3$ 的过氧乙酸熏蒸 2h 可杀灭细菌繁殖体和病毒；$3g/m^3$ 则可杀灭细菌芽孢。

过氧乙酸空气消毒的优点是广谱、高效、速效、无残留毒性；过氧乙酸毒性低，熏蒸消毒后，通风半小时，空气中的过氧乙酸几乎全部分解、消散，分解产物为醋酸、水和氧气，无残留毒性。此外，过氧乙酸合成工艺简单，价格低廉，便于推广应用。但过氧乙酸也存在以下问题：①易挥发、不稳定，储存过程中易分解，遇有机物、强碱、金属离子或加热时分解加快；②浓度超过 45%时，剧烈振荡或加热可引起爆炸；③对金属有腐蚀性，对织物有漂白作用；④有强烈酸味，对眼睛和皮肤黏膜有强烈的刺激作用。

2）过氧化氢空气消毒技术

过氧化氢是室内空气消毒常用的化学消毒剂，其水溶液俗称双氧水，外观为无色透明液体，具有强氧化性，可破坏组成微生物的蛋白质，导致微生物死亡。过氧化氢具有灭菌作用快、灭菌能力强、灭菌谱广、刺激性小、腐蚀性低、容易汽化、无残留毒性等优点，但消毒效果受有机物影响大。过氧化氢纯品稳定性好，但稀释液不稳定，常温下可以缓慢分解为氧气和水，在加热或加入催化剂后分解反应加快。

过氧化氢对人体无明显黏膜刺激和过敏反应，但浓度过高的过氧化氢溶液或蒸汽有较强的刺激作用，会损害人体健康。此外，过氧化氢对织物有漂白作用。

3）二氧化氯空气消毒技术

二氧化氯是红黄色有强烈刺激性臭味的气体，具有强氧化性，属于新一代广谱、高效的灭菌剂。研究表明，二氧化氯在极低的浓度（0.1ppm[①]）下即可杀灭大肠杆菌、金黄色葡萄球菌等致病菌；即使在有机物的干扰下，在使用浓度为几十 ppm 时，也可完全杀灭细菌繁殖体、肝炎病毒、噬菌体和细菌芽孢等所有微生物。二氧化氯杀灭微生物的机理是靠其强氧化能力破坏微生物细胞赖以生存的酶，阻止蛋白质的合成。

试验结果表明，当浓度低于 500ppm 时，二氧化氯对人体的影响可以忽略；100ppm 以下不会对人体产生任何影响。实践中，二氧化氯的使用浓度一般为几十 ppm 左右，因此对人体无毒害。此外，二氧化氯不与有机物发生氯代反应，不产生"三致"（致癌、致畸、致突变）物质和其他有毒物质。由于具有以上优势，二氧化氯是获得世界卫生组织认证的 A1 级安全（即便被食用也很安全）高效消毒剂。

二氧化氯消毒剂中的二氧化氯以亚氯酸盐的形式存在，经活化剂活化后，才能放出具有消毒作用的二氧化氯。二氧化氯消毒剂释放的速度与酸碱度有一定关系，酸性条件下迅速释放，pH>5.0 时二氧化氯消毒剂释放速度减慢，活化不完全，消毒作用较弱。

---

① 1ppm = 10^{-6}。

3. 其他化学法消毒技术

1）氧化电位水空气消毒技术

氧化电位水是在水中加入适量氯化钠，通过离子隔膜电解而产生的消毒水，其氧化还原电位大于 1100mV，pH 小于 2.7，含有一定浓度次氯酸、过氧化氢和 OH 基等活性氧化物质的水。氧化电位水对细菌、真菌及病毒具有广谱、高效消毒效果，且作用后还原成水，不污染环境，无刺激性气味。氧化电位水在低温下具有较好的稳定性，在 4℃存放 1 天的陈化氧化电位水与刚生产的氧化电位水对鼠伤寒沙门氏杆菌及李斯特菌具有相同的消毒效果。

2）次氯酸钠空气消毒技术

次氯酸钠是 84 消毒液的主要有效组分，次氯酸钠消毒主要借助自身水解后形成次氯酸，并进一步分解形成新生态原子氧，新生态原子氧具有极强的氧化性，可使微生物的蛋白质变性，从而达到消毒的目的。次氯酸钠的水解程度受 pH 的影响，碱性条件下次氯酸钠以次氯酸根的形态存在，其消毒杀菌作用很弱。pH 降低有利于增强消毒作用。另外，次氯酸在消毒过程中，不仅可作用于细胞壁、病毒外壳，而且因次氯酸分子小，不带电荷，还可渗透入菌（病毒）体内与菌（病毒）体蛋白、核酸和酶等发生氧化反应或破坏其磷酸脱氢酶，使糖代谢失调而致细胞死亡，从而杀死病原微生物。次氯酸产生的氯离子还能显著改变细菌和病毒体的渗透压，使其细胞丧失活性而死亡。同样，次氯酸钠的浓度越高，杀菌作用越强。在一定范围内，升高温度可增强杀菌作用，此现象在浓度较低时更加明显。

除了上述主要的消毒技术外，一些其他的消毒技术也逐渐得到应用。氧化电位水和次氯酸钠作为消毒剂已应用于医疗卫生、农业、食品加工等多个行业多个领域。在空气消毒方面，也具有广谱高效、作用速度快、性质稳定、腐蚀性小、无残留药物、无毒无副作用、对皮肤、黏膜无刺激性、价格低廉等特点。

5.3.3　生物法净化技术

利用生物体及其代谢产物净化病原微生物的方法称为生物净化法，如中草药消毒法、生物酶消毒法等。

1）中草药消毒法

利用中草药的抗菌、抗病毒作用，可以治疗人体疾病。同样地，许多中草药也能灭杀空气中的微生物。烟熏中草药是古老、传统的空气消毒方法，民间至今有端午节时有用苍术、艾叶熏房间以驱瘴、除秽的习俗。中草药消毒的机理是药物成分随烟雾作用于蛋白质上的氨基、巯基等部位，使微生物新陈代谢发生障碍而死亡。

中草药消毒具有价格低廉、取材方便、刺激性小、毒性低、对仪器设备腐蚀较小、消毒过程人员无须避让等优点。但传统的烟熏法不仅在原料上是一种浪费，而且中草药燃烧时产生的大量烟雾会造成二次空气污染。因此，设法提取中草药中的灭菌有效成分并加以精制，开发出高效、易用、无毒和无污染的空气消毒新剂型是推广应用中草药进行室内空气消毒的关键。

2）生物酶消毒法

生物酶是指来源于动植物组织提取物或其分泌物、微生物体自溶物及其代谢产物中的酶活性物质。可用于消毒的生物酶主要有细菌胞壁溶解酶、酵母胞壁溶解酶、霉菌胞壁溶解酶和溶葡萄球菌酶等。生物酶在消毒中的应用研究源于 20 世纪 70 年代。近年来，应用生物酶消毒的研究取得了很大进展，先后解决了酶的稳定性、提高纯度和降低成本等工艺难题，开拓了生物酶在日常消毒领域的广阔应用前景。为了实现空气消毒的目的，同样需要采用合适的方式，将生物酶分散到空气之中。

5.4　室内空气净化产品性能评价

室内空气净化产品包括净化材料和空气净化器，主要用于去除室内空气污染物，改善室内空气质量。目前用于室内空气净化的材料包括各种滤料、吸附剂、（光）催化剂、生物酶制剂等，而室内空气净化器按净化原理可分为过滤式、吸附式、静电式、化学催化式、光催化式、负离子式、等离子式以及复合式等多种类型。为了客观准确地反映不同室内空气净化产品净化污染物的性能，规范净化产品的生产与销售，以及指导消费者合理选购和使用室内空气净化产品，需采用科学的性能指标和检测试验方法对其进行检测和评价。

我国于 2002 年发布了《空气净化器》（GB/T 18801—2002）标准，并分别于 2008 年和 2015 年进行了修订。最新的《空气净化器》（GB/T 18801—2015）标准于 2016 年 3 月正式实施，为比较和评价各类空气净化器的性能提供了科学依据和技术支撑。我国目前暂还没有专门针对室内空气净化材料的评价标准，实际中可将其视为没有配备风机的空气净化器，参照《空气净化器》（GB/T 18801—2015）规定的性能指标及其试验方法进行检测和评价。

本节参照《空气净化器》（GB/T 18801—2015）标准，简要介绍评价室内空气净化产品的主要性能指标。

1）净化效率

净化效率也称为污染物去除率，是指空气净化器工作初始与净化后的污染物浓度差与污染物初始浓度的比值，并减去自然衰减系数，用%表示。根据式（5.16）进行计算：

$$R_n = \frac{C_{0n} - C_m}{C_{0n}} \times 100\% \qquad (5.16)$$

$$R_e = \frac{C_{0e} - C_{te}}{C_{0e}} \times 100\% \tag{5.17}$$

$$E_p = R_e - R_n \tag{5.18}$$

式中，E_p 为污染物净化效率，%；R_e 为污染物总衰减率，%；R_n 为污染物自然衰减率，%；C_{0n} 为自然衰减状态的初始污染物浓度，mg/m^3；C_{tn} 为 t 时间自然衰减状态的污染物浓度，mg/m^3；C_{0e} 为净化状态的初始污染物浓度，mg/m^3；C_{te} 为 t 时间净化状态的污染物浓度，mg/m^3。

运用净化效率进行空气净化器净化能力比较须具备以下前提条件：①同一试验室而且采取相同的试验条件；②自然衰减试验发生的初始浓度与总衰减试验发生的初始浓度相差不得超过 10%；③净化器风量要处在同一等级；④用洁净空气量进行补充，描述气流组织形式。

对于非净化微生物功能的空气净化器，在模拟环境和现场试验条件下运行 1h，其抗菌（除菌）率应不小于 50%。

2）洁净空气量

洁净空气量（CADR）是指当空气净化器在额定状态和规定的试验条件下，针对目标污染物（颗粒物和气态污染物）净化能力的参数，表示空气净化器提供洁净空气的速率。洁净空气量综合考虑了净化器一次通过净化效率、循环风量以及气流组织状况，能够更客观地反映出净化器产品特征以及净化能力。计算公式如下：

$$Q = 60 \times (k_e - k_n) \times V \tag{5.19}$$

式中，Q 为洁净空气量，m^3/h；V 为测试舱容积，m^3；k_n 为自然衰减常数，min^{-1}；k_e 为总衰减常数，min^{-1}。

根据空气净化器的洁净空气量规模，可分别采用 $30m^3$（适用洁净空气量大的净化器）或 $3m^3$（适用洁净空气量小的净化器）试验舱进行洁净空气量试验。

3）净化效能

空气净化器净化效能（η）是指净化器在额定状态下，单位功耗所产生的洁净空气量，按式（5.20）计算：

$$\eta = \frac{Q}{W} \tag{5.20}$$

式中，η 为净化效能，m^3/Wh；W 为功率实测值，W。

净化器对不同目标污染物的净化能效分级如表 5.7 所示。

表 5.7　净化能效分级表

净化能效等级	目标污染物净化能效/[m³/(W·h)]	
	颗粒物	气态污染物
高效级	$\eta \geqslant 5.00$	$\eta \geqslant 1.00$
合格级	$2.00 \leqslant \eta \leqslant 5.00$	$0.50 \leqslant \eta \leqslant 1.00$

4）累积净化量

累积净化量是指在额定状态和规定的试验条件下，针对目标污染物（颗粒物和气态污染物）累积净化能力的参数；表示空气净化器的洁净空气量衰减至初始值 50%时，累积净化处理的目标污染物总质量，单位为 mg。

针对颗粒物和甲醛的累积净化量采用加速试验法，在 $3m^3$ 试验舱中进行。

5）适用面积

适用面积是指空气净化器在规定的条件下，能够满足对污染物净化要求所适用的面积。在《空气净化器》（GB/T 18801—2015）标准中，是以净化器明示的 CADR 值为依据，经附录 F（见标准）规定的算法推导出的，能够满足对颗粒物净化要求所适用的（最大）居室面积。

现有标准确定适用面积的时效性很强，主要适用于以防止大气细粒子污染为主的室内空气污染形态。随着室外大气环境质量的改善，还须回归空气净化主要应对室内污染源产生的污染物为主的本源，对适用面积计算公式做适当调整。

6）净化寿命

净化寿命是空气净化器标注的，针对目标污染物的累积净化量与对应的日均处理计算量的比值，用天表示。其中，日均处理计算量是指空气净化器每天运行 12h 所净化处理的特定目标污染物质量。可见，净化寿命是根据上述累积净化量和净化器应用场景的目标污染物浓度计算得到的。实际使用时，净化寿命为净化器（或可更换式净化部件）运行到去除某种空气污染物的洁净空气量降低至初始值的 50%时，累计使用的时间，用小时、天或月来表示。

7）一次净化效率

一次净化效率是指利用风道式净化性能测试装置测得的净化产品的上、下风侧污染物浓度之差与上风侧浓度之比，如图 5.39 所示。

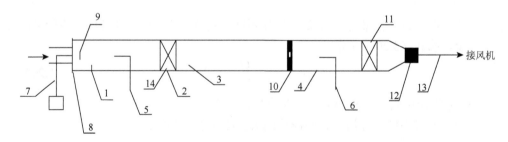

图 5.39　测试风道示意图

1～4-风管段；5、6-上游、下游采样管；7-污染物发生装置；8-混合口；9-穿孔板；10-风量检测装置；
11-安全性空气净化器；12-整流隔栅；13-接风机；14-被测净化器

风道式净化性能测试装置的风管可拐弯或折叠。不过，检测点离拐弯或折叠位置的距离应大于 3 倍管径,以保证气流稳定。当检测颗粒物的一次净化效率时,还应采用等速采样法采集样口,以避免颗粒惯性效应造成检测误差。

8)运行费用

空气净化器运行费用属经济性指标,可用单位洁净空气量的能耗表征,按下式计算:

$$单位洁净空气量能耗(kW \cdot h/m^3) = \frac{运行耗电功率(kW)}{洁净空气量(m^3/h)}$$

9)安全性指标

安全性指标包括电气安全性和有害物质释放两方面。就有害物质释放而言,涉及静电、非热等离子体和负离子的空气净化器,应考虑运行产生的臭氧浓度。在距离空气净化器出风口 50mm 处取样,其臭氧浓度百分比增量(净化器运行时浓度与本底浓度之差)不得超过 $5×10^{-6}$。或小于 $0.1mg/m^3$。释放紫外线的空气净化器,在空气净化器周边任意位置 30mm 处测得的紫外线强度不得大于 $5μW/cm^2$。

第 6 章　主要交通工具和地下建筑室内空气污染与控制

与日常生活和工作密切相关而且涉及有限空间空气质量的主要交通工具包括汽车和地铁；涉及的主要地下建筑包括地下停车场、地铁和地下旅馆、地下商场、地下娱乐场所、地下影剧院（会堂）、地下餐厅及地下医院等商用地下建筑。本章介绍这些有限空间的空气污染与控制技术。

6.1　汽车车内空气污染与控制

汽车是人们生活中不可缺少的重要交通工具，公安部交通管理局公布的统计数据显示，截至 2020 年 6 月，全国机动车保有量达 3.6 亿辆，其中汽车 2.7 亿辆；机动车驾驶人 4.4 亿，其中汽车驾驶人 4 亿。随着汽车的普及，人们在车内度过的时间不断增长，车内空气质量与人体健康的关系变得越来越密切。2014 年出版的《中国人群暴露手册》（成人卷）显示，普通驾乘人员在各类交通工具中暴露时间最长的是汽车（小轿车），全国平均暴露时间是 40min/(人·d)，北京、天津、广东等地高达 60min/(人·d)。车内空气污染会引起驾驶员在驾车时出现头晕、困倦、咳嗽等身体不适，增加致病致癌风险。同时，车内空气污染也会使驾驶员感到压抑、烦躁、注意力不集中。为了保障驾乘人员的健康安全和用车体验，汽车车内空气污染控制越来越受关注，国家出台了《乘用车内空气质量评价指南》（GB/T 27630—2011），在该指南的指导下，汽车制造厂家也从设计阶段开始关注车内空气质量控制，通过采用环保材料、异味控制等控制手段从源头降低车内空气污染水平，部分厂家在出厂前增加了车内空气挥发性有机物检测环节。除此之外，一些厂家已经开始尝试将异味之类主观体验纳入汽车设计内容范畴，从主观感受方面提升消费者的满意度。

6.1.1　汽车车内空气污染物及其来源

1. 车内空气污染物

车内空气污染物主要包括挥发性有机污染物、一氧化碳、二氧化碳、可吸入颗粒物和细菌、霉菌等。2004 年 4 月，中国科学技术协会工程学会联合会汽车环境专业委员会组织发起了中国首次汽车内环境污染情况调查活动，在接受调查的 1175 辆汽车中，93.82%的汽车存在不同程度的车内空气污染。其中，甲醛超标 190 辆、苯超标 610 辆、甲苯超标 663 辆、二甲苯超标 199 辆、一氧化碳超标 358 辆、二氧化碳超标 40 辆，可见当时车内实质性污染情况比较严重。广州市对 2000 辆汽车进行为期 7 个月的车内空气质量检测也表明，92.5%的车辆存在车内空气污染问题。

　　为了防治车内空气污染，保障驾乘人员的人体健康。2012 年，环境保护部与国家质量监督检验检疫总局基于大量车内空气污染物检测结果和车内挥发性有机物的类型及其来源特性分析，发布了《乘用车内空气质量评价指南》(GB/T 27630—2011)。该标准规定了乘用车内部分苯系物和醛类物质的浓度要求，将苯、甲苯、二甲苯、乙苯、苯乙烯、甲醛、乙醛和丙烯醛等八种挥发性有机物列为汽车车内主要控制物质，其筛选原则是：①能够在车内空气中检出；②对人体健康影响较大，尤其是致癌性；③确认是由车辆内饰件挥发出来。该标准主要适用于销售的新生产汽车，使用中的车辆也可参照使用。除了上述部分苯系物和醛类物外，车内空气的一氧化碳、二氧化碳、可吸入颗粒物和细菌和霉菌等其他污染物则参照《室内空气质量标准》(GB/T 18883—2002)执行，代表性车内空气污染物及其限值如表 6.1 所示。

表 6.1　车内代表性空气污染物及其浓度限制要求

序号	污染物	现行标准限值	未发布的修订标准限值	数据来源及备注
1	苯	$0.11mg/m^3$	$0.06mg/m^3$	《乘用车内空气质量评价指南》(GB/T 27630—2011)
2	甲苯	$1.10mg/m^3$	$1.00mg/m^3$	《乘用车内空气质量评价指南》(GB/T 27630—2011)
3	二甲苯	$1.50mg/m^3$	$1.00mg/m^3$	《乘用车内空气质量评价指南》(GB/T 27630—2011)
4	乙苯	$1.50mg/m^3$	$1.00mg/m^3$	《乘用车内空气质量评价指南》(GB/T 27630—2011)
5	甲醛	$0.10mg/m^3$	$0.10mg/m^3$	《乘用车内空气质量评价指南》(GB/T 27630—2011)
6	乙醛	$0.05mg/m^3$	$0.20mg/m^3$	《乘用车内空气质量评价指南》(GB/T 27630—2011)
7	丙烯醛	$0.05mg/m^3$	$0.05mg/m^3$	《乘用车内空气质量评价指南》(GB/T 27630—2011)
8	苯乙烯	$0.26mg/m^3$	$0.26mg/m^3$	《乘用车内空气质量评价指南》(GB/T 27630—2011)
9	可吸入颗粒物(PM_{10})	$0.15mg/m^3$		《室内空气质量标准》(GB/T 18883—2002)日平均值
10	菌落总数	$2500cfu/m^3$		《室内空气质量标准》(GB/T 18883—2002)年平均值
11	二氧化氮	$0.24mg/m^3$		《室内空气质量标准》(GB/T 18883—2002)1h 均值
12	臭氧	$0.16mg/m^3$		《室内空气质量标准》(GB/T 18883—2002)1h 均值

序号	污染物	现行标准限值	未发布的修订标准限值	数据来源及备注
13	二氧化硫	0.50mg/m³		《室内空气质量标准》（GB/T 18883—2002）1h 均值
14	一氧化碳	10mg/m³		《室内空气质量标准》（GB/T 18883—2002）1h 均值
15	二氧化碳	0.10%（V/V）		《室内空气质量标准》（GB/T 18883—2002）日平均值
16	TVOC	0.60mg/m³		《室内空气质量标准》（GB/T 18883—2002）1h 均值

注：表中未发布的修订标准是指 2016 年环境保护部发布的《乘用车内空气质量评价指南》（征求意见稿），该稿尚未正式发布。

汽车车内空气质量指南的实施为各级质量监督部门提供了规范性监督检查依据，也强化了对进口汽车的车内空气质量的控制，对促进我国汽车工业的绿色低碳发展进步和消费者的权益保护起到了积极的作用。2015 年，为了修订《乘用车内空气质量评价指南》（GB/T 27630—2011），环境保护部科技标准司对 144 辆典型全新样车进行了车内空气污染物实测，结果如表 6.2 所示。与 10 年前相比，新车车内空气质量明显改善。

表 6.2　2015 年对 144 辆典型样车的检测结果

序号	污染物	平均浓度/(mg/m³)	超标车辆数/辆
1	苯	0.019	2
2	甲苯	0.321	6
3	二甲苯	0.187	5
4	乙苯	0.075	0
5	苯乙烯	0.025	0
6	甲醛	0.043	2

新车的首要空气污染物是挥发性有机污染物，来自车内零部件和车用材料；使用中的车内空气污染状况则根据车辆状态不同而发生变化，包括运行时长和行驶里程、工作或静止状态、温度等。Xu 等（2016）于 2016 年对新车和使用 5 年汽车车内挥发性有机物、CO、CO_2 进行了实验研究，分别考察了通风条件、内部装饰、行驶时间、车龄和温度对污染物浓度的影响，结果如表 6.3 所示。可见，尽管单独的 8 种 VOCs 的平均值都未超标，但是苯乙烯最高值、TVOC 的平均值和最高值超标，表明车内空气质量问题依旧不容忽视。

表 6.3　新车和使用 5 年汽车车内污染物状况　（单位：mg/m³）

污染物种类	新车	使用 5 年汽车	新车中污染物增加比例/%
苯	0.01673	0.01889	12.89
甲苯	0.06602	0.13438	103.54
二甲苯	0.02809	0.06268	123.14
乙苯	0.01420	0.02900	104.20
甲醛	0.01643	0.01746	6.26
乙醛	0.01247	0.01326	6.31
丙烯醛和丙酮	0.02065	0.02285	10.67

　　实际上，车内空气中挥发性有机化合物不限于列入管控的 8 种，目前已从车内空气检测出的挥发性有机化合物达 200 多种。这些化合物可分为脂肪族化合物、芳香族化合物、羰基化合物和其他化合物共四类。具体分布如图 6.1 所示。

A-脂肪族化合物
A_1-烷烃
A_2-环烷烃
A_3-烯烃
B-芳香族化合物
C-羰基化合物
C_1-酮类化合物
C_2-醛类化合物
D-其他化合物

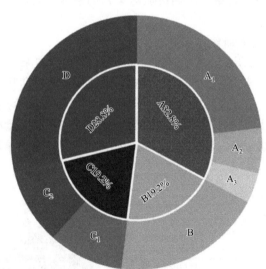

图 6.1　汽车车内空气中 VOCs 种类占比

　　从图 6.1 可以看出，车内 VOCs 中脂肪族化合物最多，占检测到的 52 种 VOCs 的 17 种，占 32.7%。进一步细分，包括烷烃 12 种，环烷烃 3 种和烯烃 2 种。芳香族化合物和羰基化合物相同，均为 10 种，分别占 19.2%。在羰基化合物中，主要为酮类化合物和醛类化合物。其他化合物包括酯、醇和卤代烃，共计 15 种。检测出的脂肪族、羰基和芳香族化合物共有 37 种，占总数的 71.1%。

除了 VOCs 外，一氧化碳是运行状态的车内空气主要污染物。正常运行状态，发动机转速为 1500～3000 转/min，所排出的废气一氧化碳含量很低。但是，当发动机处于怠速空转时，因为燃烧不充分，往往会排出一定一氧化碳浓度的尾气，并从车体缝隙进入车内。当油门过大导致转速超过 3000 转/min 时，也会出现尾气一氧化碳浓度高的现象。此外，汽车空调必须在发动机工作时才能使用，在相对封闭的空间极易导致一氧化碳聚集，通过空调系统进风口吸入车内，可能造成一氧化碳中毒。

2. 车内空气污染物的主要来源

与建筑室内环境相比，车内空间更狭窄和封闭。车内空气污染物来源于车内和车外两个方面，如图 6.2 所示。车内来源包括车用材料（尤其是内饰材料）和装置所含有害物质的释放和人体及其活动；车外来源包括大气环境和汽车自身尾气。新车和在用车的主要空气污染物来源略有区别，新车内空气污染与汽车生产工艺、零部件和材料性质密切相关，在用车除了与这些因素有关外，还与车外大气环境质量、车辆排放污染物的渗入、燃料泄漏和用车习惯（尤其是卫生习惯）等有关。

1）车内零部件和车用材料

如图 6.2 所示，汽车内部零部件和材料非常复杂。散发有害物质的车用材料包括涂料、塑料、橡胶、各类胶黏剂、隔热保温材料和其他装饰材料，如地毯、座椅外包装等。据调查，20 世纪 90 年代时，我国汽车平均塑料用量只有 14～28kg/辆，随着材料技术的进步和降低车重的需求，汽车塑料用量不断增加。目前，塑料用量已接近 130kg/辆。目前发达国家平均每辆车的塑料用量达到 300kg 以上。

图 6.2　汽车车内空气污染的主要来源

　　梁波等（2019）评估了 19 辆销量好的代表性汽车内部零部件对车内有机污染物的贡献，以及汽车内部零部件不同挥发性有机化合物的特征，结果如图 6.3 所示。可以看出，地毯对车内空气污染贡献最为明显，在 72% 的车辆中地毯的平均贡献为 27%，说明地毯是车内挥发性有机化合物的最主要来源。仪表盘、座椅和门板的总平均贡献率在 50% 以上，各零件平均贡献率分别为 19%、17% 和 18%。

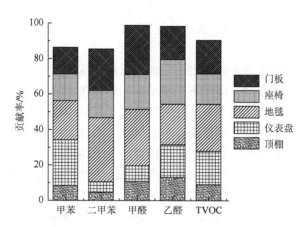

图 6.3　汽车内部零件对空气污染贡献情况

　　地毯作为车内主要装饰材料，其污染物类型和健康危害与其材质密切相关，如纯羊毛地毯的绸毛绒不仅可引起皮肤过敏，还会引发哮喘等疾病。另外，地毯的吸附能力很强，能吸附许多有害气体、灰尘及病原微生物。汽车座椅及其面套的材料有皮革、人造革或纺织品。用来做坐垫的人造革为人造纤维泡膜革，新生产的纤维有刺鼻的臭味。装饰纺织纤维织物主要有衬面纤维织物、聚氨酯发泡棉和底层编织纤维物等，这些纤维物如果清洗不彻底，也会发出异味。

　　胶黏剂会挥发包括甲醛、乙醛、苯乙烯、甲苯、乙苯等在内的大量有机化合物。苯常被作为胶黏剂和油漆、空气消毒剂的溶剂组分，因此新车空气中可能含有较高浓度的苯。汽车用到的隔热保温材料通常是一些密度小的有机材料，如聚苯乙烯泡沫塑料、聚氯乙烯泡沫塑料、聚乙烯泡沫塑料等。这些材料存在未被聚合的游离单体或其他成分，它们会缓慢释放到空气中。随着使用时间延长，这些材料还会分解释放出多种气态化合物，造成车内空气污染。这些污染物的种类很多，主要包括甲醛、苯、氯乙烯、甲苯、醚类物质等。除了车用材料外，车载燃油和制冷剂的泄漏、机械润滑用油蒸发、空调系统滋生霉菌也是车内空气污染物的主要来源。

　　2）车内装饰品

　　大多数消费者购车后都要进行车内装饰，如脚垫、座套、行李箱垫等，这些装饰品易散发有害气体，从而造成车内空气污染。车内装饰主要散发的有害气体包括苯、甲醛、丙酮、二甲苯等。个别消费者为了改善车内气味也常常会放置香水或空气清新剂等物质。香水是一种混合了香精油、固定剂与酒精或乙酸乙酯的液体，散发气体中含有甲醇及邻苯二甲酸酯等对人体产生较大危害的组分。空气清新剂的成分大多由乙醚和芳香类香精等组成，这些成分释放到空气中后，会分解变质，从而造成环境污染。另外，一些劣质汽车清洗、洗涤剂中含有大量的VOCs，如甲苯、二甲苯等也危害人体健康。

3）车外大气

大气环境中存在的各种污染物在车辆进行换气或门窗未紧闭时均会进入汽车车内。根据车辆设计原理，即便不打开车窗，车辆在正常行驶过程中，车内外空气仍会发生流动和交换，如果车外空气环境中含有颗粒物、氮氧化物和臭氧等有害物质，将会导致车内空气质量进一步恶化。一般地，前面车辆排放的尾气对紧随车辆的车内污染水平影响最大。在交通拥挤的道路上行驶，即使关上窗户和通风系统，人们也会长时间受到高浓度汽车尾气污染物的影响。检测表明，以柴油为动力燃料的公共汽车或卡车可使紧跟其后的车辆车内颗粒物浓度在短时间内增加数倍，旧车或状况不好的汽油车也可使紧跟其后的车辆内污染物水平大大提高。大风可驱散汽车排放的尾气，有效降低紧随其后的车辆车内污染水平。

4）汽车自身

汽车自身排放污染物主要来自汽车尾气排放及车内空调等。汽车尾气排放的有害物会从车厢密封不严处进入车内对乘员造成危害，在交通堵塞和车辆破旧的情况下，这种车内污染尤为严重。实际上，通过车厢底部破损处窜入车内，使车内污染物浓度升高，导致车内人员中毒伤亡的事件也时有报道。汽车空调系统若长时间使用不进行清洗，就会在其内积累大量污垢，并可能产生胺、烟碱、细菌等有害物质，一旦使用空调就会将多种有害物质吹入汽车车内，从而造成空气污染。汽车自身产生的污染物主要有碳氢化合物、一氧化碳和氮氧化物，此外，也包括二氧化硫、颗粒物、微生物、苯、烯烃、芳香烃和二氧化碳等。

3. 车内空气污染特点

与建筑室内空气污染相比，汽车车内空气污染具有以下特点：①车内空间狭小。与房间 $20 \sim 100 m^3$ 的空间而言，一般汽车车内空间仅有 $2 \sim 3 m^3$。同时，大量塑料、橡胶、胶黏剂等内饰零部件占用车内空间，导致其散发有害气体的累积响应非常快，对人体影响更大。②密闭性强。为了具有防雨、防尘和隔音等功能，汽车密封性设计非常高，而车辆大多数也处于密闭状态，导致车内散发的空气污染物难以向外扩散，尤其是新车，污染物的初期散发量大，很容易累积至超过标准，对人体健康产生较大影响。③车内人口密度大。汽车乘员一般为 5 人左右，平均每人占用空间 0.4～0.6m³, 人均空间小, 有害气体对人的影响更为集中。④夏季暴晒使车内温度急剧上升。为了上下方便及扩大车内视野, 汽车设计一般门及玻璃面积较大。夏季高温时, 长时间暴露在太阳照射下, 车内温度快速升高, 有实验表明, 在夏季 35℃天气里, 汽车阳光暴晒 2h 车身温度可达到 78.9℃, 车内温度高达 52.1℃。在高温下, 车内零部件及装饰材料中的有害物质更易挥发。但是现有的指南中污染物限值是在 25℃低温条件下检测出来的, 给一些劣质材料的使用提供了可乘之机。表 6.4 显示了测试样车在不同温度下车内有害气体浓度。可以看出, 当车内温度升高时, 甲醛、苯系物和总挥发有机化合物浓度显著增大。⑤汽车车内污染物种类多。车内空气污染物包括大气中的有害气体、车内饰材料及尾气排放产生的污染物。这些污染物种类多, 来源复杂, 且不同车内、不同路况等条件下污染物种类都不同。⑥汽车换气方式多样。车内通风分为空调内循环、空调外循环、门窗自然通风、风扇机械通风等方式, 采用的通风模式主要取决于车外空气质量和路况。由于车外空气质量或路况差通常采用内循环模式, 而内循环模式又易导致车内空气污染物累积。因此, 空调系统运行与车内空气污染具有正相关性。⑦汽车静态与动态经常转变。运动状态和静止状态具有不同通风排气状态, 研究起来相对复杂。⑧环境本底值常变化, 由于汽车流动性大, 不同地点和不同时间的环境背景值不一样。⑨车内污染干扰因素多。车内温度、湿度、循环模式、车外环境、行驶状态、驾乘行为、车内装饰及内饰品等因素对车内空气品质都有较大影响。因此车内污染检测时可变因素多, 检测结果干扰大。

表 6.4　不同温度下车内有害物质浓度　　（单位：mg/m³）

温度	甲醛	氨	苯	甲苯	二甲苯	TVOC
19℃	0.036	0.10	0.018	0.78	0.026	1.54
24℃	0.060	0.09	0.025	0.80	0.036	2.23
28℃	0.110	0.12	0.034	1.10	0.040	3.03

6.1.2　汽车车内空气质量影响因素

影响汽车车内空气污染程度的因素主要包括内饰材料类型、汽车行驶状况、运行时长和行驶里程、通风状况、车内温度和车内湿度等。

1）内饰材料类型

如前所述, 内饰材料是车内空气污染的主要来源之一, 尤其是新车。散发空气污染物的内饰材料种类很多, 包括皮革、塑料、织物、地毯、密封剂、胶黏剂、油漆、泡沫垫等。这些材料中含有的有机溶剂、助剂、添加剂等挥发性成分释放会造成车内空气污染。污染物主要包括苯、甲苯、甲醛、碳氢化合物和卤代烃等。汽车生产过程中使用的内饰材料不同，散发的 VOCs 种类也不尽相同，这些 VOCs 混合在一起就会导致新车有异味，是车内难闻异味的主要来源，也是影响新车使用舒适性的一个重要因素。

Xu 等（2019）针对织物座椅和皮革座椅对车内 VOCs 浓度水平的研究表明，皮革座椅的车内各 VOCs 浓度普遍高于纺织座椅，尤其是苯系物（BTEX）类有机物，如图 6.4 所示。其原因被归因于皮革内饰布设过程涉及大量胶水或胶黏剂，会散发以 BTEX 为主的 VOCs。Yoshida（2006）的研究表明，与配置聚氨酯方向盘相比，配置真皮方向盘的车内空气中，酮、呋喃、苯乙烯和 1-甲基-2-吡咯烷酮的浓度要高得多。同样，在配置真皮座椅的车内空气中，检测到的醇和 1-甲基-2-吡咯烷酮浓度高于配置纺织座椅的情况。车内装饰的多样化使新车车内的 VOCs 浓度各不相同，甚至同种内饰材料因不同供应商采用的生产原料差异，也会导致释放的污染物种类和浓度不同。尽管存在这种差异性，但在类似装饰的车内空间中，VOCs 浓度水平是具有可比性的。

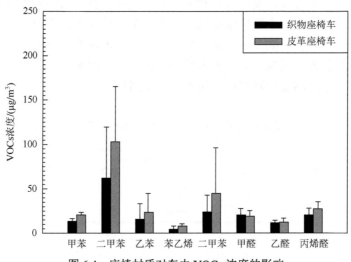

图 6.4 座椅材质对车内 VOCs 浓度的影响

另外，部分消费者购买新车后会对车内进行附加装饰，如汽车地毯、座椅套、汽车靠枕、方向盘套、遮阳膜等，使得车内空气中 VOCs 种类和浓度进一步增加。有研究表明，加地垫和座椅面套装饰后，车内甲醛浓度增加明显。虽然国家出台的标准对车内 VOCs 含量进行了限值，汽车厂商对车内零部件进行严格把关，放弃使用气味没有达标的材料，但是这些设计和努力很容易被劣质的附加车内装饰件（座椅套、地垫等）破坏，导致车内 VOCs 含量超标。因此，消费者应慎重选择和购买车内装饰，尽量不要大面积使用车内装饰。

2）汽车行驶状况

在不同行驶状况下，汽车发动机排出的尾气污染物成分和浓度存在很大的区别，这意味着窜入车内并影响车内空气质量的程度不同。一般来说，汽车刚启动时未完全燃烧的污染组分浓度较高，此时尾气催化净化装置因为没有加热到工作温度，对污染物的转化率较低，一旦尾气窜入车内，会对车内空气带来较严重的污染。另外，加速超车或大油门爬坡时，发动机的工况要求是最大功率输出，而不是最佳燃烧效率，此时发动机处于富燃状态，同样会排出大量未燃尽有害气体。总的来说，汽车发动机处于不同工况时，排放的污染物对车内空气质量的影响有很大区别。

3）运行时长和行驶里程

一方面车内各类非金属材料释放 VOCs 的速率随着运行时长和行驶里程增大而降低，因此短时间内新车车内的 VOCs 和 TVOC 浓度会呈现快速下降趋势；另一方面，伴随汽车老化，发动机性能和车体密封程度下降，会导致汽车尾气中污染物含量提高，而且窜入车内的可能性增大，由此导致车内空气污染加重。如图 6.5 所示，与新车相比，行驶 2100km 后，车内 BTEX 浓度显著降低，但自 3400km 之后，车内 BTEX 浓度随行驶里程数增加不断增大。显然，旧车燃料燃烧状况不佳和尾气窜入车内是导致这种状况的主要原因。

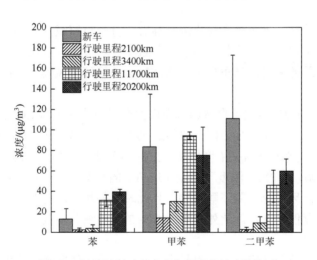

图 6.5　行驶里程对车内空气苯系物浓度的影响

4）通风状况

降低车内空气污染物浓度的最简便有效方法是通风换气，通常汽车有以下 3 种通风模式：①打开车窗自然通风；②关闭车窗开启空调内循环；③关闭车窗开启空调外循环。Xu 等针对三种通风模式对车内 VOCs 浓度的影响进行了实验研究，结果如图 6.6 所示。可见，车内 VOCs 浓度普遍高于车外，不同的通风条件下的车内空气 VOCs 浓度存在显著差异。毫无疑问，若车窗全部打开，车内外空气污染物浓度将迅速达到平衡。但是，实际汽车行驶时，车窗通常只是部分打开，所以自然通风模式下车内空气污染物浓度仍然高于车外。当开启空调时，外循环模式的车内 VOCs 浓度普遍低于内循环。

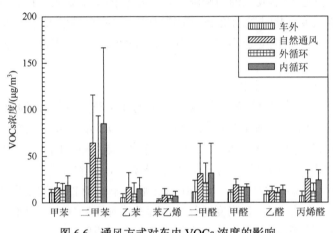

图 6.6 通风方式对车内 VOCs 浓度的影响

值得注意的是，当车外颗粒物浓度高时，打开车窗或开启外循环，尽管车外空气能够稀释车内空气污染物，但也会导致车外环境中的颗粒物进入车内，尤其是细颗粒物。总的来说，当车外空气清洁时，外循环通风模式是保证车内空气质量的有效手段。

Tong 等（2019）研究了自然通风和内循通风模式对车内 CO_2 和 $PM_{2.5}$ 的浓度的影响（图 6.7）。与 VOCs 不同，自然通风 100s 左右即可使车内 $PM_{2.5}$ 浓度稳定在 $90\mu g/m^3$，并与车外 $PM_{2.5}$ 浓度呈现一定的相关性，相关度约为 0.60。当开启内循环时，在 600s 内 $PM_{2.5}$ 浓度下降至 $15\mu g/m^3$ 的平衡值，远低于自然通风方式，这是由于通过循环过滤去除了颗粒物。且此时车外颗粒浓度对车内颗粒物浓度影响不大，相关度仅为 0.24。此外，车内 CO_2 的浓度变化主要受乘员呼吸的影响。

5）车内温度

一般来说，随着温度升高，材料中的不稳定成分挥发量会增大，有限空间中空气污染物浓度相应升高。另外，温度也影响微生物的繁殖速度，当温度为 20～35℃，湿度为 75%～95%时，会导致霉菌爆发性生长。因此，车内空气污染通常随温度升高而加重。检测表明，车内温度每升高 10℃时，空气污染物浓度增大 0.5～1.5 倍。在炎热的夏天的阳光下暴晒 1.5h 以上后，车内空气污染物会成倍增加，甚至增长平时的 5～20 倍。Huang 等（2019）在 2017 年 9 月至 2019 年 6 月

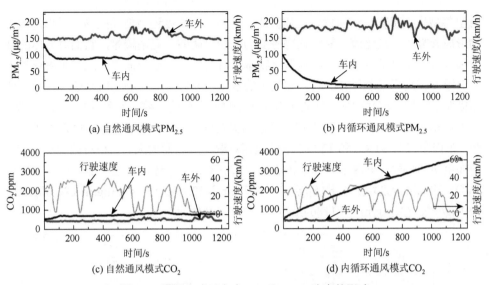

(a) 自然通风模式PM$_{2.5}$　　　　　(b) 内循环通风模式PM$_{2.5}$

(c) 自然通风模式CO$_2$　　　　　(d) 内循环通风模式CO$_2$

图 6.7　通风方式对车内 CO$_2$ 和 PM$_{2.5}$ 浓度的影响

对新电动汽车的 TVOC 释放率与车内温度的关系进行了研究，结果如图 6.8 所示。可见，车内温度与 TVOC 释放率呈正相关。

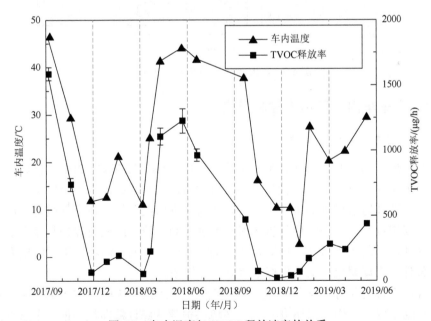

图 6.8　车内温度与 TVOC 释放速率的关系

6）车内湿度

在适宜的相对湿度下微生物可大量繁殖，并通过机械通风进入车内，引起车内空气微生物感染，继而危害人体健康。高的相对湿度还会使某些易溶于水的污染物形成酸雾，二氧化硫、氮氧化物等变为硫酸、硝酸、亚硝酸等，它们对人体的刺激和危害，超过了二氧化硫和氮氧化物本身对人体的刺激和危害。汽车车内空气中相对湿度较高而温度又较低时，空气中的水蒸气易以微颗粒物为凝结核形成雾，使污染粒子变重下沉并积聚，妨碍了有害污染物向车外的扩散，使车内空气质量下降。此外，相对湿度也会影响车内空气气态污染物的浓度。Chen 等（2014）的研究表明，车内空气中 VOCs 和 TVOC 浓度随相对湿度升高而增大。当相对湿度从 35.7%增加至 70.3%时，车内苯、甲苯、乙苯、二甲苯、苯乙烯、乙酸丁酯、正十一烷和TVOC 的浓度分别增加了 67.8μg/m^3、169.7μg/m^3、60.7μg/m^3、149.3μg/m^3、20.6μg/m^3、29.1μg/m^3、33.7μg/m^3 和 1186.4μg/m^3，如图 6.9 所示。

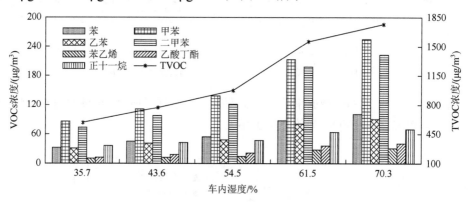

图 6.9　车内湿度对 VOCs 污染的影响

6.1.3　汽车车内空气污染控制措施

1. 完善车内空气质量控制标准

我国现行的《乘用车内空气质量评价指南》（GB/T 27630—2011）自颁布实施以来，为车内空气质量监督检测提供了科学的标准和依据，为各级质量监督部门提供了规范性监督检查的依据，还加强我国对进口汽车的车内空气质量的控制，对促进我国汽车工业的绿色低碳环保发展进步和消费者的权益保护具有重要的现实意义和深远的历史意义。但尚存在污染物指标欠全面、污染物采样测定方法对应的条件过于理想化、部分指标限值偏高等问题。

针对现行《乘用车内空气质量评价指南》（GB/T 27630—2011）的不足，我国早就启动了修订工作。2016 年 1 月，环境保护部就修订稿向社会征求了意见，主要变更内容包括由推荐标准修订为强制标准，修订原标准中的部分限值（表 6.5），增加环保一致性检查下线时间的规定，增加信息公开和环保一致性检查的相关内容等，但目前该修订稿未正式发布。

表 6.5　《乘用车内空气质量评价指南》修订前后限值比较 （单位：μg/m³）

控制物质	原限值	修改后的限值	参考依据
苯	0.11	0.06	原标准加严
甲醛	0.10	0.10	参考世界卫生组织，维持不变
甲苯	1.10	1.00	原标准加严
二甲苯	1.50	1.00	原标准加严
乙苯	1.50	1.00	原标准加严
苯乙烯	0.26	0.26	维持不变
乙醛	0.05	0.20	参考国际标准确定
丙烯醛	0.05	0.05	维持不变

2. 建立全过程车内空气污染控制体系

为保障车内空气质量，必须从材料选择、零部件加工、整车装配等各个环节入手对车内空气质量进行全流程管控。与其他空气污染物的控制相类似，车内空气污染物的控制也可以通过源头控制、通风换气和车内净化三种途径来实现。

1）源头控制

汽车车内空气污染源头控制主要应从车内装饰材料入手，车内零部件材料的选用情况是车内挥发性有机物种类的决定性因素，也是挥发性有机物含量的关键因素之一，对内饰件的控制是控制车内空气质量的第一步，也是关键性的一步。而造成车内空气污染的主要内饰材料有内装饰、塑料件、座椅材料、保温材料、喷漆材料以及辅助材料、黏结材料等，所以在选用这些材料时，应选择对人体健康无伤害、无挥发性刺激的环保材料。此外，在内饰选用时，应尽可能采用环保型注塑材料代替常规材料，禁用或少用聚甲醛（POM）材料和聚氨酯发泡件，采用注塑工艺代替热压合工艺，减少溶剂型胶黏剂的使用。

此外，保持良好的用车习惯，对于保障车内空气质量也至关重要。具体包括：①避免过度附加装饰，尤其是采用污染物释放量大的材料进行车内装饰；②避免将非必需品放置在车内，尤其是释放空气污染物的物品；③保持车内清洁，及时清理车内污物；④形成良好的个人卫生习惯，严禁在车内抽烟和吃食物。

2）通风换气

通风换气是指用车外新鲜空气来稀释车内空气污染物，以降低空气污染物浓度，这是改善车内空气质量的最快捷方法。车内通风换气主要通过开窗和启动空调外循环来实现，当空调外循环系统启动时，空气从车外吸入，经过加热或制冷后从车内的出风口吹出。大多数汽车的外循环进气口安装了进气过滤装置，如花粉滤清器或灰尘滤清器。与空调外循环相对应的空调内循环是指从车内吸气经过加热或制冷后再从车内出风口吹出，大多数内循环系统只有调温装置，没有过滤和气体净化装置。

值得注意的是，若汽车空调使用不当，自身也会成为污染源或污染物的传输途径。这是因为空气通过蒸发器时，水蒸气会凝结成水珠。正常情况下，水会流到空调加热装置外壳的底部，洗刷掉上面附着的灰尘后，通过导管排到车外。如果汽车经常在灰尘较多的地方行驶，空气中的杂质和灰尘不可能全部被蒸发器叶片上的水冲刷掉，慢慢地积聚在蒸发器的叶片上，会成为霉菌生长的温床。另外，汽车空调的风道内也会积存大量的灰尘，在常年保持潮湿、温热的情况下，这些地方同样适宜于细菌的繁衍。为了防止细菌繁衍，最简单的方法是及时对空调系统的风道、暖风水箱、蒸发器和进气过滤装置进行清理，更换过滤器的滤芯，以铲除污染源。对空调装置进行改进也可以防止细菌繁衍，如通用汽车公司设计出了一种附属装置，只要空调器使用时间超过 4min，这个装置就会在发动机熄火 50min 后启动加热器风扇，并让它运转 5min，起到加速蒸发器外壳干燥的作用，从而防止霉菌的生长。

3）车内净化

本书第 5 章介绍的室内空气净化均可应用于车内空气的净化。实际上，过滤、吸附、臭氧杀菌消毒、负离子技术均已应用于车内空气净化。由于车内空间更为有限而且与人接触更为密切，所以对于车内空气净化装置，在体积、安全性等方面有更高的要求。

对于空调系统内部污染，也有一些专门的方法，如市场上有多种用于清理空调风道的清洗剂，清洗时，可先取下灰尘滤清器，启动车辆，打开空调，并把空调置于外循环位置，将清洗剂喷到进风口处，空调的外循环风会把清洗剂送入风道，并附着在风道、蒸发器和暖风水箱的表面，从而起到除菌和祛除异味的作用。这种清理方法操作简便，省工省时，清理工作完成后，更换灰尘滤清器，可确保车内出风口吹出清新的空气。此外，为了保证送风口百叶部分清洁，可将抹布裹在宽度适宜、头部为矩形的薄木片上，来清扫这个部件上积聚的灰尘，从而减少汽车空调对车内空气的污染。

为了消除车内异味，有些车主会通过使用香味剂（喷洒香水或空气清新剂）来实现遮盖异味的目的。必须注意，这并不能从根本上解决问题，因为霉菌依然在蒸发箱和通风管道中衍生，污染的空气仍然被吸入体内。另外，为了促进芳香物质的挥发，在这些香味剂中一般都添加了工业酒精，过量吸入会导致中枢神经麻痹，使驾驶员反应迟缓，不利于行车安全。

车载空气净化器是指专用于净化汽车内空气中的 $PM_{2.5}$、有毒有害气体（甲醛、苯系物、TVOC 等)、异味、细菌病毒等车内污染的空气净化设备。通常由高压产生电路负离子发生器、微风扇、空气过滤器等系统组成。它的工作原理如下：机器内的微风扇（又称通风机）使车内空气循环流动，污染的空气通过机内的 $PM_{2.5}$ 过滤网和活性炭滤芯后将各种污染物过滤或吸附，然后经过装在出风口的负离子发生器（工作时负离子发生器中的高压产生直流负高压），将空气不断电离，产生大量负离子，被微风扇送出，形成负离子气流，达到清洁、净化空气的目的。根据其原理可分为滤网型车载空气净化器、静电集尘型车载空气净化器、臭氧车载空气净化器、净离子群车载空气净化器、水过滤车载空气净化器。

6.2　地铁车厢空气污染与控制

地铁是在城市中修建的快速、大运量、用电力牵引的轨道交通。地铁在全封闭的线路上运行，一般位于中心城区的线路基本设在地下隧道内。随着城市轨道交通的迅速发展，地铁已经成为城市居民出行的重要交通工具。截至 2018 年底，中国内地累计有 37 个城市建成并投运城市轨道线路，运营里程 5539.19km。据统计，在建有地铁线路的城市中，市民选乘地铁出行的比例占整个公交出行方式的 80%以上，地铁车辆在城市公共交通中起到越来越重要的作用。

地铁轨道交通作为一个人工封闭的环境，建在地面层以下（地面线、高架线除外），基本与外界空气隔绝，室内空气仅依靠车站出入口、列车隧道上部的通风竖井以及隧道洞口与室外环境相连接。地铁车厢作为重要载体，是一个人流密集、相对封闭、人员密度大、流动性强的特殊空间。由于地铁具有运行区间短、乘客在站内逗留时间短、流动性大等特点，人们对车内温湿度的敏感度往往较高，而对空气品质的敏感度相对较低。由于这个原因，在设计地铁列车通风空调系统时，温度和湿度通常作为主要的考虑因素，而空气品质的要求往往被轻视。然而，随着地铁运营时间和客流量的增大，地铁车厢内污染源增多，造成污染物长期累积不易消散，当地铁车厢空气污染物浓度达到较高水平时，将威胁乘客和工作人员的身体健康。在一定程度上，地铁车厢可以看作一个"移动的建筑物"，对地铁车厢内的空气品质应该给予足够关注。

6.2.1　地铁车厢空气污染物及其来源

1. 地铁车厢主要空气污染物

地铁车厢空气污染物种类繁多，包括可吸入颗粒物、VOCs、CO_2、细菌和霉菌等微生物。CO_2 和可吸入颗粒物是地铁车厢内最主要的空气污染物，其中 CO_2 指标可用作反映地铁车厢内空气状况，是判断地铁车厢污染程度最主要的评价指标之一。目前，尚没有专门针对地铁车厢的空气质量标准，主要参考《室内空气质量标准》（GB/T 18883—2002）和《旅客列车卫生及监测技术规定》（TB/T 1932—2014）等。近几年，部分地方标准对地铁车厢的 CO_2 指标做出了明确要求，如上海市地方标准《地铁合理通风技术管理标准》（DB31/T 596—2012）。但对于地铁车厢中重要的 $PM_{2.5}$ 指标，还没有明确的要求。地铁车厢中主要空气污染物执行的限值要求如表 6.6 所示。

表 6.6　地铁车厢中代表性的空气污染物

序号	污染物	限值	数据来源及备注
1	可吸入颗粒物（PM_{10}）	$0.15mg/m^3$	《室内空气质量标准》（GB/T 18883—2002）日平均值
		$0.25mg/m^3$	《旅客车辆卫生及监测技术规定》（TB/T 1932—2014）
2	二氧化碳	0.10%（V/V）	《室内空气质量标准》（GB/T 18883—2002）日平均值《地铁合理通风技术管理标准》（DB31/T 596—2012）
		0.15%（V/V）	《旅客车辆卫生及监测技术规定》（TB/T 1932—2014）
3	一氧化碳	$10mg/m^3$	《室内空气质量标准》（GB/T 18883—2002）1h 均值《旅客车辆卫生及监测技术规定》（TB/T 1932—2014）
4	TVOC	$0.60mg/m^3$	《室内空气质量标准》（GB/T 18883—2002）1h 均值《旅客车辆卫生及监测技术规定》（TB/T 1932—2014）
5	氨	$0.20mg/m^3$	《室内空气质量标准》（GB/T 18883—2002）
6	氡	$400Bq/m^3$	《室内空气质量标准》（GB/T 18883—2002）

1）CO_2

地铁车厢中，通常选用 CO_2 浓度作为替代指标来评价室内空气品质。CO_2 是地铁车厢的最主要的污染物之一，主要来源于人体呼出，发生量主要受人数及人的活动量影响。在满员状态下，车厢内 CO_2 浓度会很快升高。在设计和运行过程中，地铁车厢 CO_2 浓度也反映了车厢内通风换气状况。我国研究者于 2014~2015 年对北京市地铁车厢内 CO_2 浓度进行了测试，结果如表 6.7 所示。5 号线的 CO_2 平均浓度最高，而 2015 年新开通的 7 号线的平均浓度最低，如表 6.7 所示。

表 6.7　北京市各线路温度、相对湿度和 CO_2

测试时间	地铁路线	平均温度/℃	平均相对湿度/%	CO_2 浓度最小值/%	CO_2 浓度最大值/%
2014 年夏季	4	27.7	52.3	0.082	0.146
	5	29.6	62.6	0.135	0.246
	9	28.4	58.4	0.076	0.195
	10	29.1	58.8	0.074	0.168
2015 年夏季	1	23.9	21.2	0.062	0.147
	2	27.7	18.8	0.070	0.219
	4	22.6	23.7	0.082	0.205
	7	26.1	19.8	0.061	0.087

2）可吸入颗粒物

我国《旅客车辆卫生及监测技术规定》（TB/T 1932—2014）中要求列车车厢内 PM_{10} 的浓度不高于 $0.25mg/m^3$，尚未对 $PM_{2.5}$ 的浓度做出限值要求。Kam 等（2011）对洛杉矶交通环境颗粒物进行监测时发现，相比于地面轻轨，地下地铁车厢中 $PM_{2.5}$ 和 PM_{10} 浓度更高。Kim 等对首尔地铁站进行了颗粒物监测，发现地铁车厢的 $PM_{2.5}$ 和 PM_{10} 浓度高于站台，地下站台高于地面站台。卓思华等（2018）等学者分别对北京、西安、上海、香港等地车厢内 $PM_{2.5}$ 和 PM_{10} 进行了研究。结果表明，各城市存在较大差异，结果如表 6.8 所示。显然，这与地铁车厢人群密度以及城市环境空气质量、制动系统的类型、空调通风系统和车站深度等密切相关。

表 6.8　地铁车厢内可吸入颗粒物污染情况　　　（单位：$\mu g/m^3$）

地铁线路	测试时间	PM_{10} 均值	PM_{10} 范围	$PM_{2.5}$ 均值	$PM_{2.5}$ 范围
北京地铁 1 号线	2016 年春	151	63～371	253	84～857
北京地铁 1 号线	2016 年秋	171	0～304	294	34～738
北京地铁 1 号线	2016 年冬	91	88～346	350	143～761
西安地铁 1 号线	2014 年冬	71.3	—	62.5	
西安地铁 2 号线	2014 年冬	71.4	—	68.4	
西安地铁 2 号线	2013 年夏	—	35.9～97.1	—	48.1～123.2
上海地铁 1 号线	2012 年	—	35.9～278	—	
香港地铁	2011 年	72	42～103		

庞雪莹等（2018）选取北京 4 条地铁线路在 2016 年冬季监测了车厢内 $PM_{2.5}$ 和 PM_{10} 浓度，不同线路地铁车厢内各时间段内的 $PM_{2.5}$ 和 PM_{10} 的浓度分布如

图 6.10 所示。可以看出，地铁车厢 $PM_{2.5}$ 和 PM_{10} 超标严重，工作日 10 号线早高峰 $PM_{2.5}$ 和 PM_{10} 的浓度均值最高。

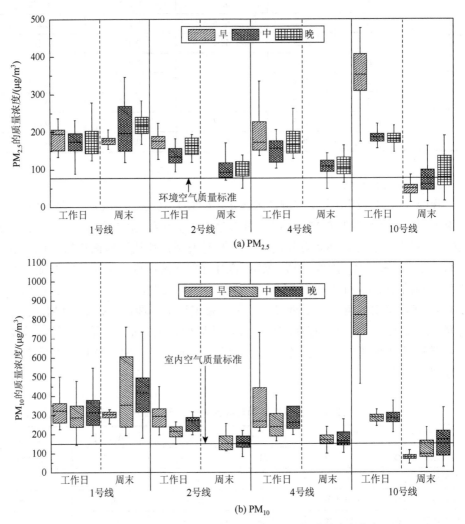

(a) $PM_{2.5}$

(b) PM_{10}

图 6.10　各线路地铁车厢内 $PM_{2.5}$ 和 PM_{10} 的质量浓度分布

3）微生物

地铁车厢属于人群密度大、活动频繁的公共场所。地铁车厢内主要为光滑地面，虽然不是微生物生存和繁殖的适宜场所，但是由外界带入的微生物却可以悬浮在空中达很长时间。其中，不少是病原微生物，包括细菌、病毒、真菌孢子、尘埃、尘螨、人类毛发和皮屑等。地铁车厢内座椅底部、车厢壁、空调风道等部位往往也是卫生死角，可能有微生物大量聚集。生物性污染物传播速度快，能够引起一些过敏反应,如咳嗽、气喘等。例如,尘螨常生长在座椅底部和车厢壁等卫生死角或悬浮于空气中,春秋两季是尘螨生长、繁殖最旺盛时期,是人体支气管哮喘病的一种主要过敏源。除人员从外界带入之外,微生物也可能随空调系统的冷凝水和冷却塔的水雾进入地铁车厢内。

4)氨

地铁车厢内 NH_3 的主要来源为人体呼吸与汗液排放。此外,建筑物混凝土也会挥发 NH_3。研究表明,人体呼吸排出 NH_3 为 3.64g/(人·a),人体汗液排出 NH_3 为 17.00g/(人·a)。当地铁内乘车人数增加,尤其是出现拥挤时,人体汗液的 NH_3 排放量也会有所提高。韩新宇等(2017)于 2014 年对昆明地铁 1 号线和 2 号线车厢进行气态污染物监测,结果 NH_3 浓度约为 121μg/m³,略高于站台 NH_3 浓度 107μg/m³。此外,对地铁车厢中不同时段 NH_3 浓度进行监测表明,地铁车厢的 NH_3 浓度随时间变化,如图 6.11 所示,浓度从 16:00 开始逐步升高,显然,这与晚高峰有关。

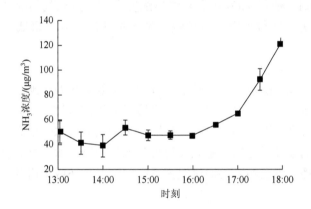

图 6.11　地铁车厢中 NH_3 浓度变化趋势

2. 地铁车厢空气污染的主要来源

与其他常用交通工具微环境相比,地铁车厢具有人员密集、环境相对封闭、空气流通量有限、气流组织固定等特点。地铁车厢空气污染来源呈多样化,污染源包括人体及人类活动、内饰及装修材料、空调运行、隧道及列车运行等。此外由于地铁车厢在地下的特点,地下隧道也是污染源之一。

1)人类活动

人群自身携带和释放的污染物,如二氧化碳、可吸入颗粒物、氨、细菌、病毒等。一方面,地铁乘客可将外源性大气颗粒物污染带入地铁车厢;另一方面,乘坐过程中,呼出 CO_2、散发异味也是主要的污染源。实际上,每个人的一举一动都会产生大量微尘,再加上掉落的皮屑、打喷嚏的飞沫、衣服上的纤维和鞋底的扬尘等，乘客本身衣物及所携带的行李是可吸入性颗粒物的来源。这些污染物缺乏有效排出途径，所散发的味道长期在车厢内循环，对空气质量有着恶劣的影响。

2）内饰及装修材料

装饰材料和保温材料释放出的化学污染物，如醛类、苯系物等挥发性有机污染物。装饰材料和保温材料包括胶合板、泡沫填料、各种涂料、密封胶、车厢内广告等。这些有害物质会引起头疼、乏力等症状，长时间置身于这类挥发性有机物浓度较高的空气中，有致癌的危险。同时座椅底部和车厢壁等卫生死角也容易滋生细菌。

3）空调运行

车辆空调的运用满足了旅客对热舒适的要求，但出于节能考虑，一般地铁通风空调系统普遍采用的是部分新风系统的集中式中央空调系统，充分的通风换气往往受到限制，使得 CO_2 等有害气体浓度升高。且空气的处理大多只是传统的袋式过滤器进行初效处理，对可吸入颗粒物的净化效率极低，不具备杀菌、消毒的功能。

4）隧道及列车运行

研究发现，地铁隧道内粒径较小的颗粒物主要是来源于地面。另外由于地铁采用轨道方式运行，运行过程中车轮和钢轨间的机械磨损、制动系统摩擦副磨耗都会产生大量可吸入颗粒物，并导致隧道内重金属离子水平偏高。隧道内相对封闭的空间及车辆运行引起的活塞风使得可吸入颗粒物、微生物等有害物借助空气快速蔓延和传播。这些污染物通过空调系统的空气循环或车门开关时的空气交换进入车厢。

6.2.2　地铁车厢空气质量影响因素

影响地铁车厢空气质量的因素主要包括车厢客流量、区域气候与季节、新风量、新冈品质、车门和屏蔽门的开关等。

1）车厢客流量

人体是车厢最主要的热源、污染源和气流障碍体，乘客在车厢内散热、散湿，释放多种污染物，并影响车厢的空气流动，因此，车厢客流量是影响其空气质量的最重要因素。地铁设计标准中人员密度为 4.5 人/m²，但在早晚高峰时间，人员密度会高达 10 人/m²。在人员超载的情况下，拥挤导致车厢内气流不顺畅，人体散热和污染物释放更加集中，如果不能及时排出或者稀释，容易造成人体不适。有研究表明，人员密度与车厢内 CO_2 浓度的变化周期几乎完全一致。王亚楠等（2014）研究了上海地铁中乘客密度和车厢内 CO_2 浓度的影响，发现在人员密度较大的 7~15 号站点，非低峰时段的 CO_2 浓度远远超过了 1000ppm。这可能是由于代号 7~15 的站点地处市中心附近，该类站点地处多条轨道交汇处，人口流动大，车厢内人员密度大造成的（图6.12）。

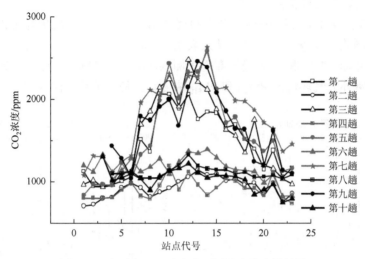

图 6.12　车厢内 CO_2 浓度在不同站点的实测结果

庞雪莹等（2018）的研究表明，高峰时期地铁车厢内的 $PM_{2.5}$ 浓度为 451.43μg/m³，明显高于地铁站外环境。这是由于随着乘客密度的增加，人体对气流的阻挡增强，1.1m 处通风不畅，温度升高，风速降低，不利于污染物扩散和新风的分布（图6.13）。在北京地铁 10 号线在检测也表明，工作日 $PM_{2.5}$ 浓度高于周末，这与工作日车厢客流量高于周末相对应。

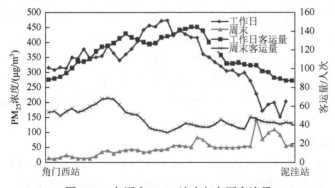

图 6.13　车厢内 $PM_{2.5}$ 浓度与车厢客流量

2）区域气候与季节

一方面我国南、北方气候特征差异较大；另一方面，同一城市的不同季节温湿度可能也存在较大差异。地铁车厢空气污染也具有区域气候和季节特征，北方干燥寒冷，空气污染受外界空气质量影响较大；而南方潮湿温暖，空气污染中各类细菌、病毒和挥发性气体成分相对更复杂。类似地，在同一地市的潮湿湿暖季节其微生物种类也要更复杂一些。

地铁车厢中 $PM_{2.5}$ 和 PM_{10} 平均浓度受季节影响较大。卓思华等（2018）在不同季节监测北京 4 条地铁线路的结果表明，车厢内 $PM_{2.5}$ 和 PM_{10} 浓度冬季最高，而且全部超标。1 号和 4 号线的春季车厢内 $PM_{2.5}$ 和 PM_{10} 平均浓度低于冬秋两季，这与室外大气环境的 $PM_{2.5}$ 和 PM_{10} 浓度呈正相关关系（图 6.14）。

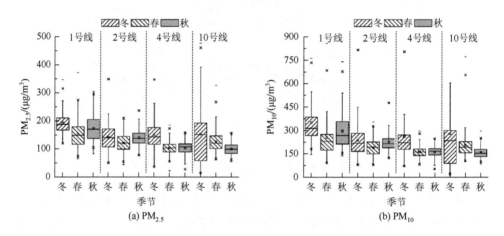

图 6.14　不同线路各季节车厢内 $PM_{2.5}$ 和 PM_{10} 变化

3）新风量

新风量是评价地铁车厢内空气品质的一项基本指标，新风的主要作用是改善密闭环境中的空气质量，稀释各种空气污染物，使密闭环境中的各种污染物浓度始终保持在较低的水平，它直接关系到车厢内空气品质。《地铁设计规范》（GB 50157—2013）规定地下车站公共区：当通风系统正常运行时，新风量应不少于 $30m^3/(h\cdot人)$；当封闭运行时，新风量应不小于 $12.6m^3/(h\cdot人)$，且系统新风量不应少于总送风量的 10%。当采用空调系统运行时，新风量应不小于 $12.6m^3/(h\cdot人)$，且系统新风量不应少于总送风量的 10%。

4）新风品质

目前国内地铁的新风过滤装置仅设置粗中效滤网，对 $PM_{2.5}$ 过滤效率很低，因此易出现车厢 $PM_{2.5}$ 超标现象，秋冬季室外大气 $PM_{2.5}$ 浓度较高时尤其如此。影响地铁车厢新风品质的因素主要有以下几个方面，①空调系统自身。赫尔辛基大学对空调系统的试验表明，几乎所有的空气组件都是污染源，包括过滤器、盘管、热回收器、风机和消声器。②风量不足。最大限度地利用室内回风是节能的途径之一，但是新风不足和回风净化不彻底必然导致污染物积累，从而使车厢室内空气品质变坏。当然，若室外空气被污染，而新风又得不到合理的净化处理，即使增大新风量也会导致车厢空气中某些污染物超标，我国现阶段最常见的是 $PM_{2.5}$。③活塞风。地铁运行会推动隧道中的空气运动，导致隧道中的污染物进入车厢污染车厢空气。④空调系统对客流量的适应性。地铁客流量具有时段特性，如上、下班高峰期客流量突增，若空调系统不能做出响应，随客流量变化通风量，则必然影响到车厢空气质量。

5）车门和屏蔽门的开关

车厢内乘客的颗粒物暴露水平与站台有较强的相关性。当车门打开时，在乘客携带和气流流动作用下颗粒物从站台进入车厢，对车厢内颗粒物浓度造成影响。何生全等（2017）对北京典型地铁系统可吸入颗粒物浓度进行的实测表明，地铁车厢和站台的 $PM_{2.5}$ 和 PM_{10} 浓度都会伴随着车门和屏蔽门的打开而上升，并呈现较强的规律性。具体表现为，当地铁驶入站台时，由于活塞风的作用，$PM_{2.5}$ 和 PM_{10} 透过屏蔽门门缝进入站台，站台空气中的 $PM_{2.5}$ 和 PM_{10} 浓度升高；当地铁停靠站台车门打开时，车厢空气中的 $PM_{2.5}$ 和 PM_{10} 浓度增加；车门关闭正常行驶后，$PM_{2.5}$ 和 PM_{10} 浓度恢复稳定，但当车速增加时，由于强烈活塞风的作用，隧道内的 PM_{10} 渗透进入车厢，又使得车厢内空气中 PM_{10} 浓度增加。

6.2.3　地铁车厢空气污染控制措施

应对地铁车厢空气污染物的类型、来源和空气污染影响因素，控制地铁车厢空气污染的方法主要包括以下几个方面。

1）控制污染源

地铁车厢内饰材料是一个较大的污染源，因此，首先应该使用低污染或者无污染的环保材料，以减少污染物释放量；其次，应及时清理可能沉积污染物的部分，包括空调系统组件（如过滤网、冷凝器、通风管道等），防止灰尘等污染物积聚和细菌滋生，并随通风进入车厢。此外，定期对回到车库的车厢进行清洗和消毒处理。

2）增大新风量并合理组织通风气流

由于乘客是地铁车厢最主要的污染源，因此降低车厢空气污染物浓度，改善空气质量的根本方法是增大新风量。提高新风量设计值固然是可行的方法，但更需要采用先进的调风量技术，以快速响应车厢客流量的变化。此外，需要基于先进的理论分析、数值模拟与工程实践经验相结合的手段，实现通风气流的合理组织，确保送风气流到达所需的任何位置，不会出现死角、短路等不合理的气流现象。

3）采用空气净化技术

如前所述，地铁车厢通常配备粗中效过滤器，净化细颗粒物和气态污染物的能力有限。伴随人们对于安全健康要求的提高，加装空气净化和杀菌装置的呼声不断提高。在部分地铁空调系统中，也已经或正在实施以下举措：加装活性炭吸附净化挥发性有机化合物，利用静电或纤维过滤高效除尘，利用紫外或低温等离子体杀菌等净化地铁车厢和站台空气。另外，维护好空气净化设施，确保其正常工作也至关重要，甚至是其能否充分发挥作用的关键。

4）在线监测地铁车厢空气质量

地铁运营站点与站点之间的距离相对较短，车厢内的乘客数量和人员位置变动频繁，这使得车厢空气污染物的浓度变化幅度较大。为了更好地掌握车厢空气污染的情况，建议在地铁车厢内设置空气质量在线监测体系。

5）合理管控地铁客流

采用分流和缩短列车间隔时间等方式，避免车厢超员超载；加强宣传引导，提高乘客主动维护地铁环境的意识，都是防止地铁车厢空气质量恶化的有效方法。例如，早晚高峰期间乘客佩戴口罩可在一定程度减少飞沫传播病原微生物的概率，乘坐地铁时尽可能不用手触碰面部可减少接触感染疾病的概率。此外，为了最大限度地躲避车轮和轨道摩擦产生的污染颗粒物，在地铁进站和出站时，尽可能离站台远一些。

6.3　地下停车场空气污染与控制

随着经济的发展和人民生活水平的不断提高，城市汽车保有量正在飞速增长，停留在街道上或人行道上的车辆不仅导致交通不畅，也遮挡室外空间视野，占用活动场地及绿地。因此，充分开发利用地下空间，建设地下停车场成为住宅和各类公共建筑物的必备配套设施。由于地下停车场与工作、生活的关系越来越密切，它的空气质量如何，对人们的生活和身体健康有何影响，如何控制地下停车场的空气质量等问题越来越受到重视。本节将简要介绍地下停车场的空气质量问题，以及地下停车场空气污染控制的理论基础和控制途径。

6.3.1　地下停车场的空气质量问题

1. 地下停车场主要空气污染物及其来源

对于地下停车场，保证适当的温度和不超过标准规定的 CO 浓度，是衡量地下停车场空气质量的两个主要内容。地下停车场的温度要求为不低于 5℃，由于地下停车场处于土壤包围之中，而土壤具有较好的热稳定性，受大气温度变化的影响不大。因此，在我国的大部分地区，这个温度都能够达到。不过，也正是因为地下停车场处于土壤包围之中，自然通风换气不足可能导致较严重的空气污染问题。

地下停车场最主要的污染源是汽车尾气，与之相关的污染物主要包括 CO、氮氧化物和总烃。其中，由于 CO 具有稳定、易检测等特征，通常作为地下停车场的指示性污染物加以研究。表 6.9 给出了不同研究人员获得的各国地下停车场 CO 浓度数据，可以看出，我国地下停车场的 CO 浓度要明显高于发达国家，可能的原因是发达国家地下停车场的通风换气量更大，或者通风系统运行维护更可靠。

表 6.9　各国地下停车场 CO 浓度数据

		测试车库	换气次数/h^{-1}	CO 体积分数/$\times 10^{-6}$
美国		哈特福德停车场 A	5.2	夏季 37，冬季 85（1 平均）
		哈特福德停车场 B	7.8	夏季 15，冬季 45（1 平均）
		丹佛停车场 A	15.8	22（1h 平均）
		丹佛停车场 B	16.7	25（1h 平均）
		洛杉矶停车场	4.2	22（1h 平均）
芬兰		地下停车场 A	2.3	28（2h 平均），67（最大值）
		地下停车场 B	2.3	27（2h 平均），90（最大值）
		地下停车场 C	3.5	32（2h 平均），78（最大值）
日本		停车场 A	9.8	7.6（平均值），108（最大值）
		停车场 B	17.2	4.9（平均值），22（最大值）
		停车场 C	13.2	7.0（平均值），33（最大值）
		停车场 D	6.4	1.3（平均值），17（最大值）
中国	香港	地下 2 层停车场	未说明	360（5min 间隔）
		地下 1 层停车场	无通风系统	318（5min 间隔）
	北京	地下 2 层停车场	未说明	4.1（通风后平均值）；12.2（未通风平均值）
	上海	地下停车场 A	未说明	11.1（平均值），80.3（最大值）
		地下停车场 B	未说明	9.5（平均值），40.6（最大值）
	广州	40 个地下车库（地下 1 层～地下 3 层）	23 座有通风系统	190（平均值）±29（标准差）
	长春	地下停车场	通风系统未运行	冬：45（最大值），27.9（8h 平均） 夏：63.9（最大值），46.1（8h 平均）
	沈阳	地下停车场	通风系统未运行	冬：50（最大值），32.6（9h 平均） 夏：34.6（最大值），24.3（8h 平均）

注：$1mg/m^3 CO$ 折合成体积分数为 1.25×10^{-6}。

　　北京市环境保护科学研究院选择有代表性的公建类地下停车场和住宅类地下停车场,进行了污染物浓度、排放规律等的调查、监测与研究,得到如表 6.10、表 6.11 所示的结果。

表 6.10　公建类地下停车场空气污染物浓度检测结果　（单位：mg/m³）

项目	车库名称	检测地点				平均值
		一车道 B2 进口	三车道 B3 进口	西出口 B4 西	东出口 B4 东	
NOₓ	公建类 1	0.85~1.234	0.670~1.112	0.124~0.190	0.630~1.506	0.740
	公建类 2	0.418~0.640	0.253~0.584	0.294~0.566	0.190~0.293	0.402
CO	公建类 1	12.9~82.1	11.8~16.6	16.1~37.0	7.5~23.6	18.1
	公建类 2	2.9~8.3	1.6~3.0	6.3~13.5	7.5~18.6	6.2
总烃	公建类 1	3.5~5.1	3.5~4.4	3.7~4.5	3.1~4.9	4.1
	公建类 2	2.4~2.7	2.1~2.3	3.1~3.7	2.1~2.3	2.6

表 6.11　住宅类地下停车场空气污染物浓度检测结果　（单位：mg/m³）

项目	车库名称	监测地点				平均值 （早上/晚上）
		一车道 东南	二车道 东北	三车道 西南	四车道 西北	
NOₓ	住宅类 1	0.103~0.328	0.109~0.615	0.091~0.672	0.096~0.746	0.457/0.120
	住宅类 2	0.358~0.576	0.379~0.683	0.385~0.512	0.259~0.737	0.475
CO	住宅类 1	3.1~12.9	3.9~20.4	5.9~18.5	9.0~18.8	15.1/7.1
	住宅类 2	9.4~15.9	9.1~12.0	12.1~15.5	13.8~21.9	13.1
总烃	住宅类 1	2.7~4.2	2.6~3.8	3.4~4.5	2.9~3.7	4.0/3.1
	住宅类 2	2.5~4.2	3.2~3.5	2.5~4.9	3.2~3.5	3.4

　　与《室内空气质量标准》（GB/T 18883—2002）进行比较可知,停车场 NOₓ 和 CO 超标情况严重,尤其是公建类地下停车场,总烃则普遍超标。显然,这是由地下停车场汽车尾气排放所致。实际上,改进通风换气,可实现这些污染物的同步降低。

　　Yan 等（2016）于 2016 年对广州 6 个公共建筑的地下停车场和 1 个大型室内公交车站的空气污染物进行了采样分析,其采样点位和主要污染物浓度分别如表 6.12 和表 6.13 所示。

表 6.12　广州地下停车场采样点位描述

名称	地上建筑	面积/m²	车流量/(N/h)	样品数（I/O）/个	活动类型
RW	火车站	15000	200	20/10	停车
LW	购物广场	45000	150～200	20/10	停车、货物装卸
ZH	商务中心	35000	100	18/10	停车、货物装卸
HY	饭馆	2500	40～50	20/10	停车
BS	公交车站	10000	400	36/30	旅客上下车
TH	商务中心	16000	100～150	18/10	停车、货物装卸
ZX	办公楼	23000	50～100	20/10	停车、货物装卸

注：I/O 表示室内/室外。

表 6.13　广州地下停车场和室外主要污染物浓度

污染物	地下停车场（样品数＝75）					室外（样品数＝70）					I/O
	Max	Min	Med	Mean	SD	Max	Min	Med	Mean	SD	
CO	69.0	3.0	20.0	17.0	6.6	26.0	3.0	7.0	8.7	1.9	2.0
PM$_{10}$	698.0	86.0	221.0	228.0	100.0	478.0	66.0	121.0	135.0	27.0	1.70
甲基叔丁基醚	352.5	3.9	73.1	90.5	89.6	68.5	1.1	9.3	16.0	19.2	5.7
苯	106.4	8.6	40.4	54.8	22.9	43.1	9.0	24.3	29.8	11.9	1.8
甲苯	559.7	27.4	233.9	239.9	183.4	412.2	18.3	69.8	117.8	124.8	2.0
乙苯	105.0	3.3	47.7	44.0	34.2	58.1	1.0	9.4	15.8	16.1	2.8
间和对二甲苯	361.8	4.0	135.2	129.8	104.8	138.2	2.9	22.5	38.9	40.1	3.3
邻二甲苯	155.7	2.9	54.1	52.7	43.4	55.0	1.1	11.1	15.3	15.6	3.4
三氯乙烯	13.3	0.0	0.0	2.8	4.4	12.9	0.0	4.4	5.0	4.5	0.6
四氯乙烯	46.5	0.0	0.0	16.1	29.1	39.7	0.0	2.2	8.7	14.0	1.9
α-蒎烯	38.2	0.8	4.0	10.2	11.3	31.0	0.0	3.3	8.7	10.7	1.2
d-柠檬烯	20.5	0.7	4.5	6.6	5.4	23.9	0.5	2.0	6.4	8.3	1.0

注：①CO 浓度单位为 ppm，其他污染物的浓度单位皆为 μg/m³；②Max 为最大值；Min 为最小值；Med 为中位值；Mean 为平均值；SD 为标准偏差；I/O 为室内/室外平均浓度之比。

从表 6.17 可以看出，地下停车场的 CO 和 PM$_{10}$ 浓度范围分别为 3.0～69.0ppm 和 86.0～698.0μg/m³。苯、甲苯、乙苯、邻二甲苯、间和对二甲苯占检测有机物质量浓度的 90%。苯、甲苯、乙苯、邻二甲苯、间和对二甲苯及甲苯叔丁基醚（MTBE）的浓度分别为 54.8μg/m³、239.9μg/m³、44.0μg/m³、52.7μg/m³、129.8μg/m³ 和 90.5μg/m³，四氯乙烯、三氯乙烯、α-蒎烯和 d-柠檬烯是主要卤代烃和单萜，平均浓度分别为 16.1μg/m³、2.8μg/m³、10.2μg/m³ 和 6.6μg/m³。值得注意的是，除三氯乙烯和 d-柠檬烯之外，地下停车场其他污染物的浓度均高于室外，尤其是 MTBE 和 BTEX 等油品组分以及未完全燃烧组分 CO。室内 PM_{10} 浓度高于室外除可归因于室外大气渗入之外，地下停车场还存在车辆运动产生的空气扰动导致地面积尘扬起的情况。

除了汽车尾气之外，地下停车场空气不流通、环境湿度大、温度变化幅度小，导致的微生物、蚊虫滋生和放射性污染问题也时有报道。

2. 影响地下停车站空气质量的主要因素

影响地下停车站空气质量的主要因素包括通风状况、车流量、季节和室外环境空气质量、相对送风口的距离和高度等。

1）通风状况

通风是控制地下停车场污染的主要手段，因此通风系统是地下停车场的必备设施，其设计质量和运维水平对污染物浓度有着很重要的影响。图 6.15 给出了在通风和不通风两种情况下，数值模拟和实际测量得到的 CO 浓度随时间的变化，可以看出，对应通风的浓度明显低于不通风情况。

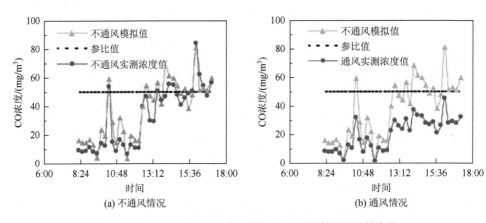

图 6.15　在不通风和通风两种情况下 CO 浓度随时间的变化

2）车流量

地下停车场污染物浓度与车流量直接相关，Ho 等（2004）的研究表明，CO 浓度和车流量成二次函数关系，如图 6.16 所示。国内朱润非等和方翠贞（2000）的研究表明，在有机械通风的情况下，CO 浓度与车流量呈线性关系。

地下停车站的车流量主要取决于对应地上建筑的功能，一般来说，住宅和办公建筑的地下停车场与作息时间密切相关，上、下班时段车流量大，往往出现污

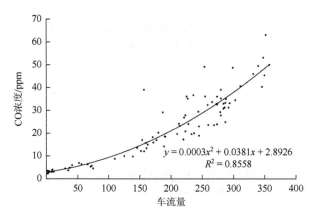

图 6.16　CO 浓度随车流量的变化关系

染高峰；夜间下班后，汽车尾气排放类污染物浓度逐步降低，上午上班前达到最低值，如图 6.17 所示。购物中心之类地下停车场则主要表现为营业时间浓度高，非营业时间浓度降低。

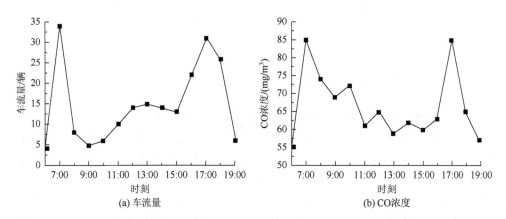

图 6.17　典型住宅和办公建筑地下停车场出口车流量和 CO 浓度

3）季节和室外环境空气质量

Yan 等（2010）在广州的研究表明，与夏季相比，冬季地下停车场污染物浓度明显高于夏季。如图 6.18 所示，冬季（12 月）地下停车场和室外环境空气的 CO 浓度比夏季（8 月）低，其原因主要是冬季室外大气 CO 浓度比夏季高。另外，LW、RW 和 ZH 比另外 4 个站点的 CO 浓度差距更加显著，这可能与车流量更高和深度更大有关。从图 6.18 还可看出，冬季 PM_{10} 的浓度普遍高于夏季，地下停车场的 PM_{10} 浓度普遍高于室外。显然，前者是由于冬季室外环境空气的 PM_{10} 浓度高于夏季，而后者的原因除地下停车场 PM_{10} 主要来自室外大气，还包括汽车运动扬尘叠加效应。另外，不论冬天还是夏天，BS 站点的 PM_{10} 浓度高于室外比其他站点更加突出，这可能与该地下停车场车流量更高，起停车更频繁有关。

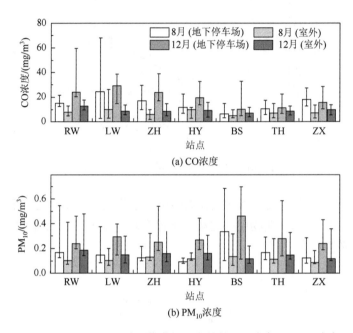

(a) CO浓度

(b) PM_{10}浓度

图 6.18　8 月和 12 月地下停车场和室外的 CO 浓度和 PM_{10} 浓度

图 6.19 给出了不同地下停车场冬夏两季的 VOCs 浓度，可以看出，冬季 BTEX 平均浓度显著高于夏季，冬季的间二甲苯和甲苯平均浓度分别是夏季的 1.2 倍和 2.2 倍。甲基叔丁基醚（MTBE）是汽油添加剂，汽车尾气排放和汽油蒸发是地下停车场甲基叔丁基醚的唯一来源，冬季仅为夏季 24% 左右，可能是因为冬季地下停车场的气温也要低一些，因而汽油蒸发量降低。其他 VOCs 组分冬季浓度普遍高于夏季，这表明尽管冬季油品蒸发导致的排放减少，但是冬季冷启动导致未燃尽碳氢化合物组分通过尾气排出增大，而且后者的影响大于前者。

4）相对送风口的距离和高度

地下停车场一般都配有通风换气设施，如图 6.20 所示，相对送风口的距离和空间高度对污染水平也有显著影响。图 6.21 是利用 Fluent 软件模拟得到的地下停车场送风口附近 1.1m 高度的 CO 浓度场。可以看出，两个送风口附近射流产生强烈的空气扰动，带动附近 CO 随着射流主体气流一起运动，其附近的 CO 浓度最低，靠近排风口风速衰减最快，所以其附近区域的 CO 浓度从风口向外略有升高。中部区域和转弯处由于气流速度很小且出现涡流，形成气流滞留区，造成此区域 CO 积聚严重，CO 浓度升高。

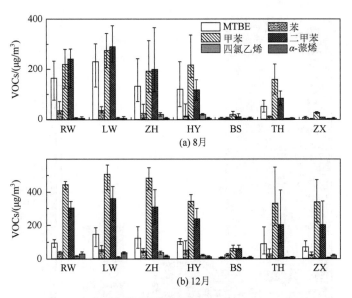

图 6.19　8 月（a）和 12 月（b）地下停车场的 MTBE、BTEX、四氯乙烯和 α-蒎烯浓度

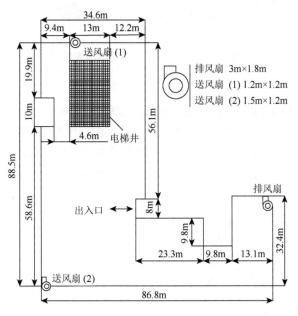

图 6.20　地下停车场平面布置图

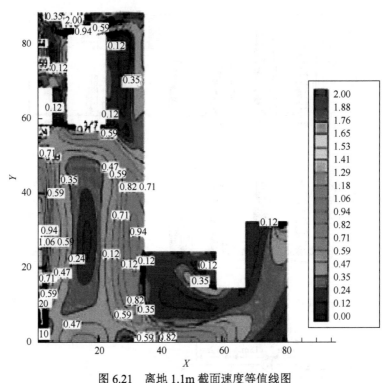

图 6.21　离地 1.1m 截面速度等值线图

X 为停车场宽度；Y 为停车场高度；图中数值表示地下停车场送风口附近 1.1m 高度的 CO 浓度场，
即 CO 浓度的高低

另外，地下停车场的 CO 平均浓度也随高度变化，如图 6.22 所示。汽车排气管附近维持较高的浓度水平。排气管高度以上，浓度随高度增大快速下降。高于约 1.0m 时，浓度变化不大。其原因是汽车尾气从排气管排出后受到热浮力作用向上运动，并得到稀释。但与周围气体混合伴随温度降低，浮力消失后就变为自由扩散，因此浓度随高度增加下降变得不明显。另外，浓度衰减也受到水平扰动气流的影响。

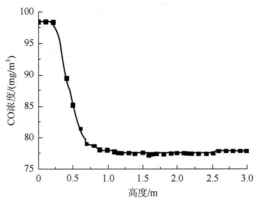

图 6.22　CO 平均浓度随高度变化图

6.3.2　地下停车场内的通风

地下停车场空气污染主要通过通风予以控制。调查研究表明，只要地下停车场的通风系统设计合理，并且正常运行，空气质量就能够符合有关规定。所以，通风是地下停车场设计的主要内容之一。

1. 地下停车场通风方式

地下停车场通风的目的是利用新鲜空气，置换地下的污浊空气，从而确保有害物质（以 CO 为代表）浓度满足规定的控制要求。地下停车场的进风包括自然进风与机械进风两种，自然进风主要来自停车场入口，其风速宜小于 0.5m/s。在北方地区只适用于小型停车场，且要求入口远离冬季主导风向。机械进风来自风机，由于气流组织良好，因而适用于中型或大型停车场。地下停车场排风均为机械排风，自然排风基本可以忽略。根据地下停车场机械进风与机械排风的相关关系，可将通风方式分传统式和诱导式两种。

1）传统式通风

传统式通风的通风动力和排风动力之间相互独立，通风系统由送风系统（送风的风机和风管）和排风系统（排风的风机和风管）构成，如图 6.23 所示。

在这种通风中，进风口尽可能均匀设置于车库内通道上部空间或人员活动区域，并远离排风口。为使车库内保持微小负压，进风量应为排风量的 85% 左右，且进风机应与排风机联动。考虑到汽车在车库内停放位置均为车前部朝停车场的通道方向，排风口应设于远离通道的车体尾部。这样，不仅便于直接排气，也可以使进风与排风气流方向一致。就排风方式来说，传统的观点认为汽车尾气污染物会聚集在停车场的底部，因而采用下排风为主的排风方式。实际上，实验研究表明，不论采用何种排风方式，汽车尾气

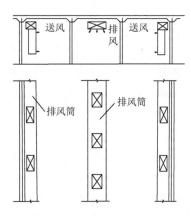

图 6.23　传统式地下停车场通风示意图

皆是先贴附于墙面上浮，到达天花板后贴附在顶部并向四周扩散。因此，采用上排风方式更能有效地排出汽车尾气污染物，并能够节省投资。

根据进排风系统是否与排烟系统合用，还可将传统地下停车场进排风系统分为独立式和合用式。独立式即排风管道与排烟管道分开设置，这种设置方式占用空间大，管路复杂，一次性投资高，逐步被淘汰。合用式即排风与排烟共用一套风管系统，在系统中设置排风、排烟风机和排风（烟）口（阀）以及消防自控系

统，平时可做日常排风用，火灾时由消防控制室控制排烟。地下停车场排风排烟合用系统虽然具有管路简单、投资少等优点。不过，由于一个系统要兼顾两方面的需求，其设计、运行管理和切换装置涉及的技术要求更高。

2）诱导式通风

诱导式通风利用高速喷出的少量气体诱导周围的空气向特定的方向流动。如图6.24所示，诱导式通风系统是由风机、小口径管和喷嘴等组成，其工作原理是利用喷嘴喷出的高速射流的扰动特性，诱导周围静止的空气向前推进。在这个过程中，垂直于射流中心轴的各断面的空气总动量不变，但射流中心速度逐渐衰减，射流宽度逐渐增加，诱导的空气量也逐渐增加。从理论上讲，不存在外在干扰时，射流的宽度可增至无限大，诱导风量也会增至无限大，各点速度将减至无限小。但是，建筑物中的梁、柱等障碍物和来自各方向的其他气流、车行带动的气流等都会对射流构成干扰，所以在射流风速减至某一速度时，就必须由另一个喷嘴来接力，依次将气流按照一定的路径传递下去，直到将室内废气导引至排风口。因此，诱导通风系统既可诱导周围空气，带动室内空气沿着预先设定的线路行进，又可稀释室内有害气体。

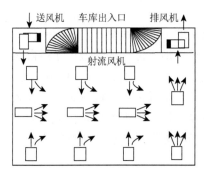

图6.24 诱导式通风布置示意图

与传统式通风系统相比，诱导式通风系统有如下优点：①传统式通风系统送、排风系统风管尺寸大，又加上梁较高，还有消防、喷淋、给水、采暖、电缆等管线，使得风管很难合理布置，过大的风管尺寸也使人感觉有压迫感。而诱导式通风系统的风管尺寸小，可在梁间布置，直接吊挂于楼板下，不占建筑空间，节省层高，因此大大减少了地下工程开挖土方及混凝土结构工程费。②传统式通风系统属于全混式换气系统，通风效率低。而诱导系统能够有效地诱导周围静止的空气，使整个空间的空气能充分混合，不易产生死角，污染控制效果好。③传统式通风系统送、排风机常年运行，全天开机，运行费用高。而诱导系统因为停车场的空气得以充分混合，排风口处的一氧化碳浓度真实地代表了停车场内一氧化碳的最高浓度，所以可在排风口处设置一氧化碳传感器，用以控制进、排风机的风量及诱导风机的启停，节省电力，降低运行成本。④诱导系统结构简单，系统泄漏可能性小，设计变动弹性大，即使施工已完成，仍可视实际需求增减通风量。施工费用低，外观小巧，加以精心布置，可起到装饰的作用。

2. 通风量的确定

目前，地下停车场的通风设计依据为《车库建筑设计规范》（JGJ 100—2015），

《汽车库、修车库、停车场设计防火规范》（GB 50067—2014），《民用建筑供暖通风与空气调节设计规范》（GB 50736—2012）和《公共建筑节能设计标准》（GB 50189—2015）。其中，空气质量标准涉及的污染物指标包括 CO、甲醛和铅等的浓度，但以 CO 为主，CO 的短时间接触容许浓度为 30mg/m³。相关试验分析得出将汽车排出的 CO 稀释到容许浓度时，其他污染物也远远低于其相应的允许浓度。也就是说，只要 CO 浓度达标，其他有害物质也有足够的安全倍数保证将其通过排风带走。《公共建筑节能设计标准》中 4.5.11 节规定地下停车库的通风系统，宜根据使用情况对通风机设置定时启停（台数）控制或根据车库内的 CO 浓度进行自动运行控制。《车库建筑设计规范》中 7.3.4 节提出机械通风量应按容许的废气量计算，且排风量不应小于按换气次数法计算的风量，按换气次数 4～6 次/h 计算。《民用建筑供暖通风与空气调节设计规范》中 6.3.8 节提出送排风量宜采用稀释浓度法计算，送风量应按排风量的 80%～90%选用。

1）按换气次数计算通风量

这是一种根据要求的换气次数和停车场体积计算通风量的方法，其计算公式为

$$Q_t = m S_t H_t \tag{6.1}$$

式中，Q_t 为通风量，m³/h；m 为换气次数，次/h；S_t 为地下停车库面积，m²；H_t 为地下停车库净高，m。

这是实际工程中应用较多的一种计算通风量方法。不过，这种计算方法的保险系数很大，应用于工程设计，往往造成设备、风道费用大，耗电、耗热多的后果。另外，这种计算方法也未考虑到在实际工程中，由于建筑布置和结构梁高等原因，对于总车位相同的车库，其体积往往不同，有的甚至相差很大。

2）按停车位计算通风量

地下停车场空气污染程度与场内行驶车辆数密切相关，而单位时间内进出停车场的车辆数又与场内总车位数成正比。显然，按停车位计算通风量要比按换气次数计算通风量更加合理，而且简便、可靠。此法计算过程如下。

（1）计算每辆行驶汽车的 CO 发生量：

$$V_{CO1} = 0.075 \frac{L K_1 P_{CO} \sqrt{N}}{v \rho_{CO}} \tag{6.2}$$

式中，V_{CO1} 为每辆车在停车位与进/出口之间行驶时的 CO 发生量，m³；L 为停车位至进/出口的平均距离，km；K_1 为系数，驶出取 1，驶入取 0.75；P_{CO} 为废气中 CO 含量，驶出取 4，驶入取 2；N 为汽车发动机功率，hp[①]；v 为汽车在停车场内行驶速度，km/h；驶入取 5km/h，驶出取 6km/h；ρ_{CO} 为 CO 密度，取 1.25kg/m³。

---

① 1hp = 745.700W。

（2）行驶车辆数的确定。由于停车场内行驶的车辆数随时变化，而通风量不可能因此而随之变化，所以实际都是根据经验确定一个平均值。一般以平均每隔2.5h 停车场内所有车位上的汽车更换一次计，即每小时驶入、驶出的汽车数量均为 $0.4n$（n 为总车位数）。

（3）停车场 CO 发生总量。根据单车 CO 发生量和单位时间驶入、驶出车辆数，可计算停车场单位时间内 CO 总发生量为

$$V_{CO2} = 0.4n(V_1 + V_2) \qquad (6.3)$$

式中，V_{CO2} 为单位时间内停车场 CO 发生量，m^3/h；n 为总车位数，个；V_1、V_2 分别为单车驶入、驶出的 CO 发生量，m^3。

（4）通风量的设计。

通风量：

$$Q_t = 0.4n(V_1 + V_2) / A_{CO} \qquad (6.4)$$

每个车位风量：

$$Q_t / n = 0.4(V_1 + V_2) / A_{CO} \qquad (6.5)$$

式中，Q_t 为停车场通风量，m^3/h；A_{CO} 为车库内 CO 允许值。

比较研究表明，按停车位设计计算地下停车场通风系统，既方便，又合理，适用于大多数地下停车场的通风设计，对于那些从停车位到进/出口平均距离特别大的车库，只要将公式中的某些数据取值做适当调整即可。

3）按车辆出入频度确定通风量

上述确定通风量的方法未考虑停车场汽车出入频度，采用单一风量制，会出现车辆出入高峰期间，通风量不足，而在非高峰期间，通风量大大过剩的情况。实际测试表明，停车场内 CO 的浓度在一天内是变化的，平时处于一个较低的浓度范围，在上下班时间达到最大。正因为如此，在非高峰时间，通风量仅需按换气次数法确定值的 1/7 左右。由于车库中汽车出入高峰时间很短，仅仅只有上下班时的几十分钟，其余 90%以上非高峰期只需要最小的通风量就能将CO 稀释到容许浓度范围内。因此，根据车辆出入频度适当调控通风量，既可满足空气质量控制要求，又能取得良好的节能效果，其计算过程如下。

（1）计算单位地面面积 CO 排放量：

$$V_{CO3} = ABCD \qquad (6.6)$$

式中，V_{CO3} 为单位时间单位地面面积 CO 排放量，$mg/(h\cdot m^2)$；A 为单位地面面积车位数，取 $A = 1/70$；B 为汽车出入频度，一般地，平时为 0.2~0.5，高峰时为1.2~1.8；C 为每辆汽车在停车场的平均运行时间，取 3min；D 为某类汽车单位时间内 CO 排放量，mg/h。

（2）计算单位地面面积所需通风量：

$$Q_p = V_{CO3} / (C_y - C_w) \qquad (6.7)$$

式中，Q_p 为车库单位地面面积通风量，m^3/h；C_y 为地下停车场内 CO 容许浓度，mg/m^3；C_w 为室外大气中 CO 浓度，mg/m^3。

根据以上公式，可以计算出两个通风量，即平时通风量（最小通风量）Q_{min} 与峰值通风量（最大通风量）Q_{max}。

4）按稀释污染物确定通风量

按稀释污染物（主要以 CO 为对象）确定通风量，对于控制地下停车场内的污染水平很有意义，其计算过程如下。

（1）有害物散发量的确定。有害物散发量取决于单车排放量、单位时间进出车辆数、发动机在停车场的工作时间等，可按式（6.8）计算：

$$V_t = K_2 q V_d t_d \qquad (6.8)$$

式中，V_t 为停车场内有害物散发量，mg/h；K_2 为考虑曲轴箱泄漏等不可计因素影响的修正系数，取 1.2；q 为高峰时单位时间内车库平均进或出的车辆，即车流量，台/h，取（0.5~1.0）M，其中，M 为设计车位数，车库对外使用或大型车库取上限，反之取下限；t_d 为单车地下停车场发动机工作时间，s；据粗略统计 $t_d = 180 \sim 300s$，大型车库宜取上限，小型车库宜取下限；V_d 为单车有害物散发量，mg/s，对于不同车型且所占比例不同时可采用式（6.9）确定

$$V_d = \sum_{i=1}^{k} \eta_i V_{id} \qquad (6.9)$$

式中，k 为 k 种车型；η_i 为 i 型车所占比例；V_{id} 为 i 型车有害物散发量，mg/h。

（2）通风量的确定。根据质量平衡原理，任一时刻有害物浓度与通风量、空间体积等参数的关系可用式（6.10）表示：

$$Q_t C_0 dt + V_t dt - Q_t C dt = V dC \qquad (6.10)$$

式中，C_0 为室外新鲜空气中含有毒物质的浓度，mg/m^3；C 为任意时刻（高峰期）停车场内有毒物质浓度，mg/m^3；V 为停车场空间体积，m^3；dt 为某一微小的时间间隔，s；dc 为在 dt 内有害物浓度的变化，mg/m^3。

假定通风系统开启 t 秒后，停车场有害物质浓度从 C_1 变为 C_2，对式（6.10）积分并整理后可得

$$C_2 = C_1 \exp\left(-\frac{tQ_t}{V}\right) + \left(\frac{V_t}{Q_t} + C_0\right)\left[1 - \exp\left(-\frac{tQ_t}{V}\right)\right] \qquad (6.11)$$

当 $t \to \infty$ 时，C_2 趋于稳定，实际上，当 $\dfrac{tQ_t}{V} \geqslant 5$ 时，就可近似认为已达到稳定，此时

$$Q_t = \frac{V_t}{C_2 - C_0} \qquad (6.12)$$

式中，C_2 为车库内有害物质允许浓度，按标准确定。

5）平衡质量法确定通风量

此法与上述按稀释污染物确定通风量的方法相似，但更为简单。首先还是确定有害物质的散发量，但计算公式有所不同：

$$Q = \sum Q_i = T_2 / T_1 \cdot W \cdot S \cdot B_i \cdot D_i \cdot t_d \times 10^{-3} \qquad (6.13)$$

式中，Q 为停车场内汽车尾气排出总量，m^3/h；Q_i 为停车场内 i 类汽车的尾气排出总量，m^3/h；W 为停车场的总车位数，台；S 为停车场的车位利用系数，一般取 1.2～1.5；B_i 为 i 类汽车单位时间的排气量，L/min；D_i 为 i 类汽车占停车辆总数的比例；t_d 为单车地下停车场发动机工作时间，s；T_2 为地下停车场的库温，一般取 293K；T_1 为汽车的排气温度，一般取 773K。

有害物质的散发量确定后，地下停车场的通风量 Q_t 就可以按式（6.14）确定：

$$Q_t = \frac{V_t C_i}{C_2 - C_0} \qquad (6.14)$$

式中，C_i 为停车场内 i 类汽车排放有害物质平均浓度，mg/m^3。

6.4 地铁建筑环境空气污染及其控制

6.3 节讨论了地铁车厢空气污染与控制，本节主要讨论地铁建筑环境主要空气污染物及其浓度水平、地铁建筑室内空气污染特征、地铁环境控制系统设计原则与分类和地铁建筑室内空气质量影响因素及控制途径。

6.4.1 地铁建筑环境主要空气污染物及其浓度水平

鉴于地铁建筑环境的特殊性和关联人群的广泛性，各国研究人员对地铁建筑环境的空气污染物做了大量检测，Xu 和 Hao（2017）综述了这些研究报道的污染物及其浓度水平，如表 6.18 所示。

表 6.18　地铁系统空气污染物测量结果汇总

区域				平均浓度
	城市	测量年份	污染物	
亚洲	东京	1997	TSP	$90\mu g/m^3$
		2004	真菌	$342cfu/m^3$
	北京	2004	TVOC、TSP、PM_{10}、$PM_{2.5}$、PM_1、苯、甲苯、二甲苯	$0.3ppm$、$166\mu g/m^3$、$108\mu g/m^3$、$6.9\mu g/m^3$、$14.7\mu g/m^3$、$13.7\mu g/m^3$、$12.4\mu g/m^3$、$4.1\mu g/m^3$
		2005	碳氢化合物（HC）	$98.5\mu g/m^3$
		2007	细菌、真菌	$12cfu/m^3$、$939cfu/m^3$、$1806cfu/m^3$
		2011	PAHs	$50.3ng/m^3$
	首尔	2005	金属组成	Fe（70%）
		2006	VOCs	$146.7\mu g/m^3$
		2007、2008	PM_{10}、$PM_{2.5}$	$150\mu g/m^3$、$118.2\mu g/m^3$
		2015	细菌、真菌	$210cfu/m^3$、$75cfu/m^3$
	香港	1995、1996	CO、NO_x	$1500\mu g/m^3$、$205ppb$
		2014	PM_{10}、$PM_{2.5}$	$120\mu g/m^3$、$10.2\mu g/m^3$
	天津	2015	$PM_{2.5}$	$151.4\mu g/m^3$
	德黑兰	2011	真菌	$342cfu/m^3$
	上海	2008	PM_1、$PM_{2.5}$、PM_{10}	$231\mu g/m^3$、$287\mu g/m^3$、$366\mu g/m^3$
		2008	HC	$24\mu g/m^3$
		2015	黑炭（BC）	$9.43\mu g/m^3$
	台北	2011	PM_{10}、$PM_{2.5}$	$58\mu g/m^3$、$32\mu g/m^3$
	广州	2000	VOCs	$60.5\mu g/m^3$
	德里	2012	$PM_{2.5}$	$78\mu g/m^3$
欧洲	伦敦	1996	真菌、$PM_{2.5}$	$125cfu/m^3$、$892.8\mu g/m^3$
	布达佩斯	2007	PM_{10}、Fe	$155\mu g/m^3$、40%
	巴黎	2007	化学组分	Fe（41.8%）
	法兰克福	2013	PM_{10}、$PM_{2.5}$、PM_1	$77\mu g/m^3$、$44\mu g/m^3$、$23\mu g/m^3$
	柏林	2013	PAHs	$19.7ng/m^3$
	伊斯坦布尔	2007	PM_{10}	$200\mu g/m^3$
	巴塞罗那	2013	PM_1、$PM_{2.5}$、PM_{10}	$67\mu g/m^3$、$165\mu g/m^3$、$183\mu g/m^3$
	圣彼得堡	2007	细菌、真菌	$2236cfu/m^3$、$205cfu/m^3$
	斯德哥尔摩	2000	$PM_{2.5}$、PM_{10}	$139\mu g/m^3$、$390\mu g/m^3$
	里斯本	2014	$PM_{2.5}$、PM_{10}	$13\mu g/m^3$、$40\mu g/m^3$

区域				平均浓度
城市		测量年份	污染物	
欧洲	米兰	2010	PM_{10}、$PM_{2.5}$、PM_1	147.7μg/m³、91.1μg/m³、36.7μg/m³
	布拉格	2004	PM_{10}、$PM_{2.5}$、PM_1	164.3μg/m³、93.9μg/m³、44.8μg/m³
	赫尔辛基	2010	$PM_{2.5}$	53μg/m³
	雅典	2013	PM_1、$PM_{2.5}$、PM_{10}	40μg/m³、100μg/m³、400μg/m³
美洲	波士顿	1989、1990	VOCs	12.5μg/m³
	纽约	1999	Fe、Cr、Mn	500ng/m³、84ng/m³、240ng/m³
	布宜诺斯艾里利	2005、2006	TSP、Fe、Zn、Cu	211μg/m³、80μg/m³、0.08μg/m³、0.8μg/m³
	墨西哥城	2002	$PM_{2.5}$、PM_{10}、苯、VOCs	78μg/m³、126μg/m³、4ppb、22.2μg/m³
		2010、2011	真菌、细菌	284cfu/m³、415cfu/m³
	蒙特利尔	2003	Mn	32ng/m³
	圣地亚哥	2011、2012	$PM_{2.5}$	16.9μg/m³
	华盛顿DC	1999	总颗粒物（PM）	106 个/m³
	洛杉矶	2010	PM_{10}、$PM_{2.5}$	78μg/m³、56.7μg/m³
		2011	PAHs	93ng/m³
		2012	PM	27500 个/cm³

从表 6.18 可以看出，地铁建筑环境空气污染物主要包括微生物、颗粒物和 VOCs 三大类。值得注意的是，不同于其他场所，地铁环境空气中含有较高浓度的 Fe、Mn 和 Cr 等金属尘粒，这些尘粒产生于火车制动时，车轮与轮轨之间的机械摩擦，以 Fe 为主。这些 Fe 微粒主要破坏人体器官的细胞结构，危害很大。另外，在墨西哥城地铁的地铁走廊和站台也检测到氡浓度最高达 350Bq/m³。

6.4.2　地铁建筑室内空气污染特征

1）微生物污染特征

地铁建筑室内空气微生物主要来源于人体和建筑物内部繁殖。建筑物内部相对封闭和拥挤，易成为微生物的温床，对公众健康构成潜在威胁。复杂人群和通风空调系统部件所滋生的微生物是地铁内微生物的重要来源。巨大的客流量、列车以及各种设备运行产生的废热，使得地铁内温度和湿度适宜微生物的生长和繁殖。此外，封闭的环境、低空气流通性和无阳光照射则不利于微生物稀释和消除。

针对地铁建筑室内微生物污染特征，我国科研人员已进行大量研究，如唐漪灵等早在 1999 年对上海地铁 1 号线 5 个车站的空气细菌数、种类和分布进行了系统的调查，建立了站内人数、车站类型和通风方式与细菌污染之间的关系。图 6.25 是根据三次采样结果均值得到的 5 个车站一日细菌数量变化情况，其中，A、B 两个车站日均客流量 10 万人以上，C、D 两个车站日均客流量 5 万人以下，E 为地面车站，日均客流量 10 万人左右。

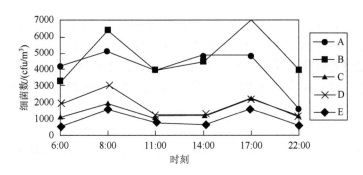

图 6.25　不同地铁站一天的细菌数量变化

从图 6.25 中可以看出，一天中地铁车站细菌分布有两个高峰，分别出现于 8 时和 17 时左右，这也是地铁人流量最大的时段；与 A、B 车站相比，C、D 车站的客流量低，其细菌总数也低；E 车站尽管客流量接近 A、B 车站，但因是地面车站，受户外空气流动影响，细菌浓度并不高。出现这种现象也与地下车站通风方式有关，上海地铁 1 号线采用风量不随时间变化，且各车站送风量相同的送风方式。由于人体、人的活动是地铁车站空气微生物的重要来源，客流量的大小直接影响空气微生物数量，因此客流量大的枢纽站通风量就显得不足，造成微生物数量明显增高。

表 6.19 显示了该项调查的细菌初步分类结果，进一步的生化鉴定表明，球菌主要为葡萄球菌属和微球菌属，其中以葡萄球菌属居多，而杆菌为棒状杆菌属。地下站台与地面站台之间细菌种类分布有显著差别（$P < 0.059$）。细菌分类调查表明，上海市地铁车站空气细菌以革兰氏阳性（G＋）球菌（葡萄球菌、微球菌）、芽孢杆菌、棒状杆菌为主。

表 6.19　各车站细菌种类分布　　　　　　（单位：%）

检测点	细菌种类分布		
	革兰氏阳性球菌	革兰氏阳性杆菌	革兰氏阳性芽孢杆菌
A	79.5	11.5	8.9
B	78.1	13.7	8.1
C	76.2	16.2	7.6
D	67.8	21.8	10.4
地下站台平均	76.3	15.2	8.5
地面站台 E	59.3	28.8	11.9

　　总体来说，从空间分布来看，地铁内空气中细菌和真菌的浓度普遍高于室外毗邻监测点，地下封闭式站台高于地上开放式站台。还有研究表明细菌浓度和列车在地下的通行深度有显著的正相关关系，这可能是因为深度越深，基于自然通风与外界空气交换越少，微生物越容易聚集。此外，地铁站内不同功能区的空气微生物含量也存在差别，图 6.26 总结了多个研究中不同站点进站大厅、换乘通道、站台、车厢的空气微生物分布情况。从图中可以看出，各个站点微生物浓度最高或最低出现的功能区不都相同，这可能是和各地铁站的自身环境特征有关。

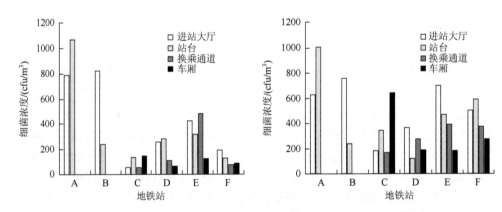

图 6.26　地铁站内不同功能区空气中细菌和真菌浓度分布情况

A-德黑兰 Imam Khomeini 地铁站；B-德黑兰 Sadegiye 地铁站；C-墨西哥城 Azcapotzalco 地铁站；D-墨西哥城地铁 1 号线 Tacubaya 站；E-墨西哥城地铁 7 号线 Tacubaya 站；F-墨西哥城地铁 9 号线 Tacubaya 站

　　从时间分布来看，除上述提到的上下班高峰期空气中微生物浓度明显高于其他时间之外，季节对空气微生物浓度产生影响。有研究观察到冬季地铁内空气中真菌和细菌浓度最低，春季空气中真菌浓度是冬季的 2～4 倍，这可能意味着春季气温回升有利于微生物繁殖。另外，大多数研究认为白天空气微生物的多样性会增加，但不同菌属和不同地点表现出的结果存在较大的差异。因此，对地铁内空气微生物的监测分析应注意时间敏感性，某一时段的微生物污染特征难以代表地铁站的总体情况。

2）CO_2 污染特征

CO_2 是人体的代谢产物，因此其污染特征与人流量关系密切。刘昶等（1999）曾于 1998 年 5 月对上海地铁 1 号线具有代表性的人民广场站和漕宝路站的排放口和站内空气 CO_2 浓度与客流量进行了监测，关联得到两者之间的关系。图 6.27 和图 6.28 分别给出了工作日（星期三）和双休日（星期六）两天的监测结果。

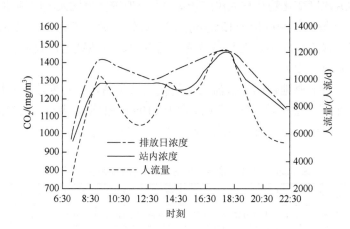

图 6.27　工作日上海地铁人民广场站和漕宝路站以及站内 CO_2 浓度

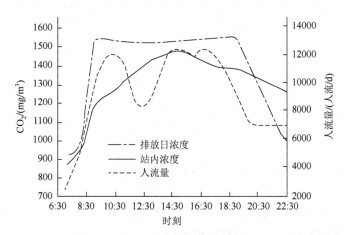

图 6.28　双休日上海地铁人民广场站和漕宝路站以及站内 CO_2 浓度

从图 6.28 可以看出，在平常工作日运营的 16h 中，CO_2 浓度平均值随客流量的增减同步变化。客流量出现 2 个明显的峰值时段是 8:00~9:00 和 17:00~18:00，与同步采集分析的站内（包括站台、站厅）空气中的 CO_2 浓度基本上呈正相关性。在站台和站厅内的瞬时最高值可达 $1433.9 \sim 1475.2 mg/m^3$，排风口处达 $1467.3 mg/m^3$。从图 6.28 可以看出，双休日的客流量与工作日的客流量有明显差别，具体表现在峰值的出现推迟 $1 \sim 2h$。空气中 CO_2 浓度基本上仍与客流量呈现正相关性，上午的 CO_2 浓度高峰滞后于客流高峰，而下午的 CO_2 浓度高峰则提前出现，这可能与双休日出游客流及人民广场集旅游、购物、休憩于一体的环境功能相关。由于客流量的大幅度增加，站台、站厅的 CO_2 浓度最大值达 $1447.7 \sim 1532.1 mg/m^3$，排风口处的 CO_2 浓度最大值为 $1532.1 mg/m^3$。对漕宝路站内空气中 CO_2 浓度的检测表明，一天内的 CO_2 浓度变化趋势与人民广场站类似，但浓度值比人民广场站小得多，工作日 CO_2 浓度最大值 $999.8 \sim 1135.4 mg/m^3$，双休日最大值为 $1481.1 mg/m^3$。这可能与漕宝路站客流量较小，而且站台离地面较浅、与地铁出口较近以及列车进站时的"活塞效应"相关。

类似地，对上海地铁两个人流相当的代表性车站，分别为地下三层岛式车站（甲站）以及地下一层岛式车站（乙站）白天（$10:00 \sim 11:00$）和晚上（$23:00 \sim 24:00$）两个不同时段进行了 CO_2 浓度检测，结果如表 6.20 所示。

表 6.20　地铁车站台厅的 8 次 CO_2 浓度检测结果　　　　（单位：%）

车站台厅	第1次	第2次	第3次	第4次	第5次	第6次	第7次	第8次	$x \pm s$
甲站台*	0.059	0.064	0.067	0.067	0.069	0.068	0.068	0.069	0.066 ± 0.003
甲站厅*	0.063	0.061	0.062	0.061	0.066	0.067	0.067	0.068	0.064 ± 0.003
乙站台*	0.043	0.044	0.045	0.044	0.044	0.045	0.045	0.042	0.044 ± 0.001
乙站厅*	0.041	0.043	0.041	0.041	0.042	0.044	0.045	0.044	0.043 ± 0.002
甲站台**	0.058	0.058	0.056	0.054	0.056	0.053	0.052	0.051	0.055 ± 0.003
甲站厅**	0.050	0.049	0.047	0.047	0.047	0.048	0.046	0.047	0.048 ± 0.001
乙站台**	0.045	0.043	0.044	0.044	0.045	0.044	0.042	0.042	0.044 ± 0.001
乙站厅**	0.039	0.039	0.037	0.038	0.038	0.039	0.039	0.038	0.038 ± 0.001

　　* 为 $10:00 \sim 11:00$；** 为 $23:00 \sim 24:00$；x 为算术均值；s 为标准差。

经 t 检验发现，甲站厅及乙站厅的 CO_2 浓度白天与晚上有显著差异（$P < 0.05$）；而甲站台及乙站台的 CO_2 浓度白天与晚上无显著差异（$P > 0.05$）。考虑到夜间的人流密度小于白天，可以推测人体代谢活动是影响 CO_2 浓度的关键因素，车站深度对 CO_2 浓度有影响，但影响程度相对较小。

　　3）恶臭污染特征

人群活动产生的异味、挥发性有机酸氨和各种碳氢化合物，加上地铁机械部件逸出的机油，以及空调系统、建筑材料所散发出的醛类等各种挥发性物质，都会以恶臭的方式影响地铁站的空气质量。恶臭强度是恶臭感觉量表达指标，可采用嗅觉测试和公众调查方法来确定。其中，嗅觉测试方法通常将恶臭划分为 6 个级别，对应各级别的特征和定性描述如表 6.21 所示。

表 6.21　恶臭强度 6 级分类

强度	特征	定性描述
0	无气味	无气味
1	勉强能感觉到气味（感觉阈值）	嗅阈
2	气味很淡能分辨其性质（识别阈值）	轻微
3	很容易感觉到有气味	明显
4	强烈的气味	强烈
5	无法忍受的极强气味	极强烈

采用嗅觉测试方法，对上海地铁 1 号线人民广场站和漕宝路站进行的恶臭污染调查结果如表 6.22 所示。可以看出，人民广场站的恶臭强度以 3 级（明显）为主，漕宝路站以 2 级（轻微）为主，漕宝路站的空气质量明显好于人民广场站。

表 6.22　上海地铁站嗅觉测试结果　　　　（单位：%）

恶臭强度	4	3	2	1	0
	强烈	明显	轻微	嗅阈	无气味
人广场站	1.6	56.7	41.7	0	0
漕宝路站	0	15	68.3	16.7	0

从恶臭强度与时间的关系来看，清晨恶臭强度一般比较高。这是由于地铁车站关闭一整夜之后，地铁通道建筑、装饰材料会散发出空气污染物，再加上轨道油污蒸发等原因，通道内部积聚了高浓度的恶臭气体，当机车从车库开出时，必然会带出一股很浓的恶臭味。恶臭强度与车站面积也有关，当两个车站的通风量（送风、排风量）差别不大时，面积较大的地铁站通常气味比较明显。例如，上海市人民广场站的面积约是漕宝路站的 2 倍左右，前者的恶臭污染程度远比后者严重。

4）挥发性有机化合物污染特征

由于地铁车站站厅与站台属于封闭的建筑结构，而且大多分布于地下。因此甲醛与挥发性有机化合物的污染就不容忽视。人体释放、建筑材料和装修装饰材料、地铁机械和空调系统都是地铁有机污染源。例如，对上海地铁 1 号线两个代表性车站,分别是地下三层岛式车站(甲站)和地下一层岛式车站(乙站),进行 TVOC 浓度的跟踪监测,得到表 6.23 所示结果。

表 6.23　地铁车站厅台 8 次 TVOC 浓度检测结果　　(单位:mg/m³)

车站厅台	第 1 次	第 2 次	第 3 次	第 4 次	第 5 次	第 6 次	第 7 次	第 8 次	$x \pm s$
甲站台*	1.520	1.078	0.955	0.800	0.712	0.621	0.559	0.472	0.940±0.341
甲站厅*	1.439	0.944	0.751	0.605	0.509	0.412	0.365	0.292	0.665±0.379
乙站台*	1.494	0.933	0.817	0.638	0.521	0.381	0.343	0.257	0.673±0.406
乙站厅*	1.666	1.022	0.674	0.462	0.335	0.233	0.193	0.133	0.590±0.524
甲站台**	1.565	1.204	0.946	0.847	0.731	0.605	0.523	0.491	0.864±0.369
甲站厅**	1.589	1.011	0.834	0.640	0.563	0.426	0.348	0.304	0.714±0.428
乙站台**	1.402	0.991	0.834	0.629	0.542	0.404	0.382	0.312	0.687±0.371
乙站厅**	1.681	1.104	0.688	0.435	0.323	0.230	0.192	0.144	0.600±0.541

　　* 为 10:00~11:00；** 为 23:00~24:00；x 为算术均值；s 为标准差。

t 检验表明,站台及站厅的 TVOC 浓度白天与晚上无显著差异($P > 0.05$)。乙站台与乙站厅的 TVOC 浓度无显著性差异($P > 0.05$)。甲站台与甲站厅的 TVOC 浓度有显著性差异($P < 0.05$),原因可能是地下三层岛式车站站台通风较差,所以站台的 TVOC 浓度较高。与一般室内建筑相同,地铁车站的 TVOC 浓度也与时间逐步下降,显然,这种污染物的主要来源是装饰装修等材料,而非人体。

6.4.3　地铁环境控制系统设计原则、分类及方案

1. 地铁环境控制系统设计原则

地铁环境控制系统的设计的基本思想是,地铁环境控制必须与外界气象条件相协调,形成一个有机的统一体,使乘客对地下铁道的环境变化有一个最适宜的感受。在进行地铁环境控制系统的设计时,首先要掌握当地最高月平均温度、列车编组和运行间隔以及乘客流量,这几个参数基本上确定了环境控制的设计标准和热负荷的主要部分,其次确定站厅、站台、车厢内以及车站内设备、管理用房和服务用房的温度,在确定比较重要的温度标准时,就要考虑到夏季人们从外界温度较高的街道进入地下铁道的站厅层时,站厅层的温度较外界低,身体就会有凉爽的感觉,当这种感觉尚未消失或即将消失时,步入温度较站厅层略低的站台层,就可进一步获得舒适感,经过短暂的等候,进入列车,而列车内的环境温度又比站台层舒适。这样,乘客沿着街道、站厅、站台、列车的过程逐步获得舒适

感。出站的过程则相反，应该使乘客逐步适应每一过程的温度回升而回到地面，身体能够迅速地重新回到热平衡，人体的调节机能不能产生较大的不适。由此如何合理地确定各个环节（场所）的温差范围显得非常重要，因为较大的温差会使人体的调节机能不能很快适应，产生不舒适感，同时也增大了空调负荷，而太小的温差又达不到为乘客提供舒适的乘车环境的目的，失去了环境控制的本来意义。因此，地铁环境控制系统的任务是在正常运行情况下，排出多余的热量，为乘客提供一个舒适的旅行环境，并且使设备的使用寿命不会因温度过高而下降。另外，在发生灾害事故的紧急情况下，地铁环境控制系统还应迅速排烟排热、输送新鲜空气，确保乘客得以安全撤离。

2. 地铁环境控制系统分类

地下铁道环境控制系统一般由以下几个部分组成：站台底部的排风系统、隧道通风系统、隧道辅助风机和车站空调系统。按通风形式可分为开式系统、闭式系统和屏蔽门系统。

1）开式系统

开式系统是指地铁内部与室外大气相通，利用地铁沿线车站与车站之间设置的多座通风竖井、车站出入口进行通风换气（含活塞通风和机械通风）的系统。在正常运行条件下，所有通风竖井开启，依靠隧道空气与外界空气自由交换，利用机械通风或者列车的"活塞效应"将空气由隧道中间通风井引入隧道内，通过邻近车站打开的排风减压井排出，车站通过站台底部排风系统排风，这样将干燥的冷空气送到站台和集散厅来进行空气调节，达到冷却站台和隧道的目的。开式系统的特点是系统简单，投资和运行费用低，但车站通风效果并不尽如人意，舒适性较差，主要出现于早期的地铁系统中。

2）闭式系统

地铁人流量大，人体散热是主要热源，因此通风空调的任务之一是平衡人体散热。闭式系统仅在车站两端设置端头通风竖井，车站内采用空调通风系统。正常运行时，当室外空气热焓比空调回风高时，关闭所有通风竖井，以防止外界热空气进入车站；当室外空气热焓较低时（主要是春、秋、冬季或夏季夜晚），打开通风竖井使室外温度较低的空气进入车站，此情况下成为开式系统。区间隧道的冷却主要借助于列车运行的"活塞效应"携带一部分车站空调冷风来实现。其特点是舒适性好，但投资和运行费用比开式系统高。

3）屏蔽门系统

开、闭式系统的车站站台与行车隧道之间直接相通，不设隔离屏障。屏蔽门系统是在车站的站台和行车隧道之间安装一道带门的透明屏障，将站台与隧道分隔开。屏蔽门系统是一种新型的环境控制系统，较好地体现了地铁环境系统设计原则，屏蔽门系统一般在站台两侧安装有可滑动的屏蔽门，使站台和轨道相分开以隔断区间隧道内热空气与车站内空调冷空气之间的热交换，而且列车产生的大量的发热量是通过区间隧道的通风系统来排除的。除此之外屏蔽门系统还有许多优点，诸如此系统对乘客而言具有很好的安全保障作用，火灾事故情况下烟气流可做定向控制，可减少事故风机的装机容量，避免列车进出车站时活塞风对车站气流的影响，降低了列车制动噪声对站台工作人员及乘客的影响。显然，屏蔽门系统的安全性、舒适性均较好，因此是新建地铁线的主流环境控制系统。不过，由于增加了屏蔽设备，而且活塞风带不走区间隧道的热量导致降温负荷大，系统的投资和运行费用昂贵。

3. 混合式地铁通风空调运行方案

地铁通风空调系统可以基于以上三种地铁环境控制系统的某一种进行设计和建设，但具体运行时，也可以变换。实际上，由于气候具有周期性变化特征，因此可以根据各季节的气候特点，分别采用开式或闭式通风空调运行方式。在空调季节车站采用空调系统，即闭式地铁环境控制系统运行方案；非空调季节则采用开式地铁环境控制系统运行方案。这种开闭式结合的方案比屏蔽门系统要简单，车站基本可以达到舒适水平。另外，当预测最大客流量与最小客流量之间相差很大时，可以考虑在客流量大、地理位置重要的车站设空调系统，以闭式方案运行，而在客流量小、位置不重要的车站采用开式方案运行，这种在空调季节开式与闭式相结合的方案在运行上不存在配合困难，而且由于空调车站和非空调车站可能呈交错布置，空调车站的冷风可以使邻近车站的温度有所降低，当然也会使空调车站的空调负荷有所增加。但是，在保证绝大多数乘客能够舒适旅行的前提下，这种开闭结合方案的设备和土建费用以及运营和管理费用低于闭式和屏蔽门系统，是较为经济实用的一种方案。

6.4.4 地铁建筑室内空气质量影响因素及控制途径

影响地铁建筑环境空气质量的因素包括气流屏障、通风空调性能、列车运行频率、客流量和气象因素等。研究表明，地铁站台屏蔽门可阻隔列车通行轨道与候车站台之间的空气交换，并减少列车进出站时空气流动引起地面积尘悬浮，而地面积尘也被认为是空气微生物的主要来源之一，因此屏蔽门可减少站台空气微生物和颗粒物的浓度。不过，仅仅依靠屏蔽门无法完全避免来自隧道的粗模态颗粒物进入站台，而借助屏蔽门与机械通风的结合，则可以更加有效控制这些颗粒物。

通风空调性能是影响地铁空气质量关键因素，理论上，增大新风量（空气交换率）有利于去除或稀释地铁环境的空气污染物，但需要及时清洗和科学维护通风空调系统作为支撑。否则，通风空调系统内微生物滋生和颗粒物积聚会导致送入地铁环境系统的空气质量降低。另外，地铁站口附近空气质量对地铁环境空气质量也有明显影响，当室外空气清洁时，站厅＜车厢＜站台的颗粒物浓度关系明显。为了降低地铁系统空气中污染物的浓度，改善空气质量，通风空调系统必须设置空气过滤器。在有的通风空调系统中，还装有活性炭吸附单元，用于净化空气中的 VOCs 等气态污染物。

列车运行频率会影响站台的污染物浓度，其影响程度甚至大于客流量；当室外空气质量优良时，随着地铁站运营时长的增加，污染物浓度增加。另外，温湿度对站台 $PM_{2.5}$ 浓度影响很小，但相对湿度和温度较高的环境有利于微生物滋生，从而加重微生物污染。人群密度越大的地方，二氧化碳浓度相应升高，由人类活动带来的微生物数量会增加，列车通行引起的空气流动会导致地上灰尘的再悬浮，也会增加空气中微生物的浓度。

总的来说，衡量地铁环境和确定环境控制系统性能的参数包括温度、湿度、风速、噪声、新风量、换气次数、污染物浓度以及风压变化率等。受人流、地铁运行状况（正常、阻塞或紧急情况）、系统位置（隧道、车站站台、入口及楼梯）等因素的影响，实际条件下这些参数不断变化。为了规范地铁系统的建设和运行，各国相继出台了相应的标准或规范，我国于 1992 年发布了《地下铁道设计规范》（GB 50157—1992），对地铁环境性能参数给出了明确的规定，随后，分别于 2003 年、2013 年先后两次重新修订为国家标准《地铁设计规范》（GB 50157—2003、GB 50157—2013）。针对城市轨道交通公共场所空气质量控制，深圳市疾病预防控制中心牵头制定了《城市轨道交通公共场所预防性卫生学评价规范》，其成为我国首个城市轨道交通公共场所预防性卫生学评价的技术标准；2016 年陕西省首个地铁轨道交通卫生标准"轨道交通工程建设试运营前环境卫生验收规范"通过会议审查。随后，上海市疾病预防控制中心牵头制定了《城市轨道交通卫生规范》（DB31/T 1196—2019），该标准由上海市市场监督管理局批准发布，并于 2020 年 1 月 1 日正式实施。该标准涵盖健康风险的 7 个主要方面，包括温度湿度等微小气候、空气质量、听力影响、跌倒等伤害风险、病媒生物防治、电离辐射、公用设施表面卫生等。该标准针对城市轨道交通设计、建设和运营过程中的健康风险环节提出相应管控要求，指导运营企业优化环境卫生状况，保障乘客健康安全。

6.5　商用地下建筑室内空气污染与控制

商用地下建筑包括地下旅馆、地下商场、地下娱乐场所、地下影剧院（会堂）、地下餐厅及地下医院等。为了充分发挥人防工程的战略效益、社会效益和经济效益，1986 年我国提出了人防工程平战结合，并与城市建筑相结合的指导方针。自此开始，人防工程民用化逐渐成为人类利用地下空间的一种有效形式，也成为最早期的商用地下建筑。随后，人们对于开发利用地下空间的意义的认识不断深化，因而大量附属于地上建筑或者专用型商用地下建筑的开发和应用越来越普遍。

地下建筑被土壤或岩石包围，其自然条件，包括温度、湿度和通风状况等与地面建筑存在显著差异。尤其是地下建筑自然通风不足或者缺失，因而易造成污染物质累积。生活或工作在这种地下建筑之中，容易出现头痛、嗜睡、过敏、眼睛和上呼吸道感染等病态建筑综合征症状，严重时还会引发健康安全事故。因此，维系商用地下建筑价值的一个关键是空气质量有保障。

6.5.1　商用地下建筑室内空气污染状况

商用地下建筑主要空气污染物是霉菌等微生物、氡及其子体、二氧化碳、可吸入颗粒物、挥发性有机化合物、甲醛和氨等。为了全面了解商用地下建筑室内空气污染状况，自 20 世纪 90 年代末期开始，我国科学工作者分别在气候具有代表性的北京、南京、成都、西安、哈尔滨、大连等地对大量不同功能的商用地下建筑进行了空气污染物检测，取得了大量数据，得到如下结论：①与人防工程民用化初期的商用地下建筑相比，各类不同功能商用地下建筑的热舒适状况有明显改善，但仍有较多商用地下建筑的湿度大，尤其是夏季和黄梅天，湿度大多维持在 80%左右。②由于设置了通风空调系统，大多数商用地下建筑空气中的 CO_2 浓度可维持在 0.10%左右，对 86 个商用地下建筑空气中 CO_2 浓度的测定结果如表 6.24 所示。③商用地下建筑的尘埃和细菌污染较严重，含尘浓度普遍超过容许浓度，有的超过标准数十倍，大多数调查场所细菌总数大大高于标准。④由于装修和装饰过程大量使用树脂泡沫塑料、胶合板和胶黏剂，再加上抽烟散发的甲醛，致使不少商用地下建筑存在甲醛污染。⑤部分商用地下建筑挥发性有机化合物浓度较高，造成人员出现嗅觉异味、头昏、疲倦、烦躁等症状。⑥商用地下建筑的放射性危害普遍高于地面建筑，其危害已引起人们的高度关注。对国内北京、辽宁、湖北、湖南、河南等地商用地下建筑的调查结果显示，80%左右测试点的当量氡浓度小于 $100Bq/m^3$，超过 $200Bq/m^3$ 的约占 10%左右，大于 $400Bq/m^3$ 的检测点不足 5%。表 6.25 和表 6.26 分别给出了辽宁省和北京市商用地下建筑氡浓度调查结果。可以看出，少数商用地下建筑的氡浓度还非常严重，必须引起足够的注意。

表 6.24　商用地下建筑 CO_2 浓度

场所	地下旅馆		地下商场		地下游乐场		地下舞厅		地下医院	
季节	夏	冬	夏	冬	夏	冬	夏	冬	夏	冬
工程数/个	13	11	11	11	10	10	5	6	4	5
均值/%	0.135	0.118	0.077	0.103	0.12	0.101	0.085	0.108	0.06	0.16
方差	0.08	0.135	0.03	0.04	0.07	0.04	0.02	0.05	0.04	0.07

表 6.25　辽宁省人防地下工程氡浓度的频率分布

氡浓度/(Bq/m³)	频数	频率/%	累计频率/%
1500～1000	1	0.5	0.54
1000～600	2	1.1	1.6
600～400	5	2.7	4.3
400～300	5	2.7	7.0
300～200	8	4.3	11.2
200～100	30	16.0	27.3
100～50	20	10.7	38.0
<50	116	62.0	100

表 6.26　北京人防地下工程氡浓度

工程类型	样品/个	范围/(Bq/m³)	算术均值及标准差/(Bq/m³)
人防工程	243	5.9～848.8	80.4±132.1
地下商店	18	46.6～489.1	167.2±160.6
地下仓库	14	5.9～31.8	13.7±8.1
地下餐厅	34	10.0～47.0	25.2±10.4
地下旅社	96	5.9～107.7	38.5±30.0
地下车间	18	8.5～62.2	30.0±15.5
其他	37	5.9～142.3	78.1±43.7

　　为了进一步了解商用地下建筑空气污染情况，人们还对不同类型商用地下建筑和地面空气质量进行了比较研究，结果如表 6.27 所示。尽管相同类型商用地下建筑新风量均大于地面建筑新风量，但是，甲醛、细菌、CO_2 等污染物浓度普遍高于地面建筑。

表 6.27　各类商用地下建筑与地面建筑空气质量检测结果（算术均值±标准差）

环境因素	商场类		歌舞厅类		餐厅类	
	地下	地面	地下	地面	地下	地面
温度/℃	20.0±5.82	17.15±0.62	21.11±4.32	15.88±3.56	22.12±3.69	16.36±3.45
相对湿度/%	66.49±4.03	43.23±4.94	67.23±3.89	42.36±3.69	66.35±3.56	68.69±2.98
风速/(m/s)	0.11±0.003	0.21±0.002	0.15±0.003	0.25±0.003	0.18±0.001	0.20±0.004
新风量/[m³/(人·h)]	16.41±2.31	13.77±1.41	14.32±1.85	12.36±1.99	15.98±2.56	14.32±2.11
$CO/(mg/m^3)$	0.03±0.008	0.02±0.007	0.03±0.007	0.02±0.005	0.01±0.005	0.02±0.006
CO_2/%	0.076±0.01	0.049±0.01	0.12±0.008	0.098±0.03	0.08±0.01	0.052±0.02
可吸入尘/(mg/m³)	0.087±0.37	0.14±0.02	0.15±0.35	0.24±0.46	0.068±0.12	0.099±0.11
甲醛/(mg/m³)	0.09±0.03	0.05±0.01	0.08±0.02	0.06±0.007	0.09±0.01	0.06±0.02
细菌总数/(个/皿)	47.46±4.16	32.79±5.35	53±2.58	39.55±2.36	48.32±3.98	40.32±2.15

　　围绕商用地下建筑的空气质量，调查工作一直在进行，高俊敏等 2008 年对重庆 17 个地下商场的室内外 TVOC 浓度进行了监测，结果表明，地下商场室内 VOCs 浓度显著高于室外；室内各测点 TVOC 质量浓度为 0.19~8.18mg/m³，平均质量浓度为 0.21~3.94mg/m³；7 个大型地下商场的 6 个超标，10 个中小型地下商场有 3 个超标；新装修商场和售卖皮具、食品、日用品和服饰等商品区域的 VOCs 浓度明显偏高。因此，推断商场装修装饰材料和售卖商品是地下商场室内 VOCs 的主要来源。

　　樊越胜等（2014）调查了美食城、商场和电器城等商用地下建筑的空气污染物浓度，结果表明，除甲醛最高浓度出现在商场之外，其他污染物的最高浓度皆出现在美食城。而且对比《室内空气质量标准》（GB/T 18883—2002），CO_2、TVOC、甲醛和 PM_{10} 均出现不同程度超标，TVOC 超标最严重，如表 6.28 所示。

表 6.28　典型商用地下建筑主要空气污染物浓度均值及浓度范围

场所	CO_2/%		TVOC/(mg/m³)		甲醛/(mg/m³)		PM_{10}/(mg/m³)	
	均值	范围	均值	范围	均值	范围	均值	范围
商城	0.122	0.081~0.162	1.457	0.324~2.036	0.201	0.08~0.56	0.184	0.098~0.257
美食城	0.167	0.134~0.331	1.261	0.994~1.830	0.102	0.06~0.17	0.325	0.245~0.532
电器城	0.094	0.079~0.113	0.553	0.206~1.119	0.073	0.02~0.11	0.207	0.089~0.409

6.5.2　商用地下建筑室内空气污染对人体健康的影响

　　与地面建筑物相比，地下建筑密闭程度更高，因而对于环境空气污染更加敏感。人们长期生活或工作在空气质量较差的地下公共场所，对人体身心健康的危害往往更大。第二军医大学曾对 22 个地下有通风设施的医院、商场、旅社、俱乐部、招待所、办公室和生产车间的 600 名工作人员和从事类似工作的 500 名地面工作人员进行健康对比调查，结果表明，在地下环境中工作 5 年以上的人，呼吸系统疾病、关节痛、视力减退和神经衰弱的发病率明显高于地面工作人员，如表 6.29 所示。

表 6.29　地下与地面环境中可比工种从业人员发病情况　　（单位：人）

疾病名称	发病人数			
	地面	地下工作 1 年	5 年	10～30 年
感冒	61	56	87	77
咽炎	41	27	67	54
肺炎	2	9	8	6
肺结核	0	4	3	10
支气管炎	2	5	5	11
关节痛	29	31	45	39
视力减退（<0.1）	21	15	32	43
神经衰弱	8	14	38	25

又如，有一家由人防工程改建的地下医院，其埋深 16m，建筑面积 2073m²，钢筋混凝土结构，机械通风，床位 68 张，医务人员 42 人，新风量 63.9m³/(人·h)。对该地下医院空气质量进行的检测表明，其室温为 10.7～26.8℃，相对湿度为 30%～88.5%，风速为 0.03～0.19m/s，噪声为 52～65dB，二氧化碳浓度为 0.06%～0.23%，细菌总数为 3900cfu/m³。可见，该地下医院室温、风速指标的最小值都满足国家标准。但是，相对湿度、二氧化碳浓度、细菌总数的最大值及噪声的最小值均超出国家标准。对该医院医务人员的健康状况调查表明，在各种症状中，视力下降和乏力发生率最高，达 100%，失眠最低为 57.7%，如表 6.30 所示。进一步调查分析显示，同一症状中，工龄长的发病率高，说明环境质量作用时间越长，症状发生率越高。

表 6.30　地下医院医务人员病症发生率

工龄/年	调查人数/人	头痛晕眩/%	胸闷气促/%	失眠/%	嗜睡/%	乏力/%	视力下降/%	关节疼痛/%
<2	9	88.9	77.8	33.3	88.9	100	100	88.9
>2	17	94.1	88.2	70.6	88.2	100	100	100
合计	26	92.3	84.6	57.7	88.5	100	100	96.2

民用人防工程内部空气质量的恶化，各种污染物对人体健康的综合影响日益严重，引起了人们的关注，主要污染物各自的致病致害机理与现状更应该是我们关注的焦点。

6.5.3 商用地下建筑室内空气污染控制措施

地下建筑自然通风不畅，因而相对地上建筑，其空气污染水平通常更高。尤其是地下建筑由岩石、土壤等围挡而成，且埋深较大，这使得其放射性污染水平偏高；湿度高则导致微生物类污染水平偏高。为了保障商用地下建筑空气质量，同样要从源头控制、通风释放和空气净化三方面入手。就源头控制而言，不宜在放射性污染水平太高的地下建设商用地下建筑。就通风而言，合理的气流组织和足够的新风量是维系商用地下建筑空气质量的基础，同时还要特别防止出现通风死角。就空气净化而言，要做到颗粒物、化学污染物和微生物兼顾，尤其要注意采用紫外线、臭氧或过滤协同紫外线或臭氧等技术手段及时消杀病原微生物。

针对地下商用建筑空气质量控制，除《民用建筑供暖通风与空气调节设计规范》（GB 50736—2012）和《公共建筑节能设计标准》（GB 50189—2015）之类通用型标准或规范外，我国还建立了一些专用型标准或规范。1990 年，由国家人民防空办公室和卫生部组织相关院校和研究所，开始制定人防工程平时利用的内部环境卫生标准，并于 1993 年提出了平时功能为地下旅馆（含招待所、宾馆等）、地下商场、地下舞厅（含游艺厅、音乐茶座、多功能厅等）、地下影剧院（含音乐厅、录像厅、会堂等）、地下餐厅和地下医院等六类人防工程的卫生标准。在此基础上，于 1998 年正式颁发并实施了名为《人防工程平时使用环境卫生标准》（GB/T 17216—1998）的国家标准，2012 年 6 月 29 日又发布了修订版（GB/T 17216—2012），并于 2012 年 10 月 1 日实施。该标准适用于平时功能为旅馆、商场、舞厅（含游艺厅、音乐茶座、多功能厅等）、影剧院（含音乐厅、录像厅、会堂等）、餐厅、医院及游泳馆 7 类民用化人防工程，主要工程的要求如表 6.31 所示。应对《人防工程平时使用环境卫生要求》，又制订或完善了相关可操作性较强的技术文件，这些文件对于确保公共场所内部环境质量达到卫生标准，真正实现地下公共场所社会、经济、环境效益的协调统一起着重要的作用。

改善和提高地下工程内部环境品质，首先必须分析和掌握地下空间内部环境控制的特点，围绕节能和空气质量这两大主题，有效利用地下空间能源，开发节能的环境控制设备；同时优化环境保障系统，提高环境控制设备的科学管理水平；在保证地下空间环境质量要求的前提下，最大限度降低能源消耗，更好地发挥地下空间的经济效益和社会效益。

表 6.31　人防工程平时使用环境卫生标准

项目		地下旅馆		地下商场		地下影剧院		地下舞厅		地下舞厅		地下医院	
		Ⅱ类	Ⅰ类	Ⅱ类	Ⅰ类	Ⅱ类	Ⅰ类	Ⅱ类	Ⅰ类	Ⅱ类	Ⅰ类	Ⅱ类	Ⅰ类
温度 /℃	冬季（采暖地区）	≥14	≥16	≥14	≥16	≥14	≥16	≥14	≥18	≥14	≥16	≥16	≥16
	夏季（空调场所）	26~28	26~28	26~28	26~28	26~28	26~28	26~28	26~28	26~28	26~28	26~28	26~28
相对湿度/%		30~80	30~75	30~80	30~75	30~80	30~75	30~80	30~70	30~80	30~80	30~75	30~70
风速/(m/s)		≥0.10	≥0.15	≥0.15	≥0.20	≥0.10	≥0.15	≥0.20	≥0.30	≥0.15	≥0.20	≥0.15	≥0.15
新风量（空调通风）/[m³/(h·人)]		≥20	≥30	≥20	≥10	≥20	≥20	≥20	≥30	≥20	≥30	≥30	≥30
二氧化碳/%		≤0.15	≤0.10	≤0.20	≤0.15	≤0.20	≤0.15	≤0.15	≤0.10	≤0.15	≤0.10	≤0.10	≤0.10
一氧化碳/(mg/m³)		≤10	≤10	≤10	≤10	≤10	≤10	≤10	≤10	≤10	≤10	≤10	≤10
细菌总数	沉降法/(个/平皿)	≤75	≤75	≤75	≤75	≤75	≤75	≤75	≤75	≤75	≤75	≤30	≤30
	撞击法/(cfu/m³)	≤4000	≤4000	≤4000	≤4000	≤4000	≤4000	≤4000	≤4000	≤4000	≤4000	≤2500	≤2500
甲醛/(mg/m³)		≤0.12	≤0.12	≤0.12	≤0.12	≤0.12	≤0.12	≤0.12	≤0.12	≤0.12	≤0.12	≤0.08	≤0.08
台面照度/lx		≥50	≥75	≥100	≥200	≥50	≥75			≥75	≥100	≥75	≥100
噪声/dB(A)		≤60	≤55	≤85	≤85							≤55	≤50
平衡当量氡浓度/(Bq/m³)		≤400	≤200	≤400	≤200	≤400	≤200	≤400	≤200	≤400	≤200	≤400	≤200

注：本表根据《人防工程平时使用环境卫生标准》（GB/T 17216—2012）修改；

Ⅰ类人防工程是指根据国家人民防空办公室 1979 年及其以后颁发的《人民防空工程战术技术要求》修建的人防工程；

Ⅱ类人防工程是指未按国家人民防空办公室 1979 年及其以后颁发的《人民防空工程战术技术要求》修建的人防工程。

综观国内外成功的地下空间内部环境设计，要创造一个健康、舒适、节能、安全的内部环境，必须根据地下工程内部环境的特点，建立地下工程内部环境质量控制体系，科学地配置空气环境保障系统，运用内部环境保障的新技术，使地下空间具有舒适的湿热环境；空气质量达到一定的卫生标准；适度的噪声和听觉环境，氡和异味得到有效控制；同时，一个良好的地下空间内部环境既要重视生理和物理环境的设计，又要重视与建筑心理环境密切配合。

第7章 密闭舱室空气污染与控制

飞机、载人航天器和潜艇等装备处于任务状态时，与外界几乎完全隔绝，构成一个密闭环境，其共同特点是空间狭小、人机共存。现代生活、高科技战争和科研任务要求密闭时间越来越长，这必然导致此类环境的氧气含量不断减少，二氧化碳浓度不断增大。与此同时，材料和设备脱气、人体新陈代谢及其各类活动释放的微量空气污染物也不断积累。为了保障密闭环境作业人员的身体健康和战斗或工作能力，除补充氧气和降低二氧化碳浓度之外，净化微量空气污染物，使其维持在允许的浓度以下也是密闭环境生命保障与环境控制的任务之一。

7.1 飞机座舱空气污染与控制

飞行是最便捷、最安全的长途旅行出行方式，随着科技的发展和人们生活水平的提高，乘飞机出行的人次迅速增加。国际机场理事会发表的报告称，2017年全球乘飞机旅行的乘客共计82亿人次，预计2040年将达到209亿人次。因此，关注飞机座舱空气质量具有十分重要的现实意义。另外，载人航天器和潜艇在正常任务期间，与外界不存在任何形式的大气交换，舱室大气为人为的大气环境，由专门的环境控制与生命保障系统实现，其实现方式对于特殊场景的室内环境质量控制具有十分重要的借鉴意义。本章将在介绍这些特殊装备的环境控制系统基础上，系统分析空气污染及其来源、健康危害和控制对策。

飞机座舱泛指飞机的密封增压舱，包括驾驶舱、客舱、设备舱及货舱的某些增压部分。从空气来源来看，飞机座舱环境与配新风空调的民宅或者办公楼等建筑物室内环境相类似，舱内空气由外界空气和再循环空气构成。不过，飞机座舱环境在许多方面又不同于普通的建筑物室内环境，一方面由于高空气象条件好，无云且风向稳定，空气密度小，为实现安全度高、速度快、耗油率低、续航能力大的目标，现代客机的飞行高度一般都在10km左右，超音速客机可达18km，甚至更高。然而，高空大气压力低，严重缺氧、气温在零下几十度，而且十分干燥，这不仅使人难以承受，而且直接威胁人的生命与安全。另一方面，座舱空间狭小、人群密度大、人体新陈代谢活动和舱内物品释放污染物的强度又区别于一般建筑物。为解决高空飞行问题，现代客机广泛采用气密舱和一套座舱环境控制系统（environmental control systems，ECSs）来保障在飞行高度范围内舱内舒适的温度、合适的压力、无明显的压力变化感受、清新湿润的空气和适宜的流速等，即将座舱内空气的压力、温度、湿度、气流速度、洁净度等指标控制在人体生理卫生标准要求的范围内，在飞行中创造一个人造微气候环境。

本节首先介绍座舱的环境参数，包括压力、温度和相对湿度。然后阐述飞机座舱环境控制系统的构成和作用，讨论内容主要针对大型飞机，即载客量大于 100 人的旅客运输机。

7.1.1 典型飞行高度大气参数

1）大气压力

在飞行高度范围内，大气压力也随高度增大而降低。如图 7.1 所示，在 11000m 的典型巡航高度，大气压仅为海平面大气压的五分之一。虽然这个高度的氧气相对含量与海平面几乎相同，但是海平面的氧分压为 21kPa，而该高度的氧气分压仅为 4.7kPa 左右，远低于维持人类生命所需的氧分压。

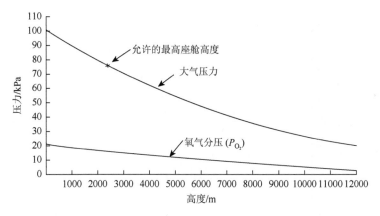

图 7.1 大气压力与高度的关系

2）温度

飞机从起飞到降落的整个运行期间，外界温度变化很大，平均温度范围为 −55℃～55℃。如图 7.2 所示，在 11000m 的典型巡航高度处，标准大气压下的大气温度约为−55℃，因季节和压力不同，该巡航高度的大气温度在±30℃左右变化。

3）湿度

大气层的下部（约到 9km）除了干空气之外，还包含有水汽，这些水蒸气来源于海洋、江河、湖泊表面的水分蒸发，名种生物的生理过程及工艺生产过程。在约 3km 以下的近地层，受对流的影响，大气湿度（含湿量）变化不大。但是，

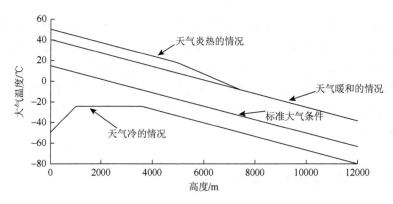

图 7.2　大气温度与高度的关系

随着高度进一步增大，一方面对流作用减弱，另一方面气温降低，造成水蒸气凝结，使得空气的湿度逐步降低，在巡航高度下，大气湿度接近 0，如图 7.3 所示。

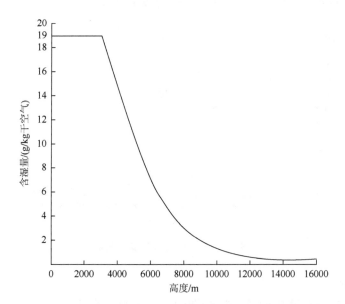

图 7.3　外界大气湿度设计条件

在达到饱和含湿量这之前的所有高度以 19g/kg（干空气）为设计依据(热天)

7.1.2　飞机座舱环境要求

　　飞行过程飞机座舱是一个密闭但又要通风的环境，舱内人员所需的空气由飞机环境控制系统提供。因而飞机座舱环境控制系统的设计原则是，确保适宜的舱内温度和压力和良好的通风状况，能够防止舱内污染物积累，为全舱人员提供一个健康、舒适的环境。

1）压力要求

从满足人员工作和生理需求以及舒适角度考虑，保持任意飞行高度的座舱压力相当于海平面大气压力（750～760mmHg，即 99.992～101.325kPa）是最佳的。但是，从飞机结构强度考虑，座舱的内、外压差大必然对座舱结构（密封性能）提出更高的要求，从而大大增加飞机的结构重量。一般来说，舱内外压差通常不允许超过 55～62kPa。因此，综合考虑满足人员生理要求和减轻座舱结构重量，座舱绝对压力允许降至 570～609mmHg（75.994～81.193kPa），相当于座舱高度为2400～1830m。飞机环境控制系统中，将座舱内绝对压力随高度的变化规律称为座舱压力制度。客机的压力制度有 2 种类型，如图 7.4 所示。

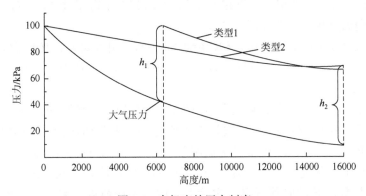

图 7.4　客机座舱压力制度

第 1 种座舱压力制度的座舱压力先以相当于海平面的绝对压力保持到某一高度，然后又与外界大气压保持等压差变化至飞机设计高度。这种压力制度的优点是避免了低空外界大气压力随高度变化大的一段高度上座舱压力的变化，但在等余压段，座舱压力变化与大气压力变化相同，图 7.4 中 h_1 是飞机结构的最大承力能力。

第 2 种座舱压力制度的座舱压力从一开始就按式（7.1）随高度变化：

$$p_c = p_h + \frac{1}{m}(p_{h_0} - p_h) \tag{7.1}$$

式中，p_h 为 h 高度上的大气压力，kPa；p_{h_0} 为地面的大气压力，kPa；m 为增压率，（$m>0$）。

这种压力制度的特点是座舱压力随高度较均匀地改变。

在飞行过程中，为了满足上述压力要求，舱外的低压空气经过飞机发动机压气机压缩、调节和分配后进入舱内，从而使座舱空气压力和氧气分压维持在可接受的水平，图 7.4 中 h_2 也是飞机结构的最大承力能力。

座舱环境控制系统不仅要使座舱有足够的压力以维持座舱内必需的氧气分压，还必须防止座舱压力变化过快，尤其是在飞机爬升和下降期间。旅客机、运输机，压力降低速度每秒不超过 21.3～42.7Pa；压力增加速度每秒不超过 18～21.3Pa。如波音 707 客机，座舱压力增加速度给定值为每秒 18.3Pa；压力降低速度给定值为每秒 30.4Pa。

2）温度要求

在大气温度为–55℃～55℃的条件下，客舱空气温度应保持在 15～26℃，货舱温度应保持在 0℃以上，输入旅客舱内的热空气最高温度不得超过 60℃，输入旅客舱的冷空气不出现悬浮的水雾，直接喷向人体的空气温度不高于座舱平均温度，不低于平均温度 5.5～10℃等，是对于飞机环境控制系统的基本要求。除绝对温度之外，温度均匀度也是飞机座舱环境控制系统的控制指标之一，客舱前后温度相差不得超过 5℃，上下相差不得超过 3℃，左右相差不得超过 2℃。对于驾驶舱，在任意方向温度相差均不得超过 3℃。

所有飞机都应具备使用地面环境控制器的功能，并满足外界气温很低（–60℃）时，座舱温度不低于 5℃；外界气温很高（60℃）时，座舱温度不高于 30℃。

3）湿度要求

低湿度对人体的不良影响或人体对低湿的感受是一个缓慢的过程，通常在飞行 3～4h 后，鼻干、喉咙干和沙眼等症状发生率会随飞行时间延长而增加。因此，飞行时间超过 4h 的飞机必须配备加湿装置，而飞行时间小于 4h 的飞机一般无此要求。从生理角度考虑，30%～60%范围的相对湿度是比较合适的，但为了减少水的需要量，通常取其下限。实际上，因为高压舱内外温差大，容易发生凝结现象，因此 30%的相对湿度也显得过大。典型运输机风挡玻璃出现凝结现象的起始相对湿度为 30%左右。基于以上考虑，在设计加湿系统时，应在客机满员时维持相对湿度为 20%，而且仅在巡航飞状态才使用加湿系统，以减少用水量和凝结水量。

4）通风换气要求

座舱通风换气应满足座舱增压、通风换气和热力状态 3 方面的要求。座舱增压是指确保座舱压力与座舱压力制度相适应，通过供给座舱的气量不小于从座舱泄漏的空气量来实现，是座舱通风换气最基本的要求，其要求的供气量远比另两项小。通风换气和热力状态要求视机种而定，客机通风换气的要求是，新鲜空气供气量应确保座舱有害杂质和气味浓度在规定值以下，以满足人体生理呼吸和正常生活环境的要求。飞机环境控制系统对于通风量，空气流速，空气的进、排气口和供气洁净度均有具体的要求。

通风量：正常情况下人体需新鲜空气 0.7～0.9kg/(人·min)，所需座舱体积为 1～1.8m³/人，座舱换气次数不少于 25～30 次/h。除限定的最少新鲜空气外，也利用部分经净化的座舱循环空气，以获得适宜的座舱温度分布和减少制冷或加温负荷，并将新鲜空气供给量减少一半，即 0.35～0.45kg/(人·min)。不过，驾驶舱空勤人员的新鲜空气量不低于 1kg/(人·min)，而且不使用循环空气。

空气流速：在加温或机械制冷时，流经乘员的空气流速不应超过 0.2m/s，但个人座位通风口处除外。用旁路管道系统进行地面冷却降温时，流经乘员的空气流速不应超过 1m/s，其他部位的空气流速不应超过 3m/s。对每位旅客的座位、床位及空勤组的个人通风口，在全部打开的情况下，坐姿头部水平处的空气流速至少应为 3m/s。安装在旅客舱内空气导管中的气流速度限制在 15～25m/s；在气密座舱外（发动机短舱、中翼及非气密的机身段）的空气导管中的空气流速可以达到 100m/s，甚至更高。

空气进、排气口：座舱供气一般从舱顶对称中心线或两侧顶部分配导管进入客舱、驾驶舱，然后再经由地板的侧壁排走。座舱空气的总供气仅仅是为了保持系统的平衡，由飞机环境控制系统控制，不能任意调节。座舱旅客和空勤组的座位、单间卧铺的床位、厕所、盥洗室等均设有单独的供风系统，即个人通风口或通风喷嘴，其通风量和方向均可人为调节，而且在飞行和地面滑行时均有效。大多数飞机的正、副驾驶员和空中加油员的脚部还装有脚部供气口，满足脚部区域加温和冷却所需。

供气洁净度：必须去除输入座舱空气中可能含有的污染物，如油脂、防冰液和二氧化碳，所含有害物质的容许极限浓度如表 7.1 所示。

表 7.1　飞行座舱供气有害物质最大容许浓度

有害物质名称	浓度限值	有害物质名称	浓度限值
一氧化碳	0.03mg/L	乙二醇	0.3mg/L
一氧化氮	0.005mg/L	丁醇、戊醇、丙醇	0.1mg/L
二氧化碳	36mg/L	燃油（汽油、煤油）蒸汽（换算成碳）	0.3mg/L
铅及其化合物	$0.001mg/m^3$	特灵抗震剂和二甲苯胺	0.005mg/L
苯	0.1mg/L	润滑油和燃油热分解产物	0.01～0.02mg/L

7.1.3　飞机座舱环境控制系统

飞机座舱环境控制系统主要包括气源与空气调节系统、座舱通风系统等。图 7.5 和图 7.6 分别给出了波音 767 座舱环境控制系统的主要构成及其在飞机上的大致位置。

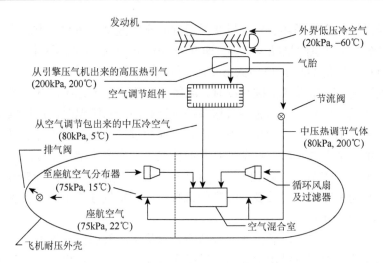

图 7.5　飞机座舱环境控制系统示意图

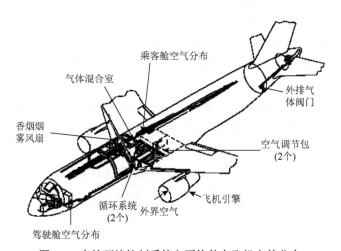

图 7.6　座舱环境控制系统主要构件在飞机上的分布

　　座舱新鲜空气来自机外大气,借助飞机发动机的压气机引入。由于压缩导致空气温度和压力升高,因此先输送到空气调节组件,并根据飞行状态做一系列物理参数调节,特定情况下还需催化分解新鲜空气中的臭氧。调节过的空气被输送至空气混合室,与来自座舱且经过过滤净化的循环空气混合再送至座舱空气分布器,通过分布器分布至舱内座位,以满足座舱环境空气的需要。除循环使用外,也有一部分舱内空气通过排气阀外排。排气阀可以自动控制排到机外大气的气流,从而得到需要的座舱压力。

　　1)气源与空气调节系统

　　现代客机可通过发动机引气、辅助动力装置和地面气源装置(地面送风装置)

三种方式供气。发动机引气是正常飞行状态的新鲜空气来源。此情况下，机外空气被发动机的压气机压缩后，分成两部分，一部分进入燃料燃烧室以产生高温高压气体来推动涡轮运转；另一部分则通过压气机引气口引入再调节至飞机座舱适应的温度和压力，以满足座舱环境的需要。图7.7是一个典型的引气系统示意图。大多数引气系统至少有两个引气口，靠近压气机末端的引气口属于高压引气口，在发动机低速操作时，可得到尽可能高的压强；位于压气机中部的引气口属于中压引气口，可提供正常巡航过程中所需的充足压力。当中压引气口压强充足时，高压引气口会自动关闭，当中压引气口压力不足时，它又会自动打开。一般仅在起飞和下降阶段才使用高压引气口。

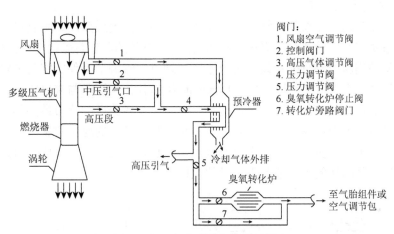

图7.7 发动机供应引气的典型模式

引气温度通常很高，因此首先要通过一个预冷器进行冷却处理，冷却气流是经过预冷器控制活门的发动机风扇引气。供给座舱的引气温度借助热交换器调控冷却气流的流速来控制温度为240℃左右。引气并非全部用于座舱空气供应，在送入座舱环境控制系统以前还分出一部分用于加热座舱表面以防止结冰，以及用于启动飞机发动机。当高压气体从压气机出气口出来时，压力可高达1170kPa，压力调整器将压力减至410~480kPa，以达到引气标准压力。

除了发动机压气机引气，在地面空调、启动发动机，或飞机起飞和复飞时，为了减少发动机功率的损耗，常用辅助动力装置引气代替发动机引气向座舱供气。辅助动力装置是一个装在飞机尾部圆锥体上的小型气体涡轮机，从辅助动力装置的引气活门引入的空气先进入飞机载气系统，再送至飞机的环境控制系统。飞机地面停留时，用地面送风装置作为座舱气源比飞机发动机压气机引气或辅助动力装置提供给座舱的空气更合适，地面送风装置设备操作花费较少，能够预防由于在地面延时装卸引起的飞机过热。

　　座舱空气调节系统的主要功能是调节引气的温度和湿度，旅客机的空气调节系统一般由2~4个空气调节组件构成。空气调节组件由热交换器、压缩机和涡轮机构成。飞机发动机压气机引气或辅助动力装置引气进入空气调节组件后，先经过一个初级热交换器冷却。然后，在压气机中再被压缩，升温。最后，高压、高温空气再次在二级热交换器里冷却，因为空气扩散作用，在涡轮机中空气压力降低。压气机运转所需的能量由涡轮从压缩空气中获得，同时降低空气温度，使其足以冷却座舱（即使是在高温环境）。在典型的巡航条件下，冲压空气的温度足以冷却引气，而且引气十分干燥，不需要除去湿气。当飞机在地面或是地面附近潮湿的环境里时，湿气将从空气中浓缩出来，并被涡轮下面的一个水分离器除去，水分离器内不允许结冰。

　　2）座舱通风系统

　　飞机座舱通风系统的好坏直接关系到座舱内的空气质量，它主要包括座舱空气分配系统和空气输送循环系统。图7.8是一个典型的飞机客舱的空气分配系统，不同机型的座舱空气分配系统会有所不同。通过空气调节组件的空气被输送到一个中央气体混合室（在一些飞机上的气体混合室不止一个），与来自座舱的循环空气混合。然后，气体供应到每个座舱分区。空气在各分区的分布量并不相同，其气量由供气管道上的阀门控制。各分区的供气量由各区的座位数量及其他环境条件来决定，机上人员产生的热量有时只占座舱总热量的一半，其他热量来自日光辐射、机上照明和舱内其他产生热量的组件。

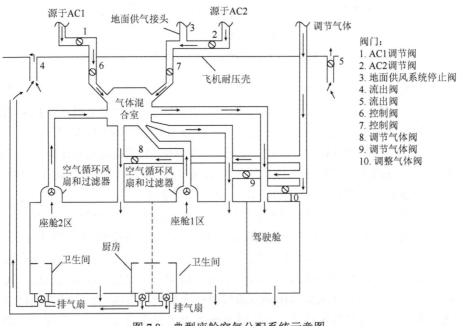

图 7.8　典型座舱空气分配系统示意图

AC 为空气压缩机

分配到各座舱的空气温度由来自混合室的空气和调节空气来控制，每个通风分区里面有一个温度平衡电子管，该电子管通过控制调节空气的流量来控制各分区温度。座舱通风系统不仅要将混合空气和调节空气输送至座舱，还需要合理地组织座舱内的气流。座舱环境控制系统的一个重要的功能是通过良好的空气循环将新鲜空气分配到座舱各个区域，并使座舱内各处温度比较均衡，同时将舱内的污浊空气排出机外，以保证座舱内舒适的环境。

供应座舱的空气一般沿着座舱纵向布置的空气扩散器（空气喷口或空气分布管）进入座舱，并使空气均匀分布。供气口一般设在天花板中间和座舱侧壁行李架下面两个部位，空气流速和流通类型由扩散器的设置地点、结构和喷气流量决定。座舱内空气流速一般控制在 0.2m/s 左右，以确保供气空气流动的噪声小而且无穿堂风感受。

座舱的排气口一般设在地板附近，厨房和卫生间还会在天花板上设置排气口，排出多余的热量和异味气体。部分座舱空气作为循环空气，经过循环风扇和过滤器以后进入气体混合室与供入的外界空气混合后再流入到座舱。气体流出阀通过调控排出座舱内的空气，以保持座舱压力。卫生间、厨房和货物舱空气直接排至机外，以免这些区域的气味或气态化学污染物污染客舱空气。

由于座舱内部空气循环会将污染物从座舱的一个区域输送至另一区域，加之空气的随机运动使污染物向各个方向扩散。因此，污染物存在于飞机的大部分空间，排出气流并不能将污染物全部排出。正因为如此，新风流量要确保将座舱气态污染物浓度控制在允许水平内。当新风量足够时，座舱空气循环不会对座舱空气质量带来不良影响。同时，借助 HEPA 过滤，也不会造成座舱细颗粒物（包括传染性物质）积累或传播。

7.1.4　飞机座舱空气污染物及其来源

因飞机座舱空气污染而引起乘客和机组人员身体不适的情况时有发生。这些症状大体可分为两大类：一是引起眼睛、呼吸道和耳朵等不适，如眼睛干涩、呼吸道灼烧和耳鸣等；二是引起神经系统不适，如疲劳、头晕、恶心、头疼等，严重时还会出现神经系统紊乱和失调。座舱空气污染物主要包括臭氧、颗粒物、挥发性有机化合物、醛类、有害微生物、二氧化碳、一氧化碳和氮氧化物等，这些污染物分别来源于机外和机内。本节主要介绍座舱化学污染物的来源。

1. 飞机座舱外部污染物及其来源

尽管在相对短暂的时段内，座舱空气是由机外新鲜空气和机内循环空气构成的。但从长时间来看，座舱皆来自机外，因此外部空气的污染物会随飞机环境控制系统的引气进入舱内。在不同的外部环境条件下，外部来源的污染物类型及其浓度水平存在较大的差异。

1）起降阶段的外部污染物及其来源

近地面环境空气含有因生产和生活等活动产生的多种空气污染物，飞机起降过程这些污染物随发动机引气进入座舱。飞机起降阶段引入座舱的空气污染程度随地理位置和高度而变。起降阶段舱内空气污染类型及其水平与所在地近地层环境空气的污染类型及其水平呈正相关关系，而且风吹过粗糙地面引起的紊流和太阳加热地表引起的对流越强，影响的起降高度范围越大。另外，飞机在混合层污染空气中飞行暴露时间越长，座舱受外部空气污染影响越大。例如，有时由于机场的原因，飞机不得不在机场附近上空盘旋，此情况下飞机暴露在城市污染空气中的持续时间会增加，座舱空气受到的污染会加重。

2）巡航阶段的外部污染物及其来源

在对流层上部或同温层下部巡航时，飞机可能遇到高浓度臭氧（O_3）环境，使得引气受到 O_3 污染。高空 O_3 产生于太阳紫外辐射下 O_2 分子分解氧原子，继而再与其他 O_2 分子结合成 O_3。O_3 本身很活泼，可以通过吸收紫外线等物理过程，或与其他物质反应等化学过程而迅速分解。当 O_3 产生与分解速率达到动态平衡时，对流层上部或同温层的 O_3 浓度维持相对稳定。

大气 O_3 浓度与高度、季节和纬度相关。如图 7.9 所示，在飞行高度范围内，O_3 浓度随高度升高而增加，高纬度地区 O_3 浓度往往比中纬度地区高，冬季和春季的 O_3 浓度比夏季和秋季浓度偏高。

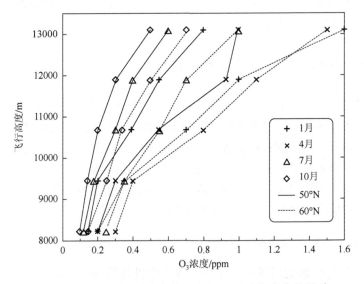

图 7.9　典型月份和纬度条件下大气 O_3 浓度与高度的关系

除直接危害人类健康之外，O_3 还会和飞机上的化学物质反应，如在飞机环境中可能存在的 d-柠檬烯、α-蒎烯和异戊二烯等物质可以与 O_3 反应，这些物质来源于溶剂、洗涤剂和人工合成及天然橡胶材料。座舱内部化学物质与 O_3 反应的产物包括短期存在的高活性自由基、亚稳定化合物（例如，二次臭氧化物）以及稳定的醛、酮和有机酸。这些反应产物比反应物更容易致过敏。因此，从防止二次产物形成和聚集考虑，也必须限制飞机座舱的 O_3 浓度。飞机座舱内的化学物质与 O_3 反应的可能性还取决于座舱空气交换速率。一方面飞行过程中座舱空气交换率大，缩短了 O_3 与舱内化学物的接触反应时间；另一方面，换气率越高，从外界随引气进入座舱的 O_3 越多，座舱中 O_3 浓度增大又会加速化学反应速率。表 7.2 比较了三种 O_3 浓度和三种典型空气交换率条件下，d-柠檬烯、α-蒎烯和异戊二烯的半衰期。由于空气交换率大不仅有利于些反应物也有利于反应产物的稀释。因此，总的说来，提高座舱空气交换率有利于控制 O_3 在座舱中引起的污染。

表 7.2　在不同的 O_3 浓度和空气交换率条件下，典型座舱污染物的半衰期（单位：h）

污染物	反应速率常数 /(ppb^{-1}/h)	对应不同 O_3 浓度（ppb）的半衰期			对应不同空气交换率（次/h）的半衰期		
		100	200	300	7.5	10	12.5
d-柠檬烯	1.8×10^{-2}	0.38	0.19	0.13	0.09	0.07	0.05
α-蒎烯	7.6×10^{-3}	0.92	0.46	0.31	0.09	0.07	0.05
异戊二烯	1.1×10^{-3}	6.4	3.2	2.1	0.09	0.07	0.05

2. 飞机座舱内部污染物及其来源

座舱污染物主要来自机上人员，包括从衣服和皮肤脱落或者从人体口鼻等排出的污染物，以及桌椅和行李架等飞机座舱构件、旅客行李、食物和卫生用液等释放的污染物。总体来说，座舱内部产生的污染物可以分为无机污染物、有机污染物、颗粒污染物和杀虫剂等。

1）无机污染物及其来源

座舱无机污染物主要是 CO_2，乘客和机组人员是座舱 CO_2 的主要来源。由于 CO_2 浓度大体与人体产生的生物性污染物（体味、汗液等）浓度呈线性关系。因此舱内 CO_2 浓度在一定程度上也用于表征其他舱内污染物的浓度水平。座舱 CO_2 浓度与通风系统供给的新风量相关，因此 CO_2 通常作为舱内新风量是否充足的标志，而新风量也是影响座舱整体空气质量的关键因素。美国联邦航空局联邦航空条例（FAR）第 25 部运输类飞机运航性标准规定商业飞机座舱的最小设计通风量为 0.0042kg/s（即每人 0.25kg/min），相对应的座舱 CO_2 浓度为 1580ppm。

座舱的换气率和污染源强度改变时，舱内污染物的浓度会逐步转入新的稳定状态，所用时间通常为 5～15min，具体数值取决于通风空间体积/通风量之比。这意味着污染物一旦引入座舱，只需很短时间即可分布于座舱内，同时也表明一旦消除污染源头，污染物会较快地从座舱排出，而在普通建筑的室内环境中，由于换气率较低，当污染源发生变化时，室内污染物浓度通常需要数小时才能达到新的稳定状态。

污染物在座舱中可以快速扩散，所以当飞机载人后，座舱环境控制系统必须维持正常工作。否则，不仅座舱污染物浓度会超出限值，温度也会很快升高至让人感到不适的程度。一般情况下，满载的飞机座舱处于过热环境的时间不宜超过 15min。

2）有机污染物及其来源

飞机座舱中可检测到的 VOCs 种类繁多，这些化合物除了源于人体新陈代谢活动之外，也来源于人们使用的物品，如指甲油、洗甲水、古龙水和香料等。此外，座舱构件涉及的泡沫塑料、树脂和清洁材料等也释放有机污染物至座舱，表 7.3 给出了在国内青岛—成都往返、青岛—昆明往返、青岛—北京往返、青岛—广州往返、青岛—上海往返、青岛—深圳、青岛—哈尔滨航线共 16 架次的飞机舱室检出的 VOCs 种类及其浓度水平。

表 7.3　在飞机舱室检出的主要 VOCs 种类及其浓度　　（单位：μg/m³）

分类	化合物名称	均值	波动范围
烷烃和烯烃类	柠檬烯	41.7	0～1048.2
	四氯乙烯	12.0	0～303.9
	十二烷	4.1	0～30.0
	异戊二烯	ND	0～14.8
	辛烷	ND	0～16.2
	十一烷	2.7	0～60.3
	壬烷	ND	0～14.8
	庚烷	ND	0～14.8
	癸烷	2.2	0～236.5
醛类和酮类	壬醛	14.1	0～45.4
	丙酮	10.2	0～100.5
	癸醛	15.5	0～62.2
	异丁烯醛	ND	0～6.5
	6-甲基-5-庚烯-2-酮	3.5	0～23.2

续表

分类	化合物名称	均值	波动范围
芳香烃类	苯	12.6	0～97.4
	甲苯	24.3	0～197.3
	乙苯	5.1	0～60.7
	间/对二甲苯	5.3	0～70.7
	邻二甲苯	5.8	0～62.9
	萘	2.2	0～18.1
	苯酚	ND	0～43.6
	苯并噻唑	ND	0～28.9
	苯甲醛	7.9	0～106.2
	苯乙烯	2.0	0～44.2
酯类和醇类	异辛醇	6.2	0～129.2
	乙酸乙酯	2.3	0～40.9
卤代物及其他	邻二氯乙烷	ND	0～10.0
	间二氯苯	ND	0～29.3
	对二氯苯	2.0	0～151.3
	N,N-二甲基甲酰胺	ND	0～13.4

3）颗粒污染物及其来源

飞机座舱清洁和人员活动是座舱颗粒污染物的主要来源。飞机在空港停泊期间需进行舱内清洁作业，如用吸尘器清扫地板、座舱舱面和壁橱；冲洗餐桌、墙面和窗户；擦洗卫生间和收集整理垃圾等。飞机在飞行期间也需要进行局部清洁，如收集垃圾、打扫走廊和卫生间等。飞机有时还需要进行保养和维修，如替换地毯和座位等室内装饰品，重装行李架和地板，移走空气分配系统等，这些活动使得残屑和烟灰比较容易在飞机内聚积。机上人员就会暴露于悬浮颗粒物中。另外，飞机座舱人员活动会使空气中的颗粒物浓度显著增大。飞机座舱内灰尘的成分可能与家中和办公室的类似。灰尘中包括矿物、金属、织物、绝缘纤维，燃烧煤烟、难挥发性有机化合物和毛发、脱落的皮屑等。灰尘能吸附空气中的有机化合物，如多环芳香烃以及清洁剂和杀虫剂的残留物。

由于飞机座舱空气换气率很高，所以各类活动导致人们暴露于较高浓度颗粒污染物的情况即使发生，持续时间通常也很短。正常飞行时，座舱可吸入颗粒物的质量浓度一般低于 $50\mu g/m^3$，大多在 $25\mu g/m^3$ 以下。在波音 777 上无吸烟情况下的检测结果表明：飞行时，10 分钟 $PM_{2.5}$ 的平均浓度为 3～10μg/m³；登机时为 11～90μg/m³，在飞行过程中，座舱内 PM_{10} 和 $PM_{2.5}$ 的平均浓度均少于 10μg/m³。

4）杀虫剂污染及其来源

杀虫剂污染源于座舱昆虫扑灭活动。实行昆虫扑灭是为了避免由飞机引入外来的有害昆虫，以保护本地的公众健康、农业和本国的生态系统，并防止有害昆虫对机上人员的健康产生潜在的威胁。因此，对来自特定地区或座舱出现昆虫的飞机，进行昆虫扑灭是必要的。飞机座舱昆虫扑灭一般通过杀虫剂喷雾实现，雾剂由杀虫剂（有效活性成分）、促进剂和溶剂构成。大多数杀虫剂属于除虫菊酯种类，如 4-苯醚菊酯和二氯苯醚菊酯，这类杀虫剂都是世界卫生组织推荐的昆虫扑灭药剂。二氯苯醚菊酯被认为是有残余毒性的杀虫剂，而 4-苯醚菊酯没有残留毒性。

目前，尚没有具体数据来说明机上人员暴露于杀虫剂会出现的情况。不过，若喷洒杀虫剂时乘客和机组人员在飞机上，那么很明显一方面会吸入部分杀虫剂，另一方面皮肤也会暴露于其中。如果实施隔离喷雾（喷药剂时人们不在飞机上），则沉降在飞机构件表面的气雾剂可能与皮肤接触，呼吸系统暴露则会通过手与口鼻的接触而引起。由于 4-苯醚菊酯和二氯苯醚菊酯的挥发性较低，因此呼吸导致的杀虫剂人体暴露可能性较小。

除了以上飞机座舱外部和内部污染源之外，还会出现一些异常情况，导致空气污染物进入座舱，例如，飞机辅助动力装置在给座舱提供引气时，可能将污染物导入座舱；飞机运行和维护时所使用的机油和润滑油等液体物质因泄漏挥发后，也可能随送风系统进入座舱。此类情况出现的概率很小，有统计的发生频率为 1/22000～1/1000。

7.1.5 座舱空气质量控制与监测

前面已经提过，机上人员在飞机座舱内可能暴露于臭氧、二氧化碳、一氧化碳、氮氧化物、颗粒物、挥发性有机化合物、醛类等污染物中。因此，借助行业规范、监测手段和控制技术和方法，实现对这些污染物的管控，对于改善舱内空气质量、保障乘客和机组人员的身心健康具有重要的意义。

1. 座舱空气质量相关规定与控制措施

1）座舱空气质量相关控制

要有效控制舱内的空气污染，保障其环境质量，首先必须对通风换气率、污染物浓度等做出相应规定。在客机设计中，通常参照采用美国联邦航空管理局（FAA）的相关标准。FAA 在联邦飞行规章（FAR 或 CFR）中公布了对客机座舱空气质量的规定（14 CFR 21、14 CFR 25、14 CFR 121 和 14 CFR 125），包括通风换气率、臭氧、一氧化碳和二氧化碳浓度等。

联邦飞行规章规定，乘客舱和驾驶舱的最小新风供应量为 $0.283m^3/(min·人)$［即 $17m^3/(h·人)$］。另外，FAR 还规定座舱 CO 体积浓度不超过 50ppm，CO_2 体积百分含量不能超过 0.5%（即 5000ppm）。座舱 O_3 浓度因飞行高度和飞行时间而不同，9700m 以上飞行 8h 对应的 O_3 平均浓度不高于 0.25ppm，8200m 以上飞行 3h 对应的 O_3 平均浓度不高于 0.10ppm。

2）座舱空气质量控制措施

如前所述，座舱空气由外部引入的新鲜空气和循环空气构成。飞机座舱的颗粒物通常采用 HEPA 净化座舱内循环空气。这种过滤器对微粒的去除效率很高，可以除去空气中几乎所有的病原体和颗粒，对直径在 0.3μm 以上的颗粒，其过滤去除效率可达 99.97%。飞机座舱的气态污染物通常采用活性炭吸附或其他方法来去除。

飞机在 O_3 浓度较高的大气层飞行时间较长，为了防止高浓度 O_3 随引气进入座舱对座舱空气构成污染，全部长途飞机和部分短途飞机的引气系统都装有 O_3 催化转化器。催化转化器可以将引气的 O_3 降低至接受的水平。催化转化器通常由惰性蜂窝材料作为支撑体，在其表面涂覆具有大比表面积的催化剂载体和活性组分，可以实现 O_3 的快速催化分解（O_3 分解率一般为 90%～98%），如图 7.10 所示。

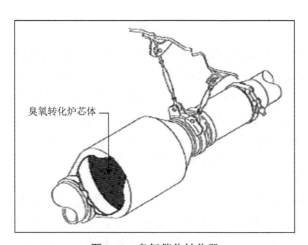

臭氧转化炉芯体

图 7.10　臭氧催化转化器

由于催化剂使用一定时间后，会因老化而导致活性下降，其寿命为 10000～20000 飞行小时。因此，需要定期检测和更换 O_3 催化剂。

对于座舱中其他的污染物还没有统一规定的控制设备。

2. 座舱空气质量监测

飞机座舱空气污染对人体健康有着直接影响和潜在威胁。因此，监测座舱空气质量对促进飞机制造商和相关管理部门重视和改善座舱空气质量至关重要。座舱空气质量监测至少包括臭氧、一氧化碳、二氧化碳、微小颗粒物、座舱内压力、温度和相对湿度等指标。除了进行这些空气质量指标监测之外，还需与旅客的健康状态和体验调查有机地结合起来。

座舱空气监测大体分为连续监测和综合监测两种，连续监测由仪器就地自动完成，可得到较长监测期间的不同取值时间的空气指标平均值。综合检测是指借助仪器采集一段时间的样品，然后对样品进行综合分析，所得到的数据是采样期间样品浓度的综合平均值或是时间加权平均值。

1）采样（检测）点设置

除了 O_3 和 CO 以外，其他污染物适应的采样点位置是座舱排气口，此处采得的空气样品能够充分反映座舱污染物浓度水平。从座舱进气管的采集空气样品则可以说明供入空气的质量，包括 O_3 和 CO 浓度水平，但不能反映机上人员的暴露水平，这是因为座舱空气是外部引入空气与座舱内原有空气的混合物。

某些情况下，还需要在座舱进行多点采样。例如，为了描述不同舱段的空气质量状况，就需要分别在驾驶舱、头等舱和经济舱分别采样。为了评价臭氧转化器或 VOCs 去除装置的性能，则需要在这些装置前后的连接管路中进行采样。

2）O_3 检测

O_3 可采用全自动双电子束紫外-分光光度计来检测，通过检测 O_3 对 254nm 紫外光的 O_3 的吸光率，可对 O_3 进行定量。该方法重现性好、可靠、精确度高、灵敏度好（10cm 检测光程下可达 1ppb）。O_3 检测点设在臭氧催化转化器之后、气体混合室之前的座舱供气管道中，此处测得的数据既可指示 O_3 转化剂的功效，也间接反映了舱内人员的 O_3 暴露水平。但需要指出的是，供入空气中的 O_3 进入气体混合室后会被座舱循环空气稀释，并且 O_3 会与其他物质发生反应。

为了进一步评价座舱中 O_3 含量，可以在座舱排气口进行检测。在排气口测得的值与在补给空气中测得的值相比较，可以反映座舱环境对 O_3 的去除率，从而指导补给空气 O_3 浓度允许值和空气交换率的设计或飞机环境控制系统的运行调节。

3）CO 检测

有限的调查数据指出，正常情况下，座舱 CO 浓度不至于影响乘客和机组人员的健康。但是，非常规条件下，如飞机发动机密封圈泄漏使得飞机发动机机油或液压油混入了引气中，则可能导致 CO 和其他空气污染物进入座舱。便携式 CO 连续监测仪在民用建筑物或公共场所 CO 检测中已经广泛应用。这些仪器一般采用电化学传感器，在一定浓度范围（1～100ppm）具有足够的精度，它们也被用在飞机的调查研究中。基于非分散红外吸收机理的 CO 检测仪的准确度和精度比电化学式检测器好，但是体积庞大、价格昂贵而且能耗高。

由于在引气中 CO 污染的事件很少发生，要评价 CO 的通常需要进行连续监测和记录。CO 检测器可以安置在通向各个座舱通风区的空气供应管道中。电化学装置可以进行主动采样，即空气泵通过软管从空气供应管道中连续抽取少量的气体样品进入检测器；也可以进行被动采样，即将带有 CO 选择性半透膜的传感器直接放置在待检测的空气中，CO 通过半透膜扩散进入传感器。

4）CO_2 检测

除非遇到火灾，否则客机座舱 CO_2 不会对健康造成影响。推荐的座舱 CO_2 浓度上限值是 5000ppm，但是，当 CO_2 被用作其他生物污染的指示因子时其限值就要求要更低些。飞机座舱 CO_2 检测常用非分散红外光度计，该仪器的光源是发光二极管，可以精确测得的 CO_2 浓度范围是 100～50000ppm（气体体积分数为 0.01%～5%），CO_2 检测器一般被安置在座舱排气口处。

飞机上用于食物和饮料冷冻的干冰偶尔会释放出 CO_2 来，这可能导致检测器监测记录的 CO_2 浓度值出现异常情况。因此，为避免干冰升华而产生的干扰，首先应保证厨房的空气完全排到了舱外且没有进入空气的再流通管道。

5）颗粒物检测

细粒子连续监测。座舱空气的细粒子（直径为 0.2～2.0μm）可能是燃料燃烧或者是渗入引气中的润滑油、液压油热解的产物，也可能是由外界空气中引入或者舱内的人为活动而产生的。常用浊度计来检测，其原理是细粒子会造成光散射，通过检测空气中悬浮细粒子的光散射强度，可定量空气中细粒子的浓度。这种仪器可以连续地检测空气中细粒子的质量浓度，获得的数据可以用于分析机上人员暴露细粒子的水平。虽然座舱空气也含有从地毯、座席和行李中飞起的大颗粒（直径高于 2μm 的颗粒），但是它们对散射光强度的影响很小，因此基本不干扰细粒子的检测。细粒子检测时，浊度计的传感器放置在座舱排气口，浊度计的输出信号与飞机空气质量记录仪相连接。虽然记录的数据不能提供细粒子成分信息，但是飞行过程中颗粒浓度的即时记录与其他资料相关，如飞机油封系统泄漏时细粒子浓度会升高，这就可以及时提醒机组人员注意并采取相应的措施，所记录的数据也可以为后期事故原因调查提供依据。

颗粒物质综合检测。虽然浊度计可以在整个飞行期间进行细粒子浓度的即时监测，但它不能提供关于颗粒的化学和生物成分的信息。当发生了座舱空气污染事故，并危害了乘客和机组人员的健康时，法庭的鉴定评价就需要上述关于颗粒物成分的信息。通常，在飞行期间通过颗粒物采样器将样品采集到滤膜上，然后将滤膜带回实验室进行分析以获得有用的数据。将客舱排出的空气过滤从而将颗粒物捕集的方法相对比较简单，费用也较低，但是样品的分析却很昂贵。因此，通常只是在发生了空气污染事故后，才会对采集的样品进行实验室分析，如果没有空气质量问题需要鉴定，就不需要进行研究，过滤记录膜就可以转为长期存储或丢弃。采样的装置是一个缠绕了滤膜的卷轴，类似磁带。滤膜可以按预先设置好的时间程序采集样品，吸附拦截了颗粒物的滤膜收到卷轴上，同时将新的滤膜露出来以备下一次采样用。

6）起杀虫剂检测

座舱空气的颗粒物会吸附部分杀虫剂成分，因此综合分析座舱颗粒物的杀虫剂成分，可部分反映座舱机场人员和乘客暴露杀虫剂的情况。但是，尚未体现皮肤接触吸收等所产生的非直接吸入暴露。因此，还需要分析从座舱物品表面、人体皮肤及纺织品等取得样品中的杀虫剂，从而评价非直接吸入暴露情况。监测方法一般是表面抽吸或表面擦拭取样，并进行实验室分析。

评价座舱杀虫剂暴露的另一种方法是生物检测，即采集和分析乘客或机组人员体液的杀虫剂成分。例如，对暴露时间较长的测试者进行尿液杀虫剂成分代谢物检测，也可反映杀虫剂的暴露水平。

7）数据处理

为达到连续监测空气质量的目的，从每台设备上采得的数据应该以便于重新查找和检查的形式记录并保存下来。飞行期间保存的数据包括飞机飞行时间、日期以及飞机座舱中空气质量特征的连续数据。这些数据可以在很多计算机上转换成档案文件并且保存下来备用。如果飞行数据记录系统的容量足够大，这些检测仪器的信号也可以添加到飞行数据记录系统。记录存储下来的数据，可以为调查设备故障或机上人员的健康抱怨事件提供相应的依据。

图 7.11 给出了一个在上座率为 98% 的波音 767 客机上连续监测的例子。检测贯穿了从登机到下飞机的全过程，监测的参数包括大气压力、华氏温度、相对湿度和 CO_2。图中垂直的虚线代表不同的飞行状态：登机、起飞、飞行、着陆以及下飞机。横坐标是检测的时刻。

当前多数商业飞机上的空气质量检测对象还只限于温度和湿度两个参数。这样的监测对于考察分析飞机的环境控制系统非正常工作情况或者产生空气质量问题的情况是远远不够的，这些数据也不能评估污染暴露与健康效应之间的联系。

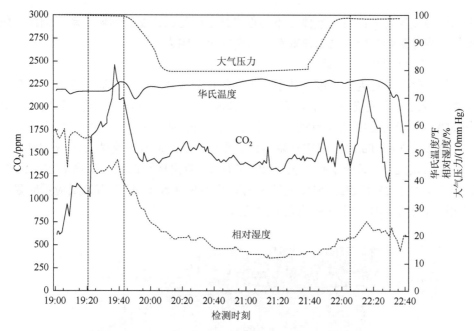

图 7.11　上座率为 98%的波音 767 客机座舱的环境状况

1℉≈17.2℃

7.2　载人航天器舱室大气污染与控制

航天器（spacecraft）是指能在地球大气层以外的宇宙空间运行的各类飞行器。航天器可分为无人航天器（如各种人造卫星及太空探测器等）和载人航天器两种。自从 1961 年 4 月 12 日苏联航天员加加林乘坐"东方"号载人飞船进入太空以来，载人航天器已经历经近 60 年的发展历程。载人航天器有三种类型，即载人飞船（manned spaceship）、航天飞机（space shuttle）和空间站（space station）。载人航天器舱室大气质量控制对于航天任务的顺利完成起着重要的作用。

7.2.1　载人航天器舱室大气质量问题

1. 载人航天器舱室主要气体组分及其作用

宇宙空间属不适于人类生存的极端恶劣环境，载人航天器航天员舱室为人为环境。航天器舱室气体包括生理性气体、生理性中性气体（惰性气体）和有害气体三类。其中，生理性气体（氧气与二氧化碳）与组织细胞的代谢紧密相关；惰性气体虽不参与代谢活动，但与减压病发生率、防高氧肺扩张，以及人体与环境之间的热交换有关；有害气体会不同程度地影响组织细胞的代谢活动。因此，舱室气体成分是影响航天员工作效率与安全的重要因素。

1）氧分压和氧气含量

控制氧分压是为了保证人体不产生缺氧反应或高氧反应。海平面大气氧分压为 21.19kPa，当大气中氧分压低至 17.73kPa 时，尽管昼间无明显缺氧反应，但夜间暗适应能力会降低。当氧分压低至 14.08kPa 时，机体开始表现轻度缺氧反应，再降至 5.47kPa 时，则达到耐限值。相反，长时间吸入高浓度氧或纯氧，会引起高氧反应，如氧分压高于 32.4kPa 左右时，会出现肺部刺激生理效应。不过，氧分压不高于 25.33kPa，或吸入纯氧的时间不长（数小时），高氧反应不明显。图 7.12 给出了总压与生理效应之间的关系。

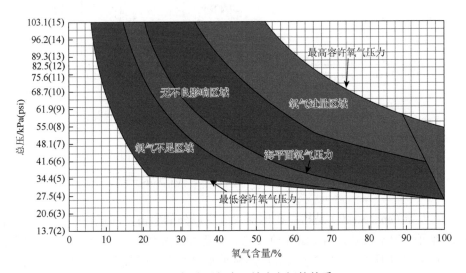

图 7.12　氧分压与生理效应之间的关系

2）惰性气体选择

舱内大气中充以一定比例的惰性气体可降低舱室大气氧浓度，避免高氧反应，降低火灾隐患。所谓惰性气体是指不参与体内物质代谢过程的气体，如氮、氩、氖、氪、氦、氢、氙等。氢易燃易爆，氩、氪、氙的减压病气泡系数分别是氮的数倍到数十倍，对预防减压病不利，因而，这四种气体皆不适用于航天器舱室。氖和氦的气泡系数分别为氮气的 0.17 倍和 0.24 倍，对预防减压病有利，但价格昂贵。因此，迄今为止仍以氮气作为惰性气体。

3）二氧化碳浓度

二氧化碳是人体代谢产物，成人呼出量为 40g/h 左右。在通风不良的狭小环境且净化系统失效时，人体排出的二氧化碳会累积起来，并对机体产生不良影响。

二氧化碳对人体的急性影响在生理指标方面主要表现在肺功能变化。其中，潮气量（平静呼吸时每分钟呼出的气量）和肺通气量（单位时间内出入肺的气体量＝潮气量×呼吸频率）的变化尤为突出。随着二氧化碳浓度增大，呼吸频率增大速率大致为 1 次/1%CO_2。当二氧化碳浓度达到 3%～4%时，潮气量和肺通气量变化斜率会出现转折点，即高浓度二氧化碳吸入会导致呼出量减少。当吸气二氧化碳浓度大于 6%时，在最初的半分钟内机体几乎不向外呼出二氧化碳。不过，这种二氧化碳呼出量减少或不呼出的持续时间不长，一般在 3～5min 即可完全恢复或恢复到接近正常水平。肺泡气二氧化碳分压与吸入气二氧化碳浓度也具有正相关性，当吸入气二氧化碳浓度小于 5%时，其值为 0.2923kPa/1%CO_2；当二氧化碳浓度大于 5%时，其值变化为 0.6930kPa/1%CO_2。一般讲，二氧化碳浓度达 3%时，可引起头痛，4%以上可能引起呼吸费力。

二氧化碳对机体的慢性影响与急性影响类似，头痛既是急性作用效应，也是慢性作用的主要表现。慢性作用还可导致组织细胞形态学的改变，例如，吸入 3%的二氧化碳 21 天，即可导致小动物肝、肾和心脏的病理改变。二氧化碳对机体的慢性影响还表现在呼吸性酸中毒引起的血尿化学成分改变。不少实验证明，二氧化碳慢性作用引起的生化指标变化主要是血尿 pH 降低，碳酸氢盐增加，钙、磷离子增加或减少。

2. 载人航天器舱室主要化学污染物

载人航天器舱室大气除了氧、氮、二氧化碳和水蒸气等主要成分之外，还存在有害化学污染物。尽管这些化学污染物浓度很低，但是分散在气体交换率很低而且空间非常狭小的载人航天器舱室，其不利影响不容小觑。人、结构材料、工艺过程和机载设备是航天器舱室微量化学污染物的主要来源。根据污染源的特点，可分为生物性污染源（人体、微生物）和技术性污染源（结构材料、操作过程、电磁辐射和重粒子）；根据污染物释放的可预见性，可将污染源分为持续或经常释放污染物的污染源和疏忽、意外或突然释放污染物的污染源两类。其中人体代谢活动和非金属材料脱气是主要的持续性污染源，而化学品泄漏、贮存器破裂、设备过热及聚合材料的热分解属于突发性污染源。相应地，可将舱室空气污染源释放的污染物分为人体代谢产物、舱室内非金属材料脱气产物和舱内仪器设备释放或故障泄漏物质等。有关人体代谢活动产生的污染物在第 2 章已有论述，本节主要介绍其他污染源产生的污染物。

1）非金属材料脱气产物

航天器舱室涉及的非金属材料种类很多，包括塑料、合成橡胶、织物、胶黏剂、润滑剂、涂料和油漆等。它们被用于内部装饰、隔热、密封、绝缘，或制作舱内轻结构件、仪表面板、管道、开关、食品包装、容器、座椅、操纵杆、服装和救生装备等。这些材料通过扩散和蒸发、氧化和降解、辐射降解等途径释放出各种污染物。其中，聚合材料所含的溶剂、添加剂等低分子化合物具有较高的蒸汽压力，会通过扩散和蒸发释放出来。聚合材料在常温下发生缓慢的氧化降解反应，产生一氧化碳、醛和有机酸等有毒成分；随着环境温度升高，氧化降解反应加速，在 $10\sim100℃$ 范围内脱气量服从指数规律。氧化降解机理随温度变化，温度较低时主要发生缓慢的交联反应和材料表面的氧化反应，释放出低沸点的溶剂、二氧化碳、一氧化碳和水蒸气；温度较高时聚合物发生解聚作用，释放出单体来；在更高的温度下，单体部分分解，并且在分解碎片和母单体之间发生化学反应，继而释放出毒性更强的新化合物；继续提高温度，聚合材料就发生不规则的断裂，形成较大的分子。辐射则使聚合材料的链断裂，降解形成低分子化合物。即使在航天器舱室正常的情况下，也会因为宇宙辐射而使材料产生毒性降解产物。据报道，已经从聚合材料的脱气产物中鉴定出数百种化学成分，表 7.4 给出了常见聚合材料的脱气产物。

表 7.4　常见聚合材料的脱气产物

序号	材料名称	可能产生的脱气产物
1	聚乙烯	一氧化碳、氧化乙烯、烯烃、甲醛
2	聚丙烯	氢、甲醇、甲醛、二氧化碳、丙酮、过氧化氢
3	聚苯乙烯	苯、甲苯、苯乙烯、苯乙酮、甲醇、一氧化碳、乙苯
4	聚氯乙烯	丙酮、甲醛、氯化氢、醋酸丁酯、氯乙烯、一氧化碳、邻苯二甲酸二丁酯
5	聚四氟乙烯	烃、氟有机化物、氟光气
6	聚丙烯腈	氨、丙烯腈、氢氟酸、氰、乙腈、乙烯乙腈
7	丁二烯-苯乙烯橡胶	丁间二烯、苯乙烯
8	丁腈橡胶	丁二烯、氨、一氧化碳、丙烯腈、秋兰姆、一氧化碳
9	丁苯橡胶	甲醛、甲酸、烃
10	异戊二烯橡胶	异戊二烯
11	氯丁二烯橡胶	2-氯丁二烯、烃
12	氟橡胶	烃
13	酚醛树脂	苯酚、甲醛、一氧化碳
14	聚酰胺	己内酰胺、己二胺、胺、烃
15	聚氨酯	乙烯、2,4-甲苯二异氰酸酯、一氧化碳、丁醇、氰化氢、氧化乙烯、甲醛、己撑二异氰酸酯
16	聚酯合成纤维	丙酮、酯、乙醛、甲醛、对苯二甲酸二甲酯
17	环氧树脂	氯甲代氧丙环、二本乙烷、二苯丙烷、甲苯
18	硅氧硅基橡胶	四乙基硅烷、环六甲基三硅氧烷、环八甲基四硅氧烷、甲醛、1,1,3,3-四甲基-1,3-二硅烷二醇、一氧化碳、烃 $C_1\sim C_7$
19	聚甲基丙烯酸甲酯	甲基丙烯酸二甲酯、一氧化碳、甲醛

2）舱内仪器设备释放或故障泄漏物质

航天器舱室装备了各种仪器设备，以保证各个系统的正常工作和执行航天任务，这些仪器设备正常工作或出现故障时会释放出各种污染物质。例如，冷冻机、空调系统在运转时可能泄漏氟利昂，泄漏出的氟利昂遇热分解转变成两种有毒物质——氟化氢和氯化氢。另外空调系统和热传导系统内的高蒸汽压工作液也可能发生泄漏，舱室内静电过滤器能使空气中的氧形成 O_3，电动机、紫外线灯和其他高压装置在火花放电时也可能产生 O_3，空气中含卤化合物在热或碱性条件下能分解产生高毒物质。

值得注意的是，某些化学成分能够以气溶胶形态存在于舱室，由于航天器处于失重环境中，沉积几乎不可能发生，因此即使是无毒的微粒，也是危险的。气溶胶作为有害气体的凝结核，其表面会聚集大量有害气体，并随吸气进入下呼吸道，从而加重毒性和对局部组织的刺激作用。

总的来说，舱室有多种污染物，它们大多以非常低的浓度存在。如果设备发生泄漏或者着火等事故，则可能出现高浓度的有害气体，但这种情况出现的概率很小，而不适气味和低浓度的污染物才是主要危害性物质。舱室大气污染物大多属于挥发性有机化合物，它们具有一定的刺激作用，如对眼、皮肤、呼吸道黏膜构成刺激，并由此引起水肿、炎症等；有些有中枢神经抑制作用，如乙醇、醚；有些则损害肝肾功能，如氯仿；有些为确认致癌物，如苯系物；有些为可疑致癌物，如甲醛。另外，还有一些有特殊的气味，它们不但影响航天人的主观舒适性，而且能引起呼吸频率和幅度、声带和支气管，以及血管紧张度等一系列反射性变化。氨、硫醇、吲哚、粪臭素、醛、酚和有机酸等具有强烈气味的污染物还能影响航天员视敏度和色觉、知觉、高级神经活动功能状态等。所有这些都会对航天员造成生理和心理危害，影响航天员的身体健康，导致工作效率降低，甚至会造成失误或差错，危及生命。

多种污染物共存是航天器舱室空气污染的鲜明特征。研究表明，多种污染物存在毒性联合作用，毒性效应表现为相加作用、协同作用、拮抗作用和单独作用。其中，协同作用和拮抗作用的情况比较少见，大多介于相加作用和单独作用之间。一般认为，同类化合物的污染可视为相加作用，不同类化合物的污染可视为独立作用。在舱室多种挥发性有机化合物的综合作用下，会导致航天员头疼、头晕、神经衰弱等一系列全身非特异性症状，这被称为闷屋综合征（stuffy house syndrome）。

7.2.2　载人航天器大气压力制度和舱室大气来源

1. 载人航天器大气压力制度

载人航天器大气压力制度是增压舱总体设计中医学与工程密切相关的一项关

键技术，主要涉及总压和气体构成等内容。俄罗斯（苏联）从第一代载人航天器
"东方"号开始就采用 1 个大气压的氧氮混合座舱大气。这种方案的人体适应性
好，着火危险性小，安全性好。美国前三代载人航天器均采用了 1/3 大气压的纯氧
座舱大气。虽然此方案构成简单，较易实现，但安全性较差，曾经出现过几次火灾。
因此，美国自航天飞机起也改用了 1 个大气压氧氮混合座舱大气压力制度。我国采
用类似俄罗斯的大气压力制度。表 7.5 给出了 1 个大气压、1/2 个大气压和 1/3 个
大气压三种压力制度的主要工程技术特性，以及生理响应特征。

表 7.5　载人航天器舱压力制度及其工程技术特性和生理响应特征

项目		1 个大气压	1/2 个大气压	1/3 个大气压
压力制度	大气组成	1atm* O_2: 20% N_2: 80%	1/2atm O_2: 40% N_2: 60%	1/3atm 纯 O_2 或 高浓度 O_2
生理学问题	减压病	无	无	有
	吸氧排氮（按航天服低压力制度考虑）			
	起飞前	需要	需要	需要
	出舱前	需要长时间	需要短时间	不需要
	高浓度氧效应	无	无	有
	低压适应性	良	良	良
工程技术问题	舱体强度	高	中	低
	漏气量	多	中	少
	舱体重量	重	中	轻
	推力	大	中	小
	系统复杂性	复杂	复杂	简单
	储气结构重量	重	中	轻
	火灾危险	无	无	有
航天服要求	强度	高	低	低
	人体力学	高	中	低

* 1atm = 1.01325×10^5Pa。

　　总的来说，在选用压力制度时，就生理学而言，须满足不产生缺氧反应、高
氧反应和无明显的低压效应三个方面的要求。就工程技术（系统）而言，需要考
虑舱内气体泄漏量、动力消耗、热负荷、舱体重量等，按总体要求，这些量均应
降到最低限值。当然，防火灾也是压力制度设计时必须考虑的因素。

2. 舱室氮气来源

要实现载人飞行，必须为航天员及载荷专家提供适宜的舱内环境，包括合适的气体总压、氧分压、空气温度和湿度、通风条件以及进行有害气体的控制等，同时还需要为航天员提供食物、饮水并处理掉航天员产生的代谢废物，这些任务是通过环境控制和生命保障系统（environmental control and life support system，ECLSS）实现的。氧气和氮气是座舱大气的主体，氮气一般用于座舱结构泄漏的补充，亦用于因出舱活动或其他应急措施（如灭火）座舱人为失压后的复压。氧气则主要消耗于乘员的呼吸代谢。载人航天器必须携带的气体量取决于飞行周期、航天员和载荷专家耗氧率、座舱泄漏率、座舱容积及其泄/复压次数，以及环境控制和生命保障系统的形式。

航天器舱室供氮主要采用高压贮存技术，也可采用超临界贮存和联氨贮存供氮技术。

1）高压贮存供氮

高压贮存供氮是在常温下将氮气压缩到可以承受一定压力的容器内，并将其带入太空作为氮气源。常用的容器形状有球形、带球形封头的圆柱形，瓶体材料多为钢材，近年来也开始采用玻璃钢，后者可以大大减轻容器的重量。这种气体贮存方法比较简单，而且可靠性好。高压贮存气体时，贮存压力的选择直接影响容器的体积和重量。压力越大，单位体积贮存的气体量越大，但要求贮存容器的壁厚相应增大。另外，当压力增至内部气体不能被压缩时，其容器贮存气体量即达到极限。使用高压贮存法贮存气体时，要充分考虑材料的兼容性。即选用与贮存气体相容性好的材料作为高压贮存容器材料，以确保贮存容器的安全性。另外一个值得注意的问题是，当大流量输出气体时，容器内部有可能发生绝热冷却，引起气体部分液化，以致供气不能正常进行。

2）低温液态贮存供氮

当温度降至-196℃时，氮气会变成液体，其密度比气态氮高得多，这将大大降低携带容器的体积和重量。除此之外，低温液态贮存还具有压力低，安全系数大，可作为冷源等优点。低温贮存包括热增压超临界贮存、液体压缩贮存、热增压两相贮存等方法。低温液态贮存的不足之处是，从周围环境渗进容器的热量会使容器内部状态发生变化，于是在微重力条件下，流体的传输分配变得更加复杂。另外，低温贮存容器比高压贮存容器相对复杂，设计时需考虑的问题包括：①容器应具有良好的热绝缘性，以减小液化气体的蒸发损失；②容器可以增压，以排出单相流体；③容器可以排出气体，调节压力；④在使用过程中，可随时监测容器内剩余液化气体的量。

比较常用的低温贮存方式是超临界深冷贮存，超临界贮存容器内流体是在临界压力之上的单相状态，在失重条件下，也可以正常工作。超临界贮存压力的确定应考虑结构重量和在失重环境下能够稳定地工作。超临界容器的绝热方法采用最先进的多层绝热，由具有良好热反射性能的材料（如铝箔或镀铝的聚酯薄膜）和传热系数低的材料（如玻璃纤维纸/布）交替组成绝热层，并将绝热层抽成真空，这样可确保达到高的绝热性能。

与高压气态贮存相比，超临界液态贮存可用较小的体积和重量贮存相同的有效载荷。但高压气态贮存系统简单，可长期存放，而超临界贮存系统复杂，需要很好的绝热措施。另外，超临界容器等压工作期间，排放流量与容器内贮量有关。开始使用和接近用完时的流量较小。这样，当飞行中座舱发生爆炸减压时就不能满足大流量供氮的要求，而高压气态贮存可满足此要求。

3. 舱室氧气来源

供氧方式与环境控制和生命保障系统的类型有关，非再生式环境控制和生命保障系统的供氧完全来源于地面，可采用高压贮存供氧、低温液态贮存供氧和借助含氧物质供氧 3 种方法实现。在决定采用何种供氧方法时，要充分考虑技术成熟度、安全性、可靠性、可利用气体体积，压缩气体、液化气体所需的能源等因素。

1）高压贮存供氧

高压贮存供氧多采用超高强度合金钢高压容器，也有采用金属薄壁内胆、外层用高强度合成纤维缠绕、树脂固封的复合材料式高压容器。贮存压力常用15MPa、21MPa、35MPa 和 50MPa 不等。其优点和不足与高压贮存供氮相同。

2）低温液态贮存供氧

当温度降至-183℃时，氧气会变成浅蓝色液体，其密度是气态氧的 800 倍。临界压力为 5.08MPa。超临界贮存是将液氧贮存于专门设计的超临界液氧容器中，贮存压力一般为 6.2MPa 左右，容器内的液氧在临界压力之上呈单相状态，在失重条件下也能保持容器正常供氧。

高压气态贮存供氧适于短期飞行，即需要较小的有效载荷或者低消耗的长期飞行，以及作为应急氧源作用。一般来说，若飞行天数超过 20 天，则超临界液态贮存的体积和重量显著低于高压气态贮存。例如，美国水星号飞船采用了两个压力为51.6MPa 的球形容器，各携带 1.82kg 的氧气作为氧源，其充满气体后的系统总重与有效载荷的比为3，而超临界贮存充满液体后系统总重与有效载荷的比可达1.28。

3）含氧物质供氧

某些化合物含有丰富的氧，在一定条件下，它们可以释放出氧气，供航天员呼吸使用，因此，可以利用这些化合物贮存氧气。航天器利用的含氧化物主要包括：①碱金属和碱土金属的过氧化物、超氧化物和臭氧化物，这些化合物可以与水、二氧化碳反应，释放氧气；②碱金属和碱土金属的氯酸盐和高氯酸盐，它们自身分解生成氧气；③过氧化氢，它通过两步反应过程生成氧气，第一步是直接分解生成氧气和水，第二步是利用第一步生成的水电解再释放出氧气。

在航天器中，主要采用碱金属的超氧化物和过氧化物，特别是超氧化钾（KO_2）和超氧化钠（NaO_2）供氧。相比而言，超氧化钾成本较低，苏联的"东方"号、"上升"号及"联盟"号系列飞船皆采用了超氧化钾与人呼出的水蒸气、二氧化碳作用，从而再生氧气的系统。

与高压气态贮存和超临界液态贮存相比，碱金属超氧化物供氧可降低重量和体积，而且这种系统可在常温、常压下工作，能够经受振动、冲击等恶劣的力学因素。因此，系统简单、工作可靠，还便于自动控制座舱内的小气候。

低温超临界贮存的贮存容器、供气控制和贮量测量等方面有一定的技术难度，而且低温超临界贮存的供气速率，受到超临界贮存容器内部加热器功率的限制；产氧化合物化学贮存的供气速率受到进入超氧化合物罐内气体含水汽及二氧化碳量的限制；电解水制氧也面临一系列不确定因素。因此，为适应在轨飞行中可能出现的压力应急供气要求，在用这三种方法作为主供气方案的载人航天器上，都设有高压气态贮存的辅助气源，以保障应急情况下大流量供气的需要。在我国神舟系列载人飞船上则直接采用压力为21MPa的高压气态贮存氧氮气源供气方案。

7.2.3 载人航天器舱室二氧化碳浓度控制

1. 载人航天器环境控制与生命保障系统类型

按主要工作原理和工作模式，载人航天器环境控制和生命保障系统可分为非再生式、物理化学再生式和部分受控生态式3类，如图7.13所示。

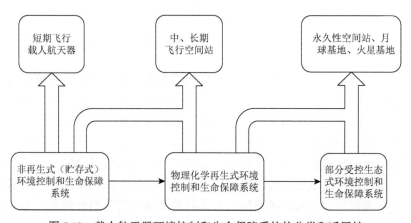

图7.13 载人航天器环境控制和生命保障系统的分类和适用性

1）非再生式环境控制和生命保障系统

非再生式环境控制和生命保障系统是指消耗性物质全靠自身携带，或者由其他航天器运送补给，航天员代谢产物被直接抛出舱外或封闭带回地面。载人飞船（包括我国的神舟系列载人飞船）、航天飞机和早期的空间站的环境控制和生命保障系统都是采用这种类型。非再生式系统的消耗性物质都是靠地面补给，这对于长期飞行的空间站来说将是一个沉重的负担。因此不适合长期飞行的航天器。

2）物理化学再生式环境控制和生命保障系统

物理化学再生式环境控制和生命保障系统保留部分非再生式技术，但在二氧化碳浓度控制、氧气和水的来源方法两者存在显著差异。图 7.14 给出了物理化学再生式环境控制和生命保障系统的组成框图。

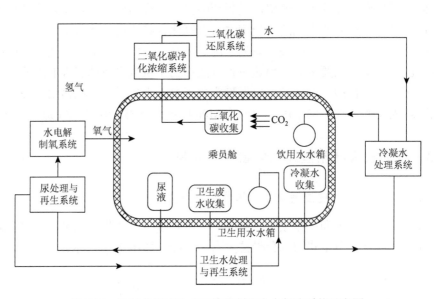

图 7.14　物理化学再生式环境控制和生命保障系统示意图

与非再生式系统不同，物理化学再生式环境控制和生命保障系统的舱室大气控制部分包含二氧化碳还原和制氧系统。座舱内航天员代谢产生的二氧化碳被收集和浓缩后，供给二氧化碳还原系统进行加氢还原成水，水再供给电解系统进行电解产氧。废水的回收处理技术是将座舱内大气中的冷凝水、航天员生活用水和生理废水进行回收处理，作为电解水，水电解产生的氧气供给座舱，产生的氢气回用于二氧化碳还原系统作反应气。由于实现了氧和水的闭路循环，所以物理化学再生式环境控制和生命保障系统可大大降低消耗性物质的补给量，水、氧和二氧化碳吸收剂基本上形成了闭环回路。

3）部分受控式环境控制和生命保障系统

部分受控式环境控制和生命保障系统是在非再生式和物理化学再生式环境控制和生命保障系统基础上，引入生物部件和生态技术发展起来的。通过引入生态平衡的概念，力图创造一个可控的小环境，协同物理化学环控生保技术，实现人和生物之间氧、水和食物的良性循环，如图 7.15 所示。部分受控式环境控制和生命保障系统尚处在地面研究和局部原理性空间实验阶段，拟用于未来永久性大型空间站、月球基地计划和火星基地计划。

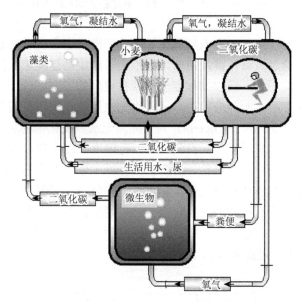

图 7.15　部分受控式环境控制和生命保障系统示意图

2. 非再生式二氧化碳浓度控制

二氧化碳是座舱大气中产出量最多的有害气体，主要来自人体的呼吸代谢。一个人平均一天产出的二氧化碳约 490L（标准状态）。如不采取有效措施，则舱内大气二氧化碳浓度将迅速上升并危及人的健康与安全。通常要求，舱内二氧化碳分压不得大于 1kPa，达到 2kPa 则应报警。非再生式二氧化碳净化技术主要用于非再生式环境控制和生命保障系统，比较成熟的有氢氧化锂吸收法和超氧化物吸收法两种。

1）氢氧化锂吸收法

该方法是采用无水氢氧化锂作为二氧化碳吸收剂，方法安全可靠，吸收效率高，主要反应如下：

$$2LiOH + 2H_2O \longrightarrow 2LiOH \cdot H_2O \tag{7.2}$$

$$2LiOH \cdot H_2O + CO_2 \longrightarrow Li_2CO_3 + 3H_2O \qquad (7.3)$$

总反应方程式为

$$2LiOH + CO_2 \longrightarrow Li_2CO_3 + H_2O + 2031.9kJ/kg（CO_2）$$

可见，无水氢氧化锂首先吸收处理气流中的水分，生成氢氧化锂的水化物（$LiOH \cdot H_2O$），后者再吸收气流中的二氧化碳，生成碳酸锂（Li_2CO_3）。此反应是放热反应，每吸收 1kg 二氧化碳放出 2031.9kJ 热量，生成的热可以使生成水汽化，汽化水进一步使氢氧化锂水化。研究结果表明，水化不足或者过早水化，都会引起氢氧化锂利用率降低。室温下，空气相对湿度为 50%～70%时，反应能够很好地开始和维持。

氢氧化锂吸收二氧化碳不像超氧化物吸收那样，容易出现堵塞。室温下，即使水饱和的气流通过氢氧化锂反应床，也不出现结块粘连现象。因此，气流通过反应床的压降变化不大，吸收过程便于维持在较好的工况下进行。相应地，对座舱温度控制要求不严。实际应用中，通常将无水氢氧化锂压制成具有一定粒径大小的颗粒，堆积密度约为 0.45g/cm³。为了提高无水氢氧化锂的利用率，必须将它制成有发达孔隙和内表面积的颗粒状物质。孔隙度一般应超过 50%。

由于氢氧化锂颗粒比较轻软，易产生强碱性尘埃，对人的眼睛和呼吸道黏膜及皮肤都有强烈的刺激性和腐蚀性，所以不允许气流夹带氢氧化锂尘埃进入座舱大气。为此，氢氧化锂吸收罐应设置保护性过滤层，防止氢氧化锂尘埃随气流带出，如图 7.16 所示。一般要求，该过滤层对粒径大于 7μm 尘埃的过滤效率达 99%，对 25μm 以上尘埃的过滤效率达 100%。

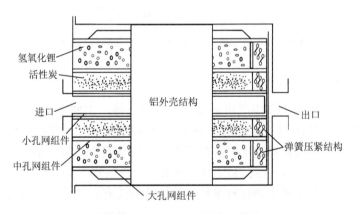

图 7.16　氢氧化锂吸收罐示意图

在高湿度情况下，由于氢氧化锂易吸湿潮解，在其表面形成一层糊状物，颗粒之间相互黏接，甚至黏成一整块，反应床部分堵塞。于是，颗粒内孔或完成被堵死，或孔道变窄，于是，气体向颗粒内部的扩散受限，同时，气流通过反应器的阻力也急剧上升。另外，反应床易形成沟道，致使大部分气流由沟道流过。这些作用都妨碍反应床的充分利用。因此，严格控制舱室大气湿度对于氢氧化锂吸收去除二氧化碳系统的正常工作至关重要。

吸湿造成局部堵塞，使得氢氧化锂吸收罐最初表现出的失效并不能反映真实状态。实际上，初始失效的反应床静置一段时间后，又表现出具有释放氧和吸收二氧化碳的能力。因此，在设计氢氧化锂吸收二氧化碳系统时，可采用两个吸收罐并联使用的方式，实现吸收容量的充分利用。其工作程序是：当第一反应罐的吸收能力减半时，将气流切换到第二罐。当第二罐吸收能力减半时，再切回到第一罐。当第一罐完全失效时，切换到第二罐，并用新的超氧化物罐置换失效的第一罐，这样，可大大地提高超氧化物的利用率。一般地，这种设置方式可使氢氧化锂利用率提高到大约 92%，即 1kg 无水氢氧化锂能吸收 0.84kg 二氧化碳。

2）超氧化物吸收法

以超氧化钾吸收为例，吸收空气中的水汽生成氧和氢氧化钾（KOH），其中，氧可用于座舱供气，氢氧化钾用于吸收气流中的二氧化碳，生成碳酸钾（K_2CO_3），反应方程式为

$$4KO_2 + 2H_2O \longrightarrow 3O_2 + 4KOH \tag{7.4}$$

$$4KOH + 2CO_2 \longrightarrow 2K_2CO_3 + 2H_2O \tag{7.5}$$

总反应方程式：

$$4KO_2 + 2CO_2 \longrightarrow 3O_2 + 2K_2CO_3 \tag{7.6}$$

理论上 1kg 超氧化钾可以吸收 0.309kg 二氧化碳，放出 0.388kg 氧气。实际上，由于舱室大气中的湿度不同，可能生成碳酸钾，也可能生成碳酸氢钾，即按 $4KO_2 + 2H_2O \longrightarrow 4KHCO_3 + 3O_2$ 进行。正因为如此，可以通过控制舱室内空气的含湿量或通风量的方法，调节超氧化钾吸收罐释放氧的速度，以实现与人体代谢速度的动平衡状态，满足航天员的呼吸要求。也可采用适量的超氧化物吸收舱室部分二氧化碳，以释放满足航天员需要的氧气。

图 7.17 是超氧化物产生氧-吸收二氧化碳系统的示意图。

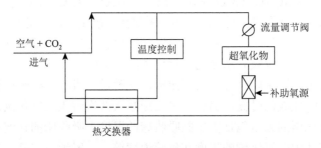

图 7.17　超氧化物产生氧-吸收二氧化碳系统示意图

与氢氧化锂吸收类似，超氧化钾吸收过程中，也会出现反应失效的情况，将失效的超氧化钾静置一段时间后，再通入待处理的气流，又表现出一定的去除二氧化碳能力。为了提高超氧化钾的利用率和使航天员有充裕的时间置换吸收罐，一般都采用两个吸收罐并联操作，以提高超氧化钾的利用率。

3. 物理化学再生式二氧化碳浓度控制

物理化学再生式二氧化碳浓度控制由二氧化碳收集浓缩、解吸和再生三个过程组成。

1）二氧化碳收集浓缩和解吸

正常情况下，载人航天器座舱的二氧化碳浓度很低，一般控制其分压在 1kPa 以内。收集和浓缩二氧化碳既是为了去除座舱大气的二氧化碳，将座舱二氧化碳浓度控制在要求的范围内；也是二氧化碳还原和制氧的前置步骤。按工作原理，物理化学再生式二氧化碳收集和浓缩方法包括电化学去级化电池法、膜扩散法、离子交换电渗析法、电活化输送法和金属氧化物吸附法等。其中固态胺和分子筛吸附-解吸法吸收容量大是未来的重要发展方向。

（1）固态胺吸收-解吸法。

固态胺材料是一种弱碱性阴离子交换树脂，其骨架结构是苯乙烯和二乙烯苯的共聚体，将其制成颗粒，经氯甲基化后再由伯胺和仲胺胺化而成。这种树脂在水中解离程度很小，呈弱碱性。这种树脂的一个主要特征是交换容量较高，且容易再生。

固态胺吸收法是通过固态胺对二氧化碳的吸收和解吸来完成的，其过程是：首先固态胺与水反应生成胺的水合物，然后，二氧化碳再与胺的水合物反应生成胺的碳酸氢盐，即

$$R_1R_2NH + H_2O \longrightarrow R_1R_2NH \cdot H_2O \tag{7.7}$$

$$R_1R_2NH \cdot H_2O + CO_2 \longrightarrow R_1R_2NH_2 \cdot HCO_3 \tag{7.8}$$

胺的再生是通过蒸汽加热，碳酸氢盐的键断裂，于是，二氧化碳就被释放出来，其反应式为

$$R_1R_2NH_2 \cdot HCO_3 + 蒸汽热 \longrightarrow CO_2 + H_2O + NH_3 \tag{7.9}$$

解吸出来的二氧化碳纯度约为 99%，被送到二氧化碳贮存箱中贮存，当需要将二氧化碳进行还原处理时，则将二氧化碳由贮存箱送往二氧化碳还原系统。图 7.18 是固态胺吸收、蒸汽解吸方法净化二氧化碳的示意图。

吸收过程中，采用两个并联式固定床，交替进行吸收、解吸操作，即一个吸收床在吸收二氧化碳的时候，另一个吸收床注入蒸汽解吸二氧化碳。影响固态胺动态吸收二氧化碳的因素包括固态胺吸收床的温度、吸收床的含湿量、吸收床的深度、进口气体中二氧化碳的浓度和气流速度等。一般地，二氧化碳的平衡吸收量随温度降低而增加，低温也有利于减少水分损失，但是，温度降低会导致吸收

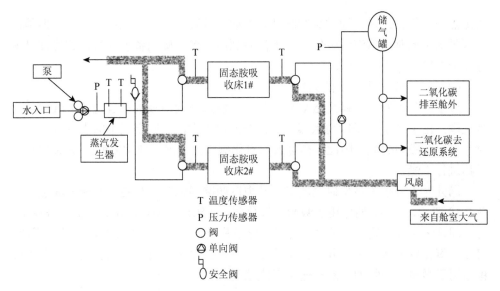

图 7.18　固态胺吸收、蒸汽解吸净化二氧化碳的示意图

速率降低，最佳吸收温度为 13～24℃。水在固态胺吸收二氧化碳过程中起着非常重要的作用，因为胺不能直接与二氧化碳反应，必须先与水反应生成胺的水合物。然后，利用胺的水合物与二氧化碳作用生成碳酸氢铵。实验结果表明，当吸收床的含水量为干固态胺重量的 20%～30%时，其吸收二氧化碳的性能达到最佳状态。当含水量超过 35%时，吸收二氧化碳的性能会急剧下降，这是因为过多的水分在胺颗粒表面形成一层薄薄的水层，该水层会阻止二氧化碳气体向胺颗粒内部扩散。固态胺吸收二氧化碳的容量随床深增加而增加；随气流速度的增加而减小，这是由于床层愈深，则二氧化碳与胺的接触时间愈长，吸收容量愈大；气流速度快，则二氧化碳与胺的接触时间就短，因此，吸收容量也就小。二氧化碳吸收容量随二氧化碳浓度增大而提高，当循环时间相同时，随着气流中的二氧化碳浓度增加，吸收容量也随之增加。

影响二氧化碳解吸的因素，主要表现在为实现解吸所需要的蒸汽量上。蒸汽在二氧化碳解吸过程除提供热量外，还作为吸扫气流把解吸出来的二氧化碳送到二氧化碳贮罐中。为实现解吸二氧化碳所必需的蒸汽量与吸收床干重、吸收罐被加热部分的重量、吸收床吸收的二氧化碳重量等因素有关。

固态胺吸收二氧化碳属化学吸收，其吸收容量大，因而吸收反应器的重量轻、体积小。同时，由于热解吸可在低压下进行，因而能够大幅度降低能耗。主要不足是在解吸时，要用到蒸汽，蒸汽排出时，将冲击座舱的湿度。另外，受固态胺材料使用寿命的限制，需要周期性地更换材料。

另外一种胺类吸收是在丙烯酸树脂基质上外裹一层聚乙烯亚胺，这种吸收床的优点是二氧化碳可以通过真空解吸。例如，放置在太空中就可以解吸，但是，其解吸效率通常比蒸汽解吸低。当不需要利用二氧化碳制备氧气时，这也许是最适宜的二氧化碳去除方法。

（2）分子筛吸附——解吸法。

分子筛吸附所用材料是 5A 分子筛，它能选择性地吸附来自座舱大气中的二氧化碳。由于 5A 分子筛与水蒸气的亲合力也较大，吸附空气中的水蒸气将引起对二氧化碳吸附失效。因此，在进入二氧化碳吸附床前，通常借助硅胶或 13X 分子筛进行干燥。

国外对于分子筛技术研究较多，其中以两路四床分子筛的研究最为成熟，如图 7.19 所示，其中，两床用于吸附二氧化碳，两床用于干燥脱水，床层交替使用，可实现连续去除舱室大气的二氧化碳。分子筛吸附饱和后，通过加热和减压手段，可使二氧化碳释放出来，并使分子筛得到再生。除了吸附二氧化碳之外，分子筛也常用于微量污染物的去除和舱室湿度控制。

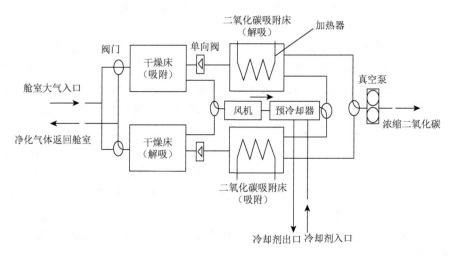

图 7.19　四床式二氧化碳去除系统示意图

四床分子筛的优点是吸附材料稳定、无气味，不需更换，在紧急状态下能用飞行器外部的高真空进行解吸，其不足是系统比较复杂，控制困难，重量、体积、功耗较大。这些不足都源于分子筛对水有较强的亲合性，因此，分子筛吸附去除二氧化碳的努力方向是研制吸附二氧化碳的性能远比水好的"憎水型"分子筛，这样便可去掉空气的预干燥，仅需两床即可实现连续运行。

目前，在二氧化碳收集和浓缩方面，美国和俄罗斯的研究侧重于分子筛与固态胺，德国和日本重点放在固态胺上，我国围绕分子筛和固态胺技术都展开了大量研究。分子筛技术在美国的空间实验室、俄罗斯的"和平"号空间站都曾应用过，目前国际空间站上装备的也是分子筛二氧化碳控制系统。而固态胺二氧化碳控制技术在俄罗斯"和平"号空间站试验性地应用过，美国也把它作为四床分子筛的后备技术。我国即将发射的空间站采用了分子筛吸附浓缩技术。

除了上述方法之外，各国也在围绕电化学去级化电池法、膜扩散法、离子交换电渗析法、电活化输送法和金属氧化物吸附法等展开研究。电化学去极化电池法是使含有二氧化碳的舱室大气通过一个由数个电化学电池单元组成的装置来完成的。每个电池单元有两个极，在两极中间有一层多孔、内含水解碳酸铯（Cs_2CO_3）的基体。在电池内发生的电化学和化学反应如下。

阴极：　　　$1/2O_2 + H_2O + 2e^- \longrightarrow 2OH^-$（氧电化学反应）　　（7.10）

$CO_2 + 2OH^- \longrightarrow H_2O + CO_3^{2-}$（二氧化碳净化过程）　　（7.11）

阳极：　　　$H_2 + 2OH^- \longrightarrow 2H_2O + 2e^-$（氢电化学反应）　　（7.12）

$CO_3^{2-} + H_2O \longrightarrow 2OH^- + CO_2$（二氧化碳的收集和浓缩过程）　　（7.13）

总反应：　　$CO_2 + 1/2O_2 + H_2 \longrightarrow CO_2 + H_2O + 电能 + 热$　　（7.14）

用电化学去极化方法净化、收集和浓缩二氧化碳必须有氢、氧参与才行，因此使用这种方法要考虑氢和氧的消耗和补充。另外，由于反应过程产生热量，所以必须考虑温度控制。电化学去极化方法净化二氧化碳的速率可以通过增减电池单元的数目，或者调整通过电池单元装置的电流大小来控制。

膜扩散法是一种利用膜的透气选择性来实现二氧化碳的分离。基于这一原理制成的分离膜必须具有高度的二氧化碳可渗透性，即只允许二氧化碳通过，而不允许其他气体通过，因此膜扩散方法的关键是合格的渗透膜。离子交换电渗析法是用离子交换树脂和舱室大气中的二氧化碳反应，生成碳酸盐离子。交换树脂通过正交电场的作用不断地再生，正交电场可以使树脂中的碳酸盐离子从吸收池转移到浓缩池。电活化二氧化碳输送法是利用氧化还原活性基团来净化、浓缩二氧化碳。具体地说，是利用某些化合物在其还原状态可以与二氧化碳结合，而在氧化状态下又释放出二氧化碳的特性，来实现二氧化碳所分离。这种化合物包括醌和其他含有氧或氮原子的环状化合物，这类化合物中的氧和氮原子是可与二氧化碳结合的基团，即氧化还原活性基团。金属氧化物吸附法是借助金属氧化物实现二氧化碳吸附。对多种金属氧化物吸附二氧化碳的研究表明，氧化银混合物（80.3%Ag_2O、10.4%KOH 和 9.3%Na_2SiO_3）具有优异的吸附和解吸二氧化碳性能。由于水参与反应能够提高吸附能力、反应速率，所以待处理空气流中的湿度是主要影响因素，通常情况下，湿度愈高，处理效果愈好。金属氧化物吸附的不足是，吸附和解吸过程金属氧化物产生膨胀与收缩，使得它的球状结构被破坏，因此使用寿命有限。

2）二氧化碳还原

博希（Bosch）还原法和萨巴蒂尔（Sabatier）还原法是两种比较成熟的二氧化碳还原方法。

（1）博希还原法。

博希还原法是使收集、浓缩的二氧化碳与氢混合后，在 $525\sim730℃$ 和催化剂作用下，发生催化反应，生成固态炭和水蒸气，即 $CO_2 + 2H_2 \longrightarrow 2H_2O + C + 热$。博希反应是一种放热反应，每反应掉 1kg 二氧化碳，放出 2.28kJ 的热量，因此催化反应器必须不断地冷却。

博希还原反应催化剂包括镍、钴和钌/铁合金等，也可将这些物质负载在 $\gamma\text{-Al}_2O_3$ 上。研究表明，镍、钴和钌/铁合金催化剂的活性优于铁；以 $\gamma\text{-Al}_2O_3$ 为载体的催化剂的初始活性优于钢棉催化剂。但是，由于大量炭沉积在多孔 $\gamma\text{-Al}_2O_3$ 催化剂的表面和颗粒内部，催化剂迅速失活。沉积在颗粒内部的炭不容易用机械方法去除，而表面积较大的钢棉和镍棉催化剂表面积炭容易除去，因而与 $\gamma\text{-Al}_2O_3$ 催化剂相比，钢棉和镍棉催化剂性能更稳定，寿命更长。图 7.20 为博希反应器的示意图。

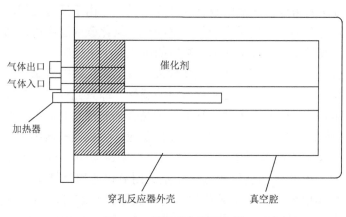

图 7.20　博希反应器示意图

实际上，在典型的博希还原反应过程中，除生成水和固态炭之外，还有一氧化碳和甲烷等中间产物生成。另外，通过反应器的二氧化碳单次转化率仅为 10% 左右，要提高转化率，气流必须多次循环通过反应器，并不断地从反应器取出反应产物。

为了实现连续运行，系统需要设置双催化反应罐交替工作，即当第一反应罐因积炭而失效时，就将气流切换到第二反应罐，并用新的反应罐换下已失效的第一反应罐。在置换之前需用氮气吹扫管路和反应罐，以防止管路和罐内的一氧化碳、甲烷和氢逸入座舱。由于二氧化碳与氢的催化反应需要在 525～730℃下进行，气体进入反应器前，需利用热交换器预热，其热介质为反应后的高温气体。

博希还原法的缺点是需频繁更换催化剂，这不仅耗费航天员不少时间，而且在更换过程中，反应生成的低密度且高度分散的碳容易逸出，污染舱室大气。

（2）萨巴蒂尔还原法。

萨巴蒂尔还原法是一种比较成熟的催化还原二氧化碳技术，反应式为

$$CO_2 + 4H_2 \longrightarrow CH_4 + 2H_2O + 2 \times 10^4 kJ/kg \ (H_2)。$$反应生成的甲烷和少量水汽，以及未反应的二氧化碳和氢直接排至舱外，图 7.21 是萨巴蒂尔反应器的示意图。

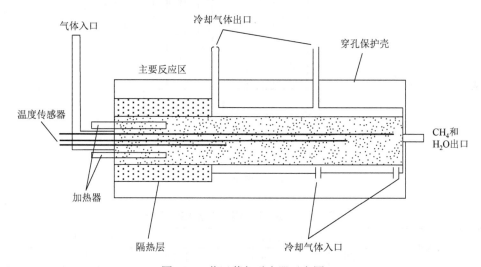

图 7.21　萨巴蒂尔反应器示意图

萨巴蒂尔还原法的优点是反应转化率高，系统简单、可靠，催化剂能长时间使用，对负荷变化的适应性强；其不足是部分氢被损失于甲烷之中。

对上述萨巴蒂尔还原法进行改进，使反应产生的甲烷用作火箭推进燃料，或在上述萨巴蒂尔反应后加上一级成碳反应，对甲烷进行裂解（$CH_4 \longrightarrow 2H_2 + C$），反应生成的氢气可回用于萨巴蒂尔反应的原料。其成碳反应器如图 7.22 所示。

上述成碳反应温度为 850℃，产物碳沉积在石英纤维反应芯体上，为了维持连续运行，也需两个反应器交替运行。改进的萨巴蒂尔还原系统运行温度更高、重量更大、功耗更高。与博希还原系统不同的是，改进的萨巴蒂尔还原系统的二氧化碳还原率高。另外，产物碳的密度较高，因而不易飞扬，可有效防止碳污染。

博希还原法和萨巴蒂尔还原法是两种主要的航天器舱室二氧化碳还原方法，两者的综合性能比较如表 7.6 所示。在我国即将发射的空间站实验舱中，将装载萨巴蒂尔二氧化碳还原装置。

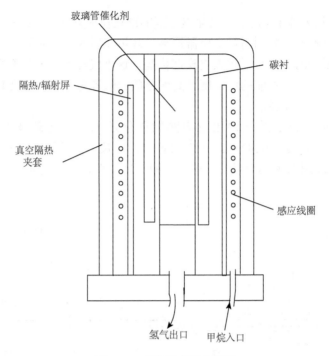

图 7.22 成碳反应器示意图

表 7.6 二氧化碳还原法性能综合比较

技术参数	博希还原法		萨巴蒂尔还原法	
	评价	说明	评价	说明
CO_2还原率	好	还原全部 CO_2	较好	还原部分 CO_2
复杂性	较复杂	需再循环回路	简单	直通处理
安全性	较好	CO、H_2 和 CH_4 可能泄漏，工作温度高	较好	H_2 和 CH_4 可能泄漏，工作温度高
航天员时间	较好	需更换炭罐	好	不需要更换反应组件
催化剂污染的可能性	较低	表面积炭，会减低催化剂活性	低	可能被固态胺毒化
噪声	较低	再循环压缩机和循环泵的噪声	低	冷却空气风机和循环泵的噪声
体积	较小	$0.37m^3$	小	$0.025m^3$
对接复杂性		当用电化学极化电池浓缩 CO_2 时，不需要 H_2 源接口		需要 H_2 源和 CH_4 放空或贮存能力，由航天器要求确定

4. 氧气再生

二氧化碳收集和浓缩、还原和氧气再生是物理化学再生式环控生保系统有别于非再生式环控生保系统的主要特征。在配备物理化学再生式环控生保系统的载人航天器中，氧气主要来源于电解制氧系统，可通过两种途径实现：一是电解二氧化碳还原所生成的水，提取氧；二是电解从舱室回收处理的废水，提取氧。主要电解制氧方法包括水蒸气电解法、流动碱性电解法、静态供水电解法、固态聚合物电解质水电解法和固态聚合物电解质静态供水电解法。

1）水蒸气电解法

可以通过直接电解舱室大气所含水蒸气的方法，产生氧气和氢气。如图 7.23 所示，这种电解系统的电池内含有酸性电解质，阴极和阳极中间设置一层微孔膜。当电流通过电池时，水就会被电解，阳极放出氧气，阴极放出氢气，电池内的微孔膜会阻止氢气和氧气相互混合。这个过程可以连续发生，产生的氧气返回到航天员舱，氢气可以分离使用或单独处理。该过程操作简单，被认为是可靠的产氧技术。

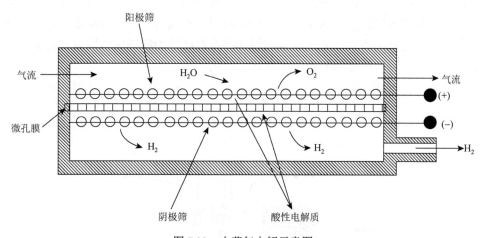

图 7.23　水蒸气电解示意图

2）流动碱性电解法

流动碱性电解法采用高电导率的氢氧化钾溶液作电解质，按如下反应电解：

$$2H_2O + 2e^- \longrightarrow H_2 + 2OH^- \tag{7.15}$$

$$2OH^- \longrightarrow H_2O + 1/2O_2 + 2e^- \tag{7.16}$$

俄罗斯"和平"号空间站上就采用这一方案。电解质强制循环，通过阴极与阳极，由亲水材料制成的静态水/气分离器分离产物气体与电解质。这种电解池工作可靠，电解产生的热量及产物直接由电解质带出，易于控制池内温度以及便于从反应区排除产生的气体，电池内碱的浓度也便于配碱装置控制，电解液能充分补充到电解电极上，使它的电流密度高、范围广。但是由于流动的碱性电解液的腐蚀性以及可能的泄漏，给系统带来了不安全性，一旦发生这种事故，将导致严重后果。电解池本身的特性，决定了产物氧的纯度需要净化器保证。此外，失重条件下大量气、液的分离、收集、排放、气溶胶的捕集以及配碱、除碱设备的增加，增大了系统重量、体积和成本，这些外围设备的故障远大于电池芯体的故障，因而增大了系统的维护量，降低了系统的可靠性和电解池的寿命，设计连续工作寿命为1年。

　　3）静态供水电解法

　　固体电解质的产生解决了液体电解质腐蚀性泄漏带来的危险性。其中，一种固体电解质是将电解质固定在电极材料中，这种类型的电解池也叫固定式电解池，另一种是采用有机材料的固体电解质，这种类型的电解池称为固体聚合物电解池。

　　在固定碱式电解池中，通常选用氢氧化钾为电解质，这是因为它具有降低溶液饱和水蒸气压、有利于减少产物气体水分含量的特点。氢氧化钾电解质限定在多孔电极材料中，电池内流动的只有水分，从而控制了这种强腐蚀性物质的分布范围，大大减少了腐蚀带来的问题。这种电解池的设计一般采用静态蒸气供水方式，也就是在电解腔室与水室之间有一膜材料，水蒸气通过扩散从水室进入电解腔室、补充电解用水，按照这种方式设计的电解池称为静态供水固定式电解池，由此产生的制氧方法称为静态供水电解制氧法。

　　静态供水电解制氧工作原理如图7.24所示，在阴极上，水被还原为氢和氢氧

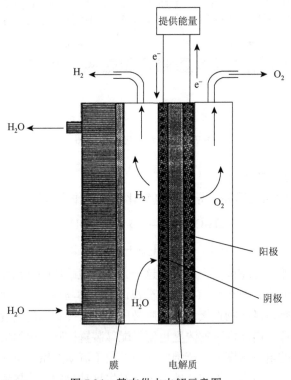

图7.24　静态供水电解示意图

根离子；在阳极上，氢氧根离子氧化为氧和水。电化学过程中，电子在阳极产生，在阴极消失。以阳极和阴极之间电解质中运动的离子维持外电路电子流的连续性，包含的反应如下：

$$阳极反应：4OH^- \longrightarrow O_2 + 2H_2O + 4e^- \tag{7.16}$$

$$阴极反应：4H_2O + 4e^- \longrightarrow 2H_2 + 4OH^- \tag{7.17}$$

$$总反应：2H_2O \longrightarrow 2H_2 + O_2 \tag{7.18}$$

产生上述电化学反应的动力是外加电能，该电能通过电极上的集流器输入电解电池。电池芯体包括电极及电解质载体。电解质载体是一种多孔板石棉芯体组件，含有碱性电解质。由于电解过程中部分电能会转化为热能，所以供给电池的电能效率总是低于100%。为了提高电解电能效率，可在电极上涂敷具有降低反应阻力功能的催化层和电催化层，以提高氢、氧产率。另外，也需要采取措施控制电解电池温度。实际上，供给电解电池的循环水，一是用作电解的水源，二是作为冷却媒体带走电解过程产生的废热。

电解发生前，供水腔和电解电池芯体的电解质浓度相同。当向电池供电时，电池芯体的水被电解，供水腔与电池芯体之间产生了浓度差，于是供水腔中的水蒸气就会通过薄膜向电池芯体扩散，外部水则补偿至供水腔，以弥补供水腔水的消耗。在供水腔与电解电池之间的薄膜可透过蒸汽，但不能渗透液体，所以水不直接与电极接触。相应地，降低了对水质的要求。可使用废水处理系统输出的水作为水源，只要外部水源连续地向电池组供水，电解过程就会持续发生。

静态供水法的主要优点包括：①由于供水的机理是通过电解的需要进行自调节的，因而无运动部件；②供水与产物各自独立，产物中水分含量低，所以不需要冷凝器和水汽分离器；③液体水与电解质不直接接触，电极催化剂与电解质不会受到水中污染物的污染，因此，电解用水不需超纯水，系统也不需对供水进行预处理；④供水膜为疏水膜，控制供水腔与氢腔压力，就能保障只有水蒸气透过，不需要利用电化学的氢泵来解决供水中溶解氢问题。因而重量轻、体积小，操作简单，寿命长，法拉第效率接近100%，电力消耗相对较低。

4）固体聚合物电解质水电解法

固体聚合物电解质水电解质氧的工作原理如图7.25所示。固态聚合物电解质是一种厚度仅为0.3mm，并具有许多聚四氟乙烯物理特性的全氟磺酸聚合物离子交换膜。当这种聚合物被水浸透时，具有良好的导电性，是一种良好的离子导体，可作为水电解所需要的电解质。这种电解质不含自由酸或碱性液体，水是仅有的自由液体，离子的导电性是由水合氢离子提供的。在固体聚合物电解膜的两边接上两个电极，即构成阳极和阴极。离子从阳极通过固体聚合物、离子交换膜转移到阴极。水合磺酸组分的固有特性使得酸浓度保持稳定。与静态供水电解法相类似，电解过程中，部分电能也会转换为热能。为了散热，循环水流量要大于电解所需要的供水量。水由阴极（氢电极）输入电解电池，从而简化了供水系统和失重条件下的水/气分离要求。固态电解膜的透水性很高，因此有足够的水从氢电极输送到阳极（氧电极），在氧电极进行电化学反应生成氧气、氢离子和电子。氢离子通过固态聚合物电解质迁移至阴极；电子则通过外电路输送至阴极。在阴极上发生生成氢的电化学反应，放出的氢气随水流一起排出电池。

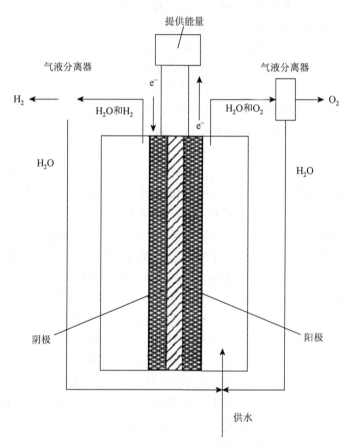

图 7.25　固体聚合物电解质电解水示意图

与静态供水电解法不同，固体聚合物电解质水电解法需要安装气/液分离器。这是因为一部分液态水会随氢气排出，很少量液态水还会随氧气排出，因此需要让气体通过分离器，把水分离出来，这些水返回到供水系统可以继续使用。氧气和氢气的产量与电流成比例，产生气体的压力通过简单的反压控制，即可达到所要求的水平。

5）固态聚合物电解质静态供水电解法

对于固态聚合物电解质静态供水电解系统，氧电极发生电解时，水腔和氧电极之间建立起供水梯度，由此保证了氢气和氧气腔的相对湿度低于 100%，从而避免了水/气分离问题。由于供水膜不导电，所以采用了边缘集流技术进行电的传输。又由于没有换热介质的循环流动，所以电解过程中产生的废热先传导到电池的边缘，然后，再传导到冷却板散去。

固态聚合物电解质静态供水电解系统运行中发现，电池供水腔需要增压到相同或略高于氢腔中的压力。这是因为氢腔压力高于供水压力时，膜扩散会在水腔产生气泡，最终使气泡充满水腔，电解过程则不能进行下去。若在供水腔增压会使设计复杂。解决的办法是在供水膜中装入电化学氢泵。

综上，电解制氧方法很多，且各有千秋，各国研究上的侧重也不一样。美国重点在静态供水电解法和固体聚合物电解质水电解法上，俄罗斯热衷循环碱性电解池及固体聚合物电解质水电解方法，我国和日本则对固体聚合物电解质水电解法表现出更大的兴趣。俄罗斯研制的流动碱性电解制氧系统从 1986 年作为实验件开始在"和平"号空间站上运行，1989 年开始作为装站设备为航天员供氧。系统总重量为 155kg，在正常工作时，电解电流为 30A 时，电压不超过 26.5V，总功耗为 850W。系统最大承受电流不超过 70A，最大产氧速率为 160L/h，最大功耗为 1500W。在"和平"号空间站上，装站的电解制氧系统有 2 套，其中一套系统开、停超过 600 次，运行了 535 天，分解水约 1.5t、产生氧气约 1000m³。经过对电极催化剂进行改进，系统的功耗已降低 15%，改进的系统装备在国际空间站俄罗斯舱段内。在我国空间站的核心舱装载有固体聚合物电解质水电解质氧装置。

7.2.4　航天器舱室微量大气污染物控制

载人航天器座舱是一个人工、密闭环境，舱内大气除了氧、氮和水蒸气外，还因人体代谢活动、材料脱气和仪器设备散发等过程产生种类繁多的化学污染物质。如果不控制和清除这些污染物，必然对航天员的健康和工作效率带来不利影响。有些化学污染物还能加速仪器仪表的腐蚀或影响它们的功能。

航天器舱室大气污染物种类多而浓度低，目前已检测出的成分有 300 多种，舱室大气污染控制的任务是及时而有效地去除这些污染物。舱室大气污染程度或舱室大气组成情况取决于两个因素，即污染物的产生速度和污染物的清除效率。其中，污染物的产生速度受污染源和温度、压力、湿度和辐射等座舱环境因素的影响，很难获得明确的数据。另外，舱内微量污染物对人体健康的影响，特别是长期连续暴露于多种污染物共存环境的危害也缺乏足够的资料，所有这些都给舱室污染物的检测和控制带来技术上的困难。一般来说，为使舱室大气质量符合要求，一方面要控制污染源，另一方面要采取切实有效的净化措施，消除二氧化碳和微量污染物。

1. 航天器舱室大气污染源控制

毋庸置疑，控制舱室大气污染的最经济有效方法是控制污染源，减小污染物的产生量，控制产生污染物的类型。例如，在设计阶段，就要考虑选用那些化学性能稳定、放气量最小的材料、固定容器和处理设备，这样产生的污染物的量会被控制到最小，同时处理污染物的量也相应减小。具体来讲，主要包括以下污染源控制方法。

1）控制人体代谢产物

尽管人体代谢活动必然造成某些有害物的排出，但是通过控制饮食可减少排出量。例如，保证提供足够的碳水化合物食入，或减少脂肪食入可降低呼出气和排尿中丙酮量；低糖、高蛋白饮食能减少挥发性脂肪酸的排出量；豆类饮食使肠气增加 10～20 倍。因此，在航天员食谱中，不仅要考虑热能和营养需求，还要兼顾降低有害代谢产物排出量。

对于人体大小便，首先应考虑设计、制造密封性能优良的收集和贮存装置。其次，要通过添加杀菌剂、消毒剂和防腐剂，抑制细菌分解大小便中的有机物，降低有害挥发物的排出强度。例如，可用重金属离子（Cu、Fe 等）和氧化剂（CrO_3、H_2O_2 等）作防腐剂处理陈旧尿液。用氟化银、硫酸银、硫酸铜、碘晶等处理大便，以降低大便的特殊气味。

2）科学选用非金属材料

在设计制造航天器密闭舱体和舱内器件时，要用到各种非金属材料，如塑料、橡胶、胶黏剂、涂料、润滑剂和绝缘绝热材料等。尽管目前还没有建立标准化的航天非金属材料选择方法和程序，但是选用不污染环境的非金属材料，主要是各类聚合材料的重要性已被国内外航天界充分认识。原则上，应选用低气味强度、低毒性成分、低分解率、高分解温度和高半数致死量的材料作为航天应用的材料。

根据材料的性质，采用合适的物理、化学方法处理材料，或在合适条件下存放材料，以加快材料所含污染物或气味的散发，是避免或减少污染物释放到舱室之中，从而降低舱室微量污染物浓度的有效方法之一。表 7.7 给出了材料常用的加快污染物释放或消除污染物的方法。

表 7.7　加快污染物释放或消除污染物的方法

方法名称		方法原理
物理方法	加热	在热作用下，加快挥发性成分释放
	在惰性气流中热处理	在惰性气流作用下，加快挥发性成分释放
	镀合成树脂	在材料表面覆盖一层不透气物质
	超声波处理	在超声波作用下，加快挥发性成分释放

续表

方法名称		方法原理
物理方法	热真空法	在真空和加热作用下，加速挥发性成分释放
	用离子处理的真空法	在真空和离子轰击作用下，加速排除挥发性成分
	红外线和紫外线处理	改变聚合物结构和加快挥发性成分释放
化学方法	用化学试剂或溶剂处理	消除聚合材料中的低分子化合物
	游离基作用	形成不挥发的化学稳定化合物
	成分替代	在聚合物结构内注入不挥发的化合物
	扩散稳定	用氧化抑制剂来扩散处理聚合材料
	氢化作用	通过金属氢化物处理材料来消除不适的气味
物理-化学方法	渗析和电渗	消除聚合材料中的低分子化合物
	辐射聚合作用	利用辐射作为聚合作用的起爆剂

3）防止污染设备装舱使用

航天器舱用仪器设备包含专用和常规两种类型，专用设备是指针对航天器要求，专门研制的设备；常规设备的应用领域不局限于航天器，可自行研制，也可从市场购买。对这两类设备，尤其是从市场购买的仪器设备装舱，必须认真检测污染排放情况。发光涂料、发光化合物和含镭化合物应禁止使用，这些物质在蜕变时会产生放射性污染。

2. 航天器舱室大气污染物净化

一个完整的航天器舱室大气再生系统由微量污染物去除、CO_2 收集和浓缩、CO_2 还原和制氧等部分组成，如图 7.26 所示。

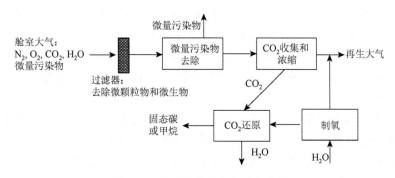

图 7.26　航天器舱室大气再生系统

由于舱室微量大气污染物的多样性和复杂性，通常需要联合使用多种去除机理来净化这些污染物。比较成熟并在航天实践中得到应用的处理方法是吸附、催化氧化和过滤联合净化技术，如图 7.27 所示，此外，泄漏也是常用的一种方法。

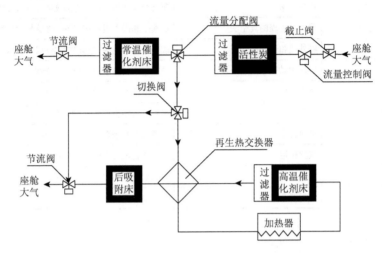

图 7.27　几种方法联合使用的微量污染物净化示意图

1）吸附

在航天实践中，主要采用活性炭吸附去除舱室微量污染物，这是因为活性炭可以吸附气相中的多种有机物，尤其是高沸点的碳氢化合物和大分子量有机污染物。航天器舱室大气中需吸附去除的污染物多种多样，因此吸附床活性炭用量计算比较复杂。一般来说，如果按所有污染物相互不共吸附计算，则所需活性炭量为吸附各污染物所需活性炭量之和，所需炭量最大；如果按最难吸附的污染物计算所需炭量，较易吸附的污染物均利用共吸附实现净化，则所需炭量最小，实际所需活性炭量介于两者之间。

活性炭床的设置方法取决于飞行时间，在短期飞行中，一般在氢氧化锂吸附反应罐（用于去除二氧化碳）中设置一层活性炭（图 7.10）每人每天约需耗用 200g 活性炭。在切换氢氧化锂罐芯体的同时，更换活性炭。

在长期飞行的航天器内，由于航天员多，飞行时间长，舱内专门设置了微量污染物控制系统，其吸附部分设置两个固定吸附床，交替进行吸附、再生操作。一般地，当活性炭吸附了接近其自身重量 20%左右的污染物时，就切换至再生状态，借助加热或真空等方法进行解吸。采用再生式活性炭床可大大减少系统重量，而且舱内航天员和设备愈多，飞行时间越长，重量减少越显著。

2）催化氧化

活性炭能有效地解决高分子烃类或高沸点化合物的污染问题，但不能去除低沸点化合物，如甲烷、一氧化碳、氢气等，这些化合物需要采用催化氧化法进行处理。催化氧化法是基于催化剂作用下，在相对不高的温度下，将舱室的低沸点含碳、含氢化合物氧化为二氧化碳和水。催化氧化装置的关键是催化剂，理想的催化剂可以使氧化反应在很低的温度下高效进行，而且适应污染物范围宽，抗毒能力强。目前认为以 $\gamma\text{-}Al_2O_3$ 为载体，Pt 和 Pd 为活性组分的催化剂最为有效，这种催化剂的低温活性好，但成本较高。在实践中，这类催化剂主要用于催化氧化甲烷，而一氧化碳和氢气则大多采用霍加拉特（Hopcalite，氧化锰和氧化铜的混合物）催化剂进行氧化处理。

3）过滤

为消除座舱大气中的微尘和气溶胶等有害物质，需要持续地对座舱大气进行过滤。除了在氢氧化锂吸收罐、活性炭吸附罐中敷设过滤层外，载人航天器舱室中还专门装备了特殊设计的过滤装置。过滤材料有超细玻璃纤维或合成纤维构成的紧密过滤纸、无纺布等，它们均具有良好的过滤能力。

4）泄漏

在允许值内将污染物泄漏到太空也是控制舱室微量大气污染物的方法之一。航天器舱室污染物产生速率很低，所以利用泄漏保持污染物浓度在可接受的水平是可取的。这种方法的不足之处在于，对突发的污染物浓度变化反应较慢，而且需要不断地向舱室补充气体。遇到污染严重的情况，还需要把被污染的舱室大气完全抽空，然后利用贮存气体补充。

3. 航天器卫生学标准的制订

航天器卫生学标准可为航天器舱室大气污染控制系统的设计提供依据，其最终目的是防止有害气体引起航天员生理、生化及心理的不良影响，不引起航天员工作能力的降低。实测表明，航天器舱室有害气体类型与地面类似，而且这些有害物的地面容许浓度在工业卫生学标准或居民区卫生学标准中大多已给出明确要求。然而，这些标准不适用于航天器，其主要原因是：①工业卫生学标准是按一天暴露 8h，每周工作 5～6 天的条件制订的，而航天实践一般是数天，数周乃至数月，甚至更长时间的连续暴露。动物实验证明，用工业卫生学标准进行长时间连续暴露，死亡率明显增加。居民区的卫生学标准也不适于航天，因为这些数据偏严，在航天中不易实现。②工业容许浓度一般以一种成分单独存在为依据，而航天器舱室有害气体是多种共存。由于存在协同效应，其毒性作用会不同程度地增加。③工业卫生标准是按地面工作条件制订的，而航天飞行中有超重、噪声、震动、失重、活动受限等环境因素的影响。

制订有害气体航天容许浓度是一个复杂的课题,最好应根据动物实验甚至人体实验来确定。但由于舱内有害气体种类很多，一般在几十种甚至上百种，而且在地面条件下难以模拟航天实际情况，故完全通过实验技术制订航天容许浓度不切实际。正因为如此，有人主张以地面工业或居民区容许浓度为基础，综合考虑航天器舱室面临的压力系数、连续暴露、活动受限等因素，采用下式确定航天容许浓度：

$$航天阈限值 =（工业阈限值×压力系数）÷（连续暴露系数×温度系数$$
$$×活动受限系数×高氧系数×疲劳系数×相互作用系数）$$

　　由于上式中各系数的确定非常困难，所以实用性不大。尽管如此，是其思路是值得借鉴的。

　　目前，美国国家科学院毒理学委员会对 52 种化合物提出了航天卫生标准，其中 8 种为无机物、44 种为有机物，30 种化合物有对应的工业卫生标准限值。与工业卫生标准相比，航天标准浓度限值远低于工业卫生标准。"阿波罗"飞船设计中曾以工业阈限值的 1/5 作为有害气体净化装置设计的基本依据。我国于 2002 年首次发布了国家军用标准《飞船乘员舱有害气体评价标准和评价方法》（GJB 4400—2002），2017 年 9 月 12 日发布了标准最新版《载人航天器乘员舱内有害气体评价标准和评价方法》（GJB 4400A—2017），明确了航天员一次飞行任务时间 7 天、30 天和 180 天时乘员舱内空气中有害气体的容许浓度，如表 7.8 所示。

表 7.8　载人航天器乘员舱有害气体最高容许浓度　　（单位：mg/m^3）

序号	化合物名称	首要毒性效应	7 天	30 天	180 天
1	可吸入颗粒物	呼吸系统毒性	0.3	0.2	0.2
2	乙酸	呼吸系统毒性	5	5	5
3	戊二醛	呼吸系统毒性	—	—	0.002
4	硫化氢	黏膜刺激	1	1	1
5	乙醛	黏膜刺激	20	4	4
6	甲硫醇	黏膜刺激	0.5	0.5	0.5
7	3-甲基吲哚	黏膜刺激	0.5	0.3	0.3
8	甲醛	黏膜刺激	0.5	0.1	0.1
9	甲基肼	鼻黏膜刺激	0.02	0.02	0.004
10	丙烯醛	黏膜刺激	—	—	0.02
11	乙苯	黏膜刺激	—	—	50
12	甲醇	眼毒性	90	90	90
13	氨	眼毒性	10	7	2
14	甲苯	眼、耳、生殖系统毒性	50	50	15
15	二甲苯	耳毒性	—	220	37
16	丁醇	眼刺激	—	—	40
17	丙酮	中枢神经毒性	240	52	52

续表

序号	化合物名称	首要毒性效应	7天	30天	180天
18	甲胺	中枢神经毒性	1	1	1
19	乙二醇	中枢神经毒性	100	100	100
20	吲哚	中枢神经毒性、血液毒性	1	0.3	0.3
21	氟利昂22	中枢神经毒性、心脏毒性	—	3500	3500
22	二氧化氮	中枢神经毒性	—	0.3	0.3
23	一氢化碳	中枢神经毒性、心脏毒性	30	17	17
24	C2~C9 烷烃*	中枢神经毒性	—	—	3ppm
25	1,2-二氯乙烷	胃肠毒性	—	—	1.6
26	异戊二烯	肺、血液、中枢神经毒性	—	—	3
27	汞	中枢神经毒性、肾脏毒性	—	—	0.01
28	异丙醇	中枢神经毒性、黏膜刺激	—	—	150
29	乙醇	眼、黏膜刺激、肝脏毒性	2000	2000	2000
30	苯	血液毒性、免疫系统毒性	5	0.3	0.2
31	三氯乙烯	肿瘤、肝肾毒性		20	10
32	偏二甲基肼	肝脏毒性	—	0.06	0.008
33	二氯甲烷	肝脏毒性	85	40	10
34	三氯甲烷	肝、肾、中枢神经毒性			5
35	肼	肝毒性、致癌（鼻癌）	0.05	0.05	0.005
36	氯乙烯	肝毒性	—	—	2.6
37	四氟化碳	致癌	—	1.2	1.2
38	呋喃	致癌（肝肿瘤）			0.07
39	其他	—	—	25	25

注：载人飞船着陆后48h等待救援期间，乘员舱内气体中肼的限值为0.13mg/m³，一氧化碳限值为30mg/m³。
* C2~C9 烷烃为混合物，无确定的质量-体积比浓度换算方法，故以体积比浓度表示。

4. 微量污染物的监测

微量污染物监测包括在线监测和离线监测，前者是指在航天器中实时监测舱室大气污染物，后者是指现场取样后，送回地面实验室进行分析。对于长期载人航天飞行，必须采用在线监测来了解舱室大气污染情况，这就要求监测仪器具有体积小、重量轻、检测范围宽、灵敏度高等特点。而对于短期任务，离线监测用得较多。

1）空气样品采集

（1）全真气体采样，又称罐采样，一般采用一个钝化的不锈钢罐瞬间完成样本收集。具体做法是，先把采样罐抽成真空置于舱室，采集时打开阀门，舱室大气在压力差作用下自动流入罐中。采集完毕，关闭阀门即可。

（2）吸附气体采样，利用内装吸附剂的采样管采集气样，实质是利用吸附剂吸附富集低浓度的有机化合物。采样管形式多样，但结构大致相同，根据采样方式的不同，又可分为无动力扩散式采样管和有动力泵抽式采样管。

（3）序列管采样，是一种程序化的连续采样方法，其实质是应用吸附管进行多个样品的采集。核心组件是一个装有 25 支吸附采样管的转子，若设定每管采样时间为 1h，则 24 支管子就可以采集到连续 24h 的空气样品（第 25 支备用）。

2）样品预浓缩

舱室大气污染物浓度很低，即使利用灵敏度高的分析仪器也很难检出，所以样品在进行分析之前通常要进行预浓缩。样品的预浓缩一般有两种方法：一种是将采集的样品用惰性气体导入冷凝毛细管系统，冷凝，再迅速气化，并送入气相色谱仪或色/质联用仪进行分析；另一种是将采集到的气体样品导入冷阱中，在其中冷凝、吸附，再迅速加热脱附、气化，并送入气相色谱仪或色/质联用仪进行分析。

3）分析

色/质联用仪是分析航天器舱室微量大气污染物最理想的手段，它可以直接对复杂大气组分进行快速分析，无须对样品进行预分离。同时，气相色谱法也常用做定量分析，该方法具有灵敏度高、速度快等优点，对混合气体的分离能力优于其他方法。

7.3　潜艇舱室空气污染与控制

7.3.1　概述

1. 潜艇的类型与航行状态

1）潜艇类型

根据潜艇推进动力的不同，可将潜艇分为常规动力潜艇和核潜艇两类。常规动力潜艇采用柴油机-蓄电池推进装置，在水面或通气管状态航行时，利用高速柴油机发电提供动力，水下航行则利用蓄电池放电提供动力。由于蓄电池的容量有限，这种潜艇水下航速低、续航能力小，需要经常浮出水面作水面航行，并为蓄电池充电。此外，与水下供能能力有限相对应，常规动力潜艇空调设备的功率通常较小，而且保证艇员生存的氧气再生原料数量有限，所以让潜艇浮出水面也是为了与外界空气进行对流，以改善潜艇舱室空气质量。

20 世纪 50 年代核潜艇问世，这类潜艇装载有核反应堆反应器、热交换器、蒸汽轮机等。由原子核裂变产生的热能，经热交换器和蒸汽轮机转换为动能，带动螺旋桨推动潜艇航行。这类潜艇水下自持力大，续航力几乎为无限大，因而被称为"真正的"潜艇。但是，核潜艇也有其不足，包括：①造价昂贵，运行和维修费用高昂；②蒸汽轮机与减速齿轮传动的机械推进，噪声大；③不适合在浅水区或狭窄海区作战，也不适合在水下监视设备密集的海区作战；④随着红外之类非声探潜技术的成熟，核潜艇的隐蔽性受到挑战。

2）潜艇航行状态

与水面舰艇的最大区别是，潜艇通常设有十多个大水柜，作为灌水空间，用它来控制潜艇的下潜和上浮。下潜时，往水柜中灌水，艇体沉入水中，通过操纵体和舵控制其下潜深度；上浮时，用高压气体压出柜中的水，潜艇便浮出水面。除了大水柜之外，潜艇还设有若干小水柜，通过调整水的多少来控制潜艇的稳定和平衡。

潜艇在海上活动时，一般有 4 种航行状态。

（1）水面航行状态，是指像水面舰艇那样在水面航行。当潜艇进出港口、通过浅水海域或出现各种意外事故时，通常采用这种航行状态。

（2）半潜航行状态，是指只有上甲板和指挥台围壳露出水面。这种航行状态很少使用，是潜艇由水面转入水下的一种过渡航行状态。

（3）通气管状态，是常规潜艇特有的一种航行状态，主要用于柴油机工作和给蓄电池充电。

（4）水下航行状态，是指潜艇全部潜入水下航行。

潜艇通常以五种深度进行航行或停留。

（1）潜望深度，是指潜艇把潜望镜或其他雷达天线等观察器材升出水面的深度，一般为 7～15m，在这一深度航行时，可以对空、对海、对岸进行搜索和通信联络，也可以升起通气管用柴油机航行和充电。

（2）危险深度，一般为 10～25m，在这一深度范围，潜艇极易被敌反潜兵力探测，也较易与大型水面舰艇相碰撞，通常潜艇不在这一深度航行或停留。

（3）安全深度，一般为 25～30m，这一深度通常不易被敌反潜兵力探测，也不易与大型水面舰艇碰撞，因此通常是潜艇准备浮出水面或使用武器的理想深度。

（4）工作深度，通常为极限深度的 80%～90%，大、中型潜艇在 250～550m，这一深度是潜艇进行水下机动和航行的主要范围。

（5）极限深度，大型潜艇在 300～600m，中型潜艇在 300～400m，小型潜艇在 120～150m，这一深度是潜艇的最大下潜深度。为了防止艇体变形，只有在遭敌追击或特殊情况下才进入这一深度。

7.3.2　潜艇舱室划分与布置

潜艇担负的战略和战术使命通过潜艇上的各种武器、装备与艇员的有机协调及配合来完成。充分发挥艇上武器、装备和艇员的整体、综合效能，是潜艇设计追求和努力的目标。通常将潜艇耐压艇体的内部划分为若干个隔舱，即舱室，不同舱室布置不同性能的设备和系统。合理划分及布置潜艇舱室是潜艇性能得以充分发挥的重要保障，其基本原则是：①按照不同用途分割内部空间，使不同性质和不同功能的设备、系统在运行时尽量不发生相互干扰。②利用分舱之间的舱隔壁加强耐压艇体的强度。③保证潜艇艇体破损后具有相应的不沉性。

尽管各国划分潜艇舱室的方法不尽相同，但其基本舱室是相同的，即都设有武器舱、指挥舱、动力舱、辅机舱和居住舱。具体到常规动力攻击型潜艇则包括鱼雷舱、指挥舱、蓄电池舱、柴油机舱、电机舱等；攻击型核潜艇上则包括鱼雷舱、指挥舱、反应堆舱、辅机舱和主机舱；在弹道导弹核潜艇上则设有鱼雷舱、指挥舱、导弹舱、反应堆舱、辅机舱和主机舱等。

鱼雷舱通常位于艇体的艏部，一般布置 4～6 具鱼雷发射管，并存放一定数量的备用鱼雷。由于鱼雷舱的空间相对较大，舱内机械设备较少，综合环境较好，因此，鱼雷舱往往还兼做居住舱。从 20 世纪 60 年代开始，美国在潜艇上相继装备了各类可利用鱼雷发射管发射的导弹武器，因此潜艇的鱼雷舱已经不限于装载和发射鱼雷。另外，美国从“长尾鲨”号攻击型核潜艇开始，在艇艏部装备了体积巨大的球形声呐基阵，这必然妨碍在艏鱼雷舱内布置鱼雷发射管。于是，该级核潜艇的艏舱成为单纯的居住舱，鱼雷发射管则后移到指挥舱下部，布置成向两舷外偏置且与艏艉轴线成大约 10°夹角的方式。自此之后的美国攻击型核潜艇的鱼雷发射管，基本上都采用这一布置模式。不过，世界上许多国家的潜艇仍然采用传统的艏鱼雷舱布置模式。

指挥舱是潜艇的作战指挥、情报处理和操艇中心。在指挥舱内布置的设备包括由声呐、雷达、潜望镜和射击指挥仪等组成的作战指挥系统，由升降舵、方向舵、潜浮和均衡的操作和显控台等组成的操纵系统，以及由海图室、罗经、计程仪和其他导航设备组成的航海保证系统等。由此可见，指挥舱是一艘潜艇的核心。

蓄电池舱是常规动力潜艇的主要能源舱室，按照惯例，每艘潜艇设两个蓄电池舱。蓄电池的重量很大，在整个潜艇总重量中占据相当大的比重，因此，蓄电池舱原则上尽量布置在潜艇中间位置的底部。蓄电池舱一般不配备大的动力机械设备，环境噪声较小，因此其上部空间适宜作为艇上居住舱室。

柴油机舱布置有供潜艇水面航行和通气管航行时所需的柴油发动机，此外，还有各种冷却器、油管、水管、滤器和辅机等，柴油机下部的底舱里布置着润滑油舱、污油舱以及柴油机冷却淡水舱等。柴油机舱内的噪声大，环境温度高，是潜艇上环境条件最差的舱室。因此，在现代潜艇上一般都设有与该舱隔离的主机控制室，对柴油机的运行进行控制。

现代潜艇的电机舱里一般都布置有主推进电机和经济航行电机。除了电机之外，电机舱还是潜艇上大部分电气设备集中的场所，艇上的变流机组、蓄电池的串联和并联开关、稳压器以及艇上电力网的配电盘等设备基本上都布置在该舱室。

在核潜艇上还有一个专门布置核反应堆的反应堆舱，在反应堆舱中主要装有核反应堆、一回路、二回路及其管路，汽轮发电机、电机-发电机组和螺旋桨等（图7.28）。反应堆舱一般都位于潜艇耐压艇体直径最大的部位。由于反应堆及其相应设备的重量很大，因此应尽量靠近潜艇的中间位置。为了防止反应堆舱的放射性影响其他舱室，反应堆舱的周围均用数层铅块紧密地堆叠起来，形成可靠的防护屏蔽。由于反应堆舱位于潜艇的中间部位，为了避免反应堆舱阻断艇上人员在潜艇内的通行，必须在反应堆舱里特别留出一个纵向贯穿整个反应堆舱的屏蔽通道。防护屏蔽设计应保证艇上人员在通过屏蔽通道时不会受到放射线的过量辐照。反应堆系统和屏蔽防护结构是核潜艇上的一个重要的集中载荷，因此，反应堆舱必须设计得具有足够的强度和刚度。

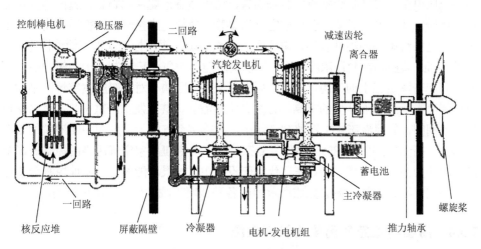

图 7.28 典型的核潜艇压水型反应堆基本结构原理图

弹道导弹核潜艇上还有一个特殊的舱室，即导弹舱。目前世界各国的弹道导弹核潜艇上装备的弹道导弹，都是垂直状态置于导弹舱内的发射筒中。在导弹舱中装备的弹道导弹的数量可以根据潜艇型号的不同而异。例如,美国的"俄亥俄"级核潜艇装备了 24 枚导弹,俄罗斯的"台风"级核潜艇装备了 20 枚导弹、英国的"前卫"级核潜艇和法国的"胜利"级核潜艇各装备了 16 枚导弹。

7.3.3　潜艇舱室环境的特点

潜艇舱室环境是为满足潜艇使命而精心设计制造出来的，是全体艇员随潜艇出航期间赖以战斗和生活的环境，它具有如下特点。

1）潜艇舱室环境的密闭性

水密升降口是艇员进出潜艇的通道,潜艇水下航行时,必须关闭水密升降口,因而舱室空气与自然界大气完全隔绝,成为一个完全密闭的系统。这时,舱室空气不能与外界空气对流,只能在空调系统作用下,在各舱室之间进行流通。各舱室之间的连通只能通过水密门实现,关闭水密门,则各舱室就相互隔绝。潜艇舱室空间狭小、体积有限,故容纳污染物的能力也非常有限。由热力学理论可知,潜艇舱室的能量流动是不可逆的,所以潜艇舱室中人群对环境的破坏和环境污染是一种长期积累的过程,所产生的影响也有一定的隐现性。

2）舱室环境污染的综合性

潜艇舱室机械设备、电子仪器种类繁多,再加上艇员的工作和生活活动,使得舱室环境中空气污染、水体污染、噪声污染、电磁辐射污染、放射性污染和热湿污染等一应俱全。就潜艇舱室空气污染而言,由于建造潜艇所用材料、艇内各种仪器设备运转,以及艇员活动均会释放空气污染物,使得舱室空气中有害污染物多达上千种。这些污染物的毒性各异,浓度不一,按照国家军用标准（以下简称国军标）要求,都必须控制在允许浓度以下。所以潜艇舱室空气污染控制对于潜艇功能的正常发挥起着举足轻重的作用。自潜艇问世以来,常因缺少对潜艇舱室空气污染的有效控制而影响潜艇战斗力的提高,有时会中断潜航,甚至发生严重事故。第二次世界大战期间,美国潜艇 471 次侦察巡航中,因舱室空气污染问题而中断潜航的就有37 次,占全部航次的 7.8%。国外有专家认为,对潜艇舱室空气污染的控制是影响潜艇战斗力的重大因素之一。在现代潜艇设计中,如果不能稳定可靠地控制潜艇舱室内的空气污染,要潜艇去完成所承担的各种战略、战术任务是不可能的。

7.3.4　潜艇舱室空气污染物及其来源

1. 潜艇舱室空气污染物

潜艇舱室空气污染是指潜艇舱室空气中污染物质的浓度达到了有害程度,以致对艇员和设备造成危害的现象。室外大气污染的形成，有自然原因和人为原因，潜艇舱室空气污染则主要是人为因素造成的。污染源排放的有害物质对空气的污染程度，与污染源性质、污染物的物理化学性质、污染物的排放量，以及受体的环境敏感性、受体距污染源的距离等因素有关。舱室空气状态，如空调通风、温度、湿度等都在一定程度上影响潜艇舱室空气污染的程度。

　　潜艇下潜后，其舱室处于密闭状态，由于艇内空间狭小，人员密集，设备庞杂，艇员自身代谢及材料挥发释放，艇内空气成分十分复杂。随着潜航时间增长，舱室内空气污染物浓度通常不断提高。国外早期多次潜艇事故都与不能及时分析出潜艇舱室的易燃易爆气体及其他有害气体浓度有关。1956 年 6 月，美国"舡鱼"号核潜艇上进行了一次称为"居住性航行"的 11 天航行。利用质谱仪、红外光谱仪和气相色谱仪等分析仪器，检测发现潜艇舱室空气污染物比人们预想的要复杂得多。自 20 世纪 50 年代以来，各潜艇发达国家为了解潜艇舱室有害物质的分布和污染程度，进行了大量的研究工作，检测出的污染物也越来越多。这一方面反映了潜艇舱室污染的复杂性，另一方面，也是检测技术水平提高的必然结果。表 7.9 给出了在实际航行的潜艇上检测到的空气污染物组分数。

表 7.9　各国潜艇舱室空气污染物组分数　　　　　　（单位：种）

类别	美国	英国	法国	中国
定性检测组分	172	195	38	652
定量检测组分	82	50	30	98

　　总的来说，潜艇舱室空气污染物可分为气态污染物和气溶胶状态污染物两大类，其中，气态污染物又包括无机气态污染物和有机气态污染物；气溶胶状态污染物则包括细菌、金属气溶胶和其他细微颗粒物，表 7.10 给出了我国 20 世纪 70～90 年代定量检测出的舱室空气 96 种污染物的最高浓度。

表 7.10　潜艇舱室空气污染物定量检测结果

序号	组分名称	最高浓度	序号	组分名称	最高浓度	序号	组分名称	最高浓度
1	二氧化碳	18000[*]	7	硫化氢	1.0[*]	13	氨	5
2	一氧化碳	15[*]	8	锑化氢	0.045[*]	14	氯	0.05
3	二氧化氮	0.2[*]	9	砷化氢	0.1[*]	15	氢	10000[*]
4	二氧化硫	1.6[*]	10	碱性气溶胶	0.15	16	钠	3.2
5	氯化氢	0.47[*]	11	臭氧	0.2[*]	17	钾	0.78
6	氟化氢	0.1[*]	12	汞	0.003	18	钙	0.60

序号	组分名称	最高浓度	序号	组分名称	最高浓度	序号	组分名称	最高浓度
19	镁	1.05	45	庚烷	93	71	氟利昂-113	7.7
20	铁	1.41	46	辛烷	14.5	72	二氯甲烷	9.7
21	锌	0.56	47	壬烷	11.5	73	三氯甲烷	7.0
22	铜	2.16	48	癸烷	3.32	74	1,2-二氯乙烷	7.54
23	硅	0.49	49	十一烷	3.59	75	1,1,1-三氯乙烯	0.20
24	硒	0.01	50	十二烷	3.56	76	1,1,2-三氯乙烯	1.65
25	镍	0.017	51	十三烷	3.80	77	三氯乙烯	2.5
26	铝	0.072*	52	十四烷	3.13	78	四氯乙烯	0.051
27	铅	0.12*	53	十五烷	1.40	79	四氯乙碳	2.7
28	钛	0.02	54	十六烷	0.71	80	甲醇	11.0
29	锰	0.017*	55	十七烷	0.52	81	乙醇	16.0
30	锡	0.02*	56	特丁烷	0.76	82	正丙醇	5.6
31	锑	0.008*	57	d-藦烯	2.67	83	甲醛	11.0
32	铬	0.012*	58	苯	6.8	84	乙醛	4.7
33	钼	0.007	59	甲苯	7.2	85	丙烯醛	7.10
34	银	0.037	60	乙苯	6.7	86	丙酮	5.1
35	钴	0.005	61	二甲苯	15.6	87	乙醇胺	0.5
36	钒	0.08	62	正丙苯	0.17	88	肌氨酸钠	0.56
37	镉	0.004	63	异丙苯	0.67	89	乙醛酸	0.81
38	锶	0.002	64	1,3,5-三甲苯	0.88	90	甲胺	0.33
39	钡	0.22	65	1,2,4-三甲苯	0.56	91	二甲胺	0.38
40	总烃	140	66	丁苯	0.43	92	光气	0.15
41	甲烷	1.5	67	苯乙烯	1.30	93	肼	0.11
42	2-甲基戊烷	0.098	68	萘	3.9	94	甲肼	0.02
43	己烷	13.9	69	氟利昂-11	180	95	偏二甲肼	0.15
44	甲基环己烷	0.048	70	氟利昂-12	232	96	二硫化碳	6.88

* 浓度单位为×10^{-6}（V/V），其他污染物为 mg/m³。

为了获得关于潜艇污染的全面、系统的数据，在 20 世纪 90 年代，中国人民解放军海军医学研究所曾派出相关专家随三艘潜艇出海远航，进行空气污染物采样和分析，结果定性检测出 368 种组分，定量检测出 67 种组分，有 27 种组分超过国家军用标准，如表 7.11 所示。

表 7.11　潜艇舱室主要空气污染物检测结果　　[单位：×10⁻⁶ (*V/V*)]

序号	污染物	各艇舱室最高浓度		
		A 艇	B 艇	C 艇
1	氯气	0.29	0.6	0.6
2	二氧化硫	0.02	1.0	1.6
3	硫化氢	1.0	0.3	1.0
4	砷化氢	0.002	0.001	—
5	锑化氢	—	0.001	0.05
6	一氧化碳	45.0	31.0	33.0
7	二氧化碳	18000	16000	18000
8	二氧化氮	—	0.3	—
9	甲烷	—	—	1.5*
10	氢气	2.5*	—	0.06*
11	甲醇	—	10.91	7.8
12	二氯甲烷	6.89	7.06	9.7
13	三氯甲烷	0.69	0.013	7.1
14	四氯化碳	0.007		2.67
15	1,2-二氯甲烷	7.54	0.8	4.13
16	乙醛	—	5.98	7.2
17	丙烯醛	7.1	0.08	4.13
18	苯	5.77	2.15	1.7
19	甲苯	4.84	7.16	5.1
20	二甲苯	5.7	1.85	6.7
21	总烃	29.1	20.2	45.2
22	肼		0.057	
23	肌氨酸钠	0.58	0.19	
24	臭氧		0.009	
25	氯化氢		1.493	
26	硫酸雾		0.174	

注：—为未检出；空白为未检测；*为% (*V/V*)。

对于核潜艇，由于反应堆燃料元件包壳破损、蒸发器和回路水泄漏还可能引起放射性污染，此时空气中可发现氪、氙、碘及其他放射性气体、蒸汽和气溶胶。图 7.29 给出了某潜艇水下连续航行时，舱室放射性 α 及 β 气溶胶浓度与水下航行时间的关系，可见，随着水下航行时间延长，各舱室 α 和 β 气溶胶浓度皆上升，而且各舱室呈现相同的规律（图 7.30）。

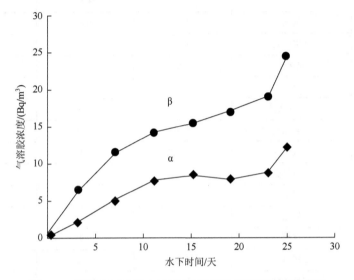

图 7.29　潜艇水下航行 25 天艇内放射性气溶胶浓度的变化

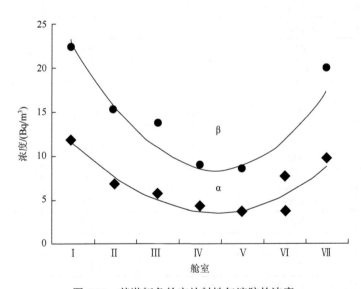

图 7.30　某潜艇各舱室放射性气溶胶的浓度

　　潜艇舱室空气污染物种类繁多，我国根据对舱室空气污染组分的动物实验结果、各组分的毒性及其致病情况和后果，以及相关标准，将潜艇舱室有害组分危害程度分为极度危害、高度危害、中度危害和轻度危害等四级，如表 7.12 所示。

表 7.12　潜艇舱室 53 种有害空气组分危害程度分级

危害程度级别	序号	有害气体组分名称	分子式
I 级 极度危害	1	汞蒸气	Hg
	2	苯	C_6H_6
II 级 高度危害	3	锑化氢	SbH_3
	4	砷化氢	AsH_3
	5	一甲肼	CH_3NHNH_2
	6	臭氧	O_3
	7	氯气	Cl_2
	8	硫化氢	H_2S
	9	丙烯醛	CH_2CHCHO
	10	光气	$COCl_2$
	11	肼	NH_2NH_2
	12	氟化氢	HF
	13	甲醛	$HCHO$
	14	1,1-二甲肼	$(CH_3)_2NNH_2$
	15	四氯化碳	CCl_4
	16	1,2-二氯乙烷	$ClCH_3CH_3Cl$
	17	一氧化碳	CO
	18	粪臭素	$C_6H_4C(CH_3)CHNH$
III 级 中度危害	19	甲胺	CH_3NH_2
	20	二甲胺	$(CH_3)_2NH$
	21	二氧化氮	NO_2
	22	二氧化硫	SO_2
	23	氯化氢	HCl
	24	乙苯	$C_6H_5C_2H_5$
	25	混合二甲苯	$C_6H_4(CH_3)_2$
	26	氯仿	CCl_3
	27	甲苯	$C_6H_5CH_3$
	28	甲醇	CH_3OH
	29	总烃	C_XH_Y
	30	硫酸蒸气	H_2SO_4
	31	吲哚	C_8H_7N
	32	甲硫醇	CH_3SH
	33	肌氨酸钠	$CH_3NHCH_2CO_2Na$
	34	乙醇胺	$NH_2C_2H_4OH$

续表

危害程度级别	序号	有害气体组分名称	分子式
IV级 轻度危害	35	乙醛酸	$HCOCOOH$
	36	乙醛	$HCOCH_3$
	37	1,1,1-三氯乙烷	Cl_3CCH_3
	38	正丁醇	$CH_3(CH_2)_3OH$
	39	氨	NH_3
	40	正丙醇	$CH_3(CH_2)_2OH$
	41	二氯甲烷	CH_2Cl
	42	一氟三氯甲烷	CCl_3F
	43	丁酮	$CH_3CH_2OCH_3$
	44	乙醇	C_2H_5OH
	45	二氟二氯甲烷	CCl_2F
	46	三氟一溴甲烷	$CBrF_3$
	47	丙酮	CH_3COCH_3
	48	二氧化碳	CO_2
	49	氢氧化钠	$NaOH$
	50	氢	H_2
	51	甲烷	CH_4
	52	氧	O_2
	53	氮	N_2

2. 潜艇舱室空气污染物的来源

与载人航天器相同，任务状态的潜艇舱室也属人为环境，空气污染物主要来源也是人体代谢活动释放、潜艇用材料脱气和舱内设备散发，因而潜艇舱室空气污染物类型总体相似。不过，与载人航天器不同的是，潜艇舱室人员和所用材料和设备更多、更复杂、任务状态时间通常更长。正因为如此，无论人体代谢产物还是材料脱气产物，其种类也更多，浓度水平往往也更高。另外，以下因素导致的潜艇舱室空气污染物也与载人航天器存在不同之处。

1）潜艇用非聚合物类有机材料

潜艇舱室环境是由结构材料和装饰材料围隔而成的、与自然环境基本隔离的有限空间环境。潜艇用材料包括金属和非金属两类。其中，以聚合材料为代表的非金属材料由于具有优异的物理、化学、机械和介电性能，所以在潜艇中应用广泛，这些材料大多含有毒性组分，会脱气释放到狭小的潜艇舱室，造成潜艇舱室的环境污染。除了聚合材料之外，潜艇的内饰材料通常还包括橡胶、石棉、合成隔热材料、壁纸、人造板材、涂料、胶黏剂等，其中所含的污染物也会释放出来。例如，泡沫石棉是一种在潜艇上常用的保温、隔热、吸声、防震材料，在安装、维护和清除构件或装饰物的石棉材料时，破碎成细小纤维或尘埃的石棉会飘散、悬浮在空气中；合成隔热材料以各种树脂为基本原料，加入一定量的发泡剂、催化剂、稳定剂等辅助材料，经加热发泡而制成，这类材料中未被聚合的游离单体或分解产物在使用过程中，会逸散到空气中。此外，壁纸、人造板材、涂料、胶黏剂中所含的污染物也会在使用过程中释放出来。

2）潜艇舱室生活设施

潜艇人员众多，因此艇内必备生活所需设施，包括厨具、冰箱、厕所等。与日常生活一样，潜艇炊事活动也会产生烹调油烟，内含烷烃、醛、羧酸、醇、苯、呋喃等污染物。潜艇在海上航行时间通常较长，携带食物量大，因而冷藏食物是必备的。冰箱工作时，不但自身制冷剂会分解产生氯化氢、氟化氢和光气等空气污染物，制冷形成的冷凝水若未及时得到清理，也会成为细菌滋生源。潜艇厕所狭小，通风不畅，其中，含有硫化氢、甲硫醇、甲硫二醇、乙胺、吲哚等臭气和异味组分。除此之外，空调作为艇内设施也是潜艇污染物的主要来源。

3）机电设备和蓄电池

潜艇机电设备包括电机、柴油机、水泵、风机等，这些设备以三种方式释放空气污染物：①设备表面涂层所含污染物会缓慢释放到空气之中，而设备运转产生的大量热量又使释放过程加快，由此产生的污染物主要包括甲醛、苯、甲苯、二甲苯等。②机电设备大多含有润滑件，起润滑作用的有机物在温度较高时会挥发释放大量碳氢化合物。③与机电设备接触过的潜艇舱底污水和污油在机舱高温环境下会迅速蒸发，不仅造成舱内湿度增大，而且使污染物浓度提高。

蓄电池是常规动力潜艇的主要组成部分，在蓄电池充放电过程中，会释放出具有爆炸性危险的氢气。在潜艇舱室中，氢气也来源于电解水制氧装置和放射性引起的水分解。除氢气之外，在蓄电池充放电过程中，还会产生锑化氢、砷化氢、硫化氢等气体。

对于常规潜艇，柴油燃料蒸发和柴油机尾气窜气，也会导致挥发性有机物、一氧化氮、一氧化碳、碳氢化物和气溶胶等进入潜艇舱室。此外，导弹和鱼雷发射后的排气也是潜艇舱室空气污染的来源。

总之，潜艇舱室污染物成分多样、来源复杂，表 7.13 汇总了核潜艇舱室空气污染物的主要来源。

表 7.13　核潜艇舱室空气污染物的主要来源

序号	有害气体污染源			释放的主要有害气体
1	人体			二氧化碳、一氧化碳、氮气、硫化氢、氢气、胺、醛、酮、有机酸、酯、芳香烃、吲哚等
2	非金属材料	合成材料	橡胶、塑料、油漆、涂料、胶黏剂、腻子	脂肪烃、芳香烃、卤代烃、醇、酮、醛、酯、含氧有机物等
		油料	汽油、煤油、柴油、润滑油、液压油	脂肪烃、芳香烃、醇、酮、醛、胺、有机酸、一氧化碳等
		天然产物	木制品、谷物、水果、蔬菜	二氧化碳、萜烯等
3	武器装备、艇用物品	蓄电池、空调制冷设备 二氧化碳吸收装置 制氧装置、有害气体燃烧装置等		氢气、硫酸雾、砷化氢、锑化氢、制冷剂（如氟利昂-11、氟利昂-12）、乙醇胺、氨、碱性电解液（气溶胶）、热分解可产生氯化氢、氟化氢、氯气、氟气等
		各种电器设备、柴油机、武器装备		氮氧化物、臭氧、绝缘材料分解物、脂肪烃、二氧化碳、一氧化碳等；武器装备的推进器（如肼）及分解物
		卫生材料、擦铜油、漂白粉等		乙醇、萘、杀虫药类、脂肪烃、芳香烃、二氧化碳、一氧化碳、氯气
4	烹调			丙烯醛、油雾、一氧化碳、醛、酮、酸类

7.3.5　潜艇舱室空气污染的危害

潜艇舱室空气污染的特点如下。

（1）涉及面广。由于潜艇各舱室均存在空气污染物释放源，而且空气污染物具有扩散性，所以各潜艇舱室都程度不同地存在空气污染。

（2）浓度低，作用时间长。除二氧化碳之外，潜艇空气存在的其他污染物浓度均较低，但接触时间长，只要出海潜航，就被置于这种环境之中。

（3）多种污染物同时作用。潜艇中既有物理性污染，也有化学性和生物性污染，往往同时存在多种污染物，它们会产生联合作用，作用类型包括相加、协同、促进、拮抗和独立等。潜艇空气污染造成的危害主要体现在以下几个方面：危害艇员身体健康、降低艇员工作效率和能力、对潜艇安全构成潜在危害、加剧艇上装备腐蚀和老化。

1. 危害艇员身体健康

潜艇舱室空气污染物主要通过呼吸道进入人体。由于呼吸道各部分的结构不同，对外源性化学物的吸收也不相同，一般来说，进入的部位越深，扩散的面积越大，停留时间越长，机体的吸收量就越大。外源性化学物能很快被肺泡吸收，并经血液送至全身，不经肝脏的转化即对全身起作用。因此，外源性化学物经呼吸道进入人体内引起的危害较大。常见通过呼吸道进入人体的潜艇空气污染物及其危害方式如表 7.14 所示。

表 7.14　潜艇舱室常见空气污染物的危害

污染物	分子式	危害
甲烷	CH_4	恶臭、单纯性窒息
一氧化碳	CO	窒息性毒气
二氧化碳	CO_2	精神抑郁、疲劳、恶心，含量达 5%时，呼吸仅能维持 30min
二氧化氮	NO_2	刺激呼吸道，引起炎症
二氧化硫	SO_2	刺激呼吸道，引起炎症
氯	Cl_2	刺激呼吸道，肺气肿，支气管闭塞
氯化氢	HCl	刺激呼吸道，肺气肿，支气管闭塞
氟化氢	HF	引起牙齿、骨骼损害，头疼、头昏、失眠，记忆力减退
硫化氢	H_2S	窒息性气体、恶臭，刺激呼吸道，肺出血，肺水肿，角膜溃疡
锑化氢	SbH_3	细胞质中毒
砷化氢	AsH_3	细胞质中毒
氨	NH_3	刺激眼睛、上呼吸道
臭氧	O_3	刺激眼、喉和肺
氟利昂-11	CF_3Cl	刺激呼吸道，可引起心律不齐，支气管收缩或窒息
硫酸蒸气	H_2SO_4	刺激性、腐蚀性
光气	$COCl_2$	刺激呼吸道，肺气肿，支气管闭塞
肼	N_2H_4	剧毒，引起食欲不振，体重减轻，呼吸困难
碱性气溶胶	NaOH	刺激性、腐蚀性
乙醇胺	$HO(C_2H_4)NH_2$	刺激呼吸道、肺部
丙烯醛	CH_2CHCHO	刺激上呼吸道，恶臭，引起眼灼痛、流泪，结肠炎、肺炎、水肿
总烃	C_xH_y	中枢神经麻痹，作用形成肝、肾造血机能障碍
甲醛	HCHO	刺激性强，引起支气管和气管炎
三氯甲烷	$CHCl_3$	急性中毒、血压下降、呼吸减慢等，慢性中毒，伤肝
二氯甲烷	CH_2Cl_2	急性中毒、血压下降、呼吸减慢等，慢性中毒，伤肝
苯	C_6H_6	对造血器官肝肾和免疫系统发生作用
甲苯	$C_6H_5CH_3$	可能对中枢神经作用导致头痛失眠等
二甲苯	$C_6H_5(CH_3)_2$	对人的刺激比甲苯更大

　　除了呼吸道之外，小部分空气污染物也可降落在食物、水体上，通过饮食和饮水，经消化道进入人体，或者刺激黏膜、皮肤而直接进入人体，也可能对人体的眼睛构成刺激作用。

　　由于潜艇舱室空气污染物的浓度一般都较低，所以对艇员身体健康的影响主要表现为慢性危害及远期影响，具体体现是：①在 SO_2、NO_2、硫酸雾、硝酸、烟尘等长期反复刺激作用下，引起咽炎、喉炎、眼结膜炎、气管炎等炎症。严重情况下，还会引起心血管疾病和机体免疫功能下降。②一氧化碳、锑化氢、砷化氢、氯化氢、氟化氢、氮氧化物、氯气、一乙醇胺、臭氧等都具有不同程度的毒性。③某些污染物，如铅、镉、铬、氟、砷和汞等长期累积于人体，会引起慢性化学中毒。据调查，这些污染物的浓度分布趋势往往与心脏病、动脉硬化、高血压、中枢神经系统疾病、慢性肾炎、呼吸系统症状的分布趋势一致。④氨气、硫化氢、氮氧化物、氯气、氯化氢、一乙醇胺、二氧化硫、丙烯醛、臭氧等有害气体还具有各自特有的刺激性臭味，刺激神经系统。

　　对于核潜艇，则还有核动力装置事故、核武器安全事故和放射性废物处理事故等造成超剂量放射性辐射，从而引起伤亡事故，并污染舱室环境。在核潜艇发展历程中，这类事故并不少见，如 1972 年 12 月，一艘苏联核潜艇在北美沿岸海域航行时，有一枚带有核弹头的鱼雷发生放射性泄漏，造成少数艇员死亡，大多数艇员住院。美国海军的"舡鱼号"、"海狼号"、"飞鱼号"和"海神号"等核潜艇，在早期都曾发生因核动力装置放射性泄漏而造成的人员伤亡。核潜艇污染环境的事故也时有发生。

　　潜艇舱室空气污染物除对人体构成直接危害之外，还可能间接危害于人体。例如，舱内存在的二氧化碳具有吸收舱内设备工作时发出的长波辐射的能力，导致舱内气温升高，继而又引起舱内湿度增大。气温高、湿度大一方面有利于致病菌、病毒、蠕虫、螨虫等微生物的大量繁殖，引起潜在的生物性污染；另一方面，气温升高还使人体毛细血管扩张，血循环加快、呼吸加速、经皮肤和呼吸道吸收化合物的速度加快。高温多汗，氯化钠随汗液排出增多，胃液分泌减少，胃酸降低，影响肠胃吸收。排汗增多则必然导致尿减少，继而使经肾随尿排出的毒物在体内滞留时间延长，毒作用增强。湿度高，尤其伴随高气温时，使化学污染物经皮肤吸收的速率进一步提高。气温升高，汗液蒸发困难，皮肤表面的水合作用加强，水溶性强的化合物可溶于皮肤表面的水膜而被吸收，同时也延长化合物与皮肤的接触时间，增加吸收量。此外，在高温环境下，如 HCl、HF、H_2S 等化合物的刺激作用会增大，某些毒物还可发生形态转化，如 SO_2 可转化为 SO_3 和 H_2SO_4，使毒性增加。

　　为了了解潜艇航行对艇员身体健康的影响，某潜艇在一次远航前，对将参加航行的年龄为 18～45 岁的全体艇员进行了体检，均无明显的躯体性疾病，符合远航身体条件要求。在连续潜艇若干昼夜期间，发现艇员的发病率明显提高，共发病 203 人次。对远航期间的门诊病历进行分析和相关调查，常见病及发病率如表 7.15 所示。

表 7.15　某潜艇远航期间常见病及发病情况

常见病	发病率/%	常见病	发病率/%	常见病	发病率/%
上呼吸道感染	61.97	关节疼痛	25.35	神经衰弱	7.04
消化系统疾病	53.52	肌肉疼痛	23.94	鼻炎	5.63
皮肤病	39.44	眼部疾病	22.54	心悸	1.41
外伤	25.35	口腔疾病	18.31		

2. 降低艇员工作效率和能力

潜艇艇员长时间在气温高、湿度大、存在多种空气污染物的环境中工作和生活，极易感到疲劳、困倦、头晕、恶心、食欲不振和精神萎靡等，产生一系列病理、生理、心理和体力变化，出现反应迟钝、精力不集中、心烦气躁，做事不细心、体力下降等现象，致使艇员工作效率和驾驭艇上装备的能力下降，具体表现如下。

1）体力作业能力下降

体力一般是指纯属体力劳动性质的工作。潜艇艇员进行体力作业，其体温升高既有外源性的舱室高温环境，又有内源性的自身肌肉活动。为了维持体热平衡，艇员必须调动自身一切散热机制，因此极易引起疲劳，致使作业能力下降。此外，高温、高湿条件下作业，出汗量明显增多，如不及时补充水分，会引起肌肉细胞内含水量减少，以及电解质平衡的紊乱，而这些变化都要影响肌肉细胞的收缩能力和它对代谢产物的敏感性，导致体力作业能力、特别是耐力的下降。

2）技巧作业能力下降

技巧主要指艇员操纵仪器面板上的开关、旋钮，读取并传送数据等的速度和准确性。试验表明，当舱室温度为 35～40℃时，艇员操纵装备仪器的速度随暴露时间增长逐渐变慢，误操作逐渐增加。当舱室温度达 45～50℃时，技巧作业的变化大致经历三个阶段，即初时工作能力（以速度和准确度表示）突然下降；随着对高温的适应，工作能力有一定的恢复；最后又开始下降。在更高的温度下技巧作业能力的变化出现另一个特点，即速度和准确度均呈直线下降，中间没有改善的阶段。因此技巧作业受高温的影响，有着与体力作业不同的特点。

3）智力作业能力下降

智力作业主要是指艇员在岗位上进行记忆、推理、鉴别、警戒监视等与注意力相关的工作。试验表明，在 40～60℃ 高温下，识别和鉴别等智力作业的反应时间增长，而且温度越高，影响越大。45℃ 高温下的试验结果说明，个体反应在高温作用的最初阶段变化不大。在体温同时升高的高温高湿条件下，听觉监视的信号丢失率要比视觉监视的更多，但就后者本身而言，它受体温上升程度的影响更为敏感，各自的信号丢失率见表 7.16。

表 7.16　不同环境温度下监视作业信号丢失率　　　　（单位：%）

项目		环境温度			
		37℃	38℃	39℃	40℃
监视分类	视觉监视	7	15	20	37
	听觉监视	39	42.5	45	47.5

警戒监视作业受高温、高湿影响的程度不仅与高温、高湿强度有关，而且与其监视时间也密切相关，见表 7.17。

表 7.17　不同环境温度下监视时间与信号丢失率　　　　（单位：%）

项目		环境温度		
		25℃	30℃	35℃
监视时间	20min	3.5	6.0	6.2
	40min	4.0	8.2	11.7
	60min	4.7	11.7	18.9

3. 对潜艇安全构成潜在危害

爆炸和火灾对潜艇安全构成严重的威胁。对于常规潜艇，蓄电池舱内的诸多蓄电池，在充放电过程中会释放出大量的氢。氢气是潜艇舱室内最易引起爆炸的有害气体，在高温和明火条件下，若氢气与空气或氧气以合适的混合比（爆炸极限范围之内）混合，则可发生剧烈的氧化燃烧，甚至爆炸。另外，一氧化碳、碳氢化合物等易燃气体，在舱室空气中达到一定浓度时，也有可能引起燃烧或爆炸。在处理液氧和高压空气时，操作不当也会引起爆炸，造成火灾。

对于核潜艇，由于长时间水下航行，目前采用的电解水供氧和排除二氧化碳措施，使得产生的氢气和排除的二氧化碳须经压缩后排出艇外，易在海水中形成气泡，从而破坏潜艇的隐蔽性，暴露行踪，危及潜艇的安全。

自潜艇问世以来，因爆炸和火灾引起的潜艇事故时有发生，由此导致的死伤人数接近潜艇事故死伤人数的一半。潜艇爆炸引起伤亡的主要方式包括闷死、烧死、中毒和严重烧伤，以及发生爆炸导致的各种伤亡。

4. 加剧艇上装备腐蚀和老化

潜艇舱室空气污染除危害艇员身体健康之外，也对武器装备的性能构成影响，而且这种影响往往与潜艇舱室高温、高湿和海水侵入舱室有着紧密的联系。总的来说，潜艇舱室空气污染对武器装备构成的不利影响包括以下几个方面。

1）引起装备腐蚀

腐蚀是潜艇装备使用寿命缩短的原因之一，导致潜艇装备腐蚀的因素包括温度、湿度、霉菌和腐蚀性气体等，其中，湿度是最主要的，也是最本质的因素，尤其是在潜艇舱室的高温条件下，这种影响更为显著。其原因是：①在高湿条件下，武器装备表面会附着一层水膜，这层水膜能吸收空气中的 SO_2、NO_2、CO_2 等酸性气体，使固体表面的水膜呈弱酸性，从而引起表面电化学腐蚀，其腐蚀速率随舱室温度提高而增大。另外，由于潜艇航行在大海上，舱室空气中常常含有带盐分的微小雾粒，它们附着在固体表面形成很薄的水膜，这种水膜导电性强，电化学腐蚀速度加快，同时，盐雾使武器装备的电器设备绝缘性降低，漏电量增大。②高温潮湿是霉菌繁衍、生长的适宜条件。一般来说，空气相对湿度低于 65%时，霉菌不能生长；相对湿度在 65%～80%，适合霉菌生长；而相对湿度高于 80%，则可使霉菌大量繁殖，快速增长，在大量霉菌的繁殖和快速生长过程中，会产生霉烂腐蚀。③潜艇舱室所用木质用具、包装纸张和布料遮盖物等因湿度大而造成腐败发霉，放出有机酸性气体；舱室内的橡胶、塑料制品、油漆等有机物质，其分解速度也随着温、湿度升高而增大，放出类似的酸性气体；这些酸性气体在湿度大的潜艇舱室环境条件下，构成腐蚀性气氛，会加速腐蚀作用。④潜艇舱室内颗粒状污染物也会对武器装备的储存和使用造成很大影响。落在武器装备金属零件表面的灰尘颗粒，常常污染金属表面，加速电化学腐蚀。

腐蚀不仅导致潜艇装备的金属表面出现坑点，更主要的是，电子设备和精密仪表因电器元件焊接点被腐蚀而断路或改变电气性能，造成设备、仪表失灵。实际上，即使是水膜附着在陶瓷、玻璃等绝缘体表面上，也会使绝缘电阻下降。

2）引起装备老化

舱室高温环境会加速潜艇装备中的非金属材料老化，一般来说，环境温度提高 10℃，老化速度增大 2.6 倍。常见非金属材料，如密封皮碗在工作过程中因摩擦产生热能，当舱室环境温度高时，热量不能及时散发，导致温度升高，老化加快。潜艇装备中的电子系统，其非金属元件由于老化，变得容易被击穿或漏电。

此外，高环境温度下工作的半导体元器件的结温也升高很快，这会引起反向击穿，还会使 p-n 结的结合强度降低。

对于橡胶、塑料等非金属材料，水分通过材料的毛细孔渗透，扩散至内孔，引起材料体积膨胀、变形，也是加速老化变质的原因。武器装备上的防护涂层、润滑油极易在高湿条件下变质失效。火工品对湿度更为敏感，当湿度过高时，几天时间就可能完全失效。

另外，当舱室空气由干燥骤然变湿时，绝缘用的陶瓷、玻璃及某些橡胶制品等密封材料因吸湿性很小、吸湿速度很慢，湿气极易在其表面凝聚成水珠，导致其电绝缘性能降低。而对某些疏松材料，如木材、纤维等，因吸湿性较强而吸湿速度很快，吸湿膨胀或去湿收缩都会引起武器设备几何尺寸和形状的变化，导致机械性能和电器性能变化。总之，舱室温度越高，材料老化速度越快，由此造成武器装备使用寿命越短。

7.3.6 潜艇舱室空气污染物的容许浓度

潜艇舱室空气污染物组分种类很多，确定这些组分所造成的危害是航海医学面临的艰巨任务之一。一般来说，潜艇舱室污染物的危害程度取决于污染物的浓度和受体状况，浓度越高，危害程度越大。所以为了防止中毒，保障艇员身体健康，必须制定潜艇空气污染物的容许浓度。除氧气外，容许浓度都是上限浓度。潜艇舱室空气污染物容许浓度分最高容许浓度和应急容许浓度两类。

1. 最高容许浓度

潜艇舱室空气污染物的最高容许浓度是指正常航行条件下，容许的长时间连续暴露的平均浓度。潜艇艇员与工业工人的污染物暴露方式不同。工业工人一般每天 8h 暴露于作业环境，而潜艇艇员每天 24h 暴露于潜艇舱室环境，而且连续暴露时间长。在这样的特殊环境条件下，再也不能采用工业卫生标准，必须制定长时间（如 90 天或 60 天）潜艇舱室空气污染物的最高容许浓度。该浓度是指长时间连续暴露的平均浓度，表示在连续暴露期间，该浓度不能产生任何不良生物学效应。

潜艇空气中有害污染物容许浓度的制订，主要以毒性组分对人体或动物的生理效应试验结果为依据，同时，还要考虑空气再生和分析技术能否实现等客观条件。因此，在确定最高容许浓度时，通常放宽到这样的水平，即虽然在该水平下艇员身体已受到影响，但停止暴露后，这种影响完全消失，无残余和累积效应，既不会使艇员整体健康受到损害，也不会产生任何缩短寿命的影响。

随着新的分析方法不断出现，可鉴别的潜艇舱室空气污染物种类越来越多。

但是，对所有污染物提出容许限值，就目前的条件来看，既不可能也没必要。因此，在制订潜艇舱室空气污染物容许浓度时，必须体现有所为，有所不为的原则。一般地，优先并重点考虑的组分应具备的特征是：①人体代谢物质（O_2、CO_2）；②有明确污染源；③临床或流行病学观察表明对人体危害较大；④利用现有技术可获得可靠分析结果。表 7.18 给出了美、英、苏联舱室空气成分的最高容许浓度。

表 7.18 美、英、苏联潜艇空气成分的容许浓度 （单位：10^{-6}，V/V）

成分	分子式	美国			英国	苏联
		90 天	24h	1h	90 天	90 天（除注明时间外）
氧	O_2	18000～21000	18000～21000	18000～21000	18000～21000	＞19000
二氧化碳	CO_2	500	1000	2500	500	8000
一氧化碳	CO	25	200	200	(27.5)	(15) 150h (5) 2000h
二氧化氮	NO_2	0.5	1	10	(1)	(15) 150h (0.5) 2000h
氯	Cl_2	0.1	1		(0.3)	
氯化氢	HCl	1	4	10	(1.5)	(2)
氟化氢	HF	0.1	1	8	(0.1)	(0.2)
氨	NH_3	25	50	400	(18)	(0.8)
总烃		(60)			(0.01)	(100)
汞蒸气	Hg	(0.01)	(2)			(0.003)
二氧化硫	SO_2	1	5			(2) 24h
硫化氢	H_2S		50			(0.5)
丙烯醛	CH_2CHCHO					(0.2)
锑化氢	SbH_3	0.01	0.05			(0.15) 24h (0.5) 4h
砷化氢	AsH_3	0.01	0.1			
臭氧	O_3	0.02	0.1	1	(0.04)	
氢氧化钠	NaOH					(0.15)
甲烷	CH_4	1300	1300	1300		
氢	H_2	1000				
乙醇胺	$NH_2CH_2CH_2O$	0.5	3	50		
氟利昂-12	CF_2Cl_2	200	1000	2000	(2500)	(500)

注：表中括号内的浓度以 mg/m^3 为单位。

我国针对常规潜艇和核潜艇分别制订了潜艇舱室容许浓度,以便为潜艇设计、制造,以及空气净化和卫生监督提供依据。其中,常规潜艇标准适用于 60 天间断潜航条件下,舱室空气组分的控制和净化,如表 7.19 所示。核潜艇舱室空气组分容许浓度(表 7.20)则适用于核潜艇舱室空气组分 90 天的控制和净化。这两个标准均只考虑人体的生理和生化效应,未考虑艇内设备对空气质量的要求。

表 7.19　常规潜艇舱室空气组分容许浓度

名称	分子式	分子量	容许浓度(60 天)		
			%	$\times 10^{-6}$ (V/V)	mg/m³
氧	O_2	32.00	>19		
氮	N_2	28.00	78		
氢	H_2	2.00	2.0		
二氧化碳	CO_2	44.01	0.0		
一氧化碳	CO	28.01		20	23
二氧化氮	NO_2	46.01		0.4	0.8
氯化氢	HCl	36.47		1.0	1.5
氟化氢	HF	20.01		0.2	0.16
氯	Cl_2	71.00		0.15	0.45
总烃	C_XH_Y			20	100
氨	NH_3	17.08		10	7
氟利昂-12	CF_2Cl_2	120.92		500	2500
汞	Hg	200.59		—	0.01
二氧化硫	SO_2	64.07		0.4	1.0
丙烯醛	CH_2CHCHO	56.10		0.1	0.23
硫化氢	H_2S	34.08		0.1	0.15
苯	C_6H_6	78.11		5	15
甲苯	$C_6H_5CH_3$	92.13		10.5	40
乙苯	$C_6H_5C_2H_5$	106.16		7	30
乙醇	CH_3CH_2OH	46.07		150	300
臭氧	O_3	48.00		0.04	0.08
硫酸蒸气	H_2SO_4	98.07		—	0.5
砷化氢	AsH_3	77.93		0.05	0.15
锑化氢	SbH_3	124.78		0.05	0.25
二氯甲烷	CH_2Cl_2	84.94		25	37.5

表 7.20　我国核潜艇舱室空气组分容许浓度

名称	分子式	分子量	容许浓度（90 天）		
			%	$\times 10^{-6}$（V/V）	mg/m^3
氧	O_2	32.00	19~21		
氮	N_2	28.00	78		
氢	H_2	2.00	1		
甲烷	CH_4	16.04	1.3		
二氧化碳	CO_2	44.01	0.5		
一氧化碳	CO	28.01		10	11
二氧化氮	NO_2	46.01		0.2	0.4
二氧化硫	SO_2	64.07		0.2	0.5
氟利昂-12	CF_2Cl_2	120.92		100	500
氟利昂-11	$CFCl_3$	137.38		10	56
氟利昂-22	$CHClF_2$	120.92		30	106
氟利昂-1301	$CBrF_3$	148.93		50	300
臭氧	O_3	48		0.02	0.04
汞	Hg	200.59		—	0.003
氯	Cl_2	71		0.05	0.15
氯化氢	HCl	36.47		0.47	0.7
氟化氢	HF	20.01		0.1	0.08
硫化氢	H_2S	34.08		0.47	0.07
锑化氢	SbH_3	124.78		0.01	0.05
砷化氢	AsH_3	77.93		0.01	0.03
丙烯醛	CH_2CHCHO	56.07		0.03	0.07
甲醛	$HCHO$	30.05		0.1	0.1
乙醛	CH_3CHO	44.05		1.7	3
肼	N_2H_4	32.05		0.05	0.07
甲肼	CH_3NHNH_2	46.08		0.02	0.04
偏二甲肼	$(CH_3)_2NNH_2$	60.12		0.1	0.25
光气	$COCl_2$	98.92		0.05	0.2
二硫化碳	CS_2	76.15		0.15	0.5
四氯化碳	CCl_4	153.84		0.15	0.9
三氯甲烷	$CHCl_3$	119.39		0.8	4
二氯甲烷	CH_2Cl_2	84.94		3	10

续表

名称	分子式	分子量	容许浓度（90 天）		
			%	×10⁻⁶（V/V）	mg/m³
1,2-二氯乙烯	C₂H₄Cl₂	98.97		1	4
苯	C₆H₆	78.11		1	3
甲苯	C₆H₅CH₃	92.15		2.7	10
二甲苯	C₆H₅(CH₃)₂	106.18		2.3	10
乙苯	C₆H₅C₂H₅	106.18		2	8.7
氯苯	C₆H₅Cl	112.56		1	5
苯乙烯	C₆H₅CHCH₂	104.14		0.5	2
三氯乙烯	C₂HCl₃	131.38		0.93	5
四氯乙烯	C₂Cl₄	165.85		3	20
萘	C₁₀H₈	128.18		1	5
总烃	CₓHᵧ	100		10	40
氨	NH₃	17.03		5	3.5
甲胺	CH₃NH₂	31.06		0.12	0.15
二甲胺	(CH₃)₂NH	45.08		0.14	0.25
乙醇胺	NH₂C₂H₄OH	61.08		0.4	1.0
硫酸蒸气	H₂SO₄	98.08		—	0.3
甲醇	CH₃OH	32.04		4	5
甲硫醇	CH₃SH	48.10		0.1	0.2
乙醇	C₂H₅OH	46.07		50	94
正丙醇	CH₃C₂H₄OH	60.10		5	12
丙酮	CH₃COCH₃	58.08		100	238
氢氧化钠	NaOH	40.01		—	0.15
肌氨酸钠	CH₃NHCH₂CO₂Na	111.07		0.07	0.3

2. 应急容许浓度

潜艇舱室空气污染物的应急容许浓度是指需要采取紧急措施来改善舱室空气状况，从而确保潜艇与艇员安全所对应的浓度。表 7.21 和表 7.22 分别给出了美国和中国规定的潜艇舱室空气组分应急容许浓度。

表 7.21　美国潜艇舱室空气组分的应急容许浓度（单位：10^{-6}, V/V）

序号	空气污染物名称	连续和应急暴露限值					
		24h			1h		
		NAVSEA[①]	COT[②]		NAVSEA	COT	
		1989 年	1984 年	1989 年	1989 年	1984 年	1989 年
1	乙醛	—	—	—	—	—	—
2	丙烯醛	0.1	—	0.1	0.2	—	0.05
3	丙酮	—	2000	—	—	—	—
4	乙炔	—	2500	—	—	—	—
5	氨	50	50	100	400	400	100
6	砷化氢	—	0.01	0.1	—	—	1.0
7	苯	100	100	2.0	—	—	50
8	二氧化碳	4000	1000	—	4000	2500	—
9	二硫化碳	—	—	—	—	—	50
10	一氧化碳	200	200	100	50	200	400
11	氯	1.0	1.0	0.5	3.0	—	3.0
12	氯仿	—	—	30	—	—	100
13	乙烯基乙二醇	—	—	20	—	—	40
14	脂肪族总碳氢化合物（除甲烷）[③]	—	100	—	—	—	—
15	芳香族总碳氢化合物（除苯）	—	100	—	—	—	—
16	F-11	20	2000	500	50	3000	1500
17	F-12	1000	20000	1000	2000	30000	10000
18	F-113	—	—	500	—	—	—
19	氢	1000	300	—	1000	—	—
20	F-114	—	500	—	—	—	—
21	乙醇	—	500	—	—	—	—
22	甲醛	—	—	—	—	—	—
23	肼	—	—	0.005	—	—	0.12
24	氯化氢	4	4	20	10	10	20
25	氟化氢	1	1	—	8	8	—
26	异丙醇	—	200	200	—	—	400
27	甲醇	—	200	10	—	—	200
28	汞	—	(2)	—	—	—	—

续表

序号	空气污染物名称	连续和应急暴露限值					
		24h			1h		
		NAVSEA①	COT②		NAVSEA	COT	
		1989 年	1984 年	1989 年	1989 年	1984 年	1989 年
29	甲烷	—	5000	—	—	—	—
30	甲基氯仿，三氯乙烷	10	500	—	25	100	—
31	乙醇胺（MEA）	3	3	—	50	50	—
32	二氧化氮	1	1	0.04	10	10	10
33	臭氧	0.1	0.1	0.1	1	1	1
34	氧	18000～21000	—	—	18000～21000	—	—
35	苯酚	—	—	—	—	—	—
36	光气	—	0.1	0.02	—	1.0	0.2
37	锑化氢	—	0.05	—	—	—	—
38	二氧化硫	5	5	5	10	10	10
39	硫酸雾	5	5	5	10	10	10
40	甲苯	—	100	100	—	—	200
41	三氯乙烯	—	—	—	—	—	—
42	三芳基磷酸盐	—	（50）	—	—	—	—
43	氯乙烯	—	—	—	—	—	—
44	1,1-二氯乙烯	10	—	10	25	—	—
45	二甲苯	—	100	100	—	—	200

①NAVSEA：美国海军海上系统司令部。

②COT：美国国家科学院毒理学委员会。

③表中括号内的浓度以 mg/m³ 为单位。

④脂肪族碳氢化合物溶剂总量不应超过 50×10^{-6} （V/V）。除苯以外，芳香族碳氢化合物溶剂总量不应超过 50×10^{-6} （V/V）。因此，倘若脂肪族碳氢化合物 $<50 \times 10^{-6}$ （V/V），苯 $<1 \times 10^{-6}$ （V/V），除苯以外的芳香族碳氢化合物 $<50 \times 10^{-6}$ （V/V），那么舱室空气中总碳氢化合物浓度可达 101×10^{-6} （V/V）。其中，V/V 为空气污染物的体积百分比浓度。

表 7.22　中国潜艇舱室空气组分的应急容许浓度　　（单位：mg/m³）

序号	名称	分子式	分子量	规定时间		
				1h	8h	24h
1	氧	O_2	32.00	16	17	18
2	氢	H_2	2.00	2	2	2
3	二氧化碳	CO_2	44.01	4	3.5	3

续表

序号	名称	分子式	分子量	规定时间		
				1h	8h	24h
4	一氧化碳	CO	28.01	500	200	200
5	二氧化硫	SO_2	64.07	26	20	13
6	二氧化氮	NO_2	46.01	19	10	5
7	臭氧	O_3	48.00	2	1	0.2
8	氯	Cl_2	71.00	9	6	3
9	氯化氢	HCl	36.47	30	25	15
10	总烃	C_XH_Y	100.00	3000	2000	1000
11	肼	C_2H_4	32.05	10	4	3
12	一乙醇胺	$NH_2C_2H_4OH$	61.05	125	15	7.5
13	硫酸	H_2SO_4	98.08	4	3	2
14	一氟三氯甲烷	CCl_3F	137.38	20000	10000	5600
15	二氟二氯甲烷	CCl_2F_2	120.92	24500	10000	4900

从表中可以看出，应急容许浓度规定了不同的时间，美国为 1h 和 24h，中国为 1h、8h 和 24h，即在规定的对应时间内，要保持在表中规定值不超标，否则，必须采取应急措施，该规定时间比最高容许浓度短得多。

7.3.7　潜艇舱室空气污染控制

1. 潜艇舱室空气污染源的控制

从源头抓起，避免和减少污染源，是控制潜艇舱室空气污染的最有效方法。从前述潜艇舱室空气污染源的分析表明，人体代谢活动、潜艇用材料、舱内设施是潜艇舱室空气污染物的主要来源。其中，人体代谢活动属于人的正常生理需求范畴。因此，科学选用潜艇用材料、对艇员活动和个人用品进行限制和加强艇上设备的管理是污染源控制的具体措施。

1）科学选用潜艇用材料

研究潜艇用材料的潜在危害性，对可能释放有害物质的上艇材料，模拟艇用条件，按预定的舱容比，进行材料释放有害气体实验。检测脱气产物，了解释放规律，评价危害程度，是制订潜艇用材料限制清单、改进或替换潜艇用材料的依据，也是选用潜艇用材料的基本要求。例如，潜艇舱室所用绝缘泡沫橡胶材料，大部分是聚氯乙烯泡沫丁腈橡胶，若作为绝缘材料而不加保护层，一旦过热或者着火就会放出大量的一氧化碳、硫化碳、氰化氢、丙烯醛以及烟雾，这些都是对艇员人体安全和舱内设备非常有害的污染物。因此，国外海军都为这种绝缘材料加一层热保护绝缘层。又如，若采用有机溶剂作油漆和涂料的稀释剂，潜艇潜航之前的通风换气通常只能将漆膜表层的挥发性有机物排出艇外，残留在漆膜内部的溶剂会缓慢释放到舱室之中。为此，美国海军已规定用水基漆代替油（溶剂）基漆，并规定潜艇在潜航或密闭运行前或者运行中，禁止使用含有有机溶剂的油漆和涂料。

考虑到常规液压工作液和润滑油在舱室温度条件下，易挥发到舱室空气中形成气溶胶。目前，国外正在研究稳定性好，有机污染物挥发量低的新型液压工作液和油脂。例如，美国海军研究出三芳基磷酸酯和石油基。试验表明，这三种工作液在舱室温度为50℃下均不挥发。

我国目前潜艇用的绝缘材料为5564硬质聚氯乙烯泡沫塑料，在常温下，这种材料会释放出异丁腈、甲基丙烯腈、四甲基丁二腈等有害气体，其原因是塑料发泡剂偶氮二异丁腈发生分解。冷藏舱用聚苯乙烯泡沫塑料隔热，该塑料会释放出异丁烷、异戊烷、正戊烷、乙苯、苯乙烯等，且粘贴该塑料的胶黏剂酚醛树脂胶会释放酚醛臭味，致使冷藏舱的食品有异味，难以食咽。由此可见，我国急需研制替代用的新材料。

值得注意的是，大多数聚合材料排放有害气体的速度和浓度，在一定范围内与时间有密切关系。在常温下，排出强度随时间呈抛物线关系，累积释放量则随时间呈线性或指数关系上升。例如，有的聚合材料在开始1~2个月里脱气最强，然后进入缓慢排放期，经过4~6个月后达到稳定排放期。根据这个特征，有学者建议潜艇舱室所用非金属材料应选用储存期大于4个月的材料。当然，也可采取措施，加快材料的脱气过程，其中增大脱气温度就是方法之一。研究表明，聚合材料脱气遵循"温度-时间"等效原则，即随着温度升高，脱气时间可缩短，反之亦然。如100℃保温1~4h相当于40℃保温10~15d的脱气量。

2）对艇员活动和个人用品进行限制

首先，对产生污染物的作业活动加以限制。例如，舱室内禁止吸烟。除非迫不得已，否则，不可进行喷洒消毒剂、熔焊、铜焊、燃烧金属等作业。艇上用的医药、消毒酒精、CO_2净化器的备用树脂等备用品需要妥善封存。擦拭漏油的抹布不要乱扔，要放入容器及时处理。改变膳食结构，不食用油炸食品。做好艇上蔬菜、食品的选择与保存工作，以减少由于腐烂或人体消化产生的多种污染物。

其次，禁止使用会释放空气污染物的化妆品、清洁剂、除臭剂、刮胡子膏等。为了降低厨房油烟污染，建议使用去味、去臭、油炸温度低的精炼食用油，并减少食用油的用量。

3）加强艇上设备的管理

艇上设备种类齐全，功能各异，最易造成舱室空气污染的设备包括核反应堆、柴油发电机、供氧装置、二氧化碳吸收装置和有害气体催化燃烧装置。加强这些设备的管理，对于防止舱室空气污染具有十分重要的意义。

核反应堆和冷却水进行热交换时，可能发生放射性泄漏；与反应堆、冷却水接触过多的金属表面脱落物可能成为放射性污染源，并随着堆冷的增加而增加。美国海军为了防止放射性泄漏，一直致力于完善反应堆及冷却水回路设计，制定了严格的核反应堆及其关联设备检修制度，并对放射性接触的空气，采用高效空气过滤器进行处理。除了核反应堆之外，潜艇上的刻度盘、仪表指针和方向标如果含有放射性发光化合物，会成为潜艇舱室的另一放射性污染源。因此，美国海军规定在潜艇上不允许使用发光涂料、发光化合物和含镭化合物材料。

柴油发电机燃烧时产生大量的废气，主要含有一氧化碳、二氧化碳、二氧化氮、含硫化合物和烃类化合物等，不仅是重要的污染源，也是潜在的安全隐患。所以，常规潜艇必须发展新型的动力推进系统，如不依赖空气的推进系统、新型燃料电池等。

水电解制氧装置，如果管理不善不仅造成氢气逸出，增加爆炸和火灾隐患，还可能引起电解介质（氢氧化钠）和石棉隔热材料降解，因此需要研制无毒聚合物电解质，以替代氢氧化钠电解质和石棉隔膜。此外，一乙醇胺二氧化碳吸收装置会产生氨气和氮氧化物，空调设备泄漏的制冷剂氟利昂-12（CF_2Cl_2）进入有害气体催化燃烧装置时，经高温裂解，会产生极毒的光气（$COCl_2$）。解决这些问题的方法包括提高催化剂性能和用新型制冷剂替代氟利昂类制冷剂等。

2. 潜艇舱室通风系统

1）潜艇舱室通风系统组成

潜艇舱室通风系统实际上包括空气调节、空气再生和空气净化三大部分，其目的是为潜艇舱室提供新鲜的空气。其中，空气调节装置的任务是维持艇内空气的温度、湿度在适宜的范围，以确保舒适的艇员生活环境和满足仪器仪表对环境气候的要求。空气再生装置一般由再生风机、制氧装置、二氧化碳吸收装置等组成，其任务是将舱内污浊空气送至二氧化碳吸收器，去除二氧化碳，然后在处理过的空气中加入由制氧装置提供的氧气。空气净化装置包括粉尘过滤器、静电或纤维除尘器、活性炭吸附器、消氢燃烧器、有害气体燃烧器等，其任务是使艇内空气中的有害气体和杂质控制在"容许浓度"以下，满足人的呼吸和机械设备的要求。

图 7.31 为潜艇舱室通风系统框图，从舱室引出的空气先通过粉尘过滤器 3 和静电除尘器 4；然后，一部分空气直接返回舱室，另一部分空气相继通过各空气

处理设备（活性炭过渡器 11、催化氧化器 12、特殊气体过滤器 14、气体冷却器 13、二氧化碳吸收器 9，以净化空气中的 H_2、CO、CO_2、水分、气溶胶和其他污染物；最后，净化后的空气从氧气源 1 中得到足量的氧，经过粉尘过滤器 3 和静电除尘器 4 进入热、湿处理设备——空气冷却器 5，处理后的空气进入舱室。由于舱室有很大的热湿负荷，通常这个空调系统工作在夏季工况。在冬季工况工作时，系统中的空气加热器 7 投入工作。气体分析器的传感器可以接入系统的任何位置，检测气体介质的成分，监视各设备的工作情况。

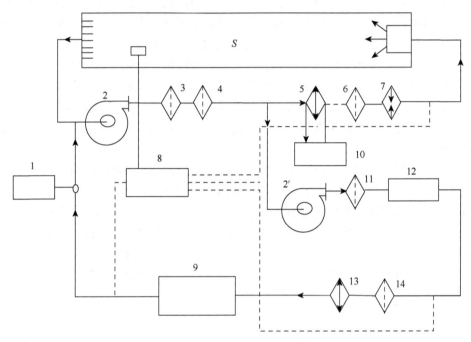

图 7.31　潜艇舱室的综合空气热湿处理、再生净化及气体成分检验系统

S-潜艇舱室；1-氧气源；2,2′-风机；3-粉尘过滤器；4-静电除尘器；5-空气冷却器；6-加湿器；7-空气加热器；
8-气体分析仪；9-二氧化碳吸收器；10-制冷机；11-活性炭过滤器；12-催化氧化器；
13-气体冷却器；14-特殊气体过滤器

2）潜艇舱室二氧化碳去除

潜艇舱室二氧化碳去除，可采用固体氢氧化锂（LiOH）吸收法和液体一乙醇胺（$NH_2-CH_2-CH_2-OH$）吸收法实现。氢氧化锂吸收二氧化碳为放热反应，其放热量为 2040kJ/kg，吸收能力为其自身质量的 50%。为达到去除二氧化碳的目的，每人每昼夜约需要氢氧化锂 1.14kg。氢氧化锂吸收的优点是功率消耗小，缺点是长时间使用时，设备的重量、尺寸大。因此，在潜艇舱室的空气处理中，氢氧化锂吸收常作为备用手段使用，将氢氧化锂保存在集装箱内，必要时把氢氧化锂取出，在帆布或棉被等表面上放一薄层，这可保证在给定的时间内净化舱室空气中的二氧化碳。可以用过氧化锂作为一次性发生装置的原料，这时，吸收二氧化碳的化学反应发生在生成氧气的反应（$4LiO_2 + 2H_2O \longrightarrow 4LiOH + 3O_2$）之后。

使用一乙醇胺吸收二氧化碳的原理是：以胺化物的水溶液为吸收剂，在冷状态下，在吸收器 1 内吸收空气中的二氧化碳，然后在解吸器 2 内加热到约 110℃放出 CO_2，放出的 CO_2 被压气机 3 压缩后排至艇外，如图 7.32 所示。一乙醇胺同时还具有吸收硫化氢和硫酐的能力。一乙醇胺吸收法对制作设备的材料没有特殊要求，而且设备紧凑，工作时没有噪声。对于 9～10 昼夜以上连续封闭的舱室，与使用 LiOH 吸收相比，一乙醇胺吸收设备的重量和尺寸要小得多，但装置运行能耗较高。由于一乙醇胺有很强的毒性，所以系统中必须采用旋流式分离器 4 去除空气中夹带的吸收剂。此外，一乙醇胺在运行时容易被氧化而分解，在实际运行时，每工作 1～3 周必须更换吸收剂。目前，用较小毒性的吸收剂替换一乙醇胺的研究正在进行之中。

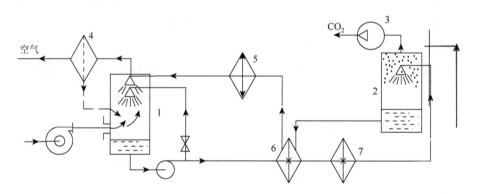

图 7.32　二氧化碳吸收装置系统图

1-吸收器（吸收 CO_2）；2-解吸器（放出 CO_2）；3-压气机；4-旋流式分离器；
5-单乙醇胺冷却器；6-回热器；7-电加热器

总的来说，各国所采用的去除舱室二氧化碳的方法基本相似，如美国作为最早开展清除潜艇舱室 CO_2 研究的国家之一，主要采用一乙醇胺吸收法，目前的研究集中在变压吸附法，即利用 CO_2 在不同温度和压力下，在分子筛表面具有不同吸附或解吸能力的性质，达到清除 CO_2 的目的，该方法已在三叉戟核潜艇上试用。日本则采用一乙醇胺吸收法和氢氧化锂吸收法，其中，氢氧化锂吸收法主要制成可移动装置，用于训练和应急救援。德国海军的常规潜艇推出了一种再生式 CO_2 清除系统。该系统采用氢氧化钾作吸收剂，与氯酸盐氧烛配套使用，构成常规潜艇完整的空气再生系统。英国于 1963 年研制成功了第一艘核潜艇，采用的是美国式一乙醇胺吸收装置。法国海军 CO_2 的清除方法有两种：核潜艇采用分子筛，常规潜艇采用碱石灰。东欧国家和苏联的海军常规潜艇一般采用超氧化物（超氧化钾或超氧化钠）清除舱室内的 CO_2 并提供 O_2。我国潜艇大多采用超氧化物（超氧化钾或超氧化钠）清除舱室内的 CO_2 并提供 O_2；也有采用一乙醇胺法吸收 CO_2。

3）潜艇舱室氧气发生

维持密闭舱室氧气量的最简单方法是使用储氧罐补充氧，根据空气成分检测系统控制由储氧罐供给相应的氧气量。供氧量多少与舱室人们的工作性质有关，白昼和黑夜需要不同的供氧量。当潜航时间较长时，由于需氧量大，获得氧气的主要方法是使用电解装置，辅助手段是使用含氧量多的化合物供氧，或液态氧供氧和再生药板制氧等。

（1）电解水制氧。电解水制氧的原理是把添加 KOH 的蒸馏水放入电解槽内，对电解槽的两个电极施加恒定的电流使水电解。于是，阳极上产生氧气，阴极上产生氢气，在电解槽的上方设置隔板防止电解产生的氢气和氧气混合。为了防止阳极氧化，采用镀镍阳极。电解产生的氧气用压气机送入储氧罐或直接送入空调系统，氢气被直接排至舱外。采用专门的系统自动检测电解槽的液位、氧气和氢气的压力，以及在发生气体泄漏或其他故障时自动切断电流。

若在上述电解装置中加入硫酸钠，不仅可以获得氧气，还可以净化空气中的二氧化碳，如图 7.33 所示。电解过程中，电解液（硫酸钠的水溶液）置于电解

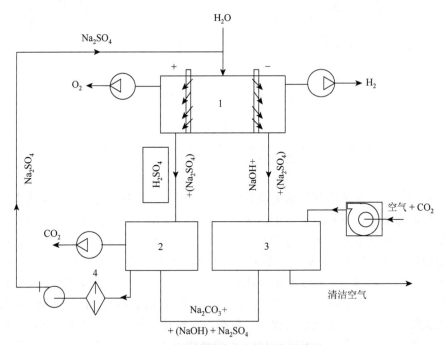

图 7.33　使用硫酸钠水溶液的电解装置

1-电解槽；2-解吸器；3-吸收器；4-过滤器

槽的中间腔室，腔内压力不大，电解液缓慢地通过有微孔的电极渗透至外部腔室。电解时，阴极产生 H_2 和 NaOH，H_2 直接排至舱外水中；生成的 NaOH 送至吸收器 3，用来吸收舱室空气中的 CO_2。吸收反应生成的 Na_2CO_3、送给解吸器 2。在电解槽 1 的阳极放出 O_2 和生成 H_2SO_4，O_2 送入空调系统或送入氧气储罐；H_2SO_4 送入解吸器 2。在解吸器 2 内 H_2SO_4 和 Na_2CO_3 相互作用，放出 CO_2，用压气机把 CO_2 排至舱外水中，生成的 Na_2SO_4 通过过滤器 4 重新泵入电解槽。这种装置的主要缺点是调节复杂和金属材料容易被氧化。

（2）固体聚合物电解质氧。固体聚合物氧气发生器是一种新型的制氧装置，用它产生氧气更安全、可靠。这种氧气发生装置利用固体聚合物电解池电解水制氧。这种制氧方法的优点是：①电解液不含腐蚀性的酸和碱；②塑料隔膜内的催化剂既作电解液又作隔离物；③减少了易燃气体的总量，在氢气压力平衡时，易燃气体是常规电解水制氧的 1/10；④产氧量比电解水高 50%，只用一个固体聚合物氧气发生器即可以满足全艇人员的需要；⑤产生纯氧，而电解水产生的氧气中含有 0.5%～1%的氢气。

除了电解制氧之外，还有一些预储氧气的方法，如再生药板、氧气瓶、液态氧和氧烛等。再生药板是一种由各种化学物质及填料制成的多孔板，空气流过时，就能产生化学反应，生成氧气。一般潜艇上带的再生药板，可使用 500～1500h。氧气瓶是将氧气储存起来的一种高压容器，使用时打开阀门即可放气。主要供潜水员、深潜器等使用。液态氧也是一种与氧气瓶类似的高压容器，它可供 100 名艇员使用 90 天。氧烛是一种由化学材料等制成的烛状可燃物，点燃后即可造氧。一根长约 30cm、直径约 3cm 的氧烛所放出的氧气，可供 40 人呼吸 1h。

电解水制氧供氧能力大，但耗电量也较大，一般只在核潜艇上采用。其他几种制氧方式制氧量有限，一般在常规潜艇上使用，也正因为如此，常规潜艇在水下作业时间不会很长，常常要浮到水面充电，以弥补水下氧气的不足。除物理、化学法供氧之外，人们也在探索生物法制氧的可能性，如有学者认为可利用藻类吸收二氧化碳并放出氧气，这种方法还可同时净化空气中其他有害杂质。

3. 潜艇舱室空气污染物的净化

虽然潜艇舱室空气中污染物质种类繁多，又性质各异，致使环境恶劣，进而影响艇员的身体健康。但随着科学技术的发展，人们创造了多种净化方法，可以消除潜艇舱室空气中污染物质的危害。现将潜艇舱室空气污染物质的主要净化方法介绍如下。

1）气溶胶污染物的净化

潜艇舱室空气中的气溶胶可采用纤维过滤和静电除尘方法脱除。其中，纤维过滤大多采用表面过滤方式,所用滤料以玻璃纤维滤纸和合成纤维滤料为主。玻璃纤维滤纸的化学稳定性好,具有疏水性,缺点是较脆易损。合成纤维是将过氯乙烯、醋酸乙烯、丙烯腈等溶入有机溶剂,经适当加工制成带静电的滤布,具有机械过滤和静电阻留颗粒状污染物的作用,所以过滤效率高而且阻力小。但静电在某些不良环境中会显著减弱,滤布也会因有机溶剂及高温而破坏。随着科学技术的进步,针对潜艇之类有限空气环境空气净化的新型过滤材料不断涌现,这些材料的共同特点是过滤效率高、容尘量大、阻力小、疏水性强。

静电除尘也是作为一种高效去除微细颗粒物的方法,被广泛用于潜艇舱室的空气净化中。其优点是阻力小,便于清理分离出的颗粒物。但存在的主要问题是效率不如纤维过滤稳定、易发生短路,会产生臭氧。为了提高对于潜艇舱室微细颗粒物的净化效率,近年来的研究热点在静电除尘的各种强化机制上,如静电强化纤维过滤、新型供电方式和反应器等。

2)气态污染物的净化

潜艇舱室气态污染物的种类繁多,而且物理、化学性能不尽相同。通常潜艇上采用吸附法和催化氧化法进行净化,这两种方法净化效率高,而且适应污染物种类多,具有广谱特性。吸附法主要采用活性炭纤维作吸附剂,该吸附剂可有效吸附油漆、涂料和日用品所散发的有机污染物。通过表面改性处理,可增强对特定化合物的吸附,如在活性炭纤维表面引入氨基,可强化对醛类化合物的吸附;用硫酸活化处理活性炭纤维,可使吸附氨量由 0.2%提高到 3%以上,而且受湿度的影响小;用 2-FeOOH 处理活性炭纤维,可使其对 NO 的吸附量高达 150mg/g;通过对活性炭纤维表面官能团进行改性处理,使其与氨或氨基形成氢键、离子键,可显著增强对胺类化合物的吸附。此外,活性炭纤维对无机硫化物和有机硫化物,如 SO_2、H_2S、硫醇、硫醚、CS_2 等也具有良好的吸附效果。活性炭纤维还能吸附并催化分解臭氧,HF 和 SiF_4 等污染物。

催化氧化法主要用于净化潜艇舱室的 H_2、CO 和碳氢化合物,如图 7.34 所示。美国核潜艇上采用的催化剂是第二次世界大战时研制的霍加拉特催化剂,其主要成分是铅、锰和银的氧化物。通过不断改进,其性能已显著提高,推出多种不同型号的装置,这种催化氧化方法在 315℃条件下,基本可实现 H_2、CO 和 HCHO 的完全氧化,但在该温度下,有些卤代烃会发生分解,产生有毒和有腐蚀性的气体(如光气、HCl、HF 等)。英国核潜艇中的一部分 H_2 和 CO 借用分子筛装置中的低温燃烧装置清除掉,另一部分 H_2、CO 和某些有机气体通过操作温度为 235℃的催化燃烧装置清除掉。法国核潜艇中 CO 和 H_2 的清除也是采用了催化燃烧装置,所用的催化剂是 $1\%Pt/Al_2O_3$,在 50℃时可完成反应。为安全起见,温度一般设定在 100℃。如果发现一些有机物(如乙烯)通过燃烧器后反应不完全,只要将温度提高到 150℃即可。我国潜艇中 CO 和 H_2 的清除也采用催化燃烧装置,所用催化剂为霍加拉特催化剂，反应温度为 315℃。由于霍加拉特催化剂的活性温度高、抗中毒性能差，而以铂、钯等贵金属为活性组分的复合催化剂抗中毒性能好，能在低温下进行催化反应，所以负载型贵金属催化剂将成为今后的发展方向。

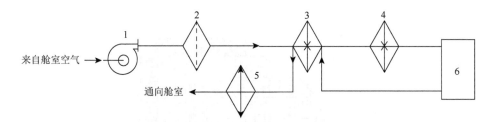

图 7.34　潜艇舱室 H_2、CO 和低分离碳氢化合物净化系统

1-风机；2-活性炭过滤器；3-余热回热器；4-电加热器；5-冷却器；6-催化炉

3）生物性污染物的净化方法

潜艇舱室空气温度与湿度均比一般居室或办公室要高，因此，艇上是形成微生物污染的温床，在这种环境下，微生物有很强的繁殖能力。净化生物性污染物的方法有过滤法、加热杀菌法、焚烧法、臭氧杀菌和紫外线杀菌法等。研究和实践证明，过滤法和臭氧杀菌法在潜艇上较为实用。

过滤法就是用适当的过滤材料过滤污浊的空气，使个体较大的微生物从空气中分离下来。这种方法一般只能过滤掉细菌，却不能过滤掉病毒。例如，载银活性炭纤维对大肠杆菌等细菌具有很好的消毒效果。臭氧具有极强的氧化能力，被公认为是一种广谱高效的杀菌剂，它的氧化能力比氯高一倍，灭菌比氯快 600～3000 倍，甚至几秒钟就可以杀死细菌。臭氧可杀灭细菌繁殖体的芽孢、病毒、真菌等，并可破坏肉毒杆菌霉素，可以清除和杀灭空气中的有毒物质和细菌，去除异味，常见的大肠杆菌，粪链球菌，绿脓杆菌，金黄葡萄球菌，霉菌等，在臭氧的环境中，其杀灭率可达 99% 以上。

针对潜艇舱室空气污染物种类多的特点，人们正致力于研究协同利用多种机制的净化方法，图 7.35 给出的是协同利用等离子体氧化与吸附、催化作用净化多种空气污染物装置的示意图，其处理过程是：在风机抽力作用下，待处理空气依次通过粗滤网、等离子体反应段、吸附-催化反应段净化其中的污染物质，最后，输出洁净的空气。清除机制包括：①用粗滤网分离去除空气中粒径较大的颗粒物；②在等离子体反应器中，高压流光放电产生的等离子体作用于气态污染物，使气态污染物转化为无害产物或其他中间产物；③在等离子体反应器的高压电场作用下，微细颗粒物荷电，并沉积到接地极和放电极上；④流光放电发出的流光与接地极上涂覆的催化材料相结合，进一步净化气态污染物，并灭菌消毒；⑤利用兼具吸附和催化作用的材料去除粗滤和等离子体反应段未净化的污染物，以及等离子体反应段产生的臭氧。

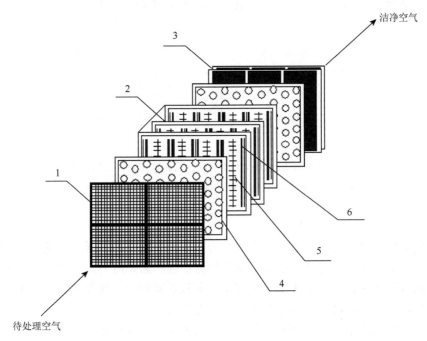

图 7.35　协同利用等离子体氧化与吸附、催化作用净化多种空气污染物装置
1-粗滤网；2-等离子体反应段；3-吸附/催化反应段；4-放电板；5-放电极；6-接地极

7.3.8　潜艇舱室空气成分监测

1. 艇装仪器

为了及时调控潜艇舱室空气质量，潜艇中通常装载有空气成分检测器。美国是潜艇空气研究发展最快的国家，在现役潜艇均装备了 CAMS-Ⅰ型空气中心监测系统，它由极式质谱仪和红外 CO 分析器组成，可连续监测 H_2、O_2、N_2、CO_2、CO、水蒸气、氟利昂-11、氟利昂-12 和氟利昂-114。1986 年完成了第二代新产品的研制，叫作 CAMS-Ⅱ，它由一台扫描式质谱仪和一个红外 CO 分析仪加计算机组成，可以监测 12 种组分，改变程序后也可以监测其他的组分。20 世纪 90 年代又研制了采用四极质谱技术的 MiNi CAMS 潜艇空气分析仪，但到目前为止尚未使用。

英国的潜艇空气成分分析，早期采用了美国的空气分析器，后来自行研制了色谱分析仪，可以分析 H_2、O_2、N_2、CO_2、CO、氟利昂-12。1984 年装艇使用的色谱/质谱/微机联用仪可以分析总烃、苯、氟利昂-1301 等 12 种气体。

法国潜艇装备的分析仪器，对 H_2、O_2、CO_2、CO 和氟利昂进行连续监测，同时采用检定管分析仪对其他 22 种无机物和有机污染物进行分析。日本未来潜艇的空气成分监测装置拟采用美国 CAMS 空气中心监测系统，进行集中的监测和控制。

从 20 世纪 70 年代开始我国潜艇装备了三台固定式分析仪器：热导氢分析仪、顺磁氧分析仪和红外二氧化碳分析仪，用来分析舱室空气中最重要的成分。1982 年又装备了艇用色谱仪，能分析 9 种空气组分。另外，还陆续配置了能分析 12 种气体的检定管分析器和测氢计，便携式氢、氧分析仪，一氧化碳分析仪等，可随时监测艇内空气的组分。

2. 实验室分析

潜艇舱室空气中的许多痕量组分需要在实验室进行分析，对这些方法的基本要求是：选择性好，不产生干扰；灵敏度高，一般浓度要求在 $10^{-9} \sim 10^{-6}$ 范围内；操作简便，分析快速。实验室分析可归纳为六种方法：化学分析法、离子选择电极法、红外光谱法、原子吸收光谱法、气相色谱法和色谱/质谱/计算机联用法。

（1）化学分析法包括：检定管法、环炉法、比色和比浊法，这些方法适用分析无机气体。

（2）离子选择电极法。主要应用于潜艇舱室空气中盐雾、酸碱度等的分析。

（3）红外光谱法。一般用于一氧化碳、二氧化碳等气体测定。

（4）原子吸收光谱法。该方法是分析金属无机物较理想的手段，具有干扰少、灵敏度高等特点。

我国用该方法对潜艇舱室空气中 24 种金属气溶胶进行了测定研究，其中 6 种金属气溶胶的检测方法被批准为国家军用标准。用原子吸收光谱法测定舱室空气中金属元素的含量，了解了金属气溶胶的变化情况，对于加强金属气溶胶的监测与消除，以及加强空气净化装置中有害金属的净化功能，提高舱室空气质量，保障艇员身体健康、减少对人体的危害等都具有重要的现实意义。

（5）气相色谱法。气相色谱法是分析空气成分的有效手段，该方法具有灵敏度高和快速等特点。它对混合气体的分离能力迄今为止是其他方法无法比拟的。

（6）色谱/质谱/计算机联用法。质谱仪将单一组分电离成离子，经加速形成离子束，通过质量分析器进行质量分离，按质荷比大小排列成质谱图。质谱图与标准谱对比实现定性分析。质谱仪与色谱仪联用，是当今分析空气中微量有机成分的最有效和最有前途的手段。它可以直接对复杂空气组分进行快速分析，无须对样品进行分离，数据经计算机处理，可迅速准确地获得分析结果。20 世纪 70 年代，某研究所利用从日本引进的 JMS-D300 型色谱/质谱/计算机联用仪定性分析出 168 种潜艇舱室空气组分。20 世纪 80 年代末，其利用英国 VG70-250 型色谱/质谱/计算机联用仪定性分析出 266 种潜艇舱室空气有机成分，又进一步将其中的 13 种成分进行了色谱/质谱法定量分析研究，获得成功，并被批准为国家军用标准。

　　潜艇舱室多种气体组分连续监测技术的研究，是在比较成熟的传感器技术基础上开展的，但这些传感器仅适用于单点监测或民用领域。要实现多种组分连续监测，需要解决以下技术难点。

　　（1）传感器抗干扰技术研究。潜艇气体成分复杂，种类繁多，应避免多种气体交叉干扰，保证测量的准确性。

　　（2）艇用条件适应性设计。艇用条件包括温度、湿度、压力等气象条件，冲击、振动等机械条件，其中气象条件对气体传感器线性测量的精度影响较大，冲击、振动对传感器有破坏性影响，应采取措施。

　　（3）电磁兼容性试验研究。各种单一的设备连成一个系统可能存在电磁干扰，应研究抗干扰方法。

参 考 文 献

陈雷, 耿世彬, 姜云峰. 2003. 空调系统设计和维持中影响 IAQ 的因素及其防治措施[J]. 建筑热能通风空调, 22(6): 32-36.

陈昀. 2004. 混凝土外加剂中氨的来源、释放量及其控制[J]. 江苏建材, (1): 35-37.

戴旭. 2014. 健康住宅的新风系统节能设计[J]. 中国住宅设施, (7): 75-82.

戴自祝. 2002. 室内空气质量与通风空调[J]. 中国卫生工程学, 1(1): 54-56.

樊越胜, 胡泽源, 刘亮, 等. 2014. 西安地铁环境中 PM_{10}、$PM_{2.5}$、CO_2 污染水平分析[J]. 环境工程, 32(5): 120-124.

高俊敏, 陈磊, 张英, 等. 2012. 重庆市地下商场 TVOC 污染调查及来源分析[J]. 中南大学学报(自然科学版), 43(11): 4554-4558.

葛蕴珊, 王军方, 尤可为. 2009. 车内空气挥发性有机物浓度测量[J]. 汽车工程, 31(3): 271-273, 277.

龚铮午. 1997. 低甲醛释放量脲醛树脂研究及述评[J]. 中南林学院学报, 17(2): 67-71.

顾登峰. 2007. 地下车库通风系统数值模拟与变频控制研究[D]. 长沙: 湖南大学.

关军, 杨旭东, 王超, 等. 2013. 飞机座舱环境挥发性有机化合物的实测与分析[J]. 暖通空调, 43(12): 80-84.

郭兵, 程赫明, 陈小开. 2019. 车内空气 VOCs 污染的衰减规律研究[J]. 环境科学与技术, 42(S2): 162-168.

郭丰涛, 刘忠权, 王近中, 等. 1994. 常规动力潜艇舱室空气组分容许浓度[J]. 解放军预防医学杂志, 12(4): 255-258.

郭莉华, 徐国鑫, 何新星. 2013. 密闭环境中人体代谢微量污染物的释放行为研究[J]. 载人航天, 19(1): 71-76.

郭瑞华, 孙翰林, 宋媛媛, 等. 2019. 车内空气污染状况影响因素研究进展[J]. 汽车工程学报, 9(2): 79-88.

韩新宇, 陈缘奇, 邓昊, 等. 2017. 昆明地铁环境空气质量检测分析[J]. 云南大学学报(自然科学版), 39(6): 1023-1029.

韩宗伟, 王嘉, 邵晓亮, 等. 2009. 城市典型地下空间的空气污染特征及其净化对策[J]. 暖通空调, 29(11): 21-30.

郝吉明, 马广大, 王书肖. 2010. 大气污染控制工程[M]. 第三版. 北京: 高等教育出版社.

何生全, 金龙哲, 吴祥. 2016. 不同地铁环控系统可吸入颗粒物研究及防治[J]. 中国安全科学学报, 26(3): 128-132.

何生全, 金龙哲, 吴祥, 等. 2017. 北京典型地铁系统可吸入颗粒物实测研究[J]. 安全与环境工程, 24(1): 40-44+50.

何兴洲, 杨懦道. 1990. 室内燃煤空气污染与肺癌[M]. 昆明: 云南科技出版社.

侯立安. 2016. 车内空气污染防控对策与建议[J]. 汽车与安全, (5): 155-156.

黄曙海. 2008. 香烟主流烟雾有毒化学物质含量检测结果[J]. 应用预防医学, 14(6):378-381, 363.

黄素逸, 林秀诚, 叶志瑾. 1996. 采暖空调制冷手册[M]. 北京: 机械工业出版社.

黄正宏. 2001. 吸附去除低浓度挥发性有机物的活性纤维的研究[D]. 北京: 清华大学.

黄志德, 沈学夫. 2000. 空间站环境控制和生命保障技术[J]. 中国航天, (2): 28-32.

季厌庸, 刘艳红, 盛乐山. 2004. 飞机环境控制[M]. 北京: 兵器工业出版社.

克鲁姆, 罗伯茨. 1982. 建筑物空气调节与通风[M]. 陈在康, 尹业良, 李淑芬, 等译. 北京: 中国建筑工业出版社.

李金华, 苏辉, 耿世彬. 2005. 置换通风条件下室内空气品质研究[J]. 洁净与空调技术, (2): 5-8.

李丽. 2011. 上海市轨道交通系统空气质量调查及其影响因素研究[D]. 上海: 复旦大学.

李湉湉, 颜敏, 刘金风, 等. 2008. 北京市公共交通工具微环境空气质量综合评价[J]. 环境与健康杂志, 25(6): 514-516.

丽慧. 2020. 疫情防控期间有效增大地铁车站新风量的预测研究[J]. 暖通空调, 50(6): 1-5.

梁波, 弥海鹏, 于翔, 等. 2019. 汽车内饰件材质类型对 VOCs 释放量的影响研究[J]. 山东化工, 2019, 48(20): 248-251.

刘昶, 钱华, 李德. 1999. 上海地铁车站空气中 CO_2 浓度调查[J]. 上海环境科学, (7): 306-308.

刘洪林, 汪南平, 王腾蛟, 等. 2000. 某潜艇长航期间舱室空气污染物的定性测定[J]. 质谱学报, 21(34): 119-120.

刘江, 吴勇卫, 王秋水, 等. 2000. 室内空气质量的通风空调问题探讨[J]. 中国卫生工程学, 9(3): 100-103.

刘玲, 张金良, 姜凡晓. 2007. 我国农村室内空气污染干预状况综述[J]. 安全与环境学报, (3): 35-39.

刘铁民, 王银生. 2002. 我国石棉替代品生产、使用、危害及防护措施状况. 中国安全科学学报[J]. 12(2): 1-4.

龙玲, 陆熙娴. 2005. 人造板含水率对游离甲醛释放量的影响[J]. 北京林业大学学报, 27(5): 98-102.

路宾. 2018. 新风净化标准建设与实际应用[J]. 现代管理, (2): 50-53.

罗发埃尔. 1990. 人造板和其他材料的甲醛散发[M]. 王定选, 译. 北京: 中国林业出版社.

罗佳慧, 王虹, 陈玲. 2018. 地铁空气微生物研究进展[J]. 应用与环境生物学报, 24(4): 934-940.

罗文圣, 罗忻, 李继光, 等. 2005. 甲醛清除膜清除人造板和家具中游离甲醛的试验研究[J]. 人造板通讯, 12(9): 28-30.

吕守茂, 丁亚玲. 2000. 改性脲醛树脂新进展[J]. 化学与粘合, (3): 130-133.

庞雪莹, 王立鑫, 王丹丹, 等. 2018. 冬夏两季北京地铁车厢内空气品质研究[J]. 城市轨道交通研究, 21(4): 69-74.

戚发轫. 2003. 载人航天器技术[M]. 第二版. 北京: 国防工业出版社.

钱华. 2019. 中国室内环境与健康研究进展报告 2018-2019[M]. 北京: 中国建筑工业出版社.

社团法人日本空气净化协会. 2016. 室内空气净化原理与实用技术[M]. 杨小阳, 译. 北京: 机械工业出版社.

申芳霞, 朱天乐, 牛牧童. 2018. 大气颗粒物生物化学组分的促炎症效应研究进展[J]. 科学通报,

63(10): 968-978.

沈力平, 周抗寒. 2000. 空间站座舱大气再生技术实验研究[J]. 空间科学技术, 20(S1): 56-66.

沈学夫, 傅岚, 邓一兵. 2003. 飞船环境控制与生命保障系统[J]. 航天医学与医学工程, 16(S1): 543-549.

施海燕, 毛翎. 2009. 石棉的健康危害及安全使用研究进展[J]. 上海预防医学杂志, 21(3): 125-127.

史德, 苏广和, 李震. 2005. 潜艇舱室空气污染与治理技术[M]. 北京: 国防工业出版社.

寿荣中, 何慧姗. 2004. 飞行器环境控制[M]. 北京: 北京航空航天大学出版社.

舒伟, 余锡孟, 李炳峰, 等. 2018. 轿车车内空气污染现状及控制[J]. 环境研究与监测, 31(3): 49-51.

宋广生. 2009. 装修装饰污染监测与控制[M]. 北京: 化学工业出版社.

唐漪灵, 朱献忠, 严惠琴, 等. 1999. 上海地铁站空气微生物污染情况调查[J]. 中国卫生检验杂志, (4): 3-5.

王恒斌, 张宝霖. 1986. 国外飞机环境控制系统手册[M]. 北京: 航空工业出版社.

王姣姣. 2018. 寒冷地区某地铁屏蔽门系统站台颗粒物浓度分布实测研究与模拟分析[D]. 西安: 长安大学.

王清勤, 王静, 陈西平, 等. 2011. 建筑室内生物污染控制与改善[M]. 北京: 中国建筑工业出版社.

王腾蛟, 彭庆玉, 刘忠权, 等. 1998. 潜艇舱室空气组分分析及卫生学评价(论著)[J]. 中华航海医学杂志, 5(2): 110-113.

王兴全. 2004. 摩尔比对脲醛树脂胶中甲醛含量的影响[J]. 广东林业科技, 20(4): 67-69.

王亚楠, 李蔚阳, 吴丛欢, 等. 2014. 上海地铁车厢过渡季空气环境特征的实测分析[J]. 建筑热能通风空调, 33(3): 15-17.

吴晓泉. 2001. 混凝土结构工程氨气污染治理初探[J]. 混凝土, (1): 60-61.

肖存杰, 王腾蛟, 刘洪林, 等. 2003. 潜艇大气组分的研究[J]. 解放军预防医学杂志, 21(1): 16-18.

谢志辉, 叶齐政, 陈林根, 等. 2005. 净化潜艇舱室空气的新技术探讨[J]. 舰船科学技术, 27(3): 16-19.

谢祖峰. 2012. 汽车座椅挥发性有机物 (VOC) 对车内空气质量影响的试验研究[D]. 广州: 华南理工大学.

徐东群, 尚兵, 曹兆进. 2007. 中国部分城市住宅室内空气中重要污染物的调查研究[J]. 卫生研究, 36(4): 473-476.

徐峰, 薛黎明. 2008. 环保型建筑胶粘剂的研制[J]. 新型建筑材料, 15(6): 61-63.

许志军, 施筠, 刘洪林, 等. 2002. 潜艇舱室空气污染与控制措施初探[J]. 海军医学杂志, 23(4): 302-305.

许钟麟, 沈晋明, 李峥嵘. 1998. 通风与空气调节工程[M]. 北京: 中国建筑工业出版社.

闫克玉, 王建民, 姚二民, 等. 2005. 卷烟烟气气相中的有害物质及其减少措施[J]. 郑州轻工业学院学报, (4): 15-18.

严荣楼. 2012. 玻璃纤维过滤材料技术进展//中国硅酸盐学会环境保护分会. 中国硅酸盐学会环保学术年会论文集[C]. 北京: 中国建材工业出版社.

于喜海. 2003. 载人航天器及其环境控制与生命保障系统[J]. 科技术语研究, 3(5): 41-43.

余竞. 2013. 地铁车站、车厢内新风量问题的研究[D]. 南京: 南京理工大学.

张海云, 李丽, 蒋蓉芳, 等. 2012. 上海市轨道交通列车车厢空气质量调查分析[J]. 环境与职业医学, 29(6): 375-377.

张金良, 帕拉沙提, 刘玲, 等. 2007. 中国农村室内空气污染及其对健康的危害[J]. 环境与职业医学, (4): 412-416.

张林, 张静波, 谭汉云, 等. 2012. 广州地铁二号线氡浓度变化规律的探讨[J]. 中国辐射卫生, 21(2): 203-204.

张强, 邓跃全, 董发勤. 2007. 工业废渣基建材的氡放射性污染及防护的研究现状与展望[J]. 材料导报, 21(10): 79-83.

张强, 邓跃全, 古咏梅, 等. 2007. 我国氡污染及防氡建筑材料的研究现状与展望[J]. 绿色建材, (3): 52-54.

张汝果. 1991. 航天医学工程基础[M]. 北京: 国防工业出版社.

张锐, 凌瑜双, 陈奕文, 等. 2015. 重庆市地铁车厢空气微生物污染状况调查[J]. 环境与健康杂志, 32(11): 1000-1002.

张新伟. 2009. 木质人造板制品中甲醛释放量的控制与治理[J]. 河北化工, 32(10): 71-72.

张寅平. 2012. 中国室内环境与健康研究进展报告 2012[M]. 北京: 中国建筑工业出版社.

张寅平. 2017. 国内外新风系统标准现状与趋势[J]. 现代管理, (10): 61-63.

赵彬. 2000. 空气净化系统的设计[J]. 制冷, 19(1): 47-50.

赵玉磊. 2019. 新风系统的技术现状与发展前景探讨[J]. 洁净与空调技术, (2): 22-25.

郑茜璞. 2018. 全新风净化系统用复合过滤材料的研发及性能研究[D]. 石家庄: 河北科技大学.

周抗寒, 傅岚, 韩永强, 等. 2003. 再生式环控生保技术研究及进展[J]. 航天医学与医学工程, 16(S1): 566-572.

朱润非, 方翠贞. 2000. 坡道式停车库空气质量及影响因素[J]. 上海环境科学, 19(8): 364-366.

朱天乐. 2001. 室内空气污染控制[M]. 北京: 化学工业出版社.

朱天乐. 2006. 微环境空气质量控制[M]. 北京: 北京航空航天大学出版社.

朱玉梅. 2000. 上海地铁车站恶臭气体污染调查[J]. 上海环境科学, (4): 174-175.

祝秀英, 陈晓玲, 史济峰, 等. 2012. 集中空调冷却塔军团菌污染卫生管理措施探讨[J]. 上海预防医学, 24(11), 637-640.

卓思华, 王立鑫, 庞雪莹. 2018. 北京地铁车厢内 $PM_{2.5}$ 和 PM_{10} 污染特征研究[J]. 环境污染与防治, 40(9): 1044-1048 + 1073.

邹钱秀, 张卫东, 赵琦, 等. 2012. 不同类型新车内醛酮类化合物的污染研究[J]. 中国环境监测, 28(2): 97-100.

Akiyode O F. 2004. Clearing the Air: Asthma and indoor air exposure[J]. Journal of the National Medical Association, 96(8): 1116.

Bardana E J, Montanaro A. 1997. Indoor Air Pollution and Health[M]. New York: Marcel Dekker.

Bardana E J. 2001. Indoor pollution and its impact on respiratory health[J]. Annals of Allergy Asthma & Immunology, 87(6): 33-40.

Boogaard P, Banton M, Deferme L, et al. 2016. Review of recent health effect studies with sulphur dioxide [J]. CONCAWE Reports, 2: 1-89.

Brooks B O, Davis W F. 1992. Understanding Indoor Air Quality[M]. Boca Raton: CRC Press.

Carrasquillo R L. 1996. International space station environmental control and life support system technology evolution[J]. SAE Transactions, 105: 547-653.

Chen X K, Feng L L, Luo H L, et al. 2014. Analyses on influencing factors of airborne VOCs pollution in Taxi cabins[J]. Environmental Science and Pollution Research, 21(22): 12868-12882.

Chen X, Feng L, Luo H, et al. 2017. Analyses on influencing factors of airborne VOCs pollution in taxi cabins[J]. Environmental Science and Pollution Research, 21(22): 12868-12882.

Ellacott M V, Reed S. 1999. Development of robust indoor air quality models for the estimation of volatile organic compound concentrations in buildings[J]. Indoor & Built Environment, 8(6): 345-360.

Faber J, Brodzik K, Łomankiewicz D, et al. 2012. Temperature influence on air quality inside cabin of conditioned car[J]. Combustion Engines, 149(2): 49-56.

Fan X, Zhu T L, Sun Y F. 2011. The roles of various plasma species in the plasma and plasma-catalytic removal of low-concentration formaldehyde in air[J]. Journal of Hazardous Materials, 196: 380-385.

Gammage R B, Berven B A. 1996. Indoor Air and Human Health[M]. 2nd ed. Boca Raton: CRC Press.

Godish T. 1989. Indoor Air Pollution Control[M]. Michigan: Lewis Publishers.

Gong S Y, Xie Z, Chen Y F, et al. 2019. Highly active and humidity resistive perovskite $LaFeO_3$ based catalysts for efficient ozone decomposition[J]. Applied Catalysis B: Environmental, 241: 578-587.

Han Y J, Li X H, Zhu T L. 2016. Characteristics and relationships between indoor and outdoor $PM_{2.5}$ in Beijing: A residential apartment case study[J]. Aerosol and Air Quality Research, 16: 2386-2395.

Hansen S J. 1991. Managing Indoor Air Quality[M]. Lilburn GA: Fairmont Press.

Ho J C, Xue H, Tay K L. 2004. A field study on determination of carbon monoxide level and thermal environment in an underground car park[J]. Building and Environment, 39(1): 67-75.

Hong W, Shao M P, Zhu T L, et al. 2020. To promote ozone catalytic decomposition by fabricating manganese vacancies in ε-MnO_2 catalyst via selective dissolution of Mn-Li Precursors[J]. Applied Catalysis B: Environmental, 274: 1-13.

Hong W, Zhu T L, Sun Y, et al. 2019. Enhancing oxygen vacancies by introducing Na^+into OMS-2 tunnels to promote catalytic ozone decomposition[J]. Environmental Science & Technology, 53(22): 13332-13343.

Huang H, Li S C, Cao J J, et al. 2006. Mass concentration characterization of $PM_{2.5}$ indoor and outdoor during summer and winter period in Guangzhou city[J]. Environmental Pollution & Control, 28(12): 954-958.

Huang W, Lv M, Yang X. 2019. Long-term volatile organic compound emission rates in a new electric vehicle: Influence of temperature and vehicle age[J]. Building and Environment, 168: 106465.

Hunt E H, Space D R. 1994. The airplane cabin environment-issues pertaining to flight attendant[C].

International in-flight service management organization conference, Montreal, Canada.

Kam W, Cheung K, Daher N, et al. 2011. Particulate matter (PM) concentrations in underground and ground-level rail systems of the Los Angeles Metro[J]. Atmospheric Environment, 45(8): 1506-1516.

Kleinerman R A, 王作元, 王陇德, 等. 2004. 肺癌与农村煤及生物燃料室内暴露的关系[J]. 中国预防医学杂志, 5(1): 1-6.

Lee S C, Chen L Y, Chiu M Y. 1999. Indoor and outdoor air quality investigation at 14 public places in Hong Kong[J]. Environment International, 25(4): 443-450.

Li T T, Bai Y H, Liu Z R, et al. 2007. In-train air quality assessment of the railway transit system in Beijing, China[J]. Transportation Research Part D: Transport and Environment, 12(1): 64-67.

Liddament M W. 2000. A review of ventilation and the quality of ventilation air[J]. Indoor Air-International Journal of Indoor Air Quality and Climate, 10(3): 193-199.

Liu Y H, Ma J L, Li L, et al. 2018. A high temporal-spatial vehicle emission inventory based on detailed hourly traffic data in a medium-sized city of China[J]. Environmental Pollution, 236(5): 324-333.

Liu Y S, Chen R, Shen X X, et al. 2003. Wintertime indoor air levels of TSP, PM_{10}, $PM_{2.5}$ and PM_1 at residential homes in Beijing[J]. Journal of Basic Science and Engineering, 11(3): 255-265.

Lv M Q, Huang W J, Rong X, et al. 2020. Source apportionment of volatile organic compounds (VOCs) in vehicle cabins diffusing from interior materials. Part I: Measurements of VOCs in new cars in China[J]. Building and Environment, 175(5): 106796-106804.

Ma C J, Li X H, Zhu T L. 2011. Removal of low-concentration formaldehyde in air by adsorption on activated carbon modified by hexamethylene diamine[J]. Carbon, 49(8): 2873-2875.

Maroni M, Seifert B, Lindvall T. 1995. Indoor Air Quality: A Comprehensive Reference Book[M]. New York: Elsevier Science.

Maynard R L. 2019. Health effects of indoor air pollution[J]. Issues in Environmental Science and Technology, 48: 196-218.

Nagda N L, Rector H E, Koontz M D. 1986. Guidelines for Monitoring Indoor Air Quality[M]. Washington: Hemisphere Publishers.

Nagda N L, Rector H E. 2003. A critical review of reported air concentration of organic compounds in aircraft cabins[J]. Indoor Air, 13(3): 292-301.

Nero A V. 1988. Controlling indoor air pollution[J]. Scientific American, 258(5): 42-48.

Noyes G P. 1988. Carbon dioxide reduction processes for spacecraft ECLSS: a comprehensive review [J]. SAE Transactions, 97: 374-381.

Pluschke P. 2004. Indoor Air Pollution[M]. New York: Springer-Verlag Berlin Heidelberg.

Portnoy J M, Kwak K, Dowling P, et al. 2005. Health effects of indoor fungi [J]. Annals of Allergy Asthma & Immunology, 94(3): 313-320.

Reinmuth-Selzle K, Kampf C J, Lucas K, et al. 2017. Air pollution and climate change effects on allergies in the Anthropocene: abundance, interaction, and modification of allergens and adjuvants[J]. Environmental Science & Technology, 51(8): 4119-4141.

Ren Y, Cheng T, Chen J. 2006. Polycyclic aromatic hydrocarbons in dust from computers: one possible indoor source of human exposure[J]. Atmospheric Environment, 40(1): 6956-6965.

Seppanen O, Fisk W J, Mendell M J. 2002. Ventilation rates and health[J]. ASHRAE Journal, 44(8): 56-58.

Spengler J D, McCarthy J F, Samet J M. 2000. Indoor Air Quality Handbook[M]. New York: McGraw-Hill.

Tang W X, Yao M S, Chen Y F, et al. 2016. Decoration of one-dimensional MnO_2 with Co_3O_4 nanoparticle: A heterogeneous interface for remarkably promoting catalytic oxidation activity[J]. Chemical Engineering Journal, 306: 209-718.

Tong Z M, Li Y, Westerdahl D, et al. 2019. Exploring the effects of ventilation practices in mitigating in-vehicle exposure to traffic-related air pollutants in China[J]. Environment International, 127(6): 773-784.

Viegas C. 2017. Exposure to Microbiological Agents in Indoor and Occupational Environments[M]. New York: Springer-Verlag Berlin Heidelberg.

Wang H Y, Sun Y F, Zhu T L, et al. 2015. Adsorption of acetaldehyde onto carbide-derived carbon modified by oxidation[J]. Chemical Engineering Journal, 273: 580-587.

Wang H Y, Zhu T L, Fan X, et al. 2014. Adsorption and desorption of small molecule volatile organic compounds over carbide-derived carbon[J]. Carbon, 67: 712-720.

Wang J L, Li J, Zhang P Y, et al. 2018. Understanding the "seesaw effect" of interlayered K^+ with different structure in manganese oxides for the enhance formaldehyde oxidation[J]. Applied Catalysis B: Environmental: 224: 863-870.

Wang W Z, Wang H L, Zhu T L, et al. 2015. Removal of gas phase low-concentration toluene over Mn, Ag and Ce-modified HZSM-5 catalysts by periodical operation of adsorption and non-thermal plasma regeneration[J]. Journal of Hazardous Materials, 292: 70-78.

Werner H. 2011. Modelling inhaled particle deposition in the human lung-A review[J]. Journal of Aerosol Science, 42(10): 693-724.

World Health Organization. 2010. WHO Guidelines for Indoor Air Quality: Selected Pollutants[M]. Geneva: World Health Organization.

Xu B, Hao J L. 2017. Air quality inside subway metro indoor environment worldwide: A review[J]. Environment International, 107(10): 33-46.

Xu B, Wu Y, Gong Y, et al. 2016. Investigation of volatile organic compounds exposure inside vehicle cabins in China[J]. Atmospheric Pollution Research, 3: 215-220.

Yan Y L, He Q, Song Q, et al. 2017. Exposure to hazardous air pollutants in underground car parks in Guangzhou, China[J]. Air Quality Atmosphere Health, 10(5): 555-563.

Yang S, Yang X D, Licina D, et al. 2020. Emissions of volatile organic compounds from interior materials of vehicles[J]. Building and Environment, 170(3): 106599-106610.

Yoshida T. 2006. Interior air pollution in automotive cabins by volatile organic compounds diffusing from interior materials: Survey of 101 types of Japanese domestically produced cars for private use[J]. Indoor & Built Environment, 15(5): 425-444.

Zhang C B, He H. 2007. A comparative study of TiO_2 supported noble metal catalysts for the oxidation of formaldehyde at room temperature[J]. Catalysis Today, 126(3-4): 345-350.

Zhang C B, Li Y B, He H, et al. 2014. Sodium-promoted Pd/TiO₂ for catalytic oxidation of formaldehyde at ambient temperature[J]. Environmental Science & Technology, 48: 5816-5822.

Zhang C B, Liu F D, Zhai Y P, et al. 2012. Alkali-metal-promoted Pt/TiO₂ opens a more efficient pathway to formaldehyde oxidation at ambient temperatures[J]. Angewandte Chemie International Edition, 51: 9628-9632.

Zhang G S, Li T T, Luo M, et al. 2008. Air pollution in the microenvironment of parked new cars[J]. Building & Environment, 43(3): 315-319.

Zhu G X, Zhu J G, Zh Y F, et al. 2018. Tuning the K⁺ concentration in the tunnels of α-MnO₂ to increase the content of oxygen vacancy for ozone elimination[J]. Environmental Science & Technology, 52: 8684-8692.

索　引

"十三五"国家重点出版物出版规划项目
大气污染控制技术与策略丛书

书名	作者	定价（元）	ISBN 号
大气二次有机气溶胶污染特征及模拟研究	郝吉明等	98	978-7-03-043079-3
突发性大气污染监测预报及应急预案	安俊岭等	68	978-7-03-043684-9
烟气催化脱硝关键技术研发及应用	李俊华等	150	978-7-03-044175-1
长三角区域霾污染特征、来源及调控策略	王书肖等	128	978-7-03-047466-7
大气化学动力学	葛茂发等	128	978-7-03-047628-9
中国大气 $PM_{2.5}$ 污染防治策略与技术途径	郝吉明等	180	978-7-03-048460-4
典型化工有机废气催化净化基础与应用	张润铎等	98	978-7-03-049886-1
挥发性有机污染物排放控制过程、材料与技术	郝郑平等	98	978-7-03-050066-3
工业挥发性有机物的排放与控制	叶代启等	108	978-7-03-054481-0
京津冀大气复合污染防治：联发联控战略及路线图	郝吉明等	180	978-7-03-054884-9
钢铁行业大气污染控制技术与策略	朱廷钰等	138	978-7-03-057297-4
工业烟气多污染物深度治理技术及工程应用	李俊华等	198	978-7-03-061989-1
京津冀细颗粒物相互输送及对空气质量的影响	王书肖等	138	978-7-03-062092-7
清洁煤电近零排放技术与应用	王树民	118	978-7-03-060104-9
室内污染物的扩散机理与人员暴露风险评估	翁文国等	118	978-7-03-064064-2
挥发性有机物（VOCs）来源及其大气化学作用	邵敏等	188	978-7-03-065876-0
黄磷尾气净化及资源化利用技术	宁平等	198	978-7-03-060547-4
室内空气污染与控制	朱天乐等	150	978-7-03-066956-8